SULIAO FENXI
YU CESHI JISHU

塑料分析与测试技术

第三版

高炜斌 林雪春 主 编
徐亮成 副主编
陈海明 主 审

化学工业出版社
·北京·

内容简介

本书全面贯彻党的教育方针，落实立德树人根本任务，在教材中有机融入了党的二十大精神。本书介绍了塑料分析测试基础、塑料的鉴别和分析、塑料的仪器分析法以及塑料的物理性能测试、力学性能测试、热性能测试、老化性能测试、其他性能测试等塑料常用的分析测试技术。全书在阐述各种分析测试的基本原理、仪器的构成及具体实验技术的基础上，还通过一些典型实例，介绍其在塑料研究和生产中的应用，并在每章后附有思考题，以帮助读者更好地理解和应用各种分析测试技术。

本书适合作为高等职业院校高分子材料相关专业的教材，也可供从事塑料加工生产、分析测试等相关工作的技术人员参考。

图书在版编目（CIP）数据

塑料分析与测试技术/高炜斌，林雪春主编；徐亮成副主编．—3版．—北京：化学工业出版社，2021.9（2023.9重印）

ISBN 978-7-122-40058-1

Ⅰ.①塑… Ⅱ.①高… ②林… ③徐… Ⅲ.①塑料制品-分析②塑料制品-测试技术 Ⅳ.①TQ320.77

中国版本图书馆CIP数据核字（2021）第206214号

责任编辑：提 岩 于 卉　　文字编辑：汲永臻
责任校对：刘曦阳　　装帧设计：史利平

出版发行：化学工业出版社（北京市东城区青年湖南街13号 邮政编码100011）
印 装：三河市延风印装有限公司
787mm×1092mm 1/16 印张16¾ 字数430千字 2023年9月北京第3版第3次印刷

购书咨询：010-64518888　　售后服务：010-64518899
网 址：http://www.cip.com.cn
凡购买本书，如有缺损质量问题，本社销售中心负责调换。

定 价：49.80元

前言

《塑料分析与测试技术》自2012年出版以来，受到了广大师生的好评。2015年修订出版了第二版，第二版经全国职业教育教材审定委员会审定，立项为“十二五”职业教育国家规划教材。2021年修订出版了第三版，被评为“十四五”职业教育国家规划教材。

本教材以读者“必需、够用”为度，突出“实际、实用、实践”的原则，内容的广度和深度来源于高分子材料相关岗位的需求。为了适应新时期对专业人才的要求，进一步满足广大师生的需求，本次修订在总结师生反馈建议的基础上，结合新时期对人才培养的需要，以及高分子材料学科发展和材料科技进步的现状，进行以下几个方面的修订并在重印时继续不断完善：

(1) 继续按照“塑料原料、助剂和产品分析测试”进行编排，继续保留最基本、使用最普遍的“塑料的鉴别和分析”“塑料产品性能的测试与分析”的内容，适当增加了仪器分析法的内容，增加了塑料分析与测试技术在生产实践中应用的案例。

(2) 补充、更新了附录“塑料性能测试标准目录”。

(3) 对“阅读材料”重新进行遴选、整理，增加了为我国高分子材料及分析测试事业做出杰出贡献的科学家的事迹，通过榜样的力量，弘扬爱国情怀，树立民族自信，培养学生的职业精神和职业素养，贯彻党的二十大报告中关于“落实立德树人根本任务”的要求。

(4) 适应信息社会发展趋势，为教材中的部分重难点内容增加了动画资源，并通过二维码的形式呈现，便于读者理解较抽象的概念和知识，落实党的二十大报告中关于“推进教育数字化，建设全民终身学习的学习型社会、学习型大国”的要求。

本次修订由常州工程职业技术学院高炜斌、徐亮成和深圳职业技术学院林雪春共同完成，其中文字部分的修订由高炜斌、林雪春完成，全部动画资源由徐亮成提供。常州星宇车灯股份有限公司陈海明高级工程师审阅了全书，各章节的原作者也对本次修订工作提出了许多有益的意见和建议，在此一并表示衷心感谢!

由于编者水平所限，在内容取舍和编写方面难免有不完善之处，敬请读者批评指正。

编　者

第一版前言

本书以常用的塑料分析测试技术为主线，重点介绍了塑料分析测试的方法原理、设备和操作，并介绍了塑料分析测试的新技术和发展趋势。为便于教学，每章后均附有一定量的复习思考题，同时，配套的多媒体辅助资源及试题库也在逐步建设和完善中。

本书共分八章：第一章分析测试基础，介绍了基本计量器具的使用与维护、塑料鉴别与分析的一般方法；第二章塑料的鉴别和分析，介绍了塑料燃烧与裂解试验、塑料添加剂的鉴别与分析；第三章塑料的仪器分析法，介绍了色谱分析、光谱分析、热分析和热-力分析、显微技术；第四章物理性能测试，介绍了塑料的吸水性及含水量测定、密度和相对密度的测定、高分子的溶解性和溶液黏度的测定、透气性和透湿性测试；第五章力学性能测试，介绍了拉伸性能、弯曲性能、压缩性能、冲击性能等的测试；第六章热性能测试，介绍了热稳定性、特征温度测定、燃烧性能的测试；第七章老化性能测试，介绍了自然老化试验、热老化试验、人工气候及其他老化试验；第八章其他性能测试，介绍了光学性能、电性能和生物性能试验。"阅读材料"供课后学生拓展学习。

本书第一章由辽宁石化职业技术学院石红锦编写；第二章由辽宁石化职业技术学院付丽丽编写；第三章、第五章的第六节、第六章的第一节和第二节、附录由常州工程职业技术学院高炜斌编写；第四章由常州工程职业技术学院徐亮成编写；第五章的第一节～第四节由常州轻工职业技术学院刘敏编写；第五章的第五节、第六章的第三节和第八章由深圳职业技术学院林雪春编写；第七章由南京化工职业技术学院张裕玲编写；"阅读材料"由南通纺织职业技术学院郭立强编写。全书由高炜斌、林雪春担任主编并统稿，无锡杰科塑业有限公司高级工程师游泳担任主审。

本书在编写过程中，得到了化学工业出版社以及有关兄弟院校的大力支持，保证了编写工作的顺利完成，在此谨致以衷心的感谢。

由于编者水平所限，书中难免有不妥之处，希望读者批评和指正。

编　者

2012年3月

第二版前言

本书自 2012 年出版以来，承蒙读者的厚爱与选用。

本次修订在内容处理上继续考虑了高职高专塑料加工相关专业教学的特点，突出“实际、实用、实践”的原则，融入了近年来塑料分析测试理论的新发展、新应用。除对第一版各章节内容进行了修改、补充，更新了部分测试标准，增加了塑料测试应用案例外，还增加了相当数量的实验仪器实物图示、实际生产中的测试案例，使教材更加符合高职高专塑料加工专业人才培养的要求。

本书由第一版的作者参与相应章节的修订，本书修订过程中，得到了化学工业出版社以及有关兄弟院校的大力支持，在此谨致以衷心的感谢。

尽管本版对原有内容进行了较大的修改，但受编者水平和时间的限制，本书在内容取舍、编写方面难免存在不妥之处，敬请读者不吝赐教。

编　者

2015 年 6 月

目录

第四章 物理性能测试 099

第五章 力学性能测试 120

第六章 热性能测试 163

第七章 老化性能测试 196

第八章 其他性能测试 222

附录 244

参考文献 256

二维码资源目录

续表

续表

序号	编码	资源名称	资源类型	页码
56	M5-20	磨耗性能测试原理	动画	159
57	M6-1	尺寸稳定性测试原理	动画	164
58	M6-2	线性收缩率试验基本原理	动画	164
59	M6-3	维卡软化温度测试原理	动画	168
60	M6-4	负荷下热变形温度测试原理	动画	169
61	M6-5	热导率测试原理	动画	171
62	M6-6	毛细管法测试原理	动画	172
63	M6-7	偏光原理	动画	173
64	M6-8	黑十字消光原理	动画	173
65	M6-9	塑料熔体流动速率测试原理	动画	176
66	M6-10	塑料水平燃烧测试原理	动画	184
67	M6-11	塑料垂直燃烧测试原理	动画	184
68	M6-12	塑料氧指数测定原理	动画	188
69	M6-13	A 法点燃原理	动画	190
70	M6-14	B 法点燃原理	动画	190
71	M8-1	折射现象	动画	222
72	M8-2	折射率测试原理	动画	223
73	M8-3	体积电阻率测定原理	动画	227
74	M8-4	介电强度测试原理	动画	231

第一章
分析测试基础

学习目标

- **知识目标**

1. 掌握基本计量器具的使用与维护。
2. 理解测量误差、测量误差结果评定及数据处理。
3. 了解通用塑料的外观特征和通用塑料应用范围。

- **技能目标**

1. 能操作天平、游标卡尺、螺旋测微器、百分表等计量器具。
2. 能区分塑料的外观和用途。
3. 会塑料组分分离和纯化操作。

- **素质目标**

1. 厚植爱国情怀，坚持自信自立，坚定专业自信。
2. 培养科学精神、爱国精神和工匠精神，激发科学强国使命感。
3. 正确认识社会发展规律，勇于承担社会责任，坚持质量强国。

第一节 概 述

一、塑料分析方法分类

1. 塑料分析的任务

塑料分析技术是以分析化学的基础理论和方法为基础，解决塑料的生产和加工过程中实际分析任务的一门学科。

分析化学的任务是确定物质的化学组成、测量各组成的含量以及表征物质的化学结构。即解决“是什么”“有多少”“怎么样”等问题，它们分别隶属于定性分析、定量分析和结构分析研究的范畴。所以，定性分析的任务就是鉴定物质由哪些元素、原子团或化合物组成；定量分析的任务是测定物质中有关成分的含量；结构分析的任务是研究物质的分子结构或晶体结构；现代分析化学的任务还包括捕捉、识别、研究原子、分子的各种有价值的信息。在实际的测定中，一般先定性后定量，以便根据物质的组成选择合适的方法测定各组分含量。

2. 分析方法的分类

根据分析任务、分析对象、测定原理、试样用量、待测组分含量及分析结果的作用的不同，分析方法可分为许多种类。

（1）根据分析任务分类　分析方法可分为定性分析、定量分析和结构分析。

（2）根据分析对象分类　分析方法可分为无机分析和有机分析。

无机分析的对象是无机化合物，组成无机物的元素种类较多，要求鉴定物质的组成和测定各成分的含量。

有机分析的对象是有机化合物，组成有机物的元素种类不多，但结构相当复杂，分析的重点是官能团分析和结构分析。

（3）根据测定原理分类　分析方法可分为化学分析和仪器分析。

化学分析法是以物质的化学反应为基础的分析方法。经典的化学分析有重量分析法和滴定分析（容量分析）法。

仪器分析法是以物质的物理和化学性质为基础的分析方法，称为物理和物理化学分析法。这类方法需要特殊的仪器，包括光学分析法、电化学分析法、热分析法、色谱分析法等。

（4）按试样用量分类　分析方法可分为常量分析、半微量分析、微量分析和超微量分析（见表 1-1）。

表 1-1　按试样用量区分的分析方法

方法	常量分析	半微量分析	微量分析	超微量分析
试样质量/mg	＞100	10～100	0.1～10	＜0.1
试液体积/mL	＞10	1～10	0.01～1	＜0.01

（5）按待测组分含量分类　分析方法粗略分为常量（＞1%）、微量（0.01%～1%）和痕量（＜0.01%）成分分析。

（6）按分析结果的作用分　分析方法可分为例行分析和仲裁分析。

例行分析是指一般化验室日常生产中进行的原材料、中控、成品分析或监测分析。

仲裁分析是指确认责任事故及其责任者，或不同单位对同一试样分析得出不同的测定结果而发生争议时，请权威的单位用标准方法进行裁判的分析工作，所测结果将负有法律责任。

二、塑料分析的一般步骤

在塑料的加工生产中，大多数情况下物料的基本组成是已知的，只需要对塑料的原料、半成品、成品及其他辅助材料进行及时准确的定量分析。定量分析的任务是测定样品中存在的某一或某些成分的含量，完成定量分析测定一般包括以下几个过程。

1. 试样的采取和制备

在实际分析中遇到的试样是多种多样的，有固体、液体和气体，物料中组分分布的均匀性差异很大。采集的试样应具有代表性，它应能反映全部物料的平均组成。因此，必须按国家标准或规定的方法对固体、气体、液体进行采样和制备，否则分析结果再准确也是毫无意义的。

2. 试样的溶解和分解

定量分析一般采用湿法分析，就是将试样分解后转入溶液中，然后进行测定。根据试样性质的不同，采用不同的分解方法。常用的方法是溶解法，即将样品溶于水、酸、碱或有机溶剂中；如果样品不溶解，可用熔融或烧结法将试样分解，使欲测组分转变为可溶性物质后，再用适当的方法溶解。按规定的方法制备的试样溶液应具有均匀性和稳定性。

3. 消除和分离干扰组分

复杂物质中常含有多种组分，在测定其中某种组分时，共存的其他组分常常产生干扰，应当设法消除。采用掩蔽剂来消除干扰是一种比较简单、有效的方法。但在许多情况下，没有合适的掩蔽方法，这就需要将被测组分与干扰组分进行分离。常用的分离方法有沉淀分离、萃取分离、离子交换和色谱分离等。随着科学的发展，近年来还出现了膜分离、激光分离等新的分离技术。

4. 对指定的成分进行定量测定

根据物料的基本组成，依据待测组分的含量和性质，同时结合准确度、灵敏度、分析速度、成本、毒性、实验室工作条件等因素来考虑选择一种或者多种合适的分析方法，对指定成分进行定量测定。

5. 计算和报告分析结果

定量测定数据经计算和统计处理后，报出分析结果，并对得出的分析结果做出评定。

分析结果一般报告三项值，即测定次数（n）、被测组分含量的平均值（$\overline{x}$）或中位数（M）、平均偏差（$\overline{d}$）或标准偏差（s）。

6. 分析结果表示

分析结果通常以试样中某组分的相对量来表示，这就需要考虑组分的表示形式和含量的表示方法。

某种组分在试样中如有一定的存在形式，例如试样中的硫以 SO_4^{2-} 形式存在，按理应以本来的存在形式表示硫的测定结果，但也可以用硫的其他形式表示硫的测定结果。有时组分的存在形式是未知的，或同时以几种形式存在，而测定时难以区别其各种存在形式，这时，结果的表示形式就无法与存在形式一致。实际上，结果的表示形式主要应从实际工作的要求和测定方法原理来考虑，某些行业也有特殊的或习惯上常用的表示方法。常用的表示方法如下。

以元素形式表示：常用于合金和矿物的分析。

以离子形式表示：常用于电解质溶液的分析。

以氧化物形式表示：常用于含氧的复杂试样。

以特殊形式表示：有些测定方法是按专业上的需求拟定的，只能用特殊的形式表示结果。例如，监测水被污染的状况用“化学耗氧量”（简称 COD）表示水中有机物由于微生物作用而进行氧化分解所消耗的溶解氧，作为水中有机污染物含量的指标；又如“灼烧损失”表示在一定温度下灼烧试样所损失的质量，包括了全部挥发性成分和分解掉的有机物。

分析结果以被测组分相对量表示的方法有质量分数（w_B）、体积分数（φ_B）、质量浓度（ρ_B）。

过去对微量或痕量组分的含量常表示为 ppm 和 ppb，其含义的百万分之一（10^{-6}）和十亿分之一（10^{-9}），这种表述在国际单位制和我国的法定计量单位中已废除，应分别表示为 mg/kg 以及 μg/kg。

三、测量误差、测量误差结果评定及数据处理

1. 测量与测量误差

定量分析的任务是测定试样中的组分含量，它要求测得结果必须达到一定的准确度。显然，不准确的分析结果会导致资源的浪费、生产事故的发生，甚至在科学上得出错误的结论。

但在分析测试过程中，在进行测量工作时，无论是测角、测高差或量距，当对同一量进行多次观测时，不论测量仪器多么精密，观测进行得多么仔细，测量结果总是存在着差异，彼此不相等。例如，反复观测某一试样厚度，每次观测结果都不会一致，这是测量工作中普

遍存在的现象，这就是误差公理，误差始终存在于一切科学实验中。

由于在分析测试过程中客观上存在着难于避免的误差。因此，人们在进行定量分析时，不仅要得到被测组分的准确含量，而且必须对分析结果进行评价，判断分析结果的可靠性，检查产生误差的原因，以便采取相应的措施减少误差，使分析结果尽量接近客观真实值。参考 GB/T 6379《测量方法与结果的准确度（正确度与精密度）》，该标准共六部分内容：第 1 部分为总则与定义，第 2 部分为确定标准测量方法重复性与再现性的基本方法，第 3 部分为标准测量方法精密度的中间度量，第 4 部分为确定标准测量方法正确度的基本方法，第 5 部分为确定标准测量方法精密度的可替代方法和第 6 部分准确度值的实际应用。

（1）误差的定义　某量值误差定义为某量值的给出值与真实值之差。

给出值系指测量值、实验值、计算近似值、标称值、示值、预置值。真实值系指某一时刻或某一状态下，某量的效应体现出的客观值或实际值（用最可靠的方法和高精度仪器测量所得值）。

定量分析的误差为测量值与真实值之差，是衡量测量值不准确性的尺度。用绝对误差和相对误差表示。绝对误差：

$$E=\bar{x}-T \tag{1-1}$$

式中，$\bar{x}$ 为测量结果的算术平均值，$\bar{x}=\dfrac{x_1+x_2+\cdots+x_n}{n}=\dfrac{\sum x_i}{n}$；$T$ 为真实值。

相对误差：

$$RE=\frac{E}{T}\times 100\% \tag{1-2}$$

相对误差表示误差在测量结果中所占的百分率，更具有实际意义。

（2）误差产生的原因及分类　根据误差产生的原因及其性质的差异，可将其分为系统误差和随机误差两类。

① 系统误差　在重复的条件下，对同一被测量进行无限多次测量所得结果的平均值与被测量的真值之差，称为系统误差，又称可测误差。系统误差是由分析过程中某些确定的、经常性的因素引起的，因此比较恒定。具有“重现性”“单向性”和“可测性”，即在相同的条件下，重复测定时误差会重复出现，其正负、大小具有一定的规律性。如果能找出产生误差的原因，并设法测出其大小，那么系统误差就可以通过校正的方法予以减少或消除。产生系统的误差的主要原因有以下几种。

a. 方法误差　是由于分析方法本身的缺陷而产生的误差。例如，滴定分析中，反应不完全或有副反应发生；在称量分析法中，沉淀的溶解或共沉淀以及沉淀不完全等，都会带来误差。

b. 仪器误差　是由于所用的仪器不准所引起的误差。例如，天平砝码示值不准，量具刻度不准，或者所用仪器未经校正等原因引起的误差。

c. 环境误差　是由于实验室的环境温度、湿度、空气清洁度及实验室供应的水、试剂的纯度和要求的条件不一致等所引起的误差。

d. 操作者误差　是指在正常操作情况下，由于操作人员的主观原因所造成的误差，又称为主观误差。例如，滴定分析中，滴定管读数经常偏高或偏低、滴定终点颜色辨别经常偏深或偏浅等。

检查分析测定过程有无系统误差有效的方法是进行对照实验，采用标准样本、标准方法、加标回收率三种对照试验方法之一，将所得结果进行统计检验可以确定有无系统误差。在找出原因确定存在系统误差后，可测出校正值加以扣除。例如，进行空白试验，在不加试剂的情况下，按所说的分析方法，以同样条件进行分析，所得测量值为空白值，从试样分析结果中扣除空白值，就可得到比较靠谱的分析结果，可用于校正去离子水、试剂、器皿引入的系统误差；通过校准仪器如砝码、容量仪器等，可以校正仪器误差。一般情况下，简单而有效的方法是在一系列操作工作中使用同一仪器，这样可以抵消仪器误差。

精心安排实验，可将系统误差随机化，从而可以避免系统误差。

② 随机误差（偶然误差） 测量结果与重复性条件下，对同一被测量进行无限多次测量所得结果的平均值之差，称为随机误差。随机误差由测定过程中各环节太微小或太复杂的难以控制的随机因素造成的。例如，取样、制样的不均匀性、不稳定性；实验环境的温度、湿度、气压的微小波动；仪器性能的微小变化；操作人员情绪波动，操作的微小变化，分析条件控制稍有出入等都可能带来误差。这类误差产生的原因不确定，是由多个微小的随机因素共同影响的结果。其特点是数值时大、时小、时正、时负，又称不定误差。当消除系统误差后，多次测量结果的数据服从统计规律，即同样大小的正误差和负误差出现的机会相等；小误差出现的机会多，大误差出现的机会小。这一规律用正态分布曲线图 1-1 表示，图中横坐标代表误差的大小，以总体标准偏差（σ）为单位，纵坐标代表误差发生的频率。

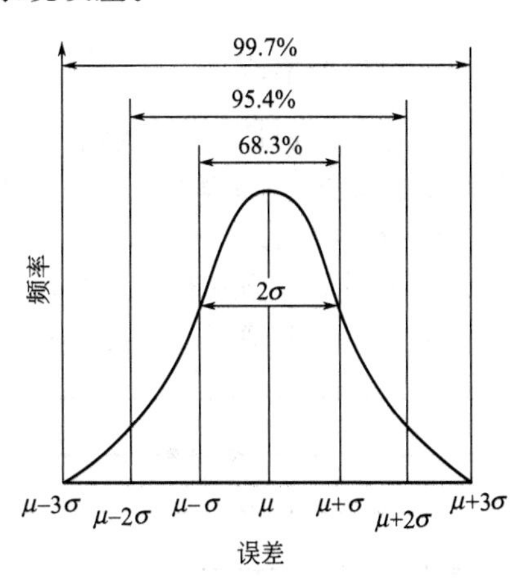

图 1-1 误差的正态分布曲线

从图中可以看出，在消除系统误差的前提下，平行测定的次数越多，测量结果的平均值越接近真实值。因此，通过增加平行测定的次数可以减小或消除随机误差。

此外，由于分析者的工作疏忽，不遵守实验操作规程而出现的器皿不洁净、试液丢失、加错试剂、读错、记错及计算错误等，这些都属于不应有的过失误差，不属于客观存在的误差，必须注意完全避免。因此，分析者必严格遵守实验操作规程，一丝不苟，养成良好的实验习惯，耐心细致地进行实验。如发现异常值，应查找原因，如系过失造成的，应予剔除。

（3）分析结果的表征——准确度、精密度 实际分析测定中，分析者总要平行测定几次，得到分析结果的平均值，并用各次平行结果的相近程度来表征分析结果的精密度（分析结果的可靠程度），用分析结果的平均值与真实值的接近程度来表征分析结果的准确度。

准确度用误差量度。误差小，表示分析结果与真实值接近，分析结果的准确度高；反之，误差大，分析结果的准确度低。误差有正、负之分。误差为正值，表示分析结果大于真实值，称分析结果偏高；反之，误差为负值，称分析结果偏低。

精密度用偏差量度。偏差小，表示分析结果的精密度高，分析结果可靠；偏差大，表示分析结果的精密度低，分析结果不可靠。

单次测量值的绝对偏差为：

$$d_i = x_i - \overline{x} \tag{1-3}$$

分析结果的精密度用单次测量值的平均偏差或相对平均偏差量度，没有正、负之分。

单次测量值的平均偏差：

$$\overline{d} = \frac{\sum_{i=1}^{n} |d_i|}{n} \tag{1-4}$$

单次测量值的相对平均偏差：

$$\overline{d_{\overline{x}}} = \frac{\overline{d}}{\overline{x}} \times 100\% \tag{1-5}$$

分析结果精密度的另一个表示方法是用单次测量值的标准偏差或相对标准偏差表示，它们能更好地反映分析结果的精密度。

标准偏差：

$$s=\sqrt{\frac{\sum(x_i-\overline{x})^2}{n-1}} \tag{1-6}$$

相对标准偏差：

$$CV=\frac{s}{\overline{x}}\times100\% \tag{1-7}$$

在分析测定过程中，由于存在两类不同性质的误差，并且具有传递性，这会直接影响分析结果的精密度和准确度，其中随机误差影响精密度，也影响准确度，系统误差只影响准确度。

评价分析结果应先看精密度，后看准确度。精密度高，表示分析测定条件稳定，随机误差得到控制，数据具有可比性，是保证准确度高的先决条件；精密度低，数据没有可比性，就失去了衡量准确度的前提。精密度高、准确度高的结果是可靠结果。

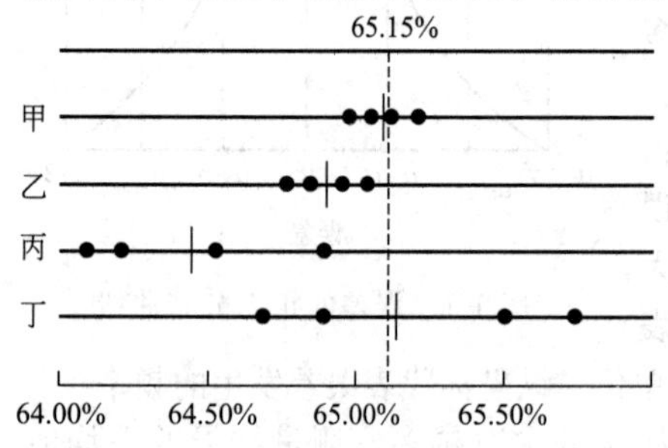

图 1-2 不同工作人员分析同一试样的结果
（● 表示个别测定值；｜表示平均值）

图 1-2 是甲、乙、丙、丁四人分析同一碳酸钙含量的测定结果示意图，图中 65.15% 处的虚线为真实值。四人分析结果可评价为：甲的分析结果精密度高、准确度高，表明测定随机误差与系统误差得到控制，分析结果可靠；乙的分析结果精密度虽高，但准确度低，表明测定存在系统误差，分析结果仍然不可取；丙的分析结果精密度和准确度均低，表明测定存在系统误差，且随机误差未得到控制，分析结果不可靠；丁的平均值虽也接近真实值，但几个数据彼此相差甚远，而仅是由于正、负误差相互抵消才凑巧使结果接近真实值，因而其结果也是不可取的。

（4）公差　由前面讨论可知，误差和偏差含义不同。严格地说，人们只能通过多次重复测定，得到一个接近真实值的平均值，用这个平均值代替真实值来计算误差。显然，这样计算出来的误差实际上还是偏差。因此，在生产部门并不强调误差与偏差的区别，而用“公差”范围来表示允许误差的大小。

公差是生产部门对分析结果允许误差的一种限量，又称为允许误差。如果分析结果超出允许的公差范围称为“超差”，这时该项分析应该重做。

公差范围的确定一般是根据生产需要及试样组成的复杂情况和所用分析方法的准确度等实际情况而制定的。对于每一项具体的分析工作，各主管部门都规定了具体的公差范围。

2. 数据修约与有效数字

在定量分析中，为了得到准确的分析结果，不仅要准确地进行各种测量，而且还要正确记录和计算。分析结果需反映分析的准确程度，因此，实验记录和结果的计算，保留几位数字不是任意的，而是要根据分析仪器和分析方法的准确度来确定。这就涉及有效数字和数值修约。

（1）有效数字　数据中能够正确反映一定量（物理量和化学量）的数字叫有效数字。包括所有的确定数字和最后一位不确定性的数字。

① 有效数字的保留原则：必须与所用的分析方法和使用仪器的准确度相适应。

例 1：分析天平称取 0.5g，记为：0.5000g　　台秤称取 0.5g，记为：0.5g
量筒量取 20mL 溶液，记为：20mL　　滴定管放出 20mL 溶液，记为：20.00mL

②有效数字位数的多少，不仅表示其数值的大小，而且还表示测定的准确度。

例 2：称量某试样，结果记录为 0.5180g，它表示该试样的实际质量为（0.5180±0.0001)g，其相对误差为$\frac{\pm0.0001}{0.5180}\times100\%=\pm0.02\%$；如果记录为 0.518g，则该试样的实

际质量为（0.518±0.001)g，其相对误差为$\frac{\pm 0.001}{0.518}\times 100\% = \pm 0.2\%$。记录为三位有效数字，准确度降低了10倍，因此，数字“0”不能随意舍弃。

③ 一个数据的有效数字位数，应该从该数据左边第一个非“0”的数字开始，到右边最后一个数字的数字个数。

数据中的“0”有这样的规定：有效数字中间的“0”是有效数字；有效数字前面的“0”不是有效数字（起定位作用）；有效数字后面的“0”是有效数字。

例3：指出下列数据的有效数字位数

0.4252g	1.4832g	0.1005g	0.0104g	15.40mL	0.001L
4位	5位	4位	3位	4位	1位

改变单位并不改变有效数字的位数。当需要在数的末尾加“0”作定位时，最好采用指数形式表示，否则有效数字的位数含混不清。

例4：质量为25.0mg（3位有效数字），若以μg为单位，应表示为2.50×10^4（3位有效数字）。若表示为25000，就易误解为5位有效数字。

（2）数值修约规则　定量分析结果常常需要若干测定数据或参数经各种数学运算后求得的，而各种测定数据或参数的有效数字位数又不尽相同，为了简化计算，使各测定数据或参数的有效数字彼此相适应，常常需要舍去某些测定数据多余的有效数字，舍弃多余的有效数字的过程称为数值修约。数值修约就是用修约后的数值代替修约前的数值。

过去，人们习惯采用“四舍五入”的修约规则，现在则通行“四舍六入五成双”的规则，即在运算中除应保留的有效数字外，如果有效数字后面的数小于5（不包括5）就舍去；如果大于5（不包括5）就进位；若等于5，如果5后没有数字或5后面有数字但都是0，看5的前位数，是奇数进位，是偶数（包括“0”）舍去，不进位；如果5后面有数字，不管5前面是奇数还是偶数都进位。

总之：采用小于5舍，大于5进，等于5则按单双的原则来处理。

例5：将下面数字修约为四位有效数字

0.24684→0.2468　　0.507218→0.5072　　101.25→101.2

101.15→101.2　　7.06253→7.063

（3）数据运算规则

① 加减法　以各数中小数点后位数最少者为准。即以绝对误差最大的数字的位数为准（向小数点最近者看齐）。

例6：50.1+1.45+0.5812=?

解析：进行具体运算时，可按两种方法处理，一种是将所有数据修约到小数后一位，再具体运算，即50.1+1.45+0.5812 =50.1+1.4+0.6=52.1。

另一种是先将其他数据修约到小数点后两位，即暂时多保留一位有效数字，运算后再进行最后修约，即50.1+1.45+0.5812 =50.1+1.45+0.58=52.13=52.1。两种计算方法的结果在尾数上可能差1，这是允许的，只要运算前后保持一致。

② 乘除法　是以有效数字最少的作为保留依据。即以相对误差最大者的位数为准（向有效位数最少者看齐）。

例7：0.0121×25.64×1.05782=?

解析：0.0121仅有三位有效数字，有效数字最少，所以结果只应保留三位有效数字，即0.0121 × 25.6 × 1.06=0.328。

例8：0.0892×27.62÷20.00=?

解析：0.0892的首数是大于或等于8的，可视为四位有效数字，所以保留四位有效数字。即0.0892×27.62÷20.00＝0.1232。

目前，计算器应用十分普遍，由于计算器上显示的数值位数较多，虽然不必对每一步的计算结果修约，但应注意正确保留最后计算结果的有效数字的位数。

在记录测定数据和表示分析结果时，还需注意以下几个问题：

① 记录测定结果时，只应保留一位有误差的数字。由于测定仪器不同，测定误差可能不同，因此，应根据实际情况，正确记录数据。

② 对于高含量组分（质量分数＞10％）的测定，一般要求分析结果有4位有效数字；对于中含量组分（质量分数1％～10％），一般要求3位有效数字；对于微量组分（质量分数＜1％），一般只要求2位有效数字。

③ pH、pM、lg$K$等有效数字取决于小数部分的位数，因整数部分只说明该数的方次。

例如：　pH＝12.68　　$[H^+]=2.1\times10^{-13}$ mol/L

还有一点要注意，对于整数参与运算，如6，它可看作为1位有效数字，又可看作为无限多个有效数字，6.000……。一般以其他数字来参考。

3. 测量不确定度

报告测量结果时，必须对测量结果的质量给出定量的说明，以确定测量结果的可信程度，测量结果是否有用，很大程度上取决于其不确定度的大小，所以对于测量结果来说，具有不确定度说明时，才是完整和有意义的。

（1）测量不确定度的定义　表征合理地赋予被测量之值的分散性、与测量结果相联系的参数，称为测量不确定度。是定量说明测量结果的质量的一个参数。

“合理”意指应考虑到各种因素对测量的影响所做的修正，特别是测量应处于统计控制的状态下，即处于随机控制的过程中，即处于重复条件下或再现性条件下的测量状态。“赋予被测量之值”意指被测量的测量结果，它不是固定的，而是人们赋予的最佳估计值。“分散性”意指该估计值的分散区间或分散程度，而被测量之值分布的大部分可望含于此区间内。“相联系”意指测量不确定度是一个与测量结果“在一起”的参数，在测量结果的完整表示中应包括测量不确定度。此参数可以是诸如标准差或其倍数，或说明了置信概率的置信区间的半宽度。也就是说，不确定度是和测量结果一起用来表明在给定条件下对被测量进行测量时，测量结果所可能出现的区间。例如，在25℃时，测得某溶液的pH值为5.34±0.02，置信概率为95％。这就是说，有95％的把握认定：在25℃时，测得某溶液的pH值出现在5.32～5.36范围内。

因此，测量结果的不确定度是测量值可靠性的定量描述。不确定度愈小，测量结果可信赖程度愈高；反之，不确定度愈大，测量结果可信赖程度愈低。

（2）测量不确定度的来源　产生于测量过程中的随机效应及系统误差应均会导致测量不确定度，数据处理中的数字修约也会导致不确定度。分析测试过程中导致不确定度的典型来源有如下几方面。

① 取样和样品的保存　取样的代表性不够和测试样品在分析前贮存时间以及贮存条件不当均会导致测量不确定度。

② 仪器的影响　如测量仪器的计量性能（如灵敏度、稳定性、分辨力等）的局限性会导致测量不确定度。

③ 试剂纯度　测试过程中所用的试剂及实验用水纯度不符合要求也会引进一个不确定度分量。

④ 假设的化学反应定量关系　分析过程中偏离所预期的化学反应定量关系，或反应的

不完全或副反应。

⑤ 测量条件的变化　测量过程中测量条件（如时间、温度、压力、湿度等）发生变化，如测量时使用仪器的温度与校准仪器的温度不一致等。

⑥ 测量方法不理想。

⑦ 计算影响　引用的常数或参数不准确；选择校准模式，例如对曲线的响应用直线校准，导致较差的拟合；计算时数字的修约等，均会引入较大的不确定度。

⑧ 空白修正和测量标准赋值的不准确　空白修正的值和适宜性都会有不确定度，这点在痕量分析中尤为重要。

⑨ 操作人员的影响　操作人员可能总是将仪表或刻度的读数读高或读低；还可能对方法做出稍微不同的解释。这些都会引进一个不确定度的分量。

⑩ 随机影响　在所有测量中都有随机影响产生的不确定度。

综上所述，测量不确定度的大小与使用的基准标准、测试水平，测试仪器的质量和运行状态等均有关系。

(3) 测量不确定度的分类和评定　不确定度分为标准不确定度和扩展不确定度。根据不确定度评定方法的不同，标准不确定度分为：用统计方法评定的不确定度（A 类）、非统计方法评定的不确定度（B 类）以及合成标准不确定度。

① A 类标准不确定度（u_A）　A 类标准不确定度即统计不确定度，具有随机误差的性质，是指可以采用统计方法计算的不确定度，如测量读数具有分散性、测量时温度波动影响等。通常认为这类统计不确定度服从正态分布规律，因此可以像计算标准偏差那样，通过一系列重复测量值，采用式(1-8) 来计算 A 类标准不确定度，即

$$u_A = s = \sqrt{\frac{\sum_{i=1}^{n}(x_i - \bar{x})^2}{n-1}} \tag{1-8}$$

② B 类标准不确定度（u_B）　B 类标准不确定度即非统计不确定度，是指用非统计方法评定的不确定度，包括采样及样品预处理过程的不确定度、标准对照物浓度的不确定度、标准校准过程的不确定度、仪器示值的误差等。评定 B 类标准不确定度常用估计方法。要估计适当，需要通过相关信息，如掌握不确定度的分布规律，同时要参照标准，更需要评定者的实践经验和学识水平。

③ 合成标准不确定度（u_C）　当测量结果的标准不确定度由若干标准不确定度分量构成时，按方和根得到的标准不确定度即为合成标准不确定度。为使问题简化，这里只讨论简单情况下（即 A 类、B 类分量保持各自独立变化，互不相关）的合成标准不确定度。

假设 A 类标准不确定度用 u_A 表示，B 类标准不确定度用 u_B 表示，合成标准不确定度用 u_C 表示，则

$$u_C = \sqrt{u_A^2 + u_B^2} \tag{1-9}$$

④ 扩展不确定度　为了表示测量结果的置信区间，用一个包含因子 k（一般在 2～3 范围内）乘以合成不确定度，称为扩展不确定度（以 U 表示），扩展不确定度有时也称展伸不确定度或范围不确定度。

$$U = ku_C \tag{1-10}$$

式中，k 为包含因子，有时也称覆盖因子。当取 $k=2$ 时，置信度一般为 95%；当取 $k=3$ 时，置信度一般为 99%。

一个分析结果允许有多大的不确定度，一般由测试的要求、试样中所含组分的情况、测

试方法的准确度以及试样中欲测组分的含量等因素决定，不确定度的大小决定了测量结果的使用价值，称为表征测量的一个重要的质量指标。

⑤ 测量结果的表示 任何一个测量结果的表达均包括测量值的算术平均值 $\overline{x}$ 和一定概率下的不确定度 U，因此分析结果用 $\overline{x} \pm U$ 表示。

例 9：采用原子吸收分光光度法测定浓度为 1.00μg/mL 的铅标准溶液，5 次平行测定的结果分别为 1.02μg/mL、1.07μg/mL、0.98μg/mL、1.05μg/mL、0.95μg/mL。经估算 B 类不确定度为 0.032μg/mL。试对该方法进行不确定度评定并给出测定结果。

解：5 次测定结果的算术平均值及标准偏差分别为：

$$\overline{x}=1.01\mu g/mL；s=0.049\mu g/mL$$

由于 $u_A=s$，$u_B=0.032\mu g/mL$，因此合成不确定度为：

$$u_C=\sqrt{u_A^2+u_B^2}=\sqrt{0.049^2+0.032^2}=0.059\ (\mu g/mL)$$

在置信概率为 95%时，选 $k=2$，则扩展不确定度为：

$$U=ku_C=2\times 0.059=0.12\ (\mu g/mL)$$

则铅标准溶液的测定结果为 $(1.01\pm 0.12)\mu g/mL$。

（4）测量误差与测量不确定度 区分误差和不确定度很重要，因为误差定义为：被测量的测定结果和真值之差。由于真值往往不知道，故误差是一个理想的概念，不可能被确切地知道。但不确定度可以用一个区间的形式表示，如果是对一个分析过程和规定样品类型做评估，则可适用于其所描述的所有测量值。因此，测量误差与测量不确定度在定义、评定方法、合成方法、表述形式、分量的分类等方面均有区别。测量误差与测量不确定度之间存在的主要区别见表 1-2。

表 1-2 测量误差与测量不确定度的主要区别

序号	内 容	测 量 误 差	测 量 不 确 定 度
1	定义的要点	表明测量结果偏离真值，是一个差值	表明赋予被测量之值的分散性，是一个区间
2	分量的分类	按出现于测量结果中的规律，分为随机和系统，都是无限多次测量时的理想化概念	按是否用统计方法求得，分为 A 类和 B 类，都是标准不确定度
3	可操作性	由于真值未知，只能通过约定真值求得其估计值	按实验、资料、经验评定，实验方差是总体方差的无偏估计
4	表示的符号	非正即负，不要用正负(±)号表示	为正值，当由方差求得时取其正平方根
5	合成的方法	为各误差分量的代数和	当各分量彼此独立时为方和根，必要时加入协方差
6	结果的修正	已知系统误差的估计值时，可以对测量结果进行修正，得到已修正的测量结果	不能用不确定度对结果进行修正，在已修正结果的不确定度中应考虑修正不完善引入的分量
7	结果的说明	属于给定的测量结果，只有相同的结果才有相同的误差	合理赋予被测量的任一个值，均具有相同的分散性
8	实验标准偏差	来源于给定的测量结果，不表示被测量值估计的随机误差	来源于合理赋予的被测量之值，表示同一观测列中任一个估计值的标准不确定度
9	自由度	不存在	可作为不确定度评定是否可靠的指标
10	置信概率	不存在	当了解分布时，可按置信概率给出置信区间

4. 分析结果数据处理

在分析工作中，最后处理分析数据时，都要消除因系统误差和剔除由于明显原因而与其他测定结果相差甚远的那些错误的测定结果后进行。

在例行分析中，一般对单个试样平行测定两次，两次测定结果差值如果不超过双面公差（即公差的 2 倍），可以取其平均值报出分析结果，否则需要重做。

在常量分析实验中，一般对单个试样平行测定 2～4 次，此时测定结果可作简单处理；计算出相对平均偏差，若其相对平均偏差≤0.1%，可以认为符合要求，可以取其平均值报出分析结果，否则需要重做。

对要求非常准确的分析，如标准试样成分测定，考核新拟定的分析方法，同一试样由于实验室不同或者操作者不同或其他原因，做出的一系列测定数据会有差异，因此需要用统计的方法进行结果处理。首先把数据加以整理，剔除由于明显原因而与其他测定结果相差甚远的错误数据，对于一些精密度似乎不甚高的可疑数据按照有关规则决定取舍，然后计算 n 次测定数据的平均值与标准偏差，即可表示出测定数据的集中趋势和离散情况，就可以进一步对总体平均值可能存在的区间作出估计。

（1）数据集中趋势的表示方法　无限次测定数据中用总体平均值（μ）描述数据集中趋势，那么在有限次测定数据中则用算术平均值（$\bar{x}$）或中位数（M）描述数据的集中趋势，来估计真值。

中位数是将一组测定数据按由小到大的顺序排列，若 n 为奇数，中位数就是位于中间的数；若 n 为偶数，中位数则是中间两数的平均值。

中位数不受离群值大小的影响，但用于表示数据集中趋势不如平均值好。通常只有当平行测定次数较少而又有离群较远的可疑值时，才用中位数来表示分析结果。

（2）数据离散程度的表示方法　无限次测定数据中用总体标准偏差（σ）描述数据的离散程度，那么在有限次测定数据中则用平均偏差（$\bar{d}$）、相对平均偏差（$\overline{d_{\bar{x}}}$）、标准偏差（s）或相对标准偏差（CV）描述数据的离散程度。

（3）置信概率和平均值的置信区间　对于无限次测定，图 1-1 中曲线与横坐标从 $-\infty$ 到 $+\infty$ 之间所包围的面积代表具有各种大小误差的测定值出现的概率总和，设为 100%。由数学计算可知，在 $\mu-\sigma \sim \mu+\sigma$ 区间内，曲线所包围的面积为 68.3%，真值落在此区间内的概率为 68.3%，此概率称为置信概率。亦可计算出在 $\mu \pm 2\sigma \sim \mu \pm 3\sigma$ 区间内的置信概率分别为 95.4% 和 99.7%。

在实际分析工作中，不可能也不必要做无限多次测定，μ 和 σ 是不知道的。进行有限次的测定，只能知道 $\bar{x}$ 和 s。由统计学可以推导出有限次测定的平均值 $\bar{x}$ 和总体平均值（真值）μ 的关系：

$$\mu = \bar{x} \pm \frac{ts}{\sqrt{n}} \tag{1-11}$$

式中，t 为在选定的某一置信概率下的概率系数，可根据测定次数从表 1-3 中查得。

表 1-3　对于不同测定次数及不同置信概率的 t 值

测定次数 n	置信概率				
	50%	90%	95%	99%	99.5%
2	1.000	6.314	12.706	63.657	127.32
3	0.816	2.920	4.303	9.925	14.089
4	0.765	2.353	3.182	5.841	7.453
5	0.741	2.132	2.776	4.604	5.598
6	0.727	2.015	2.571	4.032	4.773
7	0.718	1.943	2.447	3.707	4.317
8	0.711	1.895	2.365	3.500	4.029

续表

测定次数 n	置信概率				
	50%	90%	95%	99%	99.5%
9	0.706	1.860	2.306	3.355	3.832
10	0.703	1.833	2.626	3.250	3.690
11	0.700	1.812	2.228	3.169	3.581
21	0.687	1.725	2.086	2.845	3.153
∞	0.674	1.645	1.960	2.576	2.807

根据上式可以估算出在选定的置信概率下，真值在以平均值为中心的多大范围内出现，这个范围就是平均值的置信区间。

例 10：对某试样中 Cl^- 的含量进行分析测定，测定结果为 47.52%、47.64%、47.60%、47.58%，试计算平均值的置信区间（置信概率为 95%）。

解：$\bar{x}=\dfrac{47.52\%+47.64\%+47.60\%+47.58\%}{4}=47.58\%$

$$s=\sqrt{\frac{(47.52\%-47.58\%)^2+(47.64\%-47.58\%)^2+(47.60\%-47.58\%)^2+(47.58\%-47.58\%)^2}{4-1}}$$

$=0.05\%$

查表 1-3，置信概率为 95%，$n=4$ 时，$t=3.182$，所以，

$$\mu=\bar{x}\pm\frac{ts}{\sqrt{n}}=47.58\%\pm\frac{3.182\times0.05\%}{\sqrt{4}}=(47.58\pm0.08)\%$$

上述计算说明，若平均值的置信区间为 (47.58±0.08)%，则真值在其中出现的概率为 95%，100%的置信概率就意味着区间是无限大的，肯定会包括真值，但这样的区间是毫无意义的，应当根据实际工作的需要定出置信概率。在分析中通常将置信概率定为 95%或 90%。

(4) 可疑数据的取舍　在重复多次测定时，如出现特大或特小的离群值，亦即可疑值时，又不是由明显的过失造成的，就要根据随机误差分布规律决定取舍。取舍方法很多，这里介绍两种常用的检验法。

① Q 检验法　将数据由小到大排列 x_1、x_2、x_3、…、x_{n-1}、x_n，其中，x_1、x_n 可能为可疑值。表 1-4 列出 Q 值检验表。

如 x_1 为可疑值，统计因子 $Q=\dfrac{x_2-x_1}{x_n-x_1}$；

如 x_n 为可疑值，统计因子 $Q=\dfrac{x_n-x_{n-1}}{x_n-x_1}$；

若 $Q\geqslant Q_{表}$，则应舍弃可疑值；$Q\leqslant Q_{表}$，则应保留可疑值。

表 1-4　Q 值检验表（置信概率 90%和 95%）

测定次数 n	2	3	4	5	6	7	8	9	10
$Q_{0.90}$	—	0.94	0.76	0.64	0.56	0.51	0.47	0.44	0.41
$Q_{0.95}$	—	0.98	0.85	0.73	0.64	0.59	0.54	0.51	0.48

② $4\bar{d}$ 检验法　首先求出可疑值以外的其余数据的平均值 $\bar{x}$ 和平均偏差 $\bar{d}$，然后将可疑值与平均值进行比较，如绝对差值大于 $4\bar{d}$，则应舍弃可疑值，否则保留。

第二节 基本计量器具的使用与维护

一、天平

天平用于称量物体质量，是一种衡器。由支点（轴）在梁的中心支着天平梁而形成两个臂，每个臂上挂着一个盘，其中一个盘里放着已知质量的物体，另一个盘里放待称量的物体，固定在梁上的指针在不摆动且指向正中刻度时的偏转就指示出待称量物体的质量。常见的有普通托盘天平、半机械加码分析天平及电子天平。

（一）普通托盘天平

1. 托盘天平的构造

常用的托盘天平由托盘、指针、横梁、标尺、游码、砝码、平衡螺母、分度盘等组成，精确度一般为0.1g或0.2g。

托盘天平的结构如图1-3所示，由支点（轴）在梁的中心支着天平梁而形成两个臂，每个臂上挂着或托着一个盘，其中一个盘（通常为右盘）里放着已知质量的物体（砝码），另一个盘（通常为左盘）里放待称量的物体，游码则在刻度尺上滑动。固定在梁上的指针在不摆动且指向正中刻度时或左右摆动幅度较小且相等时，砝码质量与游码位置示数之和就指示出待称量物体的质量。即物体的质量等于砝码加上游码。

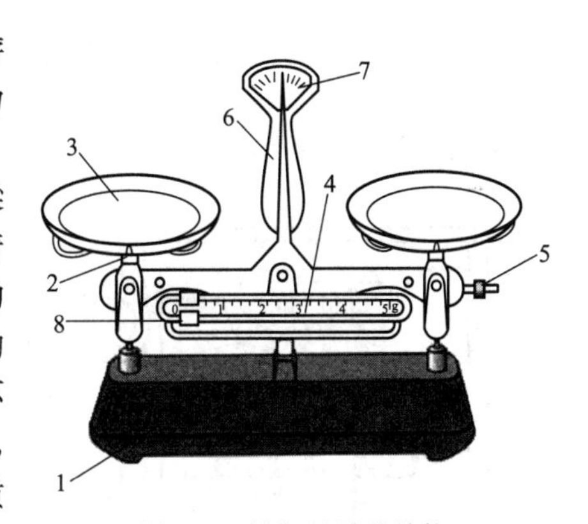

图1-3 托盘天平的结构

1—底座；2—托盘架；3—托盘；4—标尺；5—平衡螺母；6—指针；7—分度盘；8—游码

2. 天平的使用方法

① 要放置在水平的地方。游码要归零。

② 调节平衡螺母（天平两端的螺母），调节零点直至指针对准中央刻度线。

③ 左托盘放称量物，右托盘放砝码。根据称量物的性状，应放在玻璃器皿或洁净的纸上，事先应在同一天平上称得玻璃器皿或纸片的质量，然后称量待称物质。

④ 添加砝码从估计称量物的最大值加起，逐步减小。托盘天平只能称准到0.1g。加减砝码并移动标尺上的游码，直至指针再次对准中央刻度线。

⑤ 取用砝码必须用镊子，取下的砝码应放在砝码盒中，称量完毕，应把游码移回零点。

⑥ 称量干燥的固体药品时，应在两个托盘上各放一张相同质量的纸，然后把药品放在纸上称量。

⑦ 易潮解的药品，必须放在玻璃器皿（如小烧杯、表面皿）上称量。

⑧ 砝码若生锈，测量结果偏小；砝码若磨损，则测量结果偏大。

3. 注意事项

① 事先把游码移至0刻度线，并调节平衡螺母，使天平左右平衡。

② 右放砝码，左放物体。如果砝码与要称重物体放反了，则所称物体的质量比实际的大。

③ 砝码不能用手拿，要用镊子夹取。在使用天平时游码也不能用手移动。

④ 过冷过热的物体不可放在天平上称量。应先在干燥器内放置至室温后再称。

⑤ 加砝码应该从大到小，可以节省时间。

⑥ 在称量过程中，不可再碰平衡螺母。

（二）半机械加码分析天平

1. 半机械加码分析天平的结构

半机械加码分析天平的结构如图 1-4 所示，天平梁是天平的主要部件之一，梁上左、中、右各装有一个玛瑙刀口和玛瑙平板。装在梁中央的玛瑙刀刀口向下，支承于玛瑙平板上，用于支撑天平梁，又称支点刀。装在梁两边的玛瑙刀刀口向上，与吊耳上的玛瑙平板相接触，用来悬挂托盘。玛瑙刀口是天平很重要的部件，刀口的好坏直接影响到称量的精确程度。玛瑙硬度大但脆性也大，易因碰撞而损坏，故使用时应特别注意保护玛瑙刀口。

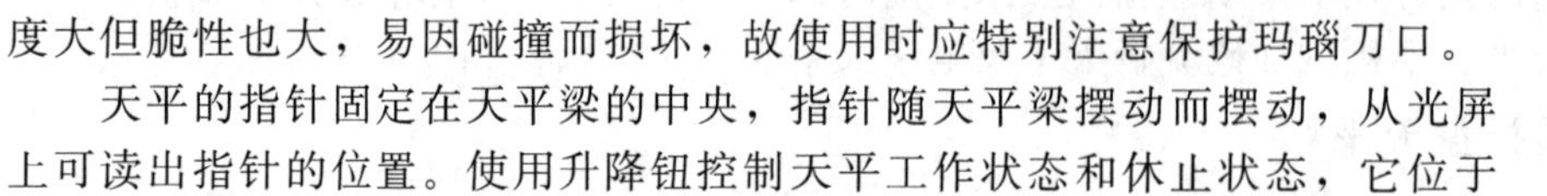

天平的指针固定在天平梁的中央，指针随天平梁摆动而摆动，从光屏上可读出指针的位置。使用升降钮控制天平工作状态和休止状态，它位于天平正前方下部。

分析天平的光屏通过光电系统使指针下端的标尺放大后，在光屏上可以清楚地读出标尺的刻度。标尺的刻度代表质量，每一大格代表 1mg，每一小格代表 0.1mg。

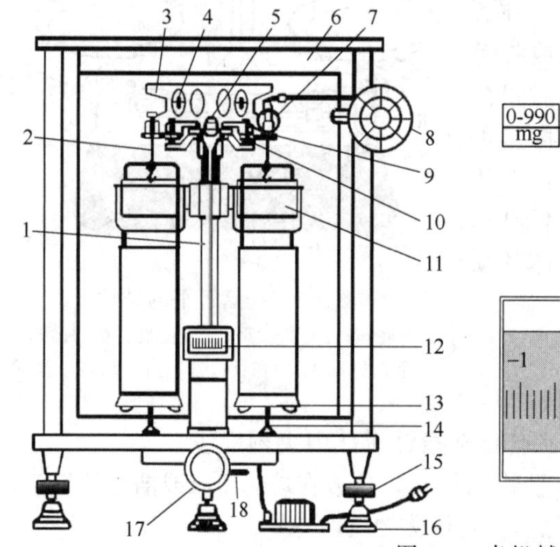

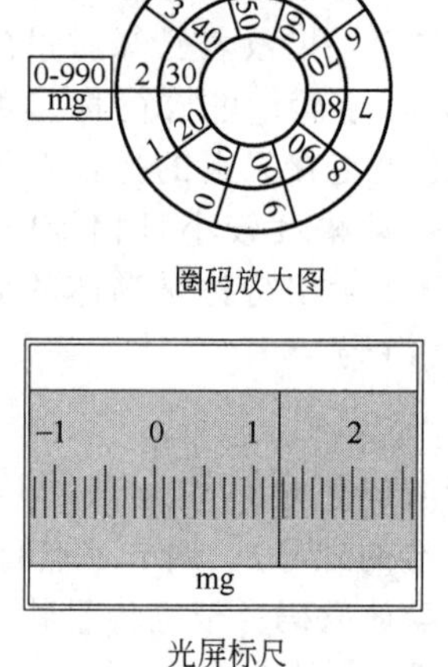

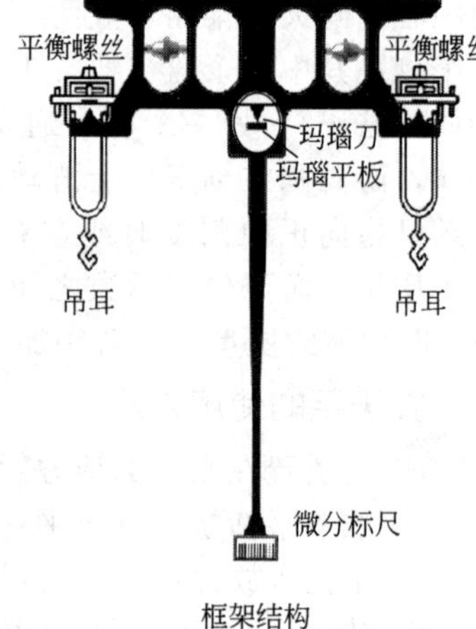

图 1-4　半机械加码分析天平的结构

1—指针；2—吊耳；3—天平梁；4—调零螺丝；5—感量螺丝；6—前面门；7—圈码；8—刻度盘；9—支柱；10—托梁架；11—阻力盒；12—光幕；13—天平盘；14—盘托；15—垫脚螺丝；16—脚垫；17—升降钮；18—光屏移动拉杆

天平左、右有两个托盘，左盘放称量物体，右盘放砝码。机械分析天平是比较精密的仪器，外界条件的变化如空气流动等容易影响天平的称量，为减少这些影响，称量时一定要把橱门关好。

天平有砝码和圈码。砝码装在盒内，最大质量为 100g，最小质量为 1g。在 1g 以下的是用金属丝做成的圈码，安放在天平的右上角，加减的方法是用机械加码旋钮来控制，用它可以加 10～990mg 的质量。10mg 以下的质量可直接在光幕上读出。

2. 半机械加码分析天平的使用

（1）称前检查　使用天平前，应先检查天平是否水平；机械加码装置是否指示 0.00 位置；吊耳及圈码位置是否正确，圈码是否齐全、有无掉落、缠绕；两盘是否清洁，有无异物。

（2）零点调节　接通电源，缓缓开启升降旋钮，当天平指针静止后，观察投影屏上的刻度线是否与缩微标尺上的0.00mg刻度相重合。如不重合，可调节升降旋钮下面的调屏拉杆，移动投影屏位置，使之重合，即调好零点。如已将调屏拉杆调到尽头仍不能重合，则需关闭天平，调节天平梁上的平衡螺丝。

（3）称量　打开左侧橱门，把在台秤上粗称过的被称量物放在左盘中央，关闭左侧橱门；打开右侧橱门，在右盘上按粗称的质量加上砝码，关闭右侧橱门，再分别旋转圈码转盘外圈和内圈，加上粗称质量的圈码。缓慢开启天平升降旋钮，根据指针或缩微标尺偏转的方向，决定加减砝码或圈码。注意，如指针向左偏转（缩微标尺会向右移动），表明砝码比物体重，应立即关闭升降旋钮，减少砝码或圈码后再称，反之则应增加砝码或圈码，反复调整直至开启升降旋钮后，投影屏上的刻度线与缩微标尺上的刻度线在0.00～10.0mg之间为止。

（4）读数　当缩微标尺稳定后即可读数，其中缩微标尺上一大格为1mg，一小格为0.1mg，若刻度线在两小格之间，则按四舍五入的原则取舍，不要估读。读取读数后应立即关闭升降旋钮，不能长时间让天平处于工作状态，以保护玛瑙刀口，保证天平的灵敏性和稳定性。称量结果应立即如实记录在记录本上。

天平的读数方法：砝码＋圈码＋微分标尺，即小数点前读砝码，小数点后第一、二位读圈码（转盘前二位），小数点后第三、四位读微分标尺。

例11：用分析天平称量药品，砝码、圈码及光屏上的标尺如图1-5所示，试问药品有多重？

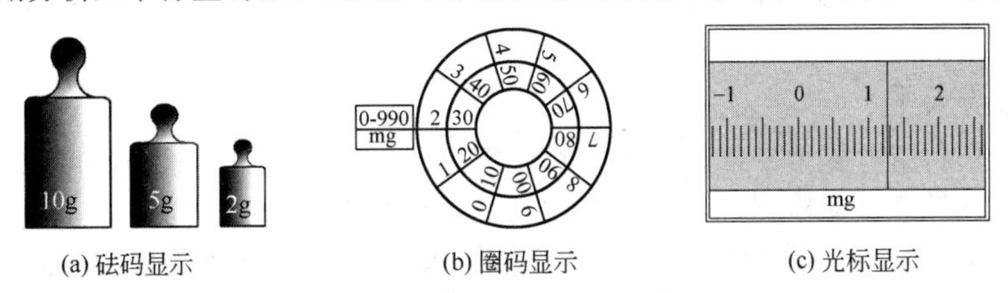

(a) 砝码显示　(b) 圈码显示　(c) 光标显示

图1-5　分析天平读数示意图

解析：药品的质量＝17＋0.230＋0.0013＝17.2313g

（5）复原　称量完毕，取出被称量物，砝码放回砝码盒里，圈码指数盘恢复到0.00位置，拔下电源插头，罩好天平罩，填写天平使用登记本，签名后方可离开。

3. 分析天平的称量方法

天平的称量方法可分为直接称量法（简称直接法）、递减称量法（简称减量法）及指定法。

（1）直接称量法　所称固体试样如果没有吸湿性并在空气中是稳定的，可用直接称量法。先在天平上准确称出洁净容器的质量，然后用药匙取适量的试样加入容器中，称出它的总质量。这两次质量的数值相减，就得出试样的质量。

（2）递减称量法　在分析天平上称量一般都用减量法。先称出试样和称量瓶的精确质量，然后将称量瓶中的试样倒一部分在待盛药品的容器中，到估计量和所求量相接近。倒好药品后盖上称量瓶，放在天平上再精确称出它的质量。两次质量的差数就是试样的质量。如果一次倒入容器的药品太多，必须弃去重称，切勿放回称量瓶。如果倒入的试样不够可再加一次，但次数宜少（见图1-6）。

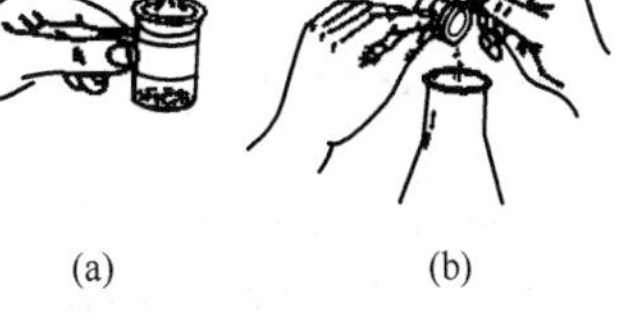
(a)　(b)

图1-6　减量法称量示意图

（3）指定法　对于性质比较稳定的试样，有时为了便于计算，则可称取指定质量的样品。用指定法称量时，在天平盘的两边各放一块表面皿（它们的质量尽量接近），调节天平的平衡点在中间刻度左右，然后在左边天平盘内加上固定质量的砝码，在右边天平盘内加上试样（这样取放试样比较方便），直至天平的平衡点达到原来的数值，这时，试样的质量即为指定的质量。

注意：称量瓶不得用手拿，要用滤纸条夹取；称量时，应注意不要让试样撒落到容器外，当试样量接近要求时，将称量瓶缓慢竖起，用瓶盖轻敲瓶口，使粘在瓶口的试样落入称量瓶或容器中。盖好瓶盖，再次称量，直到倾出的试样量符合要求为止。

4. 半机械加码分析天平的注意事项

① 处于承重工作状态的天平不允许进行任何加减砝码、圈码的操作。

② 开启升降旋钮和加减砝码、圈码时应做到“轻、缓、慢”，以免损坏机械加码装置或使圈码掉落。

③ 不能用手直接接触分析天平的部件及砝码，取砝码要用镊子夹取。

④ 不能在天平上称量热的或具有腐蚀性的物品。不能在金属托盘上直接称量药品。

⑤ 加减砝码的原则是“由大到小，减半加码”。不可超过天平所允许的最大载荷（200g）。

⑥ 每次称量结束后，认真检查天平是否休止，砝码是否齐全地放入盒内，机械加码旋钮是否恢复到零的位置。全部称量完毕后关好天平橱门，切断电源，罩上布罩，整理好台面，填写好使用记录本。

⑦ 天平使用一段时期后，要送计量部门进行检定和调修。天平的全面清洁工作每年应进行两次。

（三）电子天平

电子天平是利用电磁力平衡称量被称物体重力的天平，具有称量准确可靠、显示快速清晰的特点，并且具有自动检测、自动校准以及超载保护等装置。GB/T 26497—2011 规定了电子天平的术语和定义、计量单位、基本参数、要求、试验方法等内容。JJG 1036—2008 电子天平检定规程规定按照检定分度值 e 和检定分度数 n，划分四个准确度级别：特种准确度级、高准确度级、中准确度级和普通准确度级（表 1-5）。

表 1-5 天平准确度级别与 e、n 的关系

准确度级别	检定分度值 e	检定分度数 $n=Max/e$		最小秤量
		最大	最小	
特种准确度级	$1\mu g \leqslant e < 1mg$	可小于 5×10^4	不限制	$100e$
	$1mg \leqslant e$	5×10^4		
高准确度级	$1mg \leqslant e \leqslant 50mg$	1×10^2	1×10^5	$20e$
	$0.1g \leqslant e$	5×10^2	1×10^5	$50e$
中准确度级	$0.1g \leqslant e \leqslant 2g$	1×10	1×10^4	$20e$
	$5g \leqslant e$	5×10^2	1×10^4	$20e$
普通准确度级	$5g \leqslant e$	1×10^2	1×10^3	$10e$

注：Max 为最大秤量。

二、游标卡尺

在进行高分子材料的性能检测时，常常需要测量试样的长度、厚度、宽度、内径、外径等，测量时需要较精确的测量设备，常常使用游标卡尺，游标卡尺是一种带有测量卡爪并用游标读数的通用量尺，是一种测量长度、内外径、深度的量具。

1. 游标卡尺的结构

如图 1-7 所示，游标卡尺由主尺和附在主尺上能滑动的游标两部分构成。若从背面看，游标是一个整体。游标与尺身之间有一弹簧片，利用弹簧片的弹力使游标与游标卡尺尺身靠紧。游标上部有一紧固螺钉，可将游标固定在尺身上的任意位置。主尺刻度一般以 mm 为单位，而游标上则有 10、20 或 50 个分格，根据分格的不同，游标卡尺可分为十分度游标卡尺、二十分度游标卡尺、五十分度游标卡尺等。游标卡尺的主尺和游标上有两副活动量爪，分别是内测量爪和外测量爪，内测量爪通常用来测量内径，外测量爪通常用来测量长度和外径。深度尺与游标尺连在一起，可以测槽和筒的深度。

游标卡尺测量原理与方法

2. 游标卡尺的测量原理

游标卡尺的尺身和游标尺上面都有刻度。以十分度游标卡尺（准确到 0.1mm）为例来说明一下游标卡尺的测量原理。

如图 1-8 所示，游标尺上共有 10 个等分刻度，全长为 9mm，也就是每个刻度为 0.9mm，比主尺上刻度小 0.1mm。尺身上的最小分度是 1mm，游标尺上有 10 个小的等分刻度，总长 9mm，每一分度为 0.9mm，比主尺上的最小分度相差 0.1mm。量爪并拢时尺身和游标的零刻度线对齐，它们的第一条刻度线相差 0.1mm，第二条刻度线相差 0.2mm，……，第 10 条刻度线相差 1mm，即游标的第 10 条刻度线恰好与主尺的 9mm 刻度线对齐。

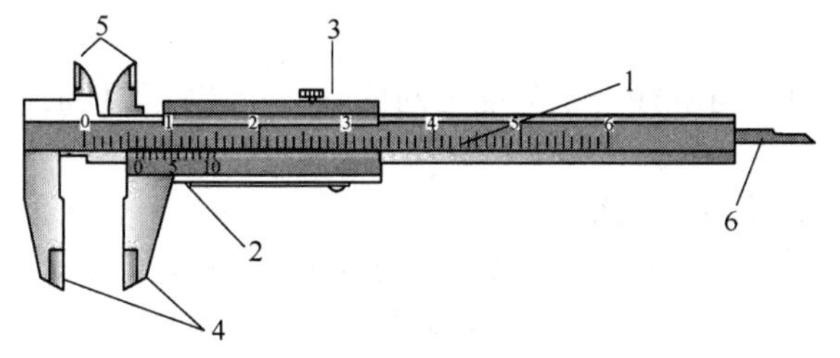

图 1-7 游标卡尺结构图

1—主尺；2—游标尺；3—紧固螺钉；
4—外测量爪；5—内测量爪；6—深度尺

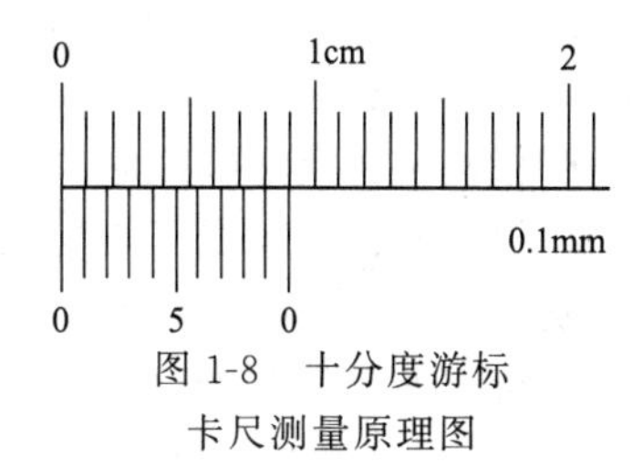

图 1-8 十分度游标卡尺测量原理图

当量爪间所量物体的宽度为 0.1mm 时，游标尺向右应移动 0.1mm。这时它的“1”刻度线恰好与尺身的 1mm 刻度线对齐。同样，当游标的“5”刻度线跟尺身的 5mm 刻度线对齐时，说明两量爪之间有 0.5mm 的宽度，……，依此类推。

在测量大于 1mm 的长度时，整的毫米数要从游标尺的“0”线与尺身相对的刻度线读出。

二十分度游标卡尺的游标尺总长 19mm，有 20 等分刻度，准确到 0.05mm；五十分度游标卡尺的游标尺上总长 49mm，有 50 等分刻度，准确到 0.02mm；测量原理同上。

3. 游标卡尺的使用

游标卡尺使用得是否合理，不但影响本身的精度，且直接影响零件尺寸的测量精度，甚至造成质量事故，对国家造成不必要的损失。

使用游标卡尺测量零件尺寸时，必须注意下列几点。

① 测量前应把卡尺揩干净，检查卡尺的两个测量面和测量刃口是否平直无损，把两个量爪紧密贴合时，应无明显的间隙，同时游标和主尺的零位刻线要相互对准。这个过程称为校对游标卡尺的零位。

② 移动尺框时，活动要自如，不应有过松或过紧，更不能有晃动现象。用固定螺钉固定尺框时，卡尺的读数不应有所改变。在移动尺框时，不要忘记松开固定螺钉，亦不宜过松，以免掉了。

③ 当测量零件的尺寸时：先把卡尺的活动量爪张开，使量爪能自由地卡进工件，把零件贴靠在固定量爪上，然后移动尺框，用轻微的压力使活动量爪接触零件。不允许过分地施加压力，所用压力应使两个量爪刚好接触零件表面。

卡尺两测量面的连线应垂直于被测量表面，不能歪斜。测量时，可以轻轻摇动卡尺，放正垂直位置。

如卡尺带有微动装置，此时可拧紧微动装置上的固定螺钉，再转动调节螺母，使量爪接触零件并读取尺寸。

绝不可把卡尺的两个量爪调节到接近甚至小于所测尺寸，把卡尺强制地卡到零件上去。这样做会使量爪变形，或使测量面过早磨损，使测量的尺寸不准确（外尺寸小于实际尺寸，内尺寸大于实际尺寸），使卡尺失去应有的精度。

④ 在游标卡尺上读数时，应把卡尺水平拿着，朝着亮光的方向，使人的视线尽可能和卡尺的刻线表面垂直，以免由于视线的歪斜造成读数误差。

⑤ 为了获得正确的测量结果，可以多测量几次。即在零件的同一截面上的不同方向进行测量。

⑥ 对于较长零件，则应当在全长的各个部位进行测量，务使获得一个比较正确的测量结果。

4. 游标卡尺的读数

正确的游标卡尺的测量长度是主尺零刻度到游标尺零刻度之间的长度。游标卡尺的读数可分如下三个步骤：

① 根据游标尺零线以左的主尺上的最近刻度读出整毫米数；

② 根据游标尺零线以右与主尺上的刻度对准的刻线数乘上游标卡尺的精度（游标卡尺的精度：十分度的为 0.1mm、二十分度的为 0.05mm、五十分度的为 0.02mm）读出小数；

③ 将上面整数和小数两部分加起来，就是待测物体的测量总尺寸。

游标卡尺不要求估读，如游标尺上没有哪个刻度与主尺刻度线对齐的情况，则选择最近的一根读数，有效数字要与精度对齐（见图 1-9）。

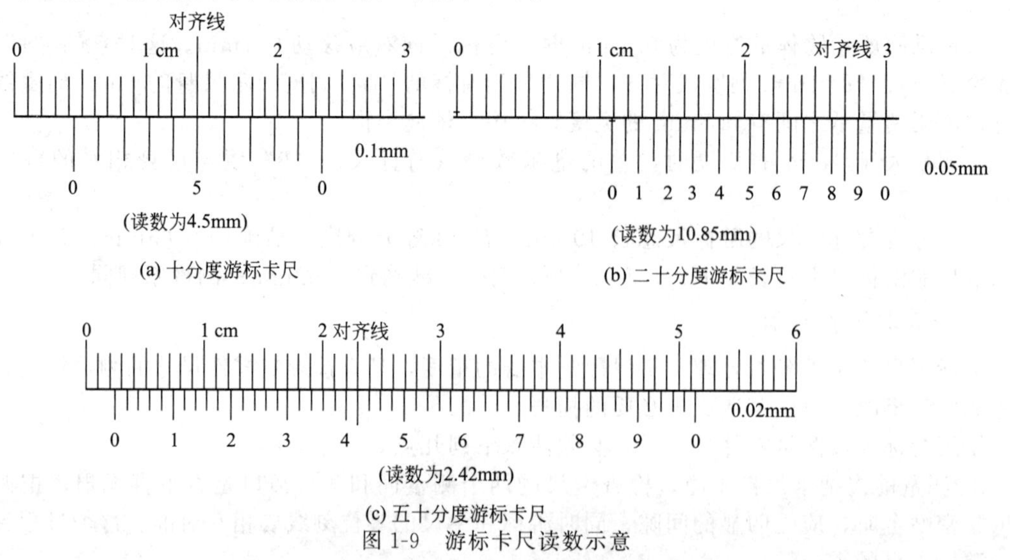

图 1-9 游标卡尺读数示意

三、螺旋测微器

螺旋测微器（又叫千分尺）是比游标卡尺更精密的测量长度的工具，用它测长度可以准确到 0.01mm，测量范围为几厘米。GB/T 10932—2004 规定了螺纹千分尺相关的术语和定义、型式与基本参数等内容。

1. 螺旋测微器的结构

螺旋测微器的结构如图 1-10 所示。螺旋测微器的测砧、固定套管固定在框架上；粗调旋钮、微调旋钮和微分筒（或称可动刻度筒）、测微螺杆连在一起，通过精密螺纹套在有刻度线的固定套筒上。

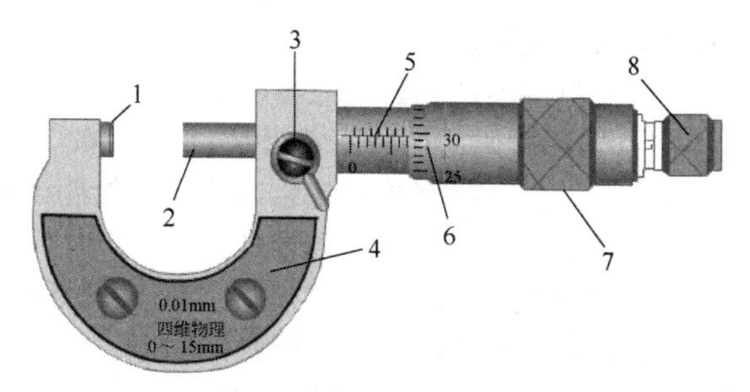

图 1-10　螺旋测微器结构示意图

1—测砧；2—测微螺杆；3—止动旋钮；4—框架；5—固定套管；6—微分筒；7—粗调旋钮；8—微调旋钮

固定套管上固定有一条水平线，这条线上、下各有一列间距为 1mm 的刻度线，上面的刻度线恰好在下面两相邻刻度线中间。微分筒（又称可动刻度筒）上的刻度线是将圆周分为 50 等分的水平线，它是旋转运动的。当微分筒旋转时，测微螺杆前进或后退。

2. 螺旋测微器的测量原理

螺旋测微器是依据螺旋放大的原理制成的，即螺杆在螺母中旋转一周，螺杆便沿着旋转轴线方向前进或后退一个螺距的距离。因此，测微螺杆沿轴线方向移动的微小距离，就能用微分筒圆周上的读数表示出来。螺旋测微器的精密螺纹的螺距是 0.5mm，微分筒上有 50 个等分刻度，微分筒旋转一周，测微螺杆可前进或后退 0.5mm，因此旋转一个分度，转过了 1/50 周，相当于测微螺杆前进或后退 $1/50\times0.5=0.01$mm。可见，测微筒上的可动刻度每一小分度表示 0.01mm，所以（见图 1-11）螺旋测微器可准确到 0.01mm。由于还能再估读一位，可读到毫米的千分位，故又名千分尺。

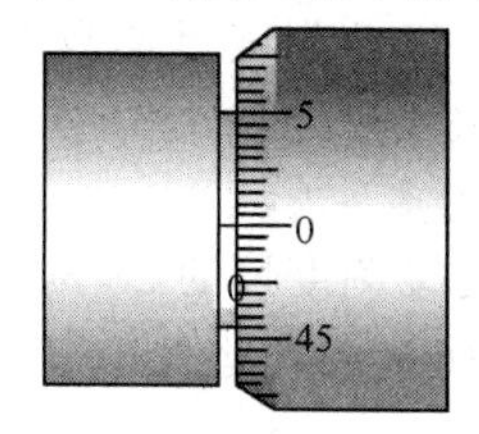

(a) 测砧与测微螺杆并拢时

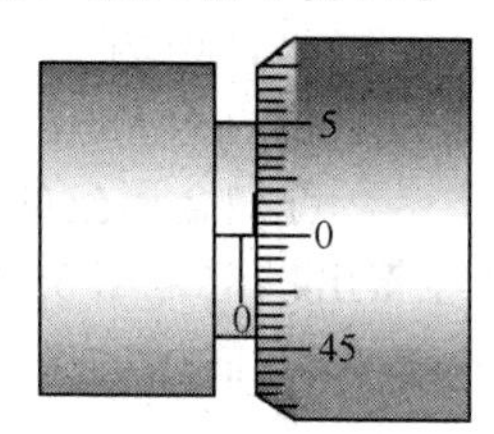

(b) 微分筒旋转一周时

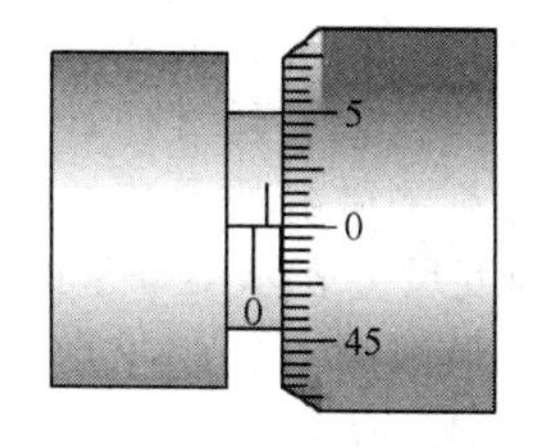

(c) 微分筒旋转两周时

图 1-11　螺旋测微器原理示意图

测量时，当小砧和测微螺杆并拢时，可动刻度的零点若恰好与固定刻度的零点重合，旋出测微螺杆，并使小砧和测微螺杆的面正好接触待测长度的两端，那么测微螺杆向右移动的距离就是所测的长度。这个距离的整毫米数由固定刻度上读出，小数部分则由可动刻度读出。

3. 螺旋测微器的使用

本节所介绍的螺旋测微器为外径螺旋测微器，使用前应先检查零点，方法是缓缓转动微调旋钮，使测微螺杆和测砧接触，到棘轮发出声音为止，此时微分筒（可动刻度筒）上的零刻线应当和固定套筒上的基准水平线（长横线）对正，否则有零误差。

然后，左手持 U 形框架，右手转动粗调旋钮使测微螺杆与测砧间距稍大于被测物，放入被测物，转动微调旋钮到夹住被测物，棘轮发出声音为止。最后，拨动止动旋钮使测微螺杆固定后读数。

如果测量时无法消除零误差，则应考虑它们对读数的影响。若可动刻度的零线在水平横线上方，说明测量时的读数要比真实值小，这种零误差叫负零误差；若可动刻度的零线在水平横线的下方，说明测量时的读数要比真实值大，这种零误差叫正零误差，测量结果应等于读数减去零误差。

螺旋测微器使用的注意事项如下。

① 转动微调旋钮时不可太快，否则由于惯性会使接触压力过大，使被测物变形，造成测量误差，更不可直接转动粗调旋钮而使测微螺杆夹住被测物，这样往往压力过大使测微螺杆上的精密螺纹变形，损伤量具。

② 被测物表面应光洁，不允许把测微螺杆固定而将被测物强行卡入或拉出，那会划伤测微螺杆和测砧的经过精密研磨的端面。

③ 轻拿轻放，防止掉落摔坏。

④ 使用完毕放回盒中，存放中测微螺杆和测砧不要接触，长期不用，要涂油防锈。

4. 螺旋测微器的读数

螺旋测微器的读数，一般有以下几个步骤。

① 以微分筒（可动刻度筒）边缘为准，在固定套筒的固定刻度上读出所显示的固定刻度数，注意半刻度。固定套筒上水平线上方为半刻度，若半刻度线已露出，记作 0.5mm；若半刻度线未露出，记作 0.0mm。

② 从微分筒上读出与固定刻度线所对齐的可动刻度数（注意估读）。

③ 测量数值为固定刻度数加上可动刻度数。

注意：a. 读数时要注意固定刻度尺上表示半毫米的刻线是否已经露出。

b. 螺旋测微器读数时必须估读一位，即估读到 0.001mm 这一位上。

例 12：测一金属丝直径时，螺旋测微器的示数如图 1-12 所示，可知该金属丝的直径为多少？

解析：固定刻度尺上表示半毫米的刻线已经露出，记为 1.5mm，可动刻度尺读数 28 多，估读为 28.3，所以金属丝直径 $d=1.5\text{mm}+28.3\times0.01\text{mm}=1.783\text{mm}$。

例 13：如果螺旋测微器的示数如图 1-13 所示，可知金属丝的直径为多少？

解析：固定刻度尺上表示半毫米的刻线已经露出，记为 1.5mm，可动刻度尺的 28 刻线正好和固定刻度水平线重合，但必须估读 1 位，所以估读为 28.0，所以金属丝直径 $d=1.5\text{mm}+28.0\times0.01\text{mm}=1.780\text{mm}$。

例 14：如果测量情况如图 1-14 所示，金属丝直径又为多少？

解析：固定刻度尺上表示半毫米的刻线未露出，记为 5.0mm，可动刻度尺读数 3 个多，估读为 3.2，所以金属丝直径 $d=5.0\text{mm}+3.2\times0.01\text{mm}=5.032\text{mm}$。

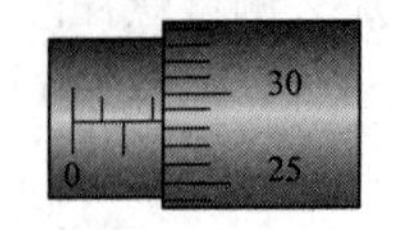

图 1-12 测一金属丝直径示例（一）

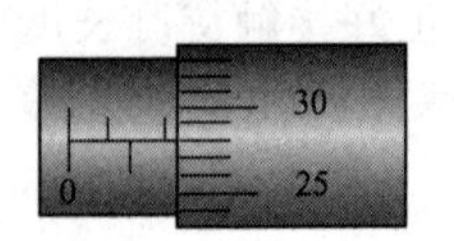

图 1-13 测一金属丝直径示例（二）

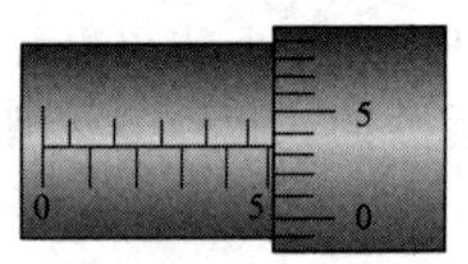

图 1-14 测一金属丝直径示例（三）

四、百分表

百分表是一种精度较高的比较量具，它只能测出相对数值，不能测出绝对数值，主要用于测量形状和位置误差，用来校正零件或夹具的安装位置，百分表的读数准确度为 0.01mm。另外，还有千分表，它和百分表的结构原理没有什么大的不同，就是千分表的读数精度比较高，即千分表的读数值为 0.001mm。

1. 百分表的结构

百分表的结构主要由 3 个部分组成，即表体部分、传动系统和读数装置。

如图 1-15 所示。百分表的表盘上刻有 100 个等分格，其刻度值（即读数值）为 0.01mm。当表盘中的指针（即大指针）转一圈时，转数指示盘中的转数指示指针（即小指针）即转动一小格，转数指示盘的刻度值为 1mm。用手转动表圈时，表盘也跟着转动，可使指针对准任一刻线。测量杆沿着套筒上下移动。测量杆的移动，会变成指针在刻度盘上的转动来指示读数。

2. 百分表的测量原理

百分表的测量原理，是将被测尺寸引起的测杆微小直线移动，经过齿轮传动放大，变为指针在刻度盘上的转动，从而读出被测尺寸的大小。

如图 1-16 所示，带有齿条的测量杆 1 的直线移动，通过齿轮传动（Z_1、Z_2、Z_3），转变为指针 2 的转运动。齿轮 Z_4 和弹簧 3 使齿轮传动的间隙始终在一个方向，起着稳定指针位置的作用。弹簧 4 是控制百分表的测量压力的。

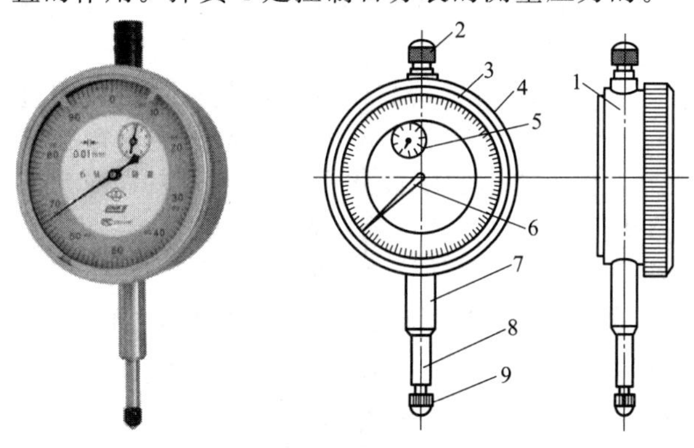

图 1-15 百分表的结构

1—表体；2—挡帽；3—表盘；4—表圈；5—转数指示盘；6—指针；7—套筒；8—测量杆；9—测量头

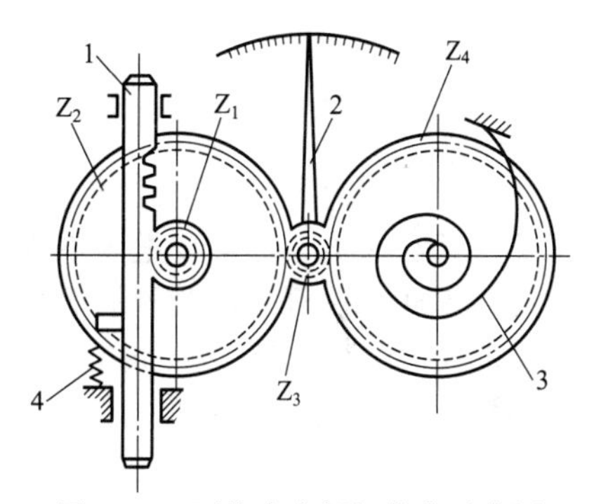

图 1-16 百分表内部机构的示意图

当测量杆 1 向上或向下移动 1mm 时，通过齿轮传动系统带动大指针转一圈，同时小指针转一格。大指针每转一格读数值为 0.01mm，小指针每转一格读数为 1mm。小指针处的刻度范围为百分表的测量范围。测量的大小指针读数之和即为测量尺寸的变动量。刻度盘可以转动，供测量时大指针对零用。由于测量杆是作直线移动的，可用来测量长度尺寸，所以它也是长度测量工具。目前，国产百分表的测量范围（即测量杆的最大移动量）有 0～3mm、0～5mm 及 0～10mm 三种。

3. 百分表的使用

使用百分表前，应按照零件的形状和精度要求，选用合适的百分表的精度等级和测量范围。使用百分表和千分表时，必须注意以下几点。

① 使用前，应检查测量杆活动的灵活性。即轻轻推动测量杆时，测量杆在套筒内的移动要灵活，没有任何轧卡现象，且每次放松后，指针能恢复到原来的刻度位置。

② 使用百分表或千分表时，必须把它固定在可靠的夹持架上（如固定在万能表架或磁性表座上，如图 1-17 所示），夹持架要安放平稳，免使测量结果不准确或摔坏百分表。

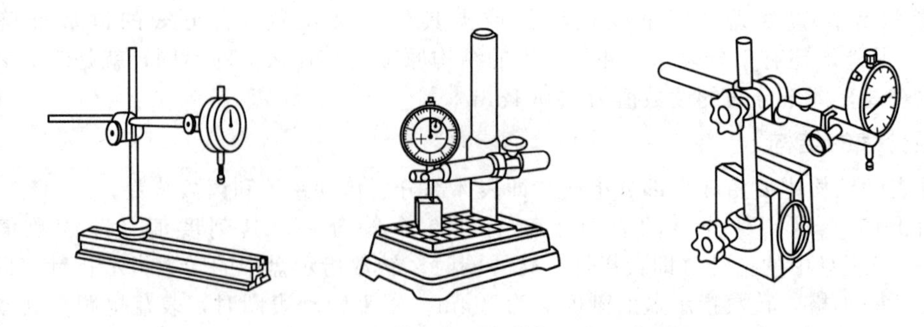

图 1-17 安装在专用夹持架上的百分表

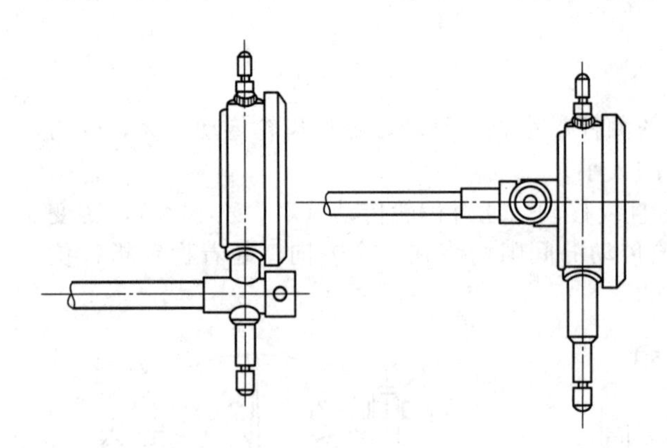

图 1-18 百分表安装方法

用夹持百分表的套筒来固定百分表时，夹紧力不要过大，以免因套筒变形而使测量杆活动不灵活。

③ 用百分表或千分表测量零件时，测量杆必须垂直于被测量表面，如图 1-18 所示。即使测量杆的轴线与被测量尺寸的方向一致，否则将使测量杆活动不灵活或使测量结果不准确。

④ 测量时，不要使测量杆的行程超过它的测量范围；不要使测量头突然撞在零件上；不要使百分表（或千分表）受到剧烈的振动和撞击，亦不要把零件强迫推入测量头下，免得损坏百分表和千分表的机件而失去精度。因此，用百分表测量表面粗糙或有显著凹凸不平的零件是错误的。

⑤ 用百分表校正或测量零件时，如图 1-19 所示。应当使测量杆有一定的初始测力。即在测量头与零件表面接触时，测量杆应有 0.3～1mm 的压缩量（千分表可小一点，有 0.1mm 即可），使指针转过半圈左右，然后转动表圈，使表盘的零位刻线对准指针。轻轻地拉动手提测量杆的圆头，拉起和放松几次，检查指针所指的零位有无改变。当指针的零位稳定后，再开始测量或校正零件的工作。如果是校正零件，此时开始改变零件的相对位置，读出指针的偏摆值，就是零件安装的偏差数值。

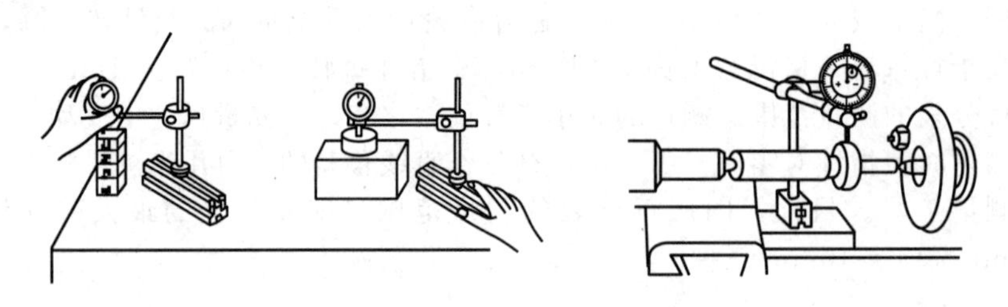

图 1-19 百分表尺寸校正与检验方法

⑥ 检查工件平整度或平行度时，如图 1-20 所示。将工件放在平台上，使测量头与工件表面接触，调整指针使摆动，然后把刻度盘零位对准指针，跟着慢慢地移动表座或工件，当指针顺时针摆动时，说明工件偏高，反时针摆动，则说明工件偏低了。

当进行轴测的时候，就是以指针摆动最大数字为读数（最高点），测量孔的时候，就是以指针摆动最小数字（最低点）为读数。

检验工件的偏心度时，如果偏心距较小，可按图 1-21 所示方法测量偏心距，把被测轴装在两顶尖之间，使百分表的测量头接触在偏心部位上（最高点），用手转动轴，百分表上指示出的最大数字和最小数字（最低点）之差的二分之一就等于偏心距的实际尺寸。偏心套的偏心距也可用上述方法来测量，但必须将偏心套装在芯轴上进行测量。

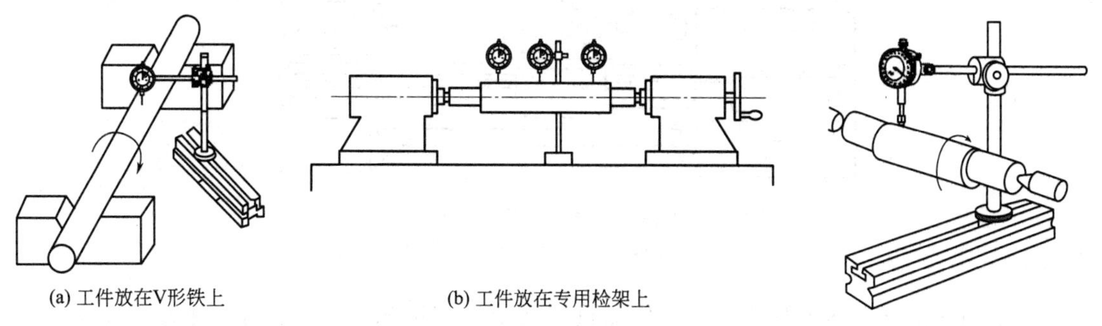

(a) 工件放在V形铁上　　(b) 工件放在专用检架上

图 1-20　轴类零件圆度、圆柱度及跳动

图 1-21　在两顶尖上测量偏心距的方法

偏心距较大的工件，因受到百分表测量范围的限制，就不能用上述方法测量。这时可用如图 1-22 所示的间接测量偏心距的方法。测量时，把 V 形铁放在平板上，并把工件放在 V 形铁中，转动偏心轴，用百分表测量出偏心轴的最高点，找出最高点后，工件固定不动。再用百分表水平移动，测出偏心轴外圆到基准外圆之间的距离 a，然后用下式计算出偏心距 e：

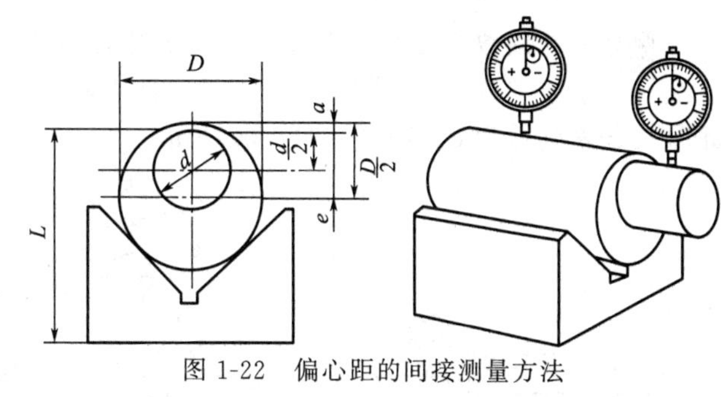

图 1-22　偏心距的间接测量方法

$$\frac{D}{2}=e+\frac{d}{2}+a\text{；}e=\frac{D}{2}-\frac{d}{2}-a \qquad (1\text{-}12)$$

式中，e 为偏心距，mm；D 为基准轴外径，mm；d 为偏心轴直径，mm；a 为基准轴外圆到偏心轴外圆之间的最小距离，mm。

用上述方法，必须把基准轴直径和偏心轴直径用百分尺测量出正确的实际尺寸，否则计算时会产生误差。

⑦ 检验车床主轴轴线对刀架移动平行度时，在主轴锥孔中插入一检验棒，把百分表固定在刀架上，使百分表测头触及检验棒表面，图 1-23 所示。移动刀架，分别对侧母线 A 和上母线 B 进行检验，记录百分表读数的最大差值。为消除检验棒轴线与旋转轴线不重合对测量的影响，必须旋转主轴 180°，再同样检验一次 A、B 的误差，分别计算，两次测量结果的代数和之半就是主轴轴线对刀架移动的平行度误差。要求水平面内的平行度允差只许向前偏，即检验棒前端偏向操作者；垂直平面内的平行度允差只许向上偏。

⑧ 检验刀架移动在水平面内直线度时，将百分表固定在刀架上，使其测头顶在主轴和尾座顶尖间的检验棒侧母线上（图 1-24 位置 A），调整尾座，使百分表在检验棒两端的读数相等。然后移动刀架，在全行程上检验。百分表在全行程上读数的最大代数差值，就是水平面内的直线度误差。

⑨ 在使用百分表和千分表的过程中，要严格防止水、油和灰尘渗入表内，测量杆上也不要加油，免得粘有灰尘的油污进入表内，影响表的灵活性。

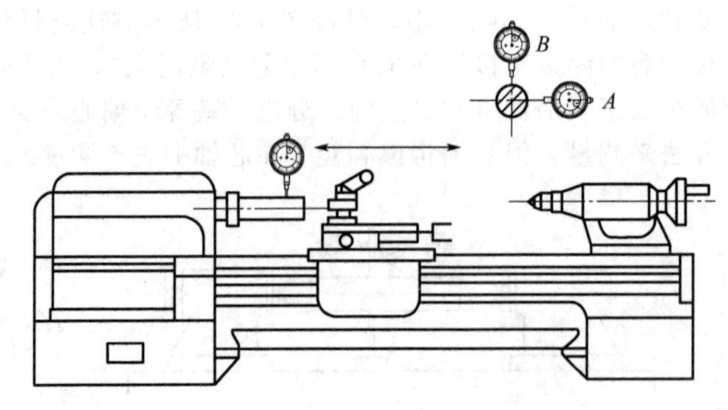

图 1-23 主轴轴线对刀架移动的平行度检验

A—侧母线位置；B—上母线位置

⑩ 百分表和千分表不使用时，应使测量杆处于自由状态，以免表内的弹簧失效。如内径百分表上的百分表不使用时，应拆下来保存。

4. 百分表的读数

百分表的读数方法为：先读小指针转过的刻度线（即毫米整数），再读大指针转过的刻度线（即小数部分），并乘以 0.01，然后两者相加，即得到所测量的数值。如图 1-25 所示，此时百分表读数为 0+76×0.01=0.76mm。

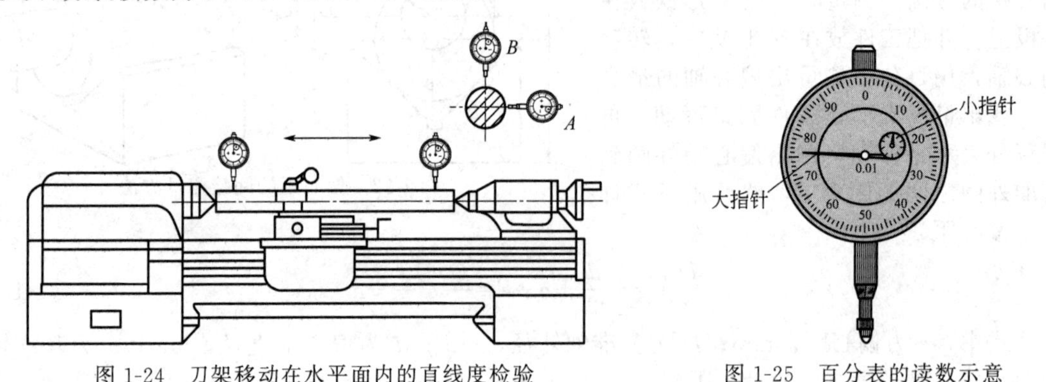

图 1-24 刀架移动在水平面内的直线度检验

图 1-25 百分表的读数示意

第三节 塑料鉴别与分析

一、塑料的外观和用途

对一个未知的塑料试样进行鉴别分析时，首先应该通过眼看手摸，从外观上初步判断试样是属于哪一类，另外还要了解其来源，并尽可能地多知道该试样的使用情况。这些信息对试样进行进一步的鉴别分析是很重要的。

1. 塑料的外观

（1）塑料的透明性和颜色 大部分塑料由于部分结晶或有填料等添加剂而使其呈半透明或不透明，常见用于透明制品的高分子材料有：聚丙烯酸酯和聚甲基丙烯酸酯类、聚碳酸酯、聚苯乙烯、聚氯乙烯等。

塑料的透明性一般与试样的厚度、结晶性、共聚组成和所加添加剂有关。一些塑料材料往往在厚度较大时呈半透明或不透明，而厚度小的时候呈透明状态。少量的有机颜料对制品的透明性影响不大，但无机颜料则会明显影响透明性。一些塑料材料在结晶度低的时候是透明的，但结晶度高的时候则成为不透明的。

大多数塑料制品可以自由着色，只有少数有相对的固定颜色。未加填料或颜料的树脂本色可分为三类，一为无色透明或半透明，二为白色，三为其他颜色。固态树脂通常有两种形态，一种为粉末状，另一种为颗粒状。

(2) 塑料制品的外形

塑料制品主要有以下几种外形。

① 塑料薄膜　常见的品种有聚乙烯薄膜、聚氯乙烯薄膜、聚丙烯薄膜、聚苯乙烯薄膜、尼龙薄膜等。

② 塑料板材　主要有聚氯乙烯硬板、塑料贴面板、酚醛层压纸板、酚醛玻璃板等。

③ 塑料管材　用作管材的树脂有聚乙烯、聚氯乙烯、聚丙烯、尼龙、ABS、聚碳酸酯、聚四氟乙烯等。

④ 泡沫塑料　主要有聚苯乙烯、聚氨酯、聚氯乙烯、EVA、聚丙烯、酚醛树脂、脲醛树脂、环氧树脂、丙烯腈和丙烯酸酯共聚物、ABS、聚酯、尼龙等。

(3) 塑料的手感和力学性能

高密度聚乙烯、聚丙烯、尼龙 6、尼龙 610 和尼龙 1010 等，表面光滑、较硬、强度较大，尤其尼龙的强度明显优于聚烯烃。

低密度聚乙烯、聚四氟乙烯、EVA、聚氟乙烯和尼龙 11 等，表面较软、光滑、有蜡状感，拉伸时易断裂，弯曲时有一定的韧性。

硬质聚氯乙烯、聚甲基丙烯酸甲酯等，表面光滑较硬、无蜡状感，弯曲时会断裂。

软质聚氯乙烯、聚氨酯等，具有橡胶般的弹性。

聚苯乙烯塑料，质硬、有金属感、落地时会有清脆的金属声。

ABS、聚甲醛、聚碳酸酯、聚苯醚等质硬、强韧、弯曲时有强弹性。

2. 塑料的用途

(1) 聚烯烃类

低密度聚乙烯：薄膜、日用品、容器、管子、线带等。

高密度聚乙烯：容器、各种型号的管材、薄膜、日用品、机械零件等。

聚丙烯：容器、日用品、电器外壳、电器零件、包装薄膜、纤维、管、板、薄片、医院和实验器具等。

(2) 苯乙烯类

聚苯乙烯：日用品、设备仪表盘及零件、光学仪器、透镜、泡沫、硬容器、透明模型等。

ABS：电子器件、汽车、手提箱、化妆器具、玩具、钟表、照相机零件等。

(3) 含卤素高聚物（聚氯乙烯）　农用薄膜、包装用薄片、人造革、电器绝缘层、防腐蚀管道、储槽、玩具、医疗器材、纤维等。

(4) 其他碳链高聚物

聚乙烯醇：胶黏剂、助剂、涂料、薄膜、胶囊、化妆品等。

丙烯酸酯类：机械、仪表箱、电话机、笔、扣子、黏合剂、光学配件等。

聚甲基丙烯酸甲酯：灯罩、仪表板和罩、防护罩、光学产品、医疗器械、文具、装饰品等。

聚丙烯腈：纤维、化妆品、药品的容器等。

(5) 杂链高聚物

聚乙二醇：水溶性包装薄膜、织物上浆剂、保护胶体。

尼龙：纤维、机械、电器、管材、包装用薄膜、粉末涂料、汽车刮水器传动装置、散热器风扇、拉杆等。

(6) 树脂

酚醛树脂：电子电器、机械、汽车制动器、厨房用具把柄、涂料、层压板、黏合剂、纸张上胶剂等。

脲醛树脂：电器旋钮、插塞、开关、文具、钟表外壳、黏合剂、钓竿、滑雪板、高尔夫球、雪橇、家具、雕塑、工程挡板、涂料、胶泥、黏合剂、层压板、预埋和封装材料等。

环氧树脂：玻璃钢、胶黏剂、涂料、层压板、树脂模具、电器绝缘件、聚氯乙烯的稳定剂等。

二、塑料组分分离和纯化

塑料组分分离是通过适当的方法，把塑料中的几种物质分开，每一组分都要保留下来，并恢复到原状态，得到比较纯的物质。提纯是指保留混合物中的某一主要组分，把其余杂质通过一定方法都除去。

塑料组分分离和提纯的原则是：不可引入新的杂质；不能损耗或大量减少被提纯的物质；分离操作简便易行、最佳。

分离、提纯的主要方法有如下几种。

(1) 过滤　利用物质的溶解性差异，将液体和不溶于液体的固体分离开来。

(2) 蒸发　是将稀溶液浓缩或把溶液蒸发，使溶质析出的操作，可以用来分离溶质固体和溶剂。

(3) 蒸馏　是利用液体混合物各组分的沸点不同，使液体汽化成蒸气，再由蒸气冷凝成液体，从而把各组分从液体混合物中分离出来的操作。蒸馏适用于分离沸点相差较大的液体混合物。

(4) 结晶　是分离可溶性混合物或除去可溶性杂质的方法。一般先将溶液加热，蒸发除去部分溶剂使溶液趋于饱和，然后停止加热，让其自然冷却，使晶体析出。

(5) 分液和萃取　分液是把两种互不相溶、密度也不相同的液体分离开的方法。萃取是利用溶质在互不相溶的溶剂中溶解度的不同，用一种溶剂把溶质从它与另一种溶剂所组成的溶液中提取出来的方法。

(6) 沉淀　是在溶液中加入沉淀剂使某组合沉淀进行分离。

三、分离提纯试验

由于塑料是以树脂为主要原料，加入各种添加剂和加工助剂的一种高分子材料，所以在进行塑料分析鉴别前往往要对其进行分离提纯，一般分离方法主要有三种：用溶剂和沉淀进行的溶解-沉淀分离，用萃取剂进行的萃取提纯，真空蒸馏提纯分离。在塑料的分离提纯中经常采用的是前两种。

1. 溶解-沉淀法

对于可溶性的塑料试样，可以选择一种适当的溶剂将高聚物完全溶解。先过滤或离心除去不溶解的无机填料、颜料等，然后加入一定量（5～10 倍）的某种沉淀剂使高聚物沉淀，将一些可溶性添加成分留在溶液中。通过过滤或离心除去高聚物沉淀后，蒸发掉溶剂而回收添加成分。所选的溶剂应当能溶解有机添加成分，而所选的沉淀剂需与该溶剂无限互溶。

实例：对于可溶性高聚物（如 PS），采用溶解-沉淀法分离提纯。

具体操作：用三氯甲烷（溶剂）将高聚物完全溶解 —过滤/离心→ 除去不溶的填料、颜料 ——→ 加入过量甲醇(沉淀剂)，使PS高分子链完全沉淀 —过滤/离心→ 上层清液为添加成分 ——→ 蒸发掉溶剂，回收添加成分；沉淀为高聚物

2. 萃取提纯法

萃取可用两种方法，一种是回流萃取，另一种是用索氏抽提器连续萃取（见图 1-26）。如果塑料试样中的可溶性添加成分含量较少，用回流萃取的方法较方便快捷，有时甚至不用加热回流，只需与溶剂混合后静置，或经常性给予摇振即可。但如果添加成分含量大，回流萃取常不完全，因为溶解会达到饱和而终止。这时可采用索氏抽提器连续萃取，这时所用溶剂的密度应小于试样，否则试样会流出器皿。

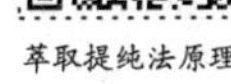
萃取提纯法原理

图 1-26 索氏提取装置示意
A—冷凝管；B—索氏提取器；C—圆底烧瓶；D—阀门；E—虹吸回流管

萃取方法主要是选择好溶剂，溶剂不能与试样中的有关组分发生反应，还要避免部分溶解高聚物或被高聚物强烈吸附。另外应尽可能地增大试样的比表面积，以增加与萃取剂的接触。为防止高聚物氧化，萃取时最好在氮气保护下进行。

阅读材料

世界知名的材料科学家、我国高分子材料研究领域的奠基人、中国科学院院士——徐僖

徐僖院士（1921.1.16—2013.2.16），中国共产党党员、九三学社社员，英国皇家化学会会士，我国高分子材料学科的开拓者和奠基人，原成都科技大学副校长，原高分子材料工程国家重点实验室主任，高分子研究所所长，解放军总后勤部军需部特邀顾问专家。

徐僖出生于江苏南京，自幼勤奋好学。1937 年 12 月日寇入侵南京，他随父母逃难到四川，先后就读于万县金陵大学附中和重庆南开中学，1940 年毕业，考入内迁贵州的浙江大学化工系，1944 年毕业留校，师从我国著名染料专家侯毓汾教授研究五棓子染料。在此过程中，徐僖使用从五棓子中获得的 3,4,5-三羟基苯甲酸制得 1,2,3-苯三酚，随后便着手研究五棓子塑料，希望将川黔地区丰富的土特产五棓子开发出来，创建中国塑料工业。1947 年 5 月，徐僖通过了中华教育基金会公费留学考试，随后赴美国里海大学深造，并获科学硕士学位。为掌握五棓子塑料生产方面的经验和操作技能，他毅然放弃攻读博士学位的机会，到纽约州诺切斯特城柯达公司精细化学药品车间学习。学业完成后，在新中国成立前夕，他满怀对祖国的深情，冲破重重阻挠，回到祖国。

1949 年秋，他应聘重庆大学，主持了五棓子塑料中试研究，同时培养了生产技术骨干。1952 年中试研究成功，同年他受命主持建厂工作。1953 年 5 月 1 日，重庆棓酸塑料厂

正式投产，这是由我国工程技术人员自己设计、完全采用国产设备和原料建立的第一个塑料厂。

1953年春，高教部授命徐僖在四川化工学院筹建我国高等学校第一个塑料工学专业。他一面主持工厂生产，一面筹建专业，仅用了几个月的时间就完成了拟定教学大纲、筹集仪器设备、组织师资队伍等工作。1953年夏，该专业开始面向全国招生，随后培养出我国首批塑料专业高等技术人才。1960年，他撰写出版了我国高校工科第一本高分子专业教科书《高分子化学原理》，1964年又创建了我国高等学校第一个高分子研究所，1965年出版了译著《聚合物降解过程化学》。

徐僖在20世纪50年代后期开始招收研究生，1981年他被批准为我国首批博士生导师，高分子材料学科点被评为博士点，1987年被评为全国重点学科点，1989年他负责筹建高分子材料工程国家重点实验室，1991年建立高分子材料博士后流动站，成为我国高分子材料领域第一个“四位一体”的科研和高层次人才培养基地。

在古稀之年，徐僖仍为研究生开设了聚合物的结构与性能、多组分高分子材料的结构表征和高分子化学流变学等多门课程。

徐僖不但是一位治学严谨、勇攀高峰的科学家，而且是一位爱国、爱民、求真、求实、助人为乐的教育家。他经常用自己的亲身经历教育学生要热爱祖国和人民，脚踏实地，追求真理，献身科学。他从教五十余年，如今已是桃李满天下，他培养的学生许多已成为高等院校、科研机构和大中型企业的科研教学技术骨干和领导干部。

交叉学科是科学前沿的生长点。早在20世纪50年代后期，徐僖就开始研究高分子在应力作用下的化学反应，为高分子材料成型加工和改性提供了新途径。80年代初，徐僖已年届六旬，虽然右眼已经失明，左下肺已被切除，但他的奋斗精神依然不减，在高分子材料领域不断进行新的攀登。他指导研究生先后研制开发出一系列新型高分子材料。研究成果“超声辐照下聚合物的降解和嵌段（接枝）共聚”被认为达到了国际先进水平，获得了1987年国家自然科学二等奖。在“八五”国家重点科技攻关项目“三次采油新技术”中，他采用超声波技术研制出的表面活性及增黏效果皆很明显的油田驱油用高嵌段（接枝）高分子表面活性剂，亦被认为达到了90年代国际先进水平。此后，他又指导采用力化学方法实现了聚氯乙烯的降解，制备的低分子量聚氯乙烯可用作聚氯乙烯的自增塑剂，提高了产品性能，是聚氯乙烯加工技术的一项重大突破。80年代中期，徐僖开展了聚合物共混复合新方法的研究。他从高分子材料成型和加工理论的高度，系统地研究了聚乙烯、聚丙烯、聚氯乙烯和丙烯酸类树脂等10余种共混体系的有关化学反应、结构形态和流变性能，在高分子氢键复合、离聚物增韧聚烯烃等方面取得了突出的研究成果。80年代后期，他成功地主持了国家自然科学基金重大项目“高分子结构材料的成型和破坏的基础研究”，1992年通过国家级鉴定，被认为是一项优秀重大成果，受到了国家自然科学基金委员会的通报表彰。

他在高分子力化学的基础理论、方法、新产品和新型反应设备的研究中，始终走在前列，丰富了该边缘学科的内容，使“高分子力化学”这门新兴的分支学科在国内逐渐形成。

徐僖在高分子材料研究中还提出了多组分高分子体系辐照增容的新设想，并通过大量艰苦的研究工作，取得了一批很有价值的成果。研究成果“高分子力化学及辐照增容研究”获得教育部1998年科技进步一等奖。

他先后主持、指导了国家自然科学基金重大项目、重点项目，国家攀登计划项目，“863”项目，与美国和荷兰等国的国际合作研究项目。他是国家重点基础研究发展规划项目（“973”项目）“通用高分子材料高性能化的基础研究”的积极倡导者。他先后发表论文200余篇，出版著作和译著4本，申请专利20余项，曾获国家自然科学奖、国家发明奖、高分子科学和高层次人才培养国家级优秀成果奖、高分子化学育才奖等20余项国家、部委、省级奖和何梁何利基金科学与技术进步奖。曾被授予国防军工协作先进个人，全国高校先进科技工作者和全国教育系统劳动模范等称号。

徐僖非常重视与国内外同行专家的相互学习和相互交流，重视把先进的科技成果转化为生产力。他多次担任国际学术会议主席，同时，在他主持下，高分子材料工程国家重点实验室先后与12个国家的26个研究机构、高校和企业签订了合作协议，开展了卓有成效的科技合作，为提高我国高分子材料科学与工程领域的国际声誉做出了积极贡献。

徐僖院士始终战斗在教学和科研第一线，他的日程表每天都是排得满满的，几乎从没有星期天和节假日，他的最大心愿是“中国人能在世界上普遍受到尊重”，他的人生格言是“人生的乐趣在于无私奉献，助人为乐”。

资料参考：

[1] 杨亲民. 世界知名的材料科学家、我国高分子材料研究领域奠基人——中国科学院院士徐僖 [J]. 功能材料信息，2009，5（6）：17-19.

[2] 柴玉田. 我国高分子材料事业的奠基人和开拓者——记中国工程院院士徐僖 [J]. 化工管理，2014，5：62-67.

思考题

1. 定量分析过程一般包括哪些步骤？取样的原则是什么？

2. 解释下列名词。

绝对误差　相对误差　平均偏差　相对平均偏差　标准偏差　相对标准偏差　公差
不确定度　有效数字　置信概率

3. 下列数字各有几位有效数字？保留2位有效数字后为多少？

0.03000　0.01003　8.32×10^{6}　8.301×10^{-5}　78.69%　0.0825
0.351　0.452

4. 某试样中含铜为28.19%，甲的分析结果为28.12%、28.15%、28.18%，乙的分析结果为28.18%、28.23%、28.25%，试比较甲乙两人分析结果的精密度和准确度。

5. 将下列测量结果读数。

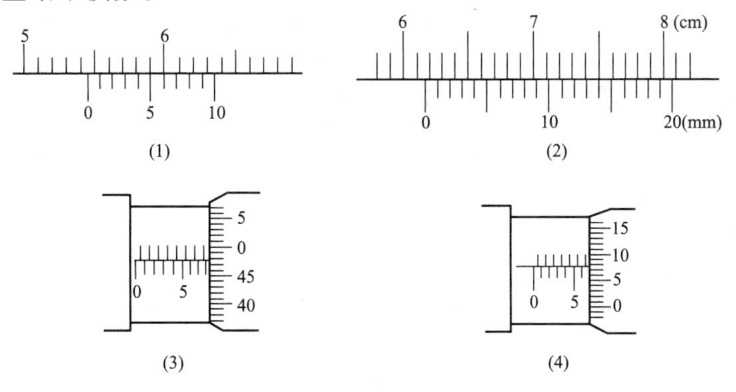

第二章 塑料的鉴别和分析

 学习目标

- **知识目标**

1. 掌握塑料燃烧试验、塑料热裂解试验的原理。
2. 理解显色试验的原理。
3. 了解增塑剂、抗氧剂和填料的鉴别和分析。

- **技能目标**

1. 能鉴别和分析聚烯烃、苯乙烯类常用塑料。
2. 会鉴别含卤素类、杂链类和单烯类高分子材料。

- **素质目标**

1. 树立厚基础、高标准、严要求、终身学习的学习理念。
2. 培养执着专注、精益求精、一丝不苟、追求卓越的工匠精神。
3. 培养爱岗敬业、诚实守信、奉献社会的职业道德。

塑料种类繁多，其制品的数目更是多得无法统计，为了对塑料制品的种类、组成、结构、性能有个全面的了解，更好地进行使用或对废旧塑料进行再利用，有时要在实验室中对塑料试样进行化学和物理的剖析，鉴定它是由何种聚合物加工制成的，具有哪些优异的性能。GB/T 1844—2008 第 1 部分，规定了基础聚合物的缩略语、组成这些术语的符号及其用于塑料特征性能的符号。标准包括已经确定用途的那些缩略语，防止一个给定的塑料出现多个缩略语以及防止一个给定的缩略语有多个解释。

鉴别塑料一般需要各种仪器，如光谱仪、色谱仪、核磁共振仪、电镜等。但是一般工厂或实验室中不具备，并且不能快速鉴别塑料种类。要快速鉴别塑料材料，常采用以下几种方法：①外观鉴别；②加热鉴别；③溶剂处理鉴别；④密度鉴别；⑤热分解试验鉴别；⑥燃烧试验鉴别；⑦试剂显色反应鉴别等。现就常用的几种方法进行简单的介绍。

第一节　塑料燃烧与裂解试验

一、塑料燃烧试验

塑料燃烧试验鉴别法又称火焰试验鉴别法，是利用小火燃烧塑料试样，观察塑料在火中和火外时的燃烧特性、火焰颜色、是否熄灭、熔融塑料的滴落形式及气味等来鉴别塑料种类的方法。

1. 试验方法

用镊子夹住一小块试样，用煤气灯（或酒精灯）小火焰外缘直接加热试样一角，观察是

否易于点燃，然后再放在火焰上灼烧，时而移开以判断试样离火是否继续燃烧。同时观察火焰的颜色和它的一般性质（如清净或烟炱、亮或暗、有否火星溅出等）；试样是否变形、龟裂，是否熔融、挥发，是否滴落，滴落物是否继续燃烧；试样有否结焦，残留物的形态如何；燃烧时的声响（如噼啪声等）；燃烧时的气味（如刺激性气味、石蜡味等）。

试验时必须注意以下几点：

① 释放的气体（如氯化氢、氟化氢、氰化氢、丙烯腈、苯乙烯等）都具有刺激性，多半有毒甚至剧毒，因而要注意防护；

② 个别材料（如硝酸纤维素、赛璐珞）燃烧十分猛烈，几乎有爆炸危险，必须小心操作，用样量要少；

③ 注意滴落物可能引燃易燃的实验台等，应先垫放不燃材料。

2. 常见塑料的燃烧特性

（1）可燃性　材料的可燃性与所含元素有关。碳、氢、硫都是可燃的元素，由它们组成的大部分有机高分子材料都易燃。卤素、磷、氮、硅、硼等是难燃的元素，一般来说这类元素含量越多，阻燃性越好。因此，基本上可以根据元素组成将高分子材料大致分为以下三类。

① 不燃的　含氟、硅的高分子和热固性树脂（如酚醛树脂、脲醛树脂等）。

② 难燃自熄的　含氯高分子，如聚氯乙烯及其共聚物；含氮高分子，如聚酰胺、酪朊树脂等。当材料中加有阻燃剂溴化物、磷化物等时，也会难燃甚至不燃。

③ 易燃的　大多数含碳、氢、硫的高分子材料属于这类。

（2）火焰颜色　火焰的颜色通常与元素有关。只含碳、氢的高分子材料火焰呈黄色，含氧的高分子材料常带蓝色，含氯的高分子材料有特征的绿色。燃烧激烈的高分子材料如硝酸纤维素等火焰的颜色很亮，看上去更像白色。

（3）发烟性　材料的发烟性有以下经验规律：脂肪族高分子一般不发烟，交联密度越大的发烟量越小，含氯量、含磷量越高的高分子材料发烟量越大。

芳香族高分子常发烟，但芳香基团位置不同，发烟性能不同。主链具有芳香基团的聚碳酸酯、聚苯醚、聚砜等属中等生烟倾向的高分子材料，且随着主链中芳香性的增加（即结构刚性的增加），发烟量下降。而侧链含有芳香基团的聚苯乙烯及其共聚物却是典型的易发烟、有大量黑色烟炱的高分子材料。

（4）结焦性　结焦倾向多半与碳所在的基团的性质有关。如果脂烃碳上有氢，裂解时易气化，不易结焦，而带芳环特别是取代苯环的高分子材料易结焦。

（5）气味　气味是高分子材料裂解时形成的挥发性小分子产生的。有的就是单体分子，如苯乙烯、甲基丙烯酸甲酯、甲醛、丁醛、苯酚等，有的是高分子结构中的一小块碎片。

根据燃烧试验的现象，从上述规律出发，常可以给出初步的鉴别。

3. 常见塑料的燃烧试验鉴别

图 2-1 是几种常见高分子材料的燃烧试验鉴别流程图，一般可以按照流程图进行鉴别。

为了更多更全面地描述燃烧现象，列举了表 2-1，可以参照此表进行鉴别。当然，不同的人对燃烧现象的观察不完全相同，不同文献对燃烧现象的描述也有较大差异，这些资料只能作为简单鉴别的参考，如果有已知的高分子标准样品作对照试验，更有助于正确鉴别。同时要注意增塑剂、填料等添加剂对塑料可燃性的影响，除了含磷增塑剂等外，一般增塑剂为易燃的有机化合物，而填料中无机填料一般不燃。由于应用上对材料的阻燃要求越来越高，现在许多材料都加有阻燃剂，也要注意其影响。

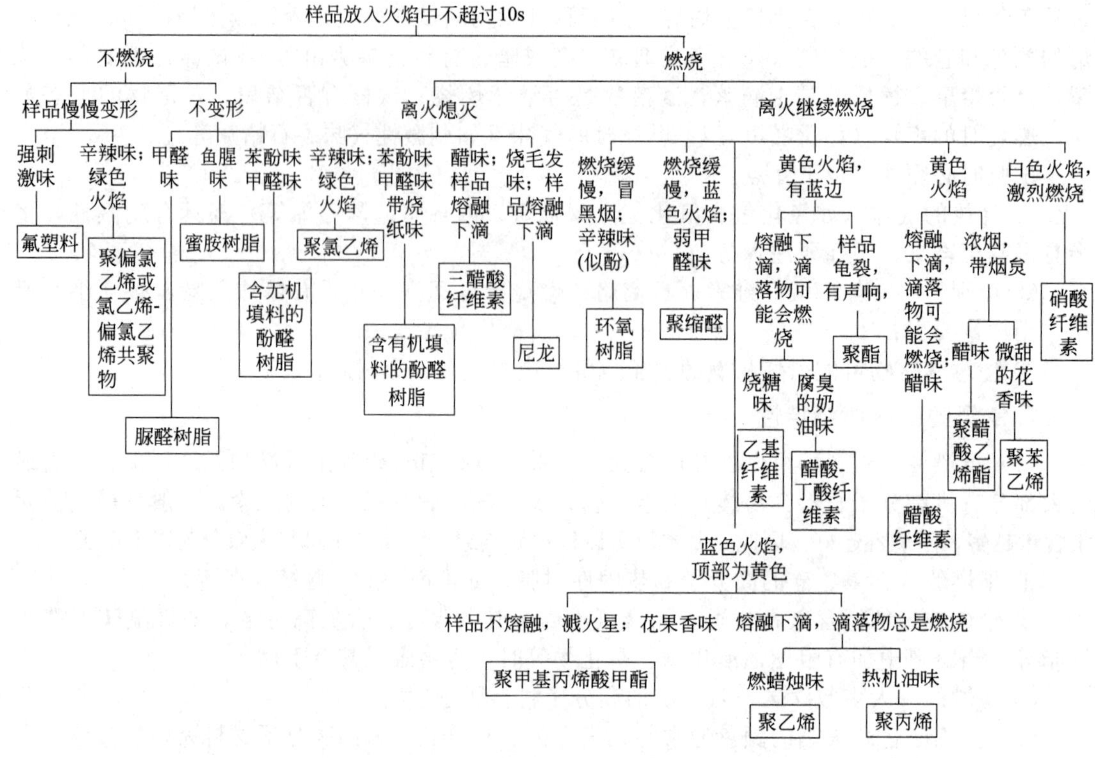

图 2-1 常见高分子材料的燃烧试验鉴别流程图

表 2-1 塑料在火焰中的行为

可燃性	式样的变化	火焰外观	气味	高分子材料
不燃	不变或慢慢炭化	—	在红热时挥发，刺激性气味(HF)	聚四氟乙烯
	软化	—	在红热时挥发，刺激性气味(HF)	聚三氟氯乙烯
难燃，离火熄灭	外形不变，可能膨胀龟裂，慢慢炭化	亮黄色，有烟	苯酚、甲醛味	酚醛树脂
	外形不变，可能膨胀龟裂，燃烧部位发白，慢慢炭化	微黄色，带绿边(或白边)	甲醛味，氨味。蜜胺树脂有强的鱼腥味(胺)	氨基塑料(蜜胺和脲醛树脂)
在火焰上燃烧，离火熄灭，难以点着	先软化，然后分解成棕黑色	黄-橙色带绿底，白烟	强辛辣味(HCl)	聚氯乙烯
	先软化，然后分解成棕黑色	黄-橙色，喷浅绿色火星	强辛辣味(HCl)	聚偏二氯乙烯
	软化，不下滴	绿色带黄尖，十分烟炱	强辛辣味(HCl)	氯化聚乙烯 氯化聚氯乙烯
	收缩，软化和熔融	黄-橙色，带蓝-绿边	辛辣味(HCl)	氯乙烯-丙烯腈共聚物
	软化	黄色带绿边	辛辣味(HCl)	氯乙烯-醋酸乙烯酯共聚物
	先熔融，然后炭化	黄色，有烟炱	类似于苯酚的气味	聚碳酸酯
在火焰中燃烧，离火熄灭，中等燃烧性	熔融下滴，然后分解。样品靠近火焰时起泡，熔融成清液可抽成丝	黄-橙色带蓝边	烧毛发(蛋白质)味，或烧新鲜芹菜味	尼龙
	膨胀龟裂，逐渐分解炭化	黄色，明亮，灰烟	牛奶(蛋白质)烧焦味	酪朊-甲醛树脂

续表

可燃性	式样的变化	火焰外观	气味	高分子材料
在火焰上燃烧，离火熄灭，易于点着	熔触下滴	暗黄色，有烟炱	醋酸味	三醋酸纤维素
	胀大，软化，分解	黄色，有烟	苯胺、甲醛味	苯胺树脂
在火焰中燃烧，离火后慢慢熄灭	易炭化	黄色	酚味和烧纸味	酚醛树脂层压材料
	熔融，逐渐炭化	明亮、有烟炱	苦杏仁味	苄基纤维素
	软化，转为棕色，分解	明亮	涩味，刺激喉部	聚乙烯醇
在火焰中燃烧，离火后继续燃烧，从难到容易点着	熔融成清液，下滴，可以抽成丝	暗黄-橙色，有烟炱	花香般微甜气味	聚对苯二甲酸乙二醇酯
		清亮的黄色	氰化物味和烧木材味	聚丙烯腈及其共聚物
	熔融，分解	明亮	涩味(丙烯醛)	醇酸树脂
	熔融下滴	暗蓝色，带黄边	腐臭的奶油气味	聚乙烯醇缩丁醛
	不像缩丁醛那样滴落	暗蓝色，带紫色	醋酸味	聚乙烯醇缩乙醛
	不像缩丁醛那样滴落	黄白色	略带甜味	聚乙烯醇缩甲醛
	熔融下滴，滴落物继续燃烧	清亮的黄色带蓝底	熄灭的蜡烛味	聚乙烯
	熔融下滴，滴落物继续燃烧	清亮的黄色，带蓝色调	热润滑油味	聚丙烯，乙烯-丙烯共聚物
	不熔融，均匀燃烧	黄色，明亮，有烟炱	刺激气味，带微甜花香味(苯乙烯)	不饱和聚酯(玻纤增强)
		黄色，有黑烟	类似苯酚味	环氧树脂
		黄色带蓝边		烯丙树脂
在火焰中燃烧，离火后继续燃烧，易于点着	软化	明亮，带浓烟	微甜的花香味	聚 α-甲基苯乙烯
	软化	暗黄色，周围有紫晕，溅火星，略带烟炱	醋酸味	聚醋酸乙烯酯
	软化，略炭化	明亮，黄色带蓝底，稍有烟炱，发出爆响声	略甜的水果味	聚甲基丙烯酸甲酯
	熔融，燃烧的液滴可能会落下，略炭化，起泡	明亮，黄色带蓝底，稍有烟炱	花香味(酯)，有刺激性	聚丙烯酸酯
	熔融，分解	明亮	煤焦油味	香豆酮-茚树脂
	熔融，分解	很暗的蓝色	甲醛味	聚甲醛
	熔融下滴，滴落物继续燃烧	暗黄色，带火星，略带烟炱	丙酸味，烧纸味	丙酸纤维素
	熔融下滴，滴落物继续燃烧	暗黄色，带火星，略带烟炱	醋酸和丙酸味，烧纸味	醋酸-丙酸纤维素
	熔融下滴，滴落物继续燃烧	暗黄色，略带蓝边，略带烟炱，带火星	腐臭的奶油、奶酪气味，烧纸味，醋酸味	醋酸-丁酸纤维素
	熔融，炭化	黄绿色	微甜，烧纸味	甲基纤维素
	熔融下滴，快速燃烧伴随炭化	黄绿色，带火星	醋酸味，烧纸味	醋酸纤维素
	熔融下滴，快速燃烧伴随炭化	黄-橙色，灰色的烟	强刺激性气味(异氰酸酯)	聚氨酯
	快速且完全地燃烧，伴随分解和炭化	明亮，如同烧纸	烧纸味	赛璐玢
	快速且完全地燃烧，伴随分解和炭化	明亮，慢慢燃烧	烧纸味	硬化纸板

续表

可燃性	式样的变化	火焰外观	气味	高分子材料
在火焰中燃烧，离火后继续燃烧，非常易点着	猛烈、完全地燃烧	明亮的白色火焰，棕色蒸气	氧化氮气味	硝酸纤维素
	猛烈、完全地燃烧	明亮的白色火焰，棕色蒸气	樟脑味	赛璐珞

二、塑料热裂解试验

热裂解试验鉴别法又称干馏试验鉴别法，是在热裂解管中加热塑料至热解温度，然后利用石蕊试纸或 pH 试纸测试逸出气体的 pH 值来鉴别的方法。

1. 试验方法

将少量试样装入裂解管（或普通试管）中，在试管口放上一片经湿润的 pH 试纸，用试管夹夹住上部，试管底用小火慢慢加热，观察试样的变化情况、裂解出的气体的颜色和气味、气体的 pH 值。有气体馏出后，改用插有玻璃管的塞子塞紧试管，通过玻璃管将馏出气体引入硝酸银溶液中鼓泡，观察硝酸银溶液中是否有白色沉淀出现，从而判断是否有氯离子存在。

2. 常见塑料的热裂解鉴别

高分子材料结构不同，共价键断裂的能量也不同，因而分解温度有明显差异，表 2-2 列出了一些常见塑料的分解温度。

表 2-2 常见塑料的分解温度

高分子材料	分解温度/℃	高分子材料	分解温度/℃
聚乙烯	340～440	聚甲基丙烯酸甲酯	180～280
聚丙烯	320～400	聚丙烯腈	250～350
聚苯乙烯	300～440	尼龙 6	300～350
聚氯乙烯	200～300	尼龙 66	320～400
聚四氟乙烯	500～550	纤维素	280～380

如表 2-3 所示，根据逸出气体使 pH 试纸发生的颜色变化，可将试样分成三组：强酸性、中性到弱酸性、碱性。有时同种高分子材料由于组成不同会出现在不同的组里，如酚醛树脂和聚氨酯。表 2-4 描述了某些高分子材料在干馏时的行为，以供进一步鉴别。

表 2-3 高分子材料热裂解逸出气体的 pH 值

pH 值	高分子材料
0.5～4.0	含卤素高分子、聚乙烯基酯类、聚对苯二甲酸乙二醇酯、纤维素酯类、硬化纸板、线型酚醛树脂、不饱和聚酯、聚氨酯弹性体
5.0～5.5	聚烯烃、苯乙烯类聚合物(包括 SAN 等，某些有轻微碱性)、聚乙烯醇及其缩醛、聚乙烯基醚类、聚甲基丙烯酸酯类、香豆酮-茚树脂、聚甲醛、聚碳酸酯、甲基纤维素、苄基纤维素、酚醛树脂、环氧树脂、线型和交联聚氨酯
8.0～9.5	ABS、聚丙烯腈、尼龙、甲酚-甲醛树脂、氨基树脂

表 2-4 某些高分子材料干馏时的行为

高分子材料	试样的形态	特征行为
聚甲基丙烯酸甲酯	最初不变色，大部分转变为气体，最后变黄	起泡有响声
聚苯乙烯		裂解试管壁无凝聚液

续表

高分子材料	试样的形态	特征行为
聚氯乙烯	逐渐分解,最后焦(炭)化	硝酸银溶液有白色沉淀
醋酸纤维素		硝酸银溶液有白色沉淀
酚醛树脂		硝酸银溶液有白色沉淀
脲醛树脂		熔化
尼龙		起泡有声响
酪朊树脂		熔化
聚乙烯		呈无色油状物
聚乙烯醇	最后变黑	有色烟雾

三、显色试验

塑料显色反应原理

显色试验是在微量或半微量范围内用点滴试验来定性鉴别高分子材料的方法。一般塑料添加剂通常不参与显色反应，因此可以直接采用未经分离的塑料试样。但是为了提高显色反应的灵敏度，最好能预先予以分离。为了避免对试验结果做出错误解释，必要时可用已知塑料标准试样做对比试验。

1. Liebermann-Storch-Morawski（李柏曼-斯托希-莫洛夫斯基）显色试验

取一个干净试管加入几毫克试样，再加入 2mL 热乙酸酐，令试样溶解或悬浮在热乙酸酐中，冷却后加入 3 滴 50%的硫酸，立即观察记录其颜色。试样放置 10min 后再观察记录试样颜色，最后在水浴中将试样加热至约 100℃，观察记录试样颜色。注意试剂的温度和浓度必须稳定，否则同一种塑料会观察到不同的颜色。部分高聚物材料的 Liebermann-Storch-Morawski 显色试验如表 2-5 所示。

表 2-5 高聚物材料的 Liebermann-Storch-Morawski 显色试验

高聚物材料	立即观察颜色	10min 后观察颜色	加热至 100℃后观察颜色
酚醛树脂	红紫、粉红或黄色	棕色	红黄-棕色
环氧树脂	无色至黄色	无色至黄色	无色至黄色
醇酸树脂	无色或黄棕色	无色或黄棕色	棕至黑色
苯乙烯醇酸树脂	不鲜明的微棕色	不鲜明的微棕色	棕色
聚乙烯醇	无色或微黄色	无色或微黄色	绿至黑色
聚乙烯醇缩甲醛	黄色	黄色	暗褐色
聚乙烯醇缩丁醛	黄棕色	金黄色	暗棕色
聚醋酸乙烯酯	无色或微黄色	无色或蓝灰色	海绿色,然后棕色
氯乙烯-醋酸乙烯酯	无色	无色	不鲜明的棕色
聚氨酯	柠檬黄	柠檬黄	棕色,带绿色荧光
不饱和聚酯	无色,不可溶部分为粉红色	无色,不可溶部分为粉红色	无色
马来酸树脂	紫红色,然后橄榄棕	橄榄棕	
聚乙烯基醚	蓝色,然后绿蓝色	红棕色	暗棕色
香豆酮树脂	不鲜明的红色	不鲜明的红色	棕红色
酮树脂	红棕色	红棕色	红棕色
乙基纤维素	黄棕色	暗棕色	暗棕至暗红色

苄基纤维素、纤维素酯类、脲醛树脂、蜜胺树脂、聚烯烃、聚四氟乙烯、聚三氟氯乙烯、聚丙烯酸酯类、聚甲基丙烯酸酯类、聚丙烯腈、聚苯乙烯、聚氯乙烯、氯化聚氯乙烯、

聚偏氯乙烯、氯化聚乙烯、饱和聚酯、聚碳酸酯、聚甲醛、尼龙等对该试验无显色反应。

2. 对二甲氨基苯甲醛显色试验

在一个干净试管中加入 5mg 试样，用小火加热令其裂解，冷却后加 1 滴浓盐酸，然后加 1 滴 1%对二甲氨基苯甲醛的甲醇溶液，放置片刻，再加入 0.5mL 左右的浓盐酸，最后用蒸馏水稀释，观察整个过程中颜色的变化。部分高聚物材料的对二甲氨基苯甲醛显色试验如表 2-6 所示。

表 2-6 高聚物材料的对二甲氨基苯甲醛显色试验

高分子材料	加浓盐酸后	加 1%对二甲氨基苯甲醛溶液后	再加浓盐酸后	蒸馏水稀释后
聚乙烯	无色至淡黄色	无色至淡黄色	无色	无色
聚丙烯	淡黄色至黄褐色	鲜艳的紫红色	颜色变淡	颜色变淡
聚苯乙烯	无色	无色	无色	乳白色
聚甲基丙烯酸甲酯	黄棕色	蓝色	紫红色	变淡
聚对苯二甲酸乙二醇酯	无色	乳白色	乳白色	乳白色
聚碳酸酯	红至紫色	蓝色	紫红至红色	蓝色
尼龙 66	淡黄色	深紫红色	棕色	乳紫红色
聚甲醛	无色	淡黄色	淡黄色	更淡的黄色
醋酸纤维素	棕褐色	棕褐色	棕褐色	淡棕褐色
酚醛树脂	无色	微浑浊	乳白至粉红色	乳白色
不饱和醇酸树脂(固化)	无色	淡黄色	微浑浊	乳白色
环氧树脂(未固化)	无色	微浑浊	乳白至乳粉红色	乳白色
环氧树脂(已固化)	无色	紫红色	淡紫红至乳粉红色	变淡
聚氯乙烯模塑材料	无色	溶液无色,不溶解的材料为黄色	溶液暗棕至暗红棕色	
氯化聚氯乙烯	暗血红色	暗血红色	暗血红至红棕色	
聚偏二氯乙烯	黑棕色	暗棕色	黑色	
氯乙烯-醋酸乙烯酯共聚物	无色至亮黄色	亮黄至金黄色	黄棕至红棕色	

3. 吡啶显色试验鉴别含氯塑料

含氯塑料有聚氯乙烯、氯化聚氯乙烯、聚偏二氯乙烯等，它们可通过吡啶显色反应来鉴别。注意，试验前试样必须除去增塑剂，方法如下：将经乙醚萃取过的试样溶于四氢呋喃，滤去不溶成分，加入甲醇使之沉淀，在 75℃以下干燥，制成无增塑剂的试样。

（1）与冷吡啶的显色反应　取少量试样与约 1mL 吡啶反应，过几分钟后，加入 2～3 滴 5% NaOH 的甲醇溶液，立即观察产生的颜色，过 5min 和 1h 后分别再次记录颜色，参照表 2-7 进行鉴别。

表 2-7 用冷吡啶处理含氯高分子的显色反应

高分子材料	立即	5min 后	1h 后
聚氯乙烯粉末	无色至黄色	亮黄至红棕色	黄棕至暗红色
聚氯乙烯模塑材料	无色	溶液无色,不溶物黄色	溶液暗棕至暗红棕色
氯乙烯-醋酸乙烯酯共聚物	无色至亮黄色	亮黄至金黄色	黄棕至红棕色
聚偏二氯乙烯	黑棕色	暗棕色	黑色
氯化聚氯乙烯	暗血红色	暗血红色	暗血红色至红棕色

（2）与沸腾的吡啶的显色反应　取少量试样，加入约 1mL 吡啶煮沸，将溶液分成两部分。

第一部分：重新煮沸，小心加入 2 滴 5% NaOH 的甲醇溶液，分别记录立即观察和 5min 后观察到的颜色。

第二部分：在冷溶液中加入 2 滴 5% NaOH 的甲醇溶液，分别记录立即观察和 5min 后观察到的颜色。

参照表 2-8 进行鉴别。

表 2-8 用沸腾吡啶处理含氯高分子的显色反应

高分子材料	在沸腾的溶液中		在冷溶液中	
	立即	5min 后	立即	5min 后
聚氯乙烯	橄榄绿	红棕色	无色或微黄色	橄榄绿
氯化聚氯乙烯	血红色至棕红色	血红色至棕红色	棕色	暗棕红色
聚偏二氯乙烯	棕黑色沉淀	棕黑色沉淀	棕黑色沉淀	棕黑色沉淀

4. 一氯和二氯醋酸显色试验鉴别单烯类高分子

将试样先粉碎，取几毫克装于试管中，加入约 5mL 二氯醋酸或熔化的一氯醋酸，加热至沸腾，保持 1～2min。对照表 2-9 进行鉴别。如果煮沸 2min 后仍不显色，则为否定的负结果。没有列出的高分子除了蛋白质、聚乙烯醇和聚丙烯酸的盐类有时会干扰反应外，其他的给出负结果。

表 2-9 单烯类高分子与一氯醋酸或二氯醋酸的显色反应

高分子材料	一氯醋酸	二氯醋酸	高分子材料	一氯醋酸	二氯醋酸
聚氯乙烯	蓝色	红-紫色	聚醋酸乙烯酯	红-紫色	蓝-紫色
氯化聚氯乙烯	无色	无色	聚氯代醋酸乙烯酯	蓝-紫色	蓝-紫色

5. 铬变酸显色试验鉴别含甲醛高聚物

取少量试样于试管中，加入 2mL 浓硫酸及少量铬变酸，在 60～70℃下加热 10min，静置 1h 后观察颜色，出现深紫色表明有甲醛。同时要做一空白试验对比。

铬变酸试验对高分子材料鉴别非常重要，因为许多高聚物裂解时有甲醛放出，例如酚醛树脂、甲酚-甲醛树脂、间苯二酚-甲醛树脂、二甲苯-甲醛树脂、呋喃树脂、脲醛树脂、硫脲-甲醛树脂、蜜胺树脂、苯胺-甲醛树脂、酪朊-甲醛树脂、聚甲醛、聚乙烯醇缩甲醛、聚甲基丙烯酸甲酯等。

另外一些高分子材料在这一试验中也会呈现其他颜色。如硝酸纤维素、聚醋酸乙烯酯、高取代度的醋酸纤维素、聚乙烯醇缩乙醛、聚乙烯醇缩丁醛和天然树脂松香会出现红色；聚砜呈现紫色；松香改性的香豆酮树脂呈现橙色。

6. 吉布斯靛酚显色试验鉴别含酚高聚物

先取一张滤纸用 2,6-二氯（或溴）苯醌-4-氯亚胺的饱和乙醚溶液浸润，风干。在试管中加热少许试样不超过 1min，用一小片制备好的滤纸盖住试管口，试样分解后，取下滤纸置于氨蒸气中或滴上 1～2 滴稀氨水，若有蓝色的靛酚蓝斑点出现，表明有酚（包括甲酚、二甲酚）。

此法可用于鉴别酚醛树脂、双酚 A 型的聚碳酸酯、环氧树脂、香豆酮-茚树脂和某些醇酸树脂。但是要注意某些添加剂（如磷酸苯酯、磷酸甲苯酯等）也可能出现此反应。

四、塑料的综合性鉴别

以上介绍的每一种定性鉴别方法可能都有自己的局限性，所以建议综合使用以上方法。英国帝国化学工业（ICI）公司采用外观、燃烧、密度和个别特殊试验相结合的方法，制定出普通塑料鉴定流程（见图 2-2），避免了使用实验室专用设备和药品，能鉴别 20 多种常见的塑料。

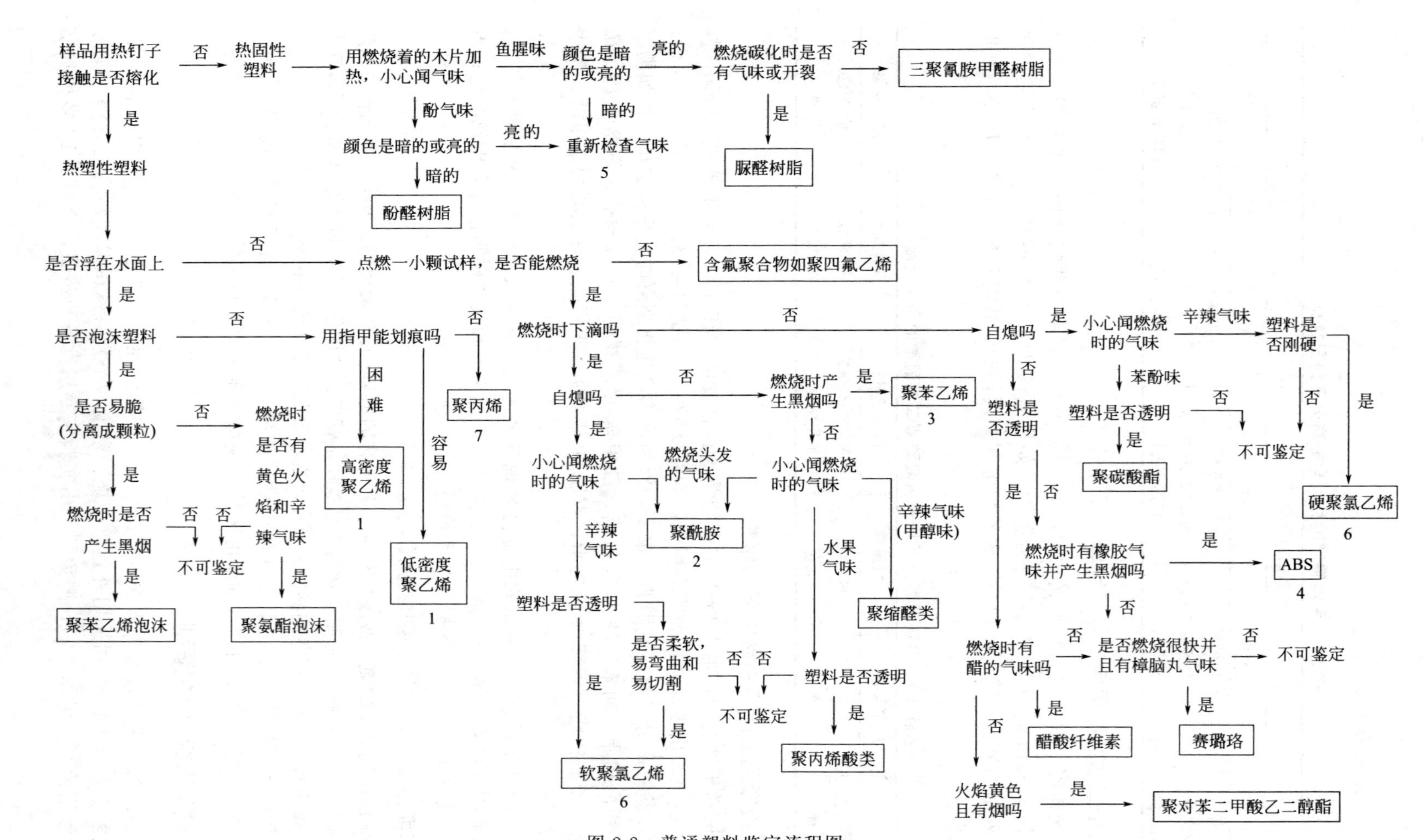

图 2-2 普通塑料鉴定流程图

1—聚乙烯燃烧时带烧蜡烛的气味；2—聚酰胺用以下方法证实：使用一根冷的金属针（如钉子）接触熔融的塑料并迅速拉开，尼龙能形成丝；3—聚苯乙烯用以下方法证实：敲击时有金属声；4—丙烯腈-丁二烯-苯乙烯共聚物；5—酚醛树脂通常是黑色或棕色，其他树脂通常色泽较亮；6—聚氯乙烯通过在火焰上呈绿色证实；7—聚丙烯燃烧时有热机油的气味

第二节 塑料添加剂的鉴别与分析

塑料添加剂是指塑料配混时，少量加入到合成树脂或其配混料中，以改善其成型加工性能、降低成本或赋予制品某种性能的一类化学物质。塑料添加剂种类繁多，往往一个制品中会含有多种添加剂，有时对塑料和添加剂的鉴别都会产生影响，所以需要将添加剂和塑料进行分离，然后进行鉴别。

一、增塑剂

凡添加到塑料中能使塑料的塑性增加的物质都可以叫作增塑剂。增塑剂的主要作用是削弱聚合物分子之间的次价键，从而增加了聚合物分子链的移动性，降低了聚合物分子链的结晶性，即增加了聚合物的塑性，表现为聚合物的硬度、模量、软化温度和脆化温度下降，而伸长率、曲挠性和柔韧性提高。工业上对增塑剂需求量最大的是聚氯乙烯及氯乙烯的共聚物，聚醋酸乙烯酯、纤维素酯类、丙烯酸类树脂等也常需增塑剂。

增塑剂主要是酯类化合物，最常用的酯类是邻苯二甲酸、磷酸、己二酸、癸二酸、壬二酸或脂肪酸的酯。一般来说，醇的碳原子数为 8～10 的酯适合做聚氯乙烯的增塑剂，而较小的醇如甲、乙、丁醇适合于做纤维素酯、丙烯酸类树脂的增塑剂。GB/T 1844—2008 第 3 部分提供了与增塑剂有关术语的组成部分的统一符号以形成缩略语。另外，在用于橡胶和塑料工业时，许多增塑剂是“商业”或“技术”级别，并不一定是物质的纯形式。

增塑剂的化学分析方法一般有如下几种方法。

1. 混合增塑剂的鉴别方法

因为塑料增塑剂经常混合使用，因而用萃取或其他方法分离出的增塑剂可能是一种混合物，所以在进一步鉴别之前，有必要搞清楚是什么，如果是混合物，还要决定是否需要进一步进行分离。

一种判别方法是将萃取物溶于四氯化碳，在一根硅胶式盐柱中分别用 1.5%、2.0%、3.0%和 4.0%的异丙醚洗提，收集级分。将每个级分的溶剂除掉，然后测量各级分的密度、折射率、沸点以及用紫外光谱测定。如果各级分的测定结果一样，说明是一种成分，否则是混合物。另一种方法是真空分馏萃取液，在判别的同时也进行了分离工作。

2. 密度、折射率和沸点的测定

经萃取得到的增塑剂最好进行一次精馏，然后测定密度、折射率和沸点，根据文献值进行初步鉴别。密度和折射率的测定可根据 ASTM D1045—2014 塑料用增塑剂的取样与测试的试验方法进行。表 2-10 列出了常用的四类增塑剂的密度、折射率和沸点。

表 2-10 四类增塑剂的密度、折射率和沸点

增塑剂		密度/(g/cm^3)(温度/℃)	折射率(温度/℃)	沸点或沸程/℃(压力/Pa)
邻苯二甲酸酯类	二甲酯	1.189(25)	1.514(25)	282～285(1×10^5)
		1.195(15.5)	1.517(20)	
	二乙酯	1.120(25)	1.500(25)	290～300(1×10^5)
	二正丁酯	1.045(25)	1.491(25)	340(1×10^5)
	二戊酯	1.024(15.5)	1.487	336～340(1×10^5)

续表

增塑剂		密度/(g/cm^3)(温度/℃)	折射率(温度/℃)	沸点或沸程/℃(压力/Pa)
邻苯二甲酸酯类	二己酯	1.0085(20)	1.487(20)	340～350(1×10^5)
	二正辛酯	0.966(25)	1.480(25)	229(6×10^2)
	二(2-甲基庚)酯	0.986(20)	1.486(20)	228～237(5.3×10^2)
	二(2-乙基己)酯	0.986(20)	1.486(20)	230(6.7×10^2)
磷酸酯类	辛-二苯酯	1.090(25)	1.508(25)	375
	三甲苯酯	1.162(25)	1.553(25)	260～275(1.3×10^3)
		1.180(15.5)	1.560(20)	
	三(2-乙基己)酯	0.926(20)	1.443(20)	216(6.7×10^2)
	三苯酯	1.25(15)	—	熔点 45℃
己二酸酯类	二异丁酯	0.957(20)	1.428(25)	145～163(5.3×10^2)
	二正己酯	0.929～0.936(25)	1.439(25)	143～183(4×10^2)
	二正辛酯	0.915(20)	1.440(25)	211～217(5.3×10^2)
	二(2-甲基庚)酯	0.928(20)	1.448(25)	213～223(5.3×10^2)
	二(2-乙基己)酯	0.927(20)	1.446(25)	208～218(5.3×10^2)
	二壬酯	0.914(25)	1.445(25)	230(6.7×10^2)
癸二酸酯类	二正辛酯	0.907(20)	1.444(25)	230～240(5.3×10^2)
	二(2-甲基庚)酯	0.917(20)	1.447(25)	248～255(5.3×10^2)
	二(2-乙基己)酯	0.911(25)	1.451(25)	256(6.7×10^2)
		0.913(20)	1.450(20)	264(8×10^2)

3. 酸值和皂化值

(1) 酸值的测定　增塑剂酸值是指中和 1g 增塑剂试样所消耗的氢氧化钾的质量(以 mg 计),它表征了试样中游离酸的总量。

测定方法(参照 ASTM D2849、DIN 53402)如下:准确称取 5～50g 增塑剂试样,溶解在 50mL 苯和乙醇的等体积混合液中。待完全溶解后,立即用 0.1mol/L 氢氧化钾的乙醇溶液滴定,以酚酞为指示剂,浅粉红色出现为终点。同时做一空白试验。测定方法(参照 GB/T 1668—2008《增塑剂酸值及酸度的测定》)如下:

酸值 X 以中和 1g 增塑剂所需氢氧化钾的质量(mg)计,数值以毫克每克(mg/g)表示,按式(2-1)计算。

$$X=\frac{M(V-V_0)c}{m} \tag{2-1}$$

式中,V 为滴定试样所消耗的 KOH(KOH-乙醇)标准滴定溶液的体积,mL;V_0 为滴定空白试样所消耗的为 KOH(KOH-乙醇)标准滴定溶液的体积,mL;c 为 KOH(KOH-乙醇)标准滴定溶液的浓度,mol/L;m 为试样质量,g;M 为 KOH 的摩尔质量,g/mol,$M=56.11$g/mol。

(2) 皂化值的测定　增塑剂皂化值定义为与 1g 增塑剂试样中的酯(包括游离酸)反应所需的氢氧化钾的质量(以 mg 计)。

测定步骤(参照 GB/T 1665—2008《增塑剂皂化值及酯含量的测定》)如下:准确称

取 2g 试样，放入 250mL 锥形瓶中，加入 50.0mL 0.5mol/L 氢氧化钾乙醇溶液。装上带有碱石灰干燥管的回流冷凝管，加热回流 1～4h（直至皂化完全）。用少许乙醇冲洗冷凝管几次，然后趁温热以溴酚蓝为指示剂，用 0.5mol/L 盐酸回滴过量的碱，直至紫色变为黄色为终点。同时做一空白试验。

$$皂化值=56.1\times\frac{(V_0-V)c}{m} \tag{2-2}$$

式中，V 为滴定试样所消耗的 HCl 的体积，mL；V_0 为滴定空白试样所消耗的 HCl 的体积，mL；c 为 HCl 溶液的浓度，mol/L；m 为试样质量，g。

另外，GB/T 1676—2008 规定了增塑剂碘值的测定方法，GB/T 1677—2008 规定了增塑剂环氧值的测定方法。

4. 元素分析

利用元素分析方法对增塑剂进行检测，确定除 C、H、O 外，是否还有 N、S、Cl、P 这些元素。

① 测得大量的 Cl，表明存在氯化石蜡；②同时测得 S 和 N，说明存在磺酰胺；③同时测得 S 和少量 Cl，说明存在烷基磺酸芳香酯；④检测到痕量的 S，可能存在脂肪烃或芳烃类增塑剂；⑤检测到 P，表明存在磷酸酯类增塑剂。

5. 增塑剂含量的测定

国家标准规定了一系列测试橡塑材料中增塑剂含量的方法，例如，GB/T 36793—2018 规定了用气相色谱质谱联用法测定橡塑材料中增塑剂含量的方法，GB/T 23653—2009 规定了通用型聚氯乙烯树脂热增塑剂吸收量的测定方法，GB/T 3400—2002 规定了通用型氯乙烯均聚和共聚树脂室温下增塑剂吸收量的测定方法，GB/T 35923—2018 规定了光学功能薄膜——三醋酸纤维素酯（TAC）膜增塑剂含量的测定方法。

二、抗氧剂

塑料抗氧剂是一些能够抑制或者延缓塑料在空气中热氧化的有机化合物。

抗氧剂很容易溶于普通有机溶剂，因而通常可用萃取法与聚合物分离后再进行测定。聚烯烃中的抗氧剂的分离，也常用甲苯溶解后再用乙醇沉淀聚合物的方法。另外，也可以利用仪器分析法测定聚合物中的抗氧剂，例如，GB/T 25277—2010 规定了使用液相色谱法测定均聚聚丙烯（PP-H）中酚类抗氧剂和芥酸酰胺爽滑剂的方法。

1. 定性分析

（1）酚类　向萃取液中加几滴稀氢氧化钠溶液，再加几滴 1%氟硼酸的 4-硝基苯重氮盐甲醇溶液，如果有酚类抗氧剂会出现有色偶氮染料。当邻位或对位取代的酚没有反应时，可加入等体积的密隆试剂（将 10g 汞溶于 10mL 密度为 1.42g/cm^3 的硝酸中，温和加热，然后用 15mL 蒸馏水稀释）到溶于甲醇的萃取液中，酚类呈现黄到橙色。

（2）对苯二胺类　向萃取液加少许新配的 1%氟硼酸的 4-硝基苯重氮盐的甲醇溶液（含几滴浓盐酸），芳香胺出现红、紫或蓝色。或者向萃取液加少许 4%过氧化苯甲酰的苯溶液，芳香取代的对苯二胺呈现出黄色到橙黄色，加入氯化亚锡后变为红紫到蓝色。

2. 定量分析

（1）受阻酚类抗氧剂含量的可见光谱分析

① 偶合试剂制备　将 2.800g 对硝基苯胺溶于 10mL 热浓盐酸中，用水稀至 250mL，冷却后用水调到正好 250mL，制成 A 液。再取 1.44g 亚硝酸钠溶于水，调至正好 250mL，制

成B液。使用前各移取A、B液25mL放于烧杯中混合，用冰冷却至10℃以下，向液体通入氮气鼓泡，令其回到室温，最后加入10mg尿素以消除过剩的亚硝酸，注意该试剂要现用现配。

② 测定步骤 称取2.00g高聚物粉末试样，用95%乙醇或甲醇萃取16h。萃取液转移到100mL容量瓶中，用萃取剂调至刻度。取其中10mL，放于100mL容量瓶中，加入2mL偶合试剂，再加入3mL 4mol/L氢氧化钠溶液，混匀后加萃取剂调至刻度。颜色稳定至少2h后，在400～700nm下测定吸光度，从相应标准工作曲线上查处抗氧剂含量。

某些酚类抗氧剂的最大吸收波长分别为：对苯二酚苄醚，565nm；抗氧剂2246，578nm；α-萘酚，598nm；β-萘酚，540nm；三（壬基苯基）磷酸酯，565nm；4,4′-硫-二(6-叔丁基-2-甲基苯酚)，565nm。

(2) 聚乙烯中抗氧剂*N*,*N*′-二(β-萘基) 对苯二胺的测定

① 过氧化氢硫酸溶液的配制 将25mL 20%的硫酸加入4mL 30%的过氧化氢中，用水稀释至100mL。

② 测定步骤 准确称取1g聚乙烯试样于50mL圆底烧瓶中，加入2g碎玻璃，再加入10mL甲苯。用水浴加热回流，时而摇晃烧瓶直至溶解，整个过程需1～1.5h。用15～20mL乙醇洗冷凝管，取出烧瓶塞好瓶塞，然后剧烈摇动，令聚合物沉淀出来。冷却后过滤，滤液放入100mL容量瓶中，用乙醇定容。移取20mL此液到试管中，加入2mL过氧化氢的硫酸溶液，混匀后静置。在430nm下测定产生的绿色溶液的吸光度，将25～40min后达到的最大读数作为吸光度值，通过工作曲线计算抗氧剂的含量。做工作曲线时，所用标准试样*N*,*N*′-二(β-萘基) 对苯二胺的浓度范围为0～0.0008g/20mL。

三、填料

填料又称填充剂，是指用以改善加工性能、制品力学性能并（或）降低成本的固体物料。GB/T 1844.2—2008第2部分规范了塑料常用填充及增强材料术语的符号和缩略语。

1. 定性鉴别

(1) 形态和密度 填料的微观形态有很大区别，通过显微镜或高倍放大镜观察填料的形态，再结合密度数据，一般就可以进行鉴别。表2-11和表2-12分别给出了常见填料的形态和密度。

表2-11 填料颗粒的形态

形态	填料
长纤维	木粉、果壳纤维、棉纤维、麻纤维、玻璃纤维、碳纤维、石墨纤维、硼纤维、氧化铝等陶瓷纤维、石英纤维、金属纤维、合成纤维
针状或短纤维	玻璃纤维、碳纤维、石棉、硅灰石、晶须纤维、炉渣纤维、富兰克林、纤维(结晶硫酸钙)
片状	云母、石墨、滑石粉、高岭土、三水合氧化铝
球状或块状	碳酸钙、炭黑、砂、石英粉、合成SiO_2粉、玻璃球、微玻璃珠、大多数石粉

表2-12 某些填料和增强材料的密度

填料	密度/(g/cm^3)	填料	密度/(g/cm^3)
碳纤维	1.3～1.8	碳酸钙	2.7
石墨纤维	1.4～2.6	赤泥	2.7～2.9
碳晶须	1.66	云母	2.8
炭黑	1.8～2.1	白云石	2.80～2.90

续表

填料	密度/(g/cm³)	填料	密度/(g/cm³)
硼晶须	1.83	滑石	2.9
硅藻土	2.3	硅灰石	2.9
氢氧化铝	2.4	碳酸镁	3.0～3.1
玻璃纤维、玻璃球	2.5～2.9	碳化硅晶须	3.19
碳化硼晶须	2.52	氧化铝	3.96
高岭土	2.58	重晶石	4.3～4.6
长石(白花岗岩)	2.6	铁晶须	7.85
方解石	2.60～2.75	铜晶须	8.92
砂、石英、SiO_2	2.65	镍晶须	9.95

(2) 组成　无机填料可以通过元素分析，参照表 2-13 进行鉴别。

表 2-13　某些填料的主要化学成分　　单位：%

填料	SiO_2	Al_2O_3	Na_2O	K_2O	CaO	MgO	TiO_2	Fe_2O_3	H_2O
煅烧高岭土	52.1～52.9	44.4～45.2					0.8～2.0		0.5～0.9
长石	67.8	19.4	7.0	3.8	1.7			<0.08	0.2
霞石	61.0	23.3	9.8	4.6	0.7				0.6
硅藻土	91.9	3.3	1.8	0.3	0.5	0.5		1.2	
滑石	63.5					31.7			4.8
石棉	43.50					43.46			13.04
赤泥	14～20	15～30	碱性化合物 7%～9%					2.5～4	30～45

2. 定量分析

一般填料与塑料不相容，因此采用较简单的方法就可以分离出来。如果是单一填料，分离后称重直接就得到其含量；如果是混合物，再根据化学性质的差别进一步分离。分离和定量分析的方法主要有灰化法和溶解法。

(1) 灰化法　此法适用于无机填料。将含无机填料的高分子材料在高温下焙烧，高分子被烧掉，剩下无机填料。灰化最好在裂解管中进行，样品装在小舟（由金属或陶瓷制成）内，裂解管通有惰性气体。由于材料在高温下的变化是复杂的，所以灰化的条件十分重要。一般 500℃对大多数高分子材料是适用的，热塑性高分子材料可以低一些，热固性高分子材料要高一些。一般填料的测定应在空气中灼烧，因为高分子在加热分解后首先会产生大大小小的碎片，有的不能挥发而成为残渣，它们在较高的温度下炭化，形成的炭黑在空气中灼烧才能完全被氧化成 CO_2 而除掉。但是炭黑在 500℃空气中燃烧会完全被氧化成二氧化碳，而在氮气中燃烧，质量损失小于 1%，因此，测量炭黑含量必须在氮气环境下灰化。

(2) 溶解法　对未交联高分子材料，常能选择适当的溶剂将高聚物溶解，而留下填料。对交联高聚物或其他难溶高聚物，可以用化学分解的方法如水解、酸解、碱解、胺解等，使高聚物分解而溶于溶剂。

例如，测定天然橡胶中填料含量可以采用以下方法。

称取 0.1g 橡胶，加入 20g 沸腾的对二氯苯，在 10min 内慢慢加入 5mL 叔丁基过氧化氢，煮沸 2h，再加入 5mL 矿物油，然后煮沸至完全溶解，用 3 号玻璃砂芯漏斗过滤出填料，用热的稀硝酸（3∶1）洗涤（除掉吸收在炭黑上的残余高聚物），水洗，烘干称重。

四、应用举例

1. 邻苯二甲酸酯类的定性鉴别

称取约 0.05g 间苯二酚和苯酚分别放入两个试管中，在每一试管中分别加入 3 滴增塑剂和 1 滴浓硫酸。将试管浸入 160℃油浴中 3min，冷却后，加入 2mL 水和 2mL 10%氢氧化钠溶液，混匀。如果有邻苯二甲酸酯类存在，装有间苯二酚的试管中应呈现显著的绿色荧光，而装有苯酚的试管应出现酚酞的红色。

2. 酚类增塑剂的定性鉴别

溶解 10mg 增塑剂试样于 5mL 0.5mol/L 的氢氧化钾乙醇溶液中。将烧杯浸入沸水浴中 10min，以挥发大部分乙醇，加入 2mL 水溶解并加入 2.5mL 1mol/L 盐酸中和。移取 1mL 此溶液到试管中，加入 2mL 硼酸盐缓冲溶液（23.4g $Na_2B_4O_7 \cdot 10H_2O$ 溶于 900mL 温水中，加入 3.27g 氢氧化钾，冷却后加水至 1L）和 5 滴新配的指示剂溶液（0.1g 2,6-二溴苯醌-4-氯亚胺溶解于 25mL 乙醇中），若立即出现靛酚蓝色，表明存在酚类增塑剂。

3. 环氧增塑剂的定性鉴别

取 1 滴增塑剂试样，加入 4 滴葡萄糖的水溶液和 6 滴浓硫酸，缓慢旋摇，出现紫色，表明有环氧化合物存在。

第三节 塑料的鉴别和分析举例

一、聚烯烃

1. 熔点测定

聚烯烃的燃烧和溶解行为虽然相似，但熔点差别较大，可作为鉴别的依据。例如：聚乙烯（d=0.92g/cm^3）约 110℃，聚乙烯（d=0.94g/cm^3）约 120℃，聚乙烯（d=0.96g/cm^3）约 128℃，聚丙烯（d=0.90g/cm^3）约 160℃，聚异丁烯（d=0.91～0.92g/cm^3）124～130℃。

2. 汞盐试验

在试管中裂解试样，用浸润过氧化汞硫酸溶液（将 5g 氧化汞溶于 15mL 浓硫酸和 80mL 水中制得）的滤纸盖住管口。滤纸上若呈现金黄色斑点表明是聚异丁烯、丁基橡胶或聚丙烯（后者要在几分钟后才出现斑点），聚乙烯没有反应。为了区分聚丙烯和聚异丁烯，将裂解气引入 5%醋酸汞的甲醇溶液中，然后将溶液蒸干。用沸腾的石油醚萃取剩下的固体，滤去不溶物，浓缩滤液。若为聚异丁烯，会结晶出熔点为 55℃的长针状晶体。如为聚丙烯，则不会形成晶体。

二、苯乙烯类高分子

1. 定性鉴别

（1）靛酚试验检验苯乙烯　苯乙烯类高分子和发烟硝酸反应形成硝基苯化合物，热解时有苯酚释出，因而可用靛酚试验鉴别。在小试管中放少许试样和 4 滴发烟硝酸，蒸发酸至干，然后用小火加热试管中部，慢慢将试管上移，让火焰直接加热试管内残留物令其分解。试管口用一张事先浸有 2,6-二溴苯醌-4-氯亚胺的饱和乙醚溶液并风干了的滤纸盖住。热解后，取下滤纸在氨蒸气中熏或滴上 1～2 滴稀氨水，若有蓝色出现表明有苯乙烯存在。要注意操作的第一步若发烟硝酸没除干净，试纸会变棕色而影响蓝色的观察。

(2) 二溴代苯乙烯试验　取少量试样于小试管中裂解，用一团玻璃棉塞住试管口让裂解产物凝聚在玻璃棉上。冷却后用乙醚萃取玻璃棉。让溴蒸气通过萃取液直至由于溴过量而刚好出现黄色为止，在表面皿上蒸去乙醚，产物用苯重结晶，所得的二溴代苯乙烯晶体的熔点应为74℃。

(3) 解聚试验　将试样置于试管中，加热使之解聚，可根据产生的苯乙烯单体的气味来鉴别。此外，这种单体在紫外灯照射下会显示紫色的荧光，也可供鉴别参考。

(4) 聚苯乙烯、ABS和丁二烯-苯乙烯共聚物的鉴别　ABS由于在杂原子试验中含有氮而得以区分。丁二烯-苯乙烯共聚物可以用偶氮染料反应进行检测。取1～2g用丙酮萃取过的试样与20mL硝酸一起回流1h。回流完毕，加入100mL蒸馏水稀释，用乙醚分三次（50mL、25mL、25mL）萃取。合并萃取液，并用15mL蒸馏水洗涤一次，弃掉水层。乙醚层用15mL 1mol/L氢氧化钠萃取三次，合并碱液层。最后再用20mL蒸馏水洗涤乙醚层，将洗液与碱液合并，以浓盐酸调节到恰呈酸性，然后加入20mL浓盐酸。在蒸汽浴上加热，接着加入5g锌粒还原，冷却后加入2mL 0.5mol/L亚硝酸钠。将此重氮化了的溶液倒入过量的β-萘酚的碱溶液中。若形成红色溶液，表明有丁二烯-苯乙烯共聚物，而聚苯乙烯则生成黄色溶液。

2. 定量分析

(1) 聚苯乙烯中苯乙烯含量的测定　威奇斯（Wijs）溶液定量测定法：称取约2g试样放入250mL锥形瓶里，用50mL四氯化碳溶解。加入10mL威奇斯溶液（三氯化碘和碘的冰醋酸溶液），塞住锥形瓶，在暗处15～20℃下放置15min。然后加入15mL 10%碘化钾溶液和100mL蒸馏水，立即塞住锥形瓶并振摇。以0.05mol/L硫代硫酸钠标准溶液滴定过量的碘，用淀粉为指示剂。同时做一空白试验。

$$\text{苯乙烯的质量分数}=104\times\frac{c(V_0-V)}{1000m}\times100\% \quad (2\text{-}3)$$

式中，V_0为滴定空白所需$Na_2S_2O_3$标准溶液体积，mL；V为滴定试样所需$Na_2S_2O_3$标准溶液体积，mL；c为$Na_2S_2O_3$标准溶液的浓度，mol/L；m为试样质量，g。

(2) 丁二苯乙烯共聚物中聚苯乙烯均聚物含量的测定　取约0.5g试样放入250mL锥形瓶中，加入50mL对二氯苯（温热到60℃），在130℃下加热直至试样溶解。冷却到80～90℃，加入10mL 60%叔丁基过氧化氢溶液（将6份叔丁基过氧化氢和4份叔丁醇混合均匀即可），然后加入1mL用苯处理过的0.003mol/L OsO_4溶液（在100mL苯中溶解80mg OsO_4）。在110～115℃下加热混合液10min，然后冷却至50～60℃，加入20mL苯，再缓慢加入250mL乙醇，边搅拌边用几滴浓硫酸酸化。若有均聚苯乙烯，则有沉淀生成，待沉淀沉降后，用适宜的熔砂漏斗定量地过滤溶液，沉淀用乙醇洗涤，在110℃下干燥4h。

$$\text{苯乙烯均聚物的质量分数}=\frac{m_0}{m}\times100\% \quad (2\text{-}4)$$

式中，m_0为沉淀的质量，g；m为试样的质量，g。

(3) ABS的共聚组成分析　将研磨细的不超过0.5g的试样与20～30mL甲乙酮在50mL圆底烧瓶中煮沸（未交联的试样会溶解，交联的试样只会溶胀），然后在约60℃下加入5mL叔丁基过氧化氢和1mL四氧化锇溶液煮沸2h，如果仍未溶解，再补加5mL叔丁基过氧化氢和1mL四氧化锇溶液煮沸2h。

上述试液用20mL丙酮稀释，用2号熔砂漏斗过滤，滤渣为填料，用丙酮洗涤、干燥并称重。将滤液逐滴加入5～10倍于滤液体积的甲醇中。通过加热或冷却，或加入几滴氢氧化钾的乙醇溶液，使苯乙烯-丙烯腈共聚物组分沉淀下来。用2号熔砂漏斗过滤，在70℃下真空干燥，并称重。

通过微量分析或半微量分析，分别测定原始试样和苯乙烯-丙烯腈共聚物组分（SA）的氮含量。

$$丙烯腈质量分数=3.787\times 试样中氮的质量分数 \tag{2-5}$$

$$苯乙烯质量分数=\frac{m_1}{m}\times 100\%-3.787\times SA中氮的质量分数 \tag{2-6}$$

$$丁二烯质量分数=100\%-\left(\frac{m_1+m_2}{m}\right)\times 100\%-3.787\times (试样中氮的质量分数-SA中氮的质量分数) \tag{2-7}$$

式中，m_1 为SA沉淀质量，g；m_2 为填料质量，g；m 为试样质量，g。

(4) 苯乙烯-马来酸酐共聚物中马来酸酐的含量 准确称取1g试样于200mL锥形瓶中，加入50mL甲苯。溶好之后，滴加0.5%百里酚蓝甲醇溶液3滴，用0.1mol/L的CH_3ONa的甲苯/甲醇（1∶1）溶液进行滴定。滴定终点要保持深绿色1min以上。同时做一空白试验。

$$马来酸酐(\%)=\frac{0.1F(V-V_0)\times 98.06}{1000m}\times 100\% \tag{2-8}$$

式中，V_0 为滴定空白所需标准溶液的体积，mL；V 为滴定试样所需标准溶液的体积，mL；F 为滴定液的力价，近似为1.0（必须用纯度高含水少的试剂和溶剂）；m 为试样质量，g。

三、含卤素类高分子

1. 含氯高分子

(1) 定性鉴别 通过元素的定性分析检验出氯后，可以用以前介绍的吡啶显色试验进一步区分是哪一个品种。还可以用下列特殊方法进一步证实。

① 聚氯乙烯 将几毫克试样溶于约1mL吡啶中，煮沸1min，冷却后加入1mL 0.5mol/L KOH乙醇溶液，若有聚氯乙烯存在会快速呈现棕黑色。接着在其中加入1mL 0.1%的β-萘胺在20%硫酸水溶液中形成的溶液，并加入5mL戊醇，激烈振摇，在几小时内有机层呈现粉红色。分离出有机层，用10mL 1mol/L氢氧化钠溶液碱化时颜色变黄，酸化后使颜色又变回粉红色。

② 聚偏二氯乙烯 聚偏二氯乙烯与吗啉能产生特征的显色反应。将一小块试样浸入1mL吗啉中，如果试样中有聚偏二氯乙烯，2min就出现暗红棕色，然后很快就变黑，几小时后溶液变浑且几乎完全成为黑色。另外，聚偏二氯乙烯不溶于四氢呋喃和环己酮，可以与聚氯乙烯区分开。

③ 氯化聚氯乙烯 氯化聚氯乙烯与吗啉也能产生特征的显色反应，生成的溶液是红棕色。氯化聚氯乙烯在乙酸乙酯中有良好的溶解性，是可用于鉴定的另一个性质。

④ 氯乙烯-醋酸乙烯酯共聚物 氯乙烯-醋酸乙烯酯共聚物裂解时有醋酸释出，可用碘或硝酸镧与之反应进行检测。

将装有试样的试管在小火上加热20min。冷却后，用1～2mL蒸馏水将试管壁上的冷凝物冲下。将溶液过滤至另一试管中，加入0.5mL 5%硝酸镧溶液，再加入0.5mL 0.005mol/L碘溶液。将混合物煮沸，稍冷却后，用移液管小心加入1mol/L氨溶液，使之明显分层，如果有醋酸存在，界面处产生蓝色环。

(2) 定量分析 聚氯乙烯中常添加含铅稳定剂，采用重量法无需分离试样就可以测定铅的含量。

取约10g研细了的聚氯乙烯放在烧杯中，加入50mL浓硫酸，加热直至试样变为暗色和黏稠，冷却片刻，小心加入20mL浓硝酸，再次加热，重复加硝酸和加热，直到溶液变成亮黄色。然后煮沸浓缩成10～15mL，令其冷却，用约80mL水稀释，用氨水使它略带碱性，加入100mL醋酸铵溶液（120mL 25%氨水+140mL冰醋酸+170mL水），煮沸片刻，滤出残渣，将残渣连同漏斗放在醋酸铵溶液中再次煮沸，然后再次过滤。用少量热的醋酸铵溶液洗涤残渣，然后用水洗涤。把所有滤液和洗涤液合并、煮沸，加入重铬酸钾作为沉淀剂，使铅以铬酸铅的形式沉淀下来。将其再多煮沸15min，令沉淀沉下，用瓷芯漏斗过滤，用水洗后在150℃下干燥2h，称重。

$$\text{铅的质量分数}=64.01\times\frac{m_1}{m}\times100\% \tag{2-9}$$

式中，m_1 为沉淀质量，g；m 为试样质量，g。

2. 含氟高分子

可以采用元素检测分析法，结合常见高分子含氟量进行鉴别。含氟树脂与其他高分子主要根据以下性质予以区别：可以耐各种浓的无机酸和碱，室温下不溶于任何溶剂；高的密度值（2.1～2.2g/mL）。

常见的聚四氟乙烯和聚三氟氯乙烯可以用简单的方法加以鉴别。聚三氟氯乙烯的耐化学腐蚀性不如聚四氟乙烯好，且熔点较低，前者是220℃，而后者是327℃。用定性检出氯的办法也可以分辨出聚三氟氯乙烯。

四、其他单烯类高分子

1. 聚乙烯醇

（1）定性鉴别

① 碘试验　在锥形瓶中分别加入5mL聚乙烯醇水溶液、2滴0.05mol/L碘的碘化钾溶液，然后用水稀释到刚刚能辨认颜色（蓝色、绿色或黄绿色）。取5mL此溶液与几毫克硼砂一起振摇，然后用5滴浓盐酸酸化，若出现深绿色表明是聚乙烯醇。

② 硼砂试验　配制高浓度的聚乙烯醇溶液，取一滴放在点滴板上，再加一滴饱和硼砂溶液，若交联呈黏胶状，则为聚乙烯醇。

③ 荧光试验　取一试管，分别加入0.5g试样、0.5g浓硫酸、0.2g间苯二酚，以火加热。冷却后，溶液在可见光下呈绿褐色，在紫外线下发出较强的青色荧光，证明是聚乙烯醇。

（2）定量分析

① 聚乙烯醇含量的比色分析　取2mL中性或弱酸性的聚乙烯醇溶液，在20℃下加入80mL 0.003mol/L碘和0.32mol/L硼酸的混合溶液，混合后测量在670nm下的吸光度，计算聚乙烯醇浓度。同时配制已知溶液作为比色参比。

② 残留醋酸基含量的分析　称取约1.5g试样于250mL锥形瓶中，用70～80mL水回流溶解。所得溶液以酚酞为指示剂，用0.1mol/L氢氧化钠中和，然后加入20mL 0.5mol/L氢氧化钠，回流30min，冷却后，以酚酞为指示剂，用0.5mol/L的盐酸滴定。同时做一空白试验。

$$\text{醋酸基质量分数}=\frac{59.04c(V_0-V)}{1000m}\times100\% \tag{2-10}$$

式中，V_0 为滴定空白所消耗的盐酸标准溶液的体积，mL；V 为滴定试样所消耗的盐酸标准溶液的体积，mL；c 为盐酸标准溶液的浓度，mol/L；m 为试样质量，g。

2. 聚醋酸乙烯酯

第二章第一节已经介绍的李柏曼-斯托希-莫洛夫斯基显色试验以及一氯醋酸、二氯醋酸显色试验可用来鉴别聚醋酸乙烯酯。另外，所有含醋酸乙烯酯的聚合物热分解都产生醋酸，可以利用这一点来进行鉴别。

首先取一试管裂解少量试样，并取一团棉花用水浸润，放在试管口，吸收逸出的气体。然后用水冲洗棉花，并将得到的溶液收集在另外一个试管中，加 3～4 滴 5%硝酸镧、1 滴 0.05mol/L 碘的碘化钾溶液和 1～2 滴浓氨水。聚醋酸乙烯酯变为深蓝色或几乎黑色，而聚丙烯酸酯变为微红色。用以下试验可以进一步证实：0.05mol/L 碘的碘化钾溶液与聚醋酸乙烯酯反应得紫-褐色，用水洗时颜色加深。

3. 聚乙烯醇缩醛

聚乙烯醇缩醛是聚乙烯醇与醛类或酮类缩合的产物，工业上主要有聚乙烯醇缩甲醛、聚乙烯醇缩乙醛和聚乙烯醇缩丁醛，可以通过碘试验进行定性鉴别。

首先准备反应试剂：10mL 50%醋酸＋7mL 碘的碘化钾溶液（1g 碘化钾＋0.9g 碘＋40mL 水＋2mL 甘油），混合均匀。然后取无增塑剂的试样与 1～2 滴反应试剂直接接触，反应 1min 后用水冲洗，观察试样颜色，根据表 2-14 鉴别。

表 2-14 聚乙烯醇缩醛类碘试验鉴别

高分子材料	颜色
聚乙烯醇缩甲醛	蓝到暗紫色
聚乙烯醇缩乙醛	绿色
聚乙烯醇缩丁醛	绿色

4. 聚（甲基）丙烯酸酯

（1）聚丙烯酸酯类和聚甲基丙烯酸酯类的鉴别

① 裂解蒸馏 聚甲基丙烯酸酯类几乎能定量地解聚成单体，而聚丙烯酸酯类降解时只产生少量单体，且降解产物呈黄色或棕色，带酸性并有强烈气味。

对于聚甲基丙烯酸酯类，可用下法进一步鉴别：将试样和石英砂混合，在试管中干馏，收集馏出物并进行沸点和折射率的测定，然后根据表 2-15 鉴别不同的聚甲基丙烯酸酯。

表 2-15 甲基丙烯酸酯类单体的沸点和折射率

单体	沸点/℃	折射率 n_D^{20}	单体	沸点/℃	折射率 n_D^{20}
甲基丙烯酸甲酯	100.3	1.414	甲基丙烯酸正丁酯	163	1.424
甲基丙烯酸乙酯	117	1.413	甲基丙烯酸异丁酯	155	1.420
甲基丙烯酸正丙酯	141	1.418			

② 苯肼试验 此法可以在有聚甲基丙烯酸酯存在时检出聚丙烯酸酯，灵敏度可达 1%丙烯酸酯。

进行前述的裂解蒸馏。用氯化钙干燥裂解产物，加入新蒸的苯肼和 5mL 干的甲苯，回流 30min。然后加入 5 倍体积于试液的 85%甲酸溶液和 1 滴过氧化氢，振摇数分钟，必要时加热，如出现墨绿色表明是聚丙烯酸酯。

③ 碱解试验 将试样和 0.5mol/L 氢氧化钾乙醇溶液一起煮沸。聚丙烯酸酯能缓慢水解而溶解掉，而聚甲基丙烯酸酯根本不水解。

（2）聚甲基丙烯酸甲酯的特征显色试验 将收集到的裂解馏出物与少量浓硝酸（$d=1.4g/cm^3$）一起加热，直至得到黄色的清亮溶液。冷却后，用相当于它体积一半的蒸馏水稀释，然后滴加 5%～10%硝酸钠溶液，用氯仿萃取，出现海绿色溶液表明有甲基丙烯酸甲酯。若在稀释后的溶液中加入一些锌粉，溶液出现蔚蓝色也说明有甲基丙烯酸甲酯。

5. 聚乙烯基咔唑

（1）定性鉴别

① 李柏曼-斯托希-莫洛夫斯基显色反应方法：对于聚乙烯基咔唑，要先加硫酸，然后再加醋酐，聚乙烯基咔唑会产生海绿色。

② 与醛的反应方法：将少许试样与浓硫酸混合，加入1滴乙二醛或甲醛溶液。若呈现绿色，表明为聚乙烯基咔唑。

③ 与硝酸反应方法：将约0.5g试样溶解或悬浮于甲苯中，加入浓硫酸和几滴浓硝酸，若呈现绿色，则为聚乙烯基咔唑。

（2）定量分析　锥形瓶中加入5g细磨过的聚乙烯基咔唑试样，再加入75mL四氯化碳，剧烈振摇或搅拌1h。过滤，滤液用15mL四氯化碳洗涤两次，用0.05mol/L溴在四氯化碳中的溶液滴定至浅棕色。

$$\text{乙烯基咔唑}(\%)=186.4\times\frac{Vc}{1000m}\times100\% \qquad (2\text{-}11)$$

式中，V为滴定所用溴溶液体积，mL；c为溴溶液的浓度，mol/L；m为试样质量，g。

6. 聚丙烯腈

（1）裂解试验进行定性鉴别

① 试剂配制

A液：将2.86g醋酸铜溶于1L水中，制成A液。

B液：将14g联苯胺溶于100mL醋酸中，取67.5mL此液加52.5mL水，制成B液。

使用前将A液和B液等体积混合。

② 测定步骤　在坩埚中加热试样、少量锌粉和几滴25%硫酸的混合物。用浸湿了反应试剂的滤纸盖住坩埚，滤纸有蓝色斑点表明有丙烯腈存在。

（2）聚丙烯腈及相关共聚物中氰基的定量分析　将试样与浓无机酸（如20%盐酸溶液）一起回流，水解后产生聚丙烯酸沉淀。过滤后用水洗涤沉淀，然后用碱量法测定沉淀物中的羧基含量，从而可以计算出氰基的含量。

五、杂链高分子及其他高分子

（一）聚甲醛

1. 定性鉴别

参见第二章第一节用铬变酸显色试验检出甲醛。

2. 定量分析

（1）聚甲醛中游离甲醛含量的测定　取可能含0.25～0.40mmol游离甲醛的试样放入250mL锥形瓶中，加入50mL 0.25%双甲酮水溶液和70mL缓冲溶液（102mL 0.2mol/L醋酸+98mL 0.2mol/L醋酸钠溶液），在室温下放置3h，不时摇晃。用4号熔砂漏斗过滤并用5mL蒸馏水洗涤10次，收集沉淀。将沉淀溶解在纯乙醇中（残留在沉淀中的聚甲醛不会溶于乙醇），以酚酞为指示剂，用0.1mol/L氢氧化钠滴定该甲醛-双甲酮溶液。

$$\text{游离甲醛}(\%)=30\times\frac{Vc}{1000m}\times100\% \qquad (2\text{-}12)$$

式中，V为滴定所需NaOH标准溶液的体积，mL；c为NaOH标准溶液的浓度，mol/L；

m 为试样质量，g。

（2）聚甲醛中总甲醛含量的测定 取约含 1.5mmol 总甲醛的试样，放入 300mL 锥形瓶中，依次加入 10mL 水、50mL 0.05mol/L 碘的碘化钾溶液、25mL 1mol/L 氢氧化钠。将其混匀后置于暗处 10min，加入 55mL 1mol/L 盐酸，然后用 0.05mol/L 硫代硫酸钠滴定释出的碘。同时做一空白试验。

$$\text{总醛含量}(\%)=\text{游离甲醛}\%+\text{聚甲醛}\%=30\times\frac{c(V_0-V)}{1000m}\times100\% \tag{2-13}$$

式中，V_0 为滴定空白所消耗的硫代硫酸钠标准溶液的体积，mL；V 为滴定试样所消耗的硫代硫酸钠标准溶液的体积，mL；c 为硫代硫酸钠标准溶液的浓度，mol/L；m 为试样质量，g。

（二）聚酯

聚酯包括脂肪族聚酯、聚对苯二甲酸乙二醇酯、聚对苯二甲酸丁二醇酯等饱和聚酯、邻苯二甲酸酐等与多元醇形成的醇酸树脂以及由马来酸酐、富马酸酐等与多元醇形成的不饱和聚酯。

1. 定性鉴别

（1）对苯二甲酸的鉴别 新配制邻硝基苯甲醛溶于 2mol/L 氢氧化钠的饱和溶液，取一张滤纸浸润此溶液。将试样放入试管中热解，在试管口盖一片上述浸润过溶液的滤纸，若滤纸呈现蓝绿色，并对稀盐酸稳定，表明有对苯二甲酸存在。

聚对苯二甲酸乙二醇酯用氢氧化钠水溶液水解后产生对苯二甲酸，它与邻苯二甲酸不同，在 300℃下不熔化而是升华。

（2）邻苯二甲酸的鉴别

方法一：将试样在试管中热解，如果邻苯二甲酸是其组成之一，在试管壁上会附有邻苯二甲酸酐的针状结晶。必要时将其用乙醇重结晶，熔点是 131℃。

方法二：将少许试样和 3 倍量的百里酚（即 5-甲基-2-异丙基苯酚）以及约 5 滴浓硫酸一起在 120～130℃甘油浴上加热 10min。冷却后，将其反应混合物溶于 50%乙醇，用稀氢氧化钠调成碱性。如溶液呈深蓝色（百里酚酞）表明是邻苯二甲酸；如果呈现绿色表明是硝酸纤维素。

方法三：将约 0.1g 试样和约 0.2g 结晶苯酚以及 1 滴浓硫酸一起加热。冷却后，将熔体溶于 10～20mL 水中，用 5%氢氧化钠调至碱性。如果溶液呈现红色（酚酞）表明是邻苯二甲酸。

（3）丁二酸（即琥珀酸）的鉴别 将含树脂的溶液用氨中和，并蒸发至干。将残留固体用喷灯激剧加热，并将松木片伸向放出的烟气中。如有丁二酸存在，松木片变红。

（4）己二酸的鉴别

方法一：将少许试样与等量间苯二酚和 2 滴浓硫酸一起在试管中加热，冷却后用碱液调至碱性，若呈现暗红紫色表明有己二酸存在。

方法二：用邻硝基苯甲醛试验（操作同对苯二甲酸的鉴别），己二酸给出蓝黑色或蓝紫色。

（5）癸二酸的鉴别 在没有丁二酸时，使用间苯二酚试验（操作同己二酸的鉴别方法），癸二酸给出橙色并伴有绿色荧光。

（6）马来酸（顺丁烯二酸）的鉴别

方法一：在李柏曼-斯托希-莫洛夫斯基试验中，纯马来酸树脂先显葡萄酒红色，然后转为橄榄棕色。

方法二：马来酸酐与二甲基苯胺形成黄色配合物，试样中只需至少含有 0.1%马来酸酐就可以检测到。

(7) 富马酸（反丁烯二酸）的鉴别　将少许试样用由 4mL 10%硫酸铜、1mL 吡啶和 5mL 水组成的混合液处理，生成绿蓝色（又称翡翠绿）的结晶，表明有富马酸。

2. 定量分析

下面介绍二元羧酸、脂肪酸和多元醇的分离和分析。

(1) 皂化　称取 0.2～0.5g 试样放入 300mL 锥形瓶中，用苯溶解，加入 125mL 0.5mol/L 氢氧化钾乙醇溶液。塞好瓶口，在 (52±2)℃下加热 18h。冷却后，用 3 号熔砂漏斗收集沉淀，用无水乙醇洗涤，然后在 110℃下干燥。

(2) 二元羧酸钾盐的酸化　将上述钾盐沉淀溶解在 75mL 水中，用硝酸调到 pH 值恰为 2.0，如果必要，可稍作稀释直至溶液澄清。30min 后，用双层粗滤纸将此酸液过滤到 100mL 容量瓶中，用水洗漏斗，定容摇匀，分成以下几份：

第一份，取 10.0mL 放入 300mL 锥形瓶，用于邻苯二甲酸的测定；

第二份，取 25.0mL 放入 250mL 烧杯中，用于马来酸/富马酸的测定；

第三份，取 10.0mL 放入 250mL 烧杯中，用于癸二酸的测定。

在 60℃烘箱中烘干各份液体。

(3) 邻苯二甲酸测定　在第一份中加入 5mL 冰醋酸，盖好瓶塞，在 60℃下加热 30min。加入 100mL 无水甲醇，盖好，于 60℃下再加热 30min。加 2mL 25%醋酸铅的冰醋酸溶液到温热的溶液中，盖好瓶塞，再加热 1h，经常振摇。将其冷却后静置 12h，过滤，用无水乙醇洗涤，在 110℃下干燥 1h，称重。

$$\text{邻苯二甲酸酐}(\%)=\frac{0.30254\times 10m_1}{m}\times 100\% \tag{2-14}$$

式中，m_1 为最后沉淀质量，g；m 为试样质量，g。

(4) 马来酸/富马酸的测定　在第二份中加入 75mL 新煮沸的水，溶解后转移到 100mL 容量瓶中，准确加入 2.5mL 0.75%溴在 50%溴化钠水溶液中的溶液，用水加满至刻度，混匀。同时做一空白试验。在暗处静置 24h，然后在 425nm 的光波下，以空白为参比，测量吸光度，从校正曲线上读取浓度值。此方法能检测 1～6mg 马来酸/富马酸。

(5) 癸二酸的测定　在第三份中准确加入 70mL 水，煮沸，加入 30mL 2.5%水合醋酸锌的水溶液（用醋酸调 pH 值到 6.0），煮沸 1min，冷却 1h 后过滤。将其用无水乙醇洗涤，在 110℃下干燥 1h，称重。如果癸二酸含量大于 2%，在钾盐酸化过程中就会有沉淀，则 pH 值只能调到 3.0，可进一步稀释至溶液澄清。必要的话过滤，再继续上述步骤。

$$\text{癸二酸}(\%)=\frac{0.76134\times 10m_1}{m}\times 100\% \tag{2-15}$$

式中，m_1 为最后沉淀质量，g；m 为试样质量，g。

(6) 对苯二甲酸/间苯二甲酸的测定　将 (1) 中的钾盐沉淀在 150℃下烘干，然后溶解于 50mL 水中，过滤，调节 pH 值至 3.5，静置 1h。将过滤沉淀的对苯二甲酸/间苯二甲酸洗涤，干燥，再称重。

(7) 己二酸/丁二酸的测定　此法不能有其他二元羧酸存在。将 (1) 中钾盐沉淀溶于水，用醋酸调 pH 值至 5.5，必要时过滤，在容量瓶中稀释至 100mL。取其中 10mL 稀释至 95mL（对己二酸）或 245mL（对丁二酸），加入 5mL 20%硝酸银溶液，在暗处静置 18h，不时摇动。将其过滤，沉淀用乙醇洗涤，在 110℃下干燥，称重。沉淀量应当尽可能接近 100mg。

$$己二酸(\%)=\frac{0.40598\times 10m_1}{m}\times 100\% \tag{2-16}$$

$$丁二酸(\%)=\frac{0.35579\times 10m_1}{m}\times 100\% \tag{2-17}$$

式中，m_1 为最后沉淀的质量，g；m 为试样的质量，g。

(8) 脂肪酸的测定　将 (1) 中皂化得到的滤液在水浴中蒸发掉有机溶剂，补充蒸馏水至 250mL，转移到蒸发皿上，用 20%硫酸酸化直到刚果红试纸变蓝，用乙醚萃取脂肪酸数次。用水洗其乙醚萃取液，蒸发掉乙醚（用二氧化碳保护），在 110℃下将其干燥 10min，然后在干燥器内浓硫酸上干燥至恒重，称量。

$$脂肪酸(\%)=\frac{m_1}{m}\times 100\% \tag{2-18}$$

式中，m_1 为最后产物质量，g；m 为试样质量，g。

(9) 多元醇的测定　这里介绍氧化法，可适用于甘油、乙二醇、丙二醇的测定。

将 (8) 中用乙醚萃取过的酸性水溶液调 pH 值至 7，浓缩成 75mL。冷却后过滤到 100mL 容量瓶中，加蒸馏水至刻度。在高碘酸盐存在下，含连位羟基的多元醇将按下式被氧化，用碘量法测定生成的甲醛而得到多元醇的含量。

$CH_2OHCHOHCH_2OH$(甘油)$+2NaIO_4 \longrightarrow 2HCHO+HCOOH+2NaIO_3+H_2O$

CH_2OHCH_2OH(乙二醇)$+NaIO_4 \longrightarrow 2HCHO+NaIO_3+H_2O$

$CH_3CHOHCH_2OH$(丙二醇)$+NaIO_4 \longrightarrow HCHO+CH_3CHO+NaIO_3+H_2O$

（三）聚碳酸酯

1. 碳酸酯的鉴别

聚碳酸酯与 10%氢氧化钾无水乙醇溶液加热皂化，产生碳酸钾结晶。过滤出结晶，并酸化使之释出 CO_2，将释出的 CO_2 通入氢氧化钡溶液或石灰水，会产生白色沉淀。

2. 对二甲氨基苯甲醛显色试验

详见第二章第一节。在对二甲氨基苯甲醛显色试验中，在第一步盐酸存在时出现鲜艳的红色，而在第二步的对二甲氨基苯甲醛的甲醇溶液中显蓝色。

3. 靛酚试验

详见第二章第一节，聚碳酸酯呈正反应。

4. 聚碳酸酯中双酚 A 的鉴别

用氢氧化钾的无水乙醇溶液皂化试样，结晶出双酚 A 和碳酸钾。用乙醇重结晶双酚 A，测定熔点。双酚 A 的熔点为 153～156℃。

（四）聚酰胺（尼龙）

1. 根据熔点区别不同品种的尼龙

根据表 2-16 各种尼龙的熔点，可以区别主要的尼龙品种。

2. 根据溶解性区别不同品种的尼龙

(1) 多元醇溶解试验　将约 100mg 试样溶于热（正好低于沸点）的多元醇中。冷却，待高分子沉淀下来，然后小心缓慢地在油浴上加热，测定沉淀重新溶解且溶液变清的温度，参照表 2-17 进行鉴别。

表 2-16　各种尼龙的熔点

尼龙品种	熔点/℃	尼龙品种	熔点/℃
尼龙 46	300	尼龙 11	184～186
尼龙 66	250～260	尼龙 66(60%)和尼龙 6(40%)的共混物	180～185
尼龙 6	215～220	尼龙 66 和尼龙 6(33%)和聚己二酸对二氨基环己烷(67%)的共混物	175～185
尼龙 610	210～215		
尼龙 1010	195～210	尼龙 12	175～180

表 2-17　尼龙在多元醇中的溶解性

尼龙品种	沉淀溶解时溶液的温度/℃		
	乙二醇	丙二醇	丙三醇
尼龙 6	135	129	168
尼龙 11	不溶	145	不溶
尼龙 66	153	153	195
尼龙 610	156.5	139.5	不溶

(2) 盐酸或甲酸溶解试验　根据尼龙在盐酸中的溶解性，参照表 2-18 可以区别几种主要的尼龙。

表 2-18　尼龙在盐酸中的溶解性

尼龙品种	14%盐酸	30%盐酸
尼龙 6	溶	溶
尼龙 66	不溶	溶
尼龙 11	不溶	不溶

将约 0.1g 试样溶于 1mL 浓甲酸（溶解时间约 2h），根据表 2-19 区别几种主要的尼龙。

表 2-19　尼龙在甲酸中的溶解性

尼龙品种	溶解性
尼龙 6、尼龙 66	溶
尼龙 610、尼龙 11	不溶

3. 显色试验

(1) 邻硝基苯甲醛试验鉴定己二酸　将 0.2g 试样放在试管中干馏，以 2mL 邻硝基苯甲醛溶于 2mol/L 氢氧化钾的饱和溶液中吸收裂解气。将吸收溶液加热至沸腾，若有己二酸存在，裂解生成的环戊酮会使溶液显红棕色。

(2) 碘代铋酸钾试验鉴定己内酰胺　将 0.5g 试样与 50mL 蒸馏水一起加热煮沸 10～15min。冷却后取 0.5mL 此溶液，加入 2～3 滴浓硫酸，再加入 2mL 碘代铋酸钾溶液（将 5g 碱性硝酸秘和 25g 碘化钾溶于 10mL 2%的硫酸中）。如有橙红色配合物 [$(C_6H_{11}ON)_3 \cdot 2BiI_3 \cdot 6HI \cdot 2H_2O$] 沉淀产生，表明有己内酰胺。

(3) 区分尼龙 6 和尼龙 66 的试验　取 0.1g 粉状试样，用混合液处理（混合液由质量分数为 10 份的苯酚、10 份乳酸、20 份甘油和 22 份用直接蓝染料饱和的蒸馏水组成）30s 后，用蒸馏水洗涤试样。尼龙 6 将被染上颜色，而尼龙 66 不变色。

(五) 纤维素衍生物

1. 醋酸纤维素（或丙酸纤维素）的硝酸镧试验

将试样在 50%硫酸中水解，取 1 滴馏出液。加入 1 滴 5%硝酸镧溶液和 1 滴 0.1%碘的乙醇溶液，再加入几滴 1mol/L 氨溶液。如有醋酸或丙酸存在，则片刻后会出现蓝棕色。

2. 醋酸纤维素和醋酸丁酸纤维素的区分

干馏试样，前者裂解产生醋酸，后者除了醋酸的气味外，还有丁酸，所以像腐臭的奶油气味。

3. 硝酸纤维素的鉴别

（1）二苯胺试验 将试样与 0.5mol/L 氢氧化钾溶液一起煮沸，冷却后，用稀硫酸酸化并过滤。在滤液中加入二苯胺溶液（将 10mL 浓硫酸、3mL 水、10mg 二苯胺混合均匀即成），两层液体交界处有蓝色环表明是硝酸纤维素。

（2）斑点试验 在试管中将少许试样与约 0.3g 安息香一起在甘油浴上加热至 140℃，必要时加热至 160℃。试管口盖上一片浸有反应试剂（使用前等体积混合 1%对氨基苯磺酸和 0.3% α-萘胺在 30%醋酸中的溶液）的滤纸。滤纸上呈现红色斑点表明存在硝基。

（3）间苯二酚试验 试样用热水处理，然后溶解于浓硫酸中，加少量间苯二酚，产生紫蓝色表明是硝酸纤维素。

（4）硫代硫酸钠试验 将试样与硫代硫酸钠在研钵里研磨，然后把混合物放在瓷坩埚中，用砂浴加热至试样开始燃烧。燃烧完毕，待冷却后，加蒸馏水煮沸，用醋酸酸化至 pH＝2～3，再煮沸片刻后除去已分离出的硫。加入氯化铁到滤液中，得到深红色表明有硝酸纤维素。

4. 乙基纤维素的鉴别

利用乙基纤维素在热解时可形成乙醛，气相乙醛会发生显色反应这一特点进行鉴别。

取少量试样与 1 滴重铬酸钾溶液（1g 重铬酸钾＋60mL 水＋7.5mL 浓硫酸）在 100℃下加热。试管口盖上一片用等体积 20%吗啉水溶液和 5%硝酸钠水溶液混合物浸湿的滤纸，滤纸呈蓝色表明是乙基纤维素。

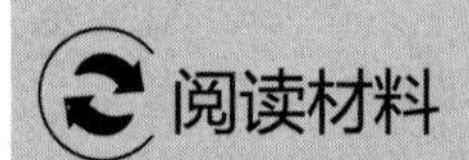

科学巨匠、后辈楷模、中国高分子物理一代宗师——钱人元

钱人元院士（1917.9.19—2003.12.6），江苏省常熟市人。1939 年毕业于浙江大学化学系，后被聘为该校物理系助教，1940～1943 年任西南联大（昆明）理化系助教，1944～1948 年赴美，先后在加州大学理工学院化学系、威斯康星大学化学系、衣阿华州立大学化学系攻读研究生，并兼任研究助理，同时选修理论物理与数学，从此确定以物理化学为专业方向。1948 年新中国成立前夕，钱先生回国投身祖国的科教事业，1948～1951 年历任厦门大学和浙江大学副教授，1951～1956 年先后在中国科学院上海理化研究所、长春应用化学研究所和上海有机化学研究所任研究员。

1956 年赴京，到新建的化学研究所任研究员，领衔开展高分子物理研究，1960 年组建高分子物理研究室，并任室主任，此后历任中国科学院化学研究所副所长（1977～1981 年）、所长（1981～1985 年）。1980 年当选为中国科学院学部委员（院士）、中国化学会理事长（1982～1986 年）兼中国化学会高分子学科委员会副主任（1982～1986 年）及主任（1986～1992 年），并任国际纯粹与应用化学会（IUPAC）高分子学会第二委员会委员（1985～1997 年）及东亚分会主席（1993～1995 年）、太平洋高分子协会（PPF）理事（1990～1992 年）。钱先生曾当选为第 3 届全国人民代表大会代表，第 5～8 届全国政协委员。

钱先生是我国高分子物理化学与高分子物理研究及教育的创始者和奠基人。他重视基础研究和学科交叉，针对发展前沿不断拓展研究领域，同时适应国民经济和国防科技的需要，努力承担和完成国家任务以及成果转化，几十年来取得了丰硕的成果。

20世纪50年代，钱先生从当时最迫切的需要，也是高分子最基本的结构参数——分子量及分子量分布开始，从建立测量方法逐渐深入到高分子溶液性质研究，在分子间相互作用、分子形态及相关热力学参数等方面深入探讨，取得不少进展，并据此编著了《高分子分子量测定》一书（1958年），此书后来被译成俄文和英文在国外出版，在国际上产生重要影响。

60年代，在他的带领下，研究领域陆续拓展，在高分子链结构及表征方法、高分子的结晶与形态、分子运动、力学和电学性质等形成了多个研究方向，并自力更生陆续研制了凝胶色谱仪、小角光散射仪、热-机械分析仪、结晶速度测定仪和介电性质测定仪等一系列科研设备，不但满足了研究需要，还填补了国内空白。

70年代中后期开始，钱先生注重于高分子材料加工-结构-性能关系及其动态过程的综合研究，形成了基础和实验的新观点，如确认高分子在拉伸过程中取向松弛对晶体形态有重要影响，并观察到从球晶到草席晶的形态转变等。这些研究结果对高分子材料工艺有重要指导意义，如从纺丝过程中结构形成这一关键过程出发，钱先生等先后对尼龙-6和芳纶纺丝中微区取向进行调控，大大提高了纤维的性能；用控制降解法消除聚丙烯的高分子量尾端，不但降低了纺丝温度，提高其力学性能，并用“降温母粒法”成功发展了丙纶纺丝新工艺。

80年代初，钱先生率先在国内开展了导电高分子研究。从聚乙炔、聚吡咯、聚噻吩等高分子的共轭长度、形态、颗粒间接触电阻及掺杂对导电率影响的研究出发，探讨了电子输运性的本质，取得了新的研究成果，并对器件研制有重要的指导意义。

80年代以来，钱先生以更高的起点开展了高分子凝聚态基本物理问题的研究，得到中国科学院与国家自然科学基金委员会重大项目的支持，1992年列为国家攀登计划项目。他作为首席科学家，摒弃了按学科分解课题各自独立研究的传统模式，带领国内优秀高分子物理学家，以高分子链段和链间相互作用，以及链的堆砌方式为出发点，从分子水平上进行富有创新意义的探讨，经十余年潜心研究，发展了一系列新的学术概念，如在高分子从溶液凝聚过程的转变、分子链内与链间的凝聚缠结和物理老化、取向高分子小尺度无规凝聚、单链和寡链高分子的凝聚态、液晶高分子条带结构的形成机理、高分子的非折叠结晶过程等广泛领域获得了许多规律性认识，并以实验和理论计算得到证实。这些国际上独创的观点在北京举办的IUPAC国际高分子凝聚态物理学术讨论会（1996年）得到了广泛的认同，并获得中国科学院（1998年）和国家（1999年）自然科学奖。在国家攀登计划项目的验收报告中，专家们指出“首席科学家、中国高分子物理学派奠基人钱人元院士起了无法替代的作用，为推动我国高分子科学的发展做出了重要贡献。”

钱先生热心教育事业，是我国高分子教育的开创者和奠基人之一。1958年中国科学技术大学成立，他与王葆仁院士在该校共同创建了我国第一个高分子化学和物理系，并任高分子物理教研室主任。他亲自制定教育大纲、实验室建设规划及高分子物理专业和实验课程设置，并讲授高分子物理课程等长达3年，讲课内容经整理成专著《高分子的结构与性能》于1981年出版，已成为该专业的基本教材。青年学者和研究生们来求教讨论时，钱先生都耐心认真、一丝不苟、诲人不倦，特别鼓励他们的创新精神，正如专家报告中所说：“他调动了我国高分子物理学界一批中坚力量，培养了一批优秀青年研究人员，这一经验值得推广。”

钱人元先生十分注重学术交流，除了在国内经常讲演，组织讲座和学术会议外，在国际学术界也十分活跃，前后在国际学术会议和国外访问演讲共百余次，多次承担国际会议的国际顾问委员，并亲自组织了与美、日、德、英和韩双边高分子学术讨论会。基于他的学术成就和对中-日高分子学术交流的贡献，1995 年获日本高分子学会国际奖。此外，他还曾获得国家、中国科学院等 17 项科技成果奖以及求是杰出科学家等称号；他是国内外多个学术刊物的主编、副主编和编委；在国内外学术期刊发表研究论文 250 多篇，编写专著及综述四十多册/篇，堪称高分子物理一代宗师。

资料参考：

[1] 金熹高. 钱人元先生生平事迹 [J]. 高分子学报，2017 (9)：1379-1381.

[2] 江明. 科学巨匠 后辈楷模——献给钱人元先生百年诞辰 [J]. 高分子学报，2017 (9)：1382-1388.

思考题

1. 在进行显色试验时，为什么要先进行分离提纯？

2. 为什么在 Liebermann-Storch-Morawski 显色试验中要求试剂的温度和浓度必须稳定？

3. 有一未知试样可能是聚乙烯或聚氯乙烯，请采用显色试验进行判断。

4. 有一未知塑料试样，外观不透明，燃烧时产生黑烟，无熔滴现象，密度大于水，请判断该试样可能是什么。

5. 有两个试样分别是 PE 和 PP，请设计方案进行鉴别。

6. 用燃烧法鉴别以下物质：① PE、PVC、PTFE；②尼龙 66、涤纶。

7. 现实验室准备好了烧杯、纯净水、酒精灯、钉子，有三个试样可能是 PP、PTFE、PS，请设计方案鉴别上述三个试样。

第三章
塑料的仪器分析法

学习目标

- **知识目标**

1. 掌握气相色谱、凝胶渗透色谱等色谱分析的原理。
2. 理解紫外光谱、红外光谱、分光光度法等光谱分析的原理。
3. 了解激光拉曼光谱法、热分析和热一力分析、动态力学分析的测试原理。
4. 了解透射电子显微镜、扫描电子显微镜、原子力显微镜的测试原理。

- **技能目标**

1. 能利用红外光谱仪、分光光度计测试和分析通用塑料的性能。
2. 了解热重分析、差热分析、差示扫描量热分析的测试技术。

- **素质目标**

1. 树立家国情怀、爱国敬业、勇于奉献、勤于钻研的人生观。
2. 培养科学理性、求真求实、尊重客观规律的职业素养。
3. 养成尊重知识、尊重劳动、尊重创造的意识。

第一节 色谱分析

一、概述

1. 原理

色谱分析法是一类利用物质不同的物理和物理化学性质来进行分离并检测的方法。它的分离原理是利用物质在溶解、吸附、分配、离子交换、亲和力、分子尺寸等方面的微小差别，将需分离的物质在互不相溶的两相，即固定相和流动相之间做相对运动，使各组分在两相间进行连续多次的质量交换后，最终使得有微小差异的不同组分获得分离。

毛细管柱分离原理

图 3-1 为色谱柱分离 A、B 两组分混合物的示意图。图中，1 表示样品刚进入色谱柱时，组分 A 和 B 混合在一起；2 表示经过一段距离后，由于分配系数不同，组分逐渐分离成 A、A+B 和 B；3 表示由于组分不断进行分配和平衡，A 和 B 在柱内得到分离；4、5 表示组分 A 先进入检测器，记录仪上记得峰 A，组分 B 后进入检测器，记录仪在峰 A 出现之后又出现峰 B。

填充柱分离原理

2. 分类

（1）按固定相和流动相的物质状态　色谱分析可分为用气体作为流动相的气相色谱法（GC）、用液体作为流动相的液相色谱法（LC）及用超临界流体作为流动相的超临界流体色谱法（SFC）。

又因为固定相的不同，产生不同的组合，气相色谱法可分为气固色谱（GSC，固定相为固体吸附剂）和气液色谱（GLC，液体固定相涂布在载体或毛细管壁上），液相色谱法可分为液固色谱（LSC，固定相为固体吸附剂）和液液色谱（LLC，液体固定相涂布在载体上）。超临界流色谱（SFG）的固定相为液体（涂布在载体或毛细管壁上）。

（2）按被测物质在两相之间相互作用时的行为不同　即分离机理上的不同，色谱分析法又可分为吸附色谱法、分配色谱法、离子交换色谱法、凝胶色谱法和电色谱法等。

（3）按固定相的装置形式的差异　色谱分析法还可分为柱色谱法和平板色谱法。其中柱色谱法又有填充柱色谱法和空心柱色谱法之分；平板色谱法按材料不同又可分为薄层色谱法和纸色谱法等。

此外，还有按色谱的操作方式，分为前沿法、置换法和淋洗法；按组分在两相间的浓度关系，可分为线性或非线性色谱。

除了应用于分离分析的色谱之外，还有结合化学反应的色谱分析法。例如利用对分解产物进行分离鉴定的裂解色谱分析法，利用对反应后产物的分离来进行元素分析的反应色谱分析法以及利用对反应后产物的分离来制备纯物质的制备色谱法。图 3-2 为色谱分析法的分类。

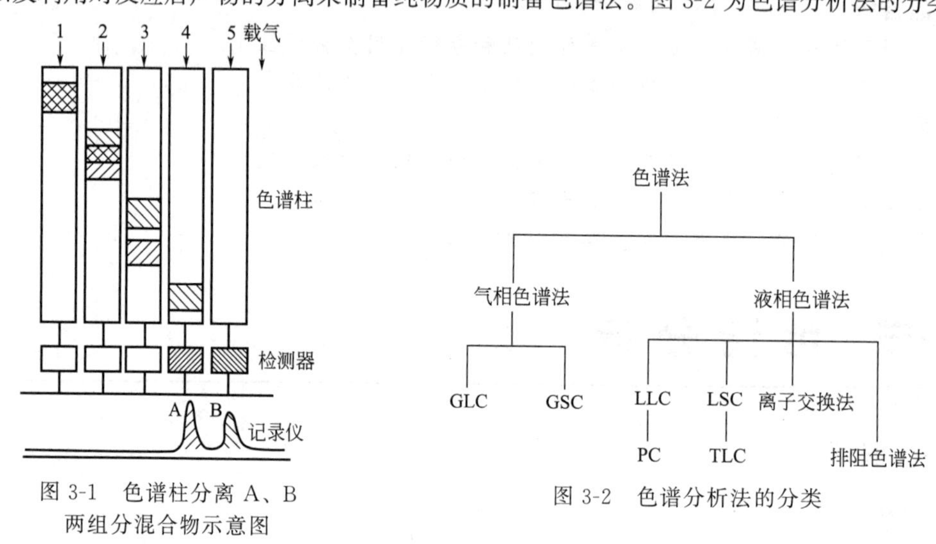

图 3-1　色谱柱分离 A、B 两组分混合物示意图

图 3-2　色谱分析法的分类

二、气相色谱

气相色谱（GC）是以气体作为流动相的一种色谱法，是分析测量低沸点有机化合物及永久性气体的有力武器。

1. 原理

气相色谱原理

气相色谱法是一种物理（或物理化学的）分离分析方法，其基本原理是将所分析的试样加热转为气体（汽化）。试样加热后所分解的气体通过另一种气体（载气）带进色谱柱，由于色谱柱内装有吸附性物质（固定相），它立即被吸附。当载气不断流经固定相时，所吸附的组分又被洗脱下来，这一现象叫脱附，脱附的组分随载气继续流动。又可被前面的固定相吸附，随着载气的不断流动，各被测组分在固定相中进行反复的物理吸附与脱附。由于气相色谱柱内填充的吸附物质对被测物质各组分的吸附能力的不同，较难被吸附的组分就较易被脱附，而逐渐走在前面，而容易被吸附的组分则不易脱附而落在后面，当经一定时间通过一定量的载气后，

试样中各组分被分成了单一组分，先后流出了色谱柱进入了检测器。当载气中含有和原来纯载气不同的组分时，检测器就给出了信号，于是在记录仪上记录了“色谱图”。该色谱图实际上是由一组大小不同的色谱峰所组成的。

2. 仪器

GB/T 30431—2020《实验室气相色谱仪》规定了实验室气相色谱仪的要求、试验方法、检验规则及标志、包装、运输和贮存。根据气相色谱的流程，气相色谱仪可分成载气系统、进样器、色谱柱系统、检测器及记录系统五部分，见图 3-3。

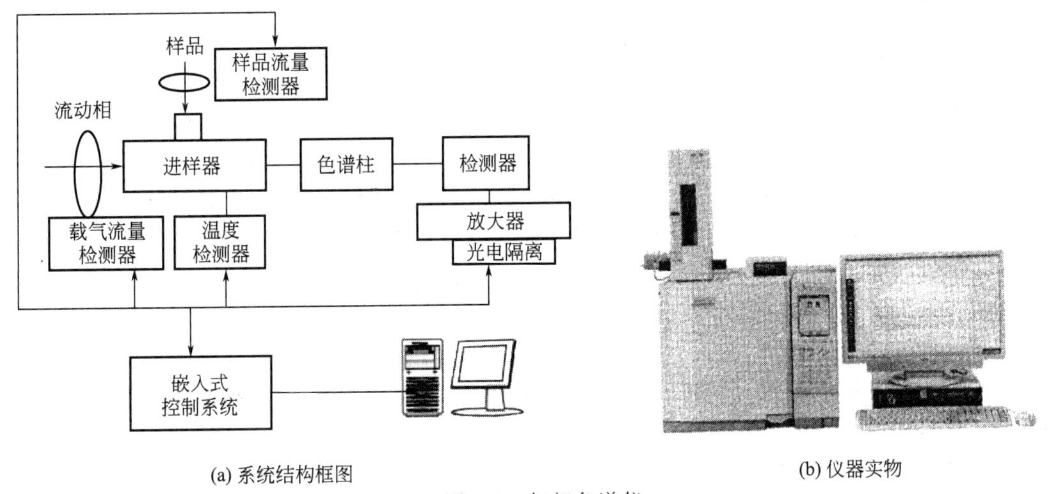

(a) 系统结构框图

(b) 仪器实物

图 3-3 气相色谱仪

（1）载气系统 作为流动相的载气，对色谱柱、固定相及被测物必须是惰性的，常用的载气有氮气和氢气，也使用氦气。载气流速的大小和稳定性对色谱分析结果有很大的影响。在室温条件下，载气、燃气及助燃气的气路系统在 0.3MPa 下，30min 压降应不大于 0.01MPa。

（2）进样器 气体试样可用六通阀进样，进样量一般为 0.001～1mL；液体试样可用注射器进样，通常是几微升；固体试样可配制成一定浓度的溶液进样，但溶剂应对测定无干扰。试样通过与进样器相连的汽化室进入色谱柱系统。汽化室经升温控温装置加热后控制在合适的温度，它能使液体试样迅速汽化。

（3）色谱柱系统 色谱柱是气相色谱仪的核心部件，用于完成色谱分离过程。常用色谱柱分成填充柱和毛细管空心柱两大类。填充柱常用不锈钢制成盘管状，也有用玻璃材料制成的，管内填充固体固定相或涂有固定液的载体。毛细管空心柱常用的材料是弹性石英材料，空心内壁涂有固定液，也可用不锈钢等材料，它们都必须是惰性的。毛细管柱气相色谱仪和填充柱气相色谱仪的基本结构相同。但由于前者使用了高效分离的毛细管柱，故在色谱柱和柱室结构上有所不同。在毛细管柱前安装的是可以进行分流的进样器，柱后还加上了尾吹气路。毛细管柱的柱容量很小，因此它要求瞬间微量进样，进样器的质量以及进样技术的好坏就直接影响到分离测定的结果。除色谱柱室的特殊要求外，毛细管柱色谱仪还应具有高灵敏度、快响应的检测器。

色谱柱用作充填或支持固定相。不同类型的气相色谱，使用不同的固定相。气液色谱填充柱的固定相由载体和固定液组成，气固色谱填充柱的固定相是吸附剂，而毛细管空心柱则是内壁涂布固定液。

（4）气相色谱的检测器 气相色谱检测器是一种能把载气中各分离组分的浓度或质量变

化转换成易于测量的电信号的装置。根据检测器检测对象的响应特点的不同，可以将检测器分为浓度型检测器和质量型检测器两大类。

浓度型检测器是指在给定的色谱条件下，进入检测器的载气中某组分浓度发生瞬间变化时，给出相应的信号变化，信号强度与组分的浓度成正比。如热导检测器、电子捕获检测器等。

质量型检测器是指在给定的色谱条件下，载气中某组分进入检测器的质量速度发生变化时，给出相应的信号变化，信号强度与单位时间内进入检测器中的组分的质量成正比。在色谱流出曲线上峰面积与流速无关。这类检测器有氢火焰离子化检测器、火焰光度检测器等。

3. 色谱图

如前所述，把样品注入色谱仪，随着柱后样品流出浓度（或质量）的不同，通过检测系统可以转化成电信号，得到色谱图。谱图的横坐标代表分析时间或流动相流出体积来表示，纵坐标是检测器响应信号的大小，可用来作为柱后样品流出浓度（质量）的表征。谱图中流出组分通过检测器系统所产生的响应信号的微分曲线称为色谱峰，见图 3-4。

图 3-4 中，t_M 为死时间，惰性组分流过色谱柱所需的时间；t_R 为保留时间，试样组分通过色谱柱所需的时间，也就是待测组分从进样开始到柱后出现信号极大值时所需的时间；t'_R为调整保留时间，扣除了死时间的保留时间，表示试样组分通过色谱柱时被固定相所滞留的时间；V_M 为死体积，惰性组分从进样到柱后出现信号极大值时所通过的流动相的体积；V_R 为保留体积，试样组分通过色谱柱所需的流动相的体积，即进样开始后到柱后出现待测组分信号极大值时所通过的流动相的体积；V'_R为调整保留体积，从保留体积中扣除死体积后的体积；标准差 σ 为 0.607 峰高 h 处的峰宽的一半，即峰宽为标准差的两倍；半峰宽 $W_{1/2}$ 又称半宽度，即为峰高一半 $h/2$ 处的峰宽；峰底宽 W_b 又称基底宽度，为峰两侧拐点处所作切线在基线上截取的距离。

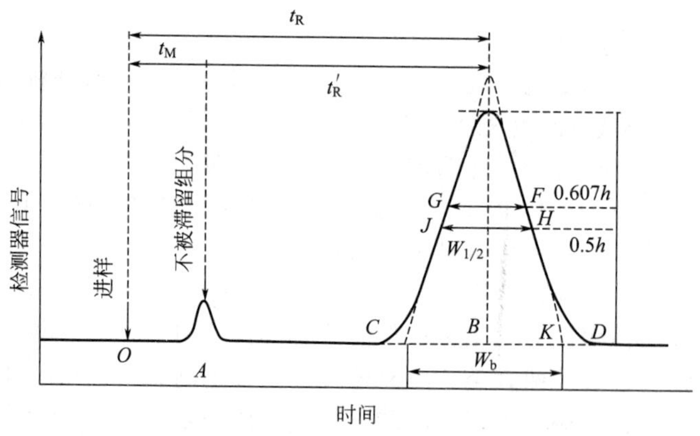

图 3-4 气相色谱图

色谱图的解析可通过下述 3 方面进行。

（1）色谱峰的位置 色谱峰的位置是色谱图上很重要的信息，是由组分在两相间的分配状况所决定的，与组分的分子结构有关，因此可表示各组分的种类及其在色谱柱中的运行过程，是定性分析的主要依据，反映了色谱的热力学过程。

（2）色谱峰的大小和形状 峰大小代表了样品中各组分的含量，是定量分析的主要依据，而峰的宽窄与组分在柱中运动状况有关，反映了色谱的动力学过程，是由组分的结构和操作条件两种因素所决定的。

（3）色谱峰的分离是表示样品中各组分能否分离开。

气相色谱图的解析方法可以参考相关专业手册。

4. 气相色谱法的应用

气相色谱法只能用于分析气体和在一定温度下能汽化的蒸气样品，它在塑料分析测试中的应用可分为两类：第一类，样品可直接进行气相色谱分析的，如单体、溶剂和各种添加剂纯度的测定以及通过测定反应过程中单体组成变化来研究某些聚合反应动力学过程；第二类，样品不能直接进行气相色谱分析而需要与其他技术相结合，例如裂解气相色谱分析技术等。

塑料材料中含有的有机添加剂（如增塑剂、抗氧化剂等）及聚合过程中残留的单体、溶剂、低聚物等挥发性物质，当受热或长时间放置后会释放出来，采用气相色谱法可以进行快速分析。例如，GB/T 38271—2019 规定了用气相色谱法测定聚苯乙烯（PS）和抗冲击聚苯乙烯（PS-Ⅰ）中残留苯乙烯单体含量的方法；GB/T 29874—2013 和 GB/T 4615—2013 规定了用气相色谱法测定残留氯乙烯单体的方法。另外，几乎所有的塑料单体、助剂和溶剂纯度的分析都可以用气相色谱方法来进行，利用气相色谱法可以测定在体系中单体浓度随时间的变化规律。如果和其他测试仪器并用，分析结果更准确，例如 GB/T 37639—2019 规定了塑料制品中多溴联苯和多溴二苯醚的测定，GB/T 36793—2018 规定了气相色谱质谱联用法测定橡塑材料中增塑剂含量的方法。

三、凝胶渗透色谱

1. 原理

凝胶渗透色谱法（GPC）又称排阻色谱法或凝胶过滤色谱法。它采用具有网状结构、多孔性的固定相，利用试样的组分分子对固定相的网状结构内部的渗透性的差异来分离各组分。渗透深的组分因不易洗脱而保留时间较大，渗透浅的则易洗脱而保留时间短。实际上它是按分子大小顺序进行分离的一种色谱方法，分子大的不易渗透而被排阻，小分子则易渗透，不被排阻，最后分离流出的顺序与排阻分子的大小有关（见图 3-5）。

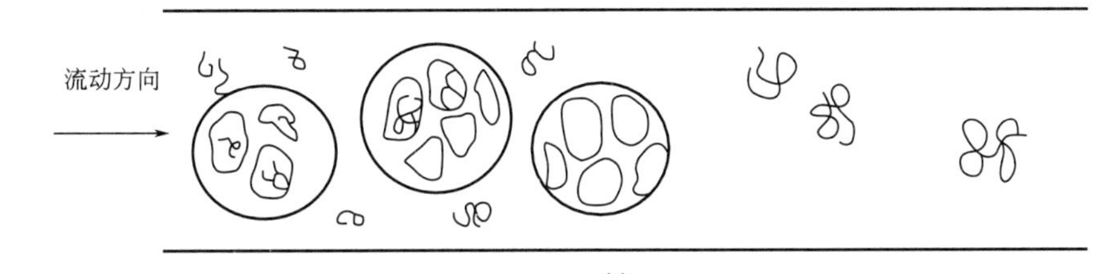

(a)

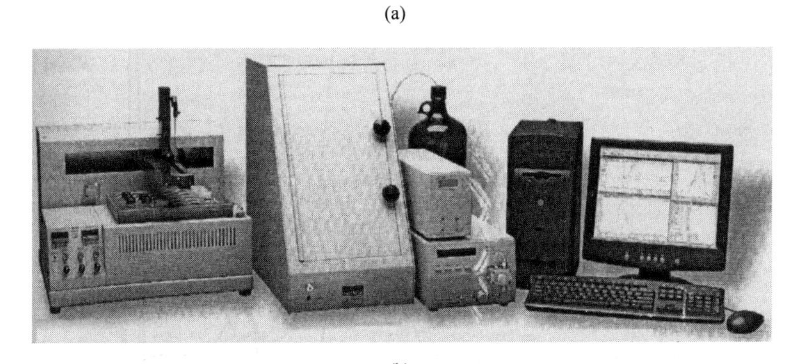

(b)

图 3-5　GPC 工作原理示意（a）及仪器实物（b）

凝胶色谱法的色谱峰窄，能迅速流出，易检测。它是一种最稳定的分离方法，不存在其他的保留机制，因而不会发生试样的化学变化和损耗，离子也不易失活。其缺点是对于分子大小相近的组分以及复杂多组分的分离不够满意。

2. 仪器

凝胶色谱的常用固定相有多孔型的半刚性凝胶和刚性凝胶两大类。凝胶是一类具有交联结构、能含大量液体（一般为水）的弹性物质（多聚体）。其中半刚性凝胶是以二乙烯基苯交联的聚苯乙烯，可稍耐压，常以有机溶剂作流动相。刚性凝胶则采用多孔硅胶，流动相可使用水和有机溶剂，其优点是机械性、热和化学稳定性好，可耐较高压。一般控制压强小于7MPa、流速小于等于 1mL/s，否则将影响到孔径的大小，分离效率下降。

为了使凝胶湿润、溶胀，流动相常采用低黏度的溶剂。选择的溶剂还需能溶解试样，能与检测器相匹配。常用的流动相有四氢呋喃、甲苯、邻二氯苯、二氯乙烷、氯仿、苯、四氯化碳和水等。与其他色谱方法不同的是，凝胶色谱的流动相不需要用改变组成的办法来调节分离。

3. 应用

根据凝胶色谱的特点，其应用主要在生物化学和高分子化学领域。适用于摩尔质量大于1000g/mol 的非离子型的高分子化合物的分离。由于流出的顺序与分子量大小有关，因此凝胶色谱还可用于聚合物的分子量分布测定以及平均分子量的测定。凝胶渗透色谱（GPC）是一种基于分子大小的差异分离技术，对于单个大分子，如蛋白质、核酸等也同样获得很好的分离，其应用已进一步向有机化学及无机化学扩展。首先通过柱洗提出来的部分是分子量最高的部分，依次低分子量的部分物质洗提出来。

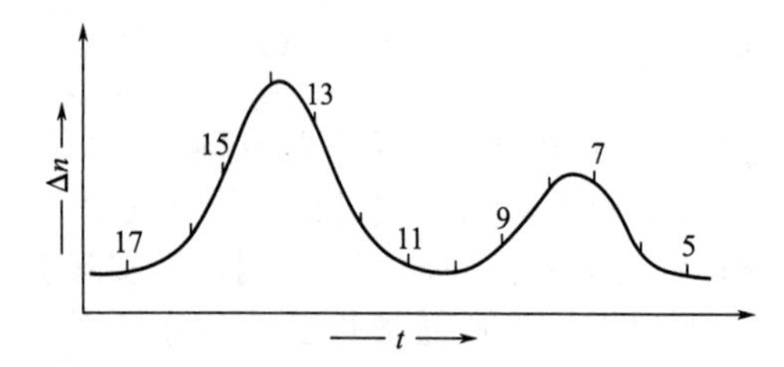

图 3-6 典型的聚合物双峰凝胶渗透色谱(GPC)图

典型的聚合物双峰凝胶渗透色谱（GPC）的色谱图如图 3-6 所示，数字表示出了馏分数字，这些峰面积与排出体积成正比例，且与时间对应。

图 3-7 所示色谱图，是把紫外吸收光谱仪作为凝胶渗透色谱仪检测器，测定有紫外吸收的聚合物溶液中聚合物的分子量及其分布，同时还能测定聚合物体系中有紫外吸收的添加剂的含量。图中，一个峰为 EP 接枝 PS 的共聚物，另一个峰为 PS 的均聚物。

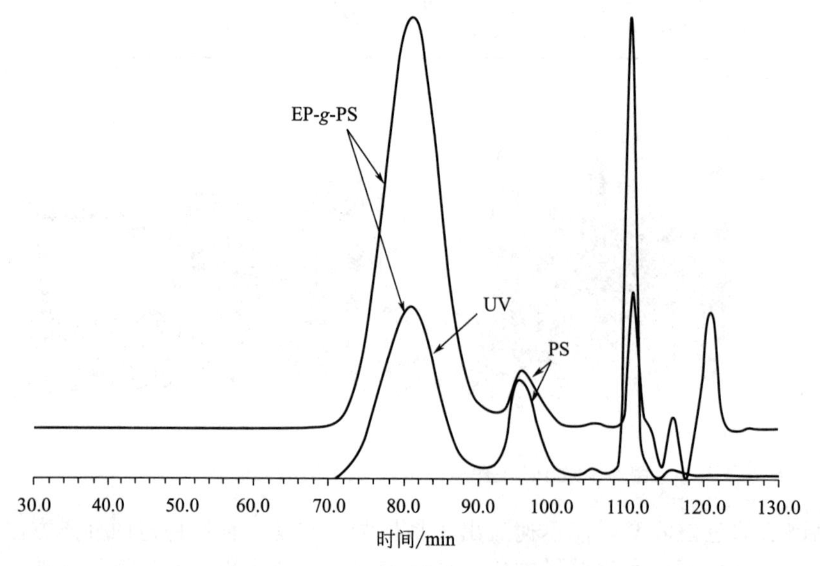

图 3-7 以 UV 做检测器的色谱图

第二节 光谱分析

一、紫外光谱

1. 概述

紫外光谱用于化学结构的分析是一种历史悠久的方法，是在经典比色法的基础上不断完善而逐渐发展起来的。紫外光谱是当光照射样品分子或原子时，外层的电子吸收一定波长的紫外线，由基态跃迁至激发态而产生的光谱。不同结构的分子，其电子跃迁方式不同，吸收的紫外线波长也不同，吸收率也不同。因此，可以根据样品的吸收波长范围、吸光强度来鉴别不同的物质结构的差异。

紫外-可见光吸收光谱基本原理

紫外光谱属于分子光谱中的电子吸收光谱。根据波长范围，紫外线可分为真空紫外区（又称远紫外区）、近紫外区。通常使用的紫外光谱的波长范围是200～400nm，属近紫外区。常用的紫外光谱仪的测试范围可扩展到可见光区域，包括了200～400nm的近紫外光区和400～800nm的可见光区域。与同一化合物的红外光谱比较，紫外光谱比较简单，但它却能较准确地给出这个化合物确定的共轭骨架结构信息，图3-8为苯乙酮的紫外光谱。

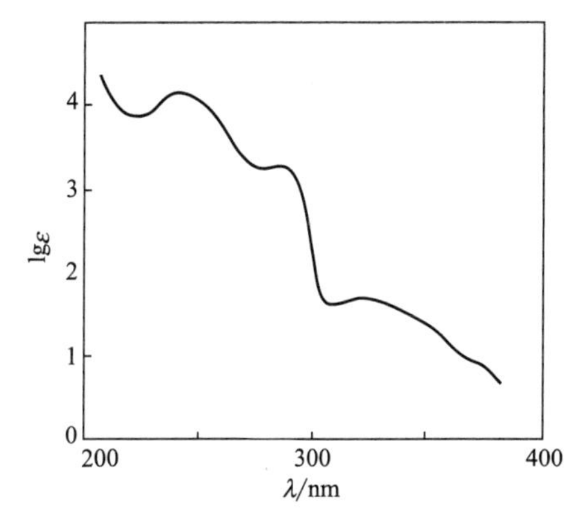

图 3-8 苯乙酮的紫外光谱

2. 常用术语

紫外吸收光谱中常用的术语如下。

特征吸收曲线（characteristic absorption curve）：吸收光谱曲线上有起伏的峰谷时称为特征吸收曲线。一般平滑的曲线称为一般吸收曲线。

最大吸收峰（maximum absorption wavelength）：吸收曲线上最大吸收峰所对应的波长。

红移（red shift）：吸收峰向长波方向移动。

紫移（或蓝移）（blue shift）：吸收峰向短波方向移动。

末端吸收（end absorption）：在紫外吸收曲线短波末端吸收增强，但未成峰形。

生色基团（chromophore）：分子中产生吸收峰的主要原子或原子团。

助色基团（auxochromee）：使生色基团所产生的吸收峰向红移的原子或原子团。

等吸收点（isoabsorption point）：两个或两个以上化合物的吸收强度相等的波长。

在有机物和高聚物的紫外光谱谱带分析中，往往将谱带分为4种类型。

R吸收带：含—C═O、—N═O、$—NO_2$和—N═N—基的有机物可产生这类谱带。它是$n→π^*$跃迁形成的吸收带，由于ε很小，吸收谱带较弱，易被强吸收谱带掩盖，并易受溶剂极性的影响，发生偏移。

K吸收带：共轭烯烃取代芳香族化合物可产生这类谱带。它是$π^*→π^*$跃迁形成的吸收带，$ε_{max}>10000$，吸收谱带较强。

B吸收带：B吸收带是芳香族化合物及杂芳香族化合物的特征谱带。在这个吸收带有些化合物容易反映出精细结构。溶剂的极性、酸碱性等对精细结构的影响较大。

E吸收带：它也是芳香族化合物的特征谱带之一，吸收强度大，ε为2000～14000，吸收波长偏向紫外的低波长部分，有的在真空紫外区。

在有机物和高分子的紫外吸收光谱中，R、K、B、E吸收带的分类不仅反映出了各基团的跃迁方式，而且还揭示了分子结构中各基团间的相互作用。

3. 应用举例

用紫外光谱，可以监测聚合反应前后的变化，研究聚合反应的机理；定量测定有特殊官能团（如具有生色基或具有与助色基结合的基团）的聚合物的分子量与分子量分布；探讨聚合物链中共轭双键序列分布。

图3-9为甲苯和苯的紫外光谱图，烷基取代苯的B吸收带向长波移动（红移）。

例如研究胺引发机理。苯胺引发甲基丙烯酸甲酯（PMMA）的机理是：二者形成激基复合物，经电荷转移生成胺自由基，再引发单体聚合，胺自由基与单体结合形成二级胺。图3-10所示为苯胺引发光聚合的聚甲基丙烯酸甲酯（PMMA）的紫外吸收光谱，溶剂为乙腈。由图示可知，曲线4与曲线3相似，在254nm和300nm都有吸收峰，而与曲线1和曲线2不同，说明苯胺引发光聚合的产物为二级胺，而不是一级胺。在反应过程中，苯胺先与MMA形成激基复合物，经电荷转移形成的苯胺氮自由基引发MMA聚合，在聚合物的端基形成二级胺。

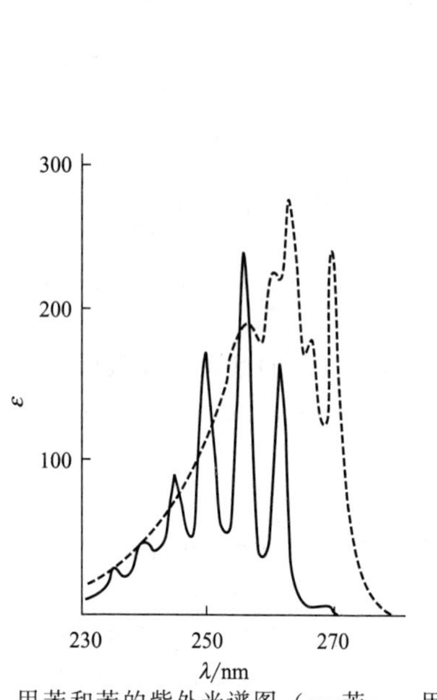

图3-9 甲苯和苯的紫外光谱图（---苯；—甲苯）

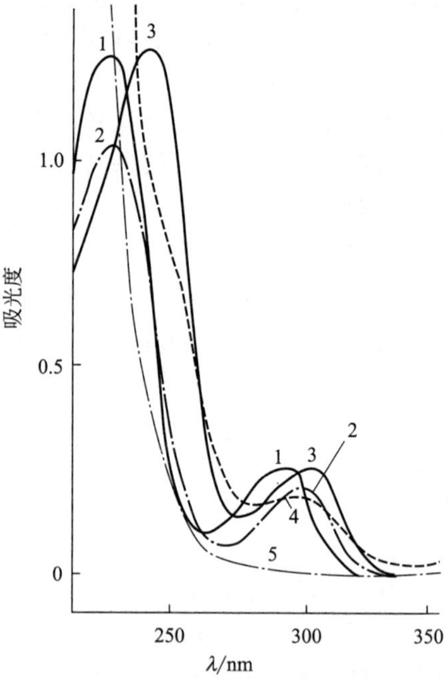

图3-10 苯胺引发聚甲基丙烯酸甲酯的紫外吸收光谱图
1—苯胺；2—对甲基苯胺；3—N-甲基苯胺；4—苯胺光引发的PMMA；5—本体热聚合的PMMA

由上节内容知道，若把紫外吸收光谱仪作为凝胶渗透色谱仪检测器，可同时测定有紫外吸收的聚合物溶液中聚合物的分子量及其分布，还能测定聚合物体系中有紫外吸收的添加剂的含量（见凝胶渗透色谱）。

二、红外光谱

红外光谱法又称为红外分光光度法，它是建立在分子吸收红外辐射基础上的分析方法。

红外光谱是分子振动、转动能级跃迁的结果，按照光谱波长的大小，它可分为表 3-1 所示的三个光谱区域。红外吸收光谱图一般以波数为横坐标，以透光度 $T\%$ 为纵坐标。

表 3-1 红外辐射区的分类

名称		波长/μm	波数/cm^{-1}	能级跃迁类型
近红外	照相区	0.78～1.3	12820～7700	分子中 O—H、N—H 及 C—N 的倍频吸收
	泛频区	1.3～2.0	7700～5000	
中红外	基本振动区	2～25	5000～400	分子中原子的振动及分子的转动
远红外	转动区	25～300	400～33	分子的转动，晶格振动

（一）红外光谱的基本原理

1. 分子吸收红外辐射的必要条件

分子吸收红外辐射应满足以下两个条件。

① 分子能吸收的红外辐射，应具有刚好能满足分子跃迁时所需的能量，即 $\Delta E=h\nu$，其中 ΔE 为两个振动能级间的能量差；ν 为被吸收的红外辐射频率；h 为普朗克常数。

红外光谱仪工作原理

② 辐射应与物质分子之间发生相互作用，也称偶合作用。吸收的结果是辐射的能量通过偶合而被转移到分子上。

当一定频率的红外线被分子吸收时，如上所说，这一红外辐射的频率应与吸收分子中的某个基团的振动、转动的频率相一致，亦即刚好能满足物质分子跃迁时所需的能量。同时，分子本身还必须发生偶极矩的改变，因为偶极矩的改变才使得辐射能量的传递成为可能。

分子作为一个整体应是呈电中性的，但其正、负电中心可以不重合，成为一个极性分子，其极性的大小可用偶极矩 μ 来衡量。

$$\mu=qd \tag{3-1}$$

式中，μ 为偶极矩，Dedye；q 为正负电中心的电荷；d 为两电荷中心的距离。

分子中某个基团是具有一定的振动-转动频率的，如果照射到分子上的红外辐射频率与其相同，此时就会发生共振，光辐射的能量也就通过分子偶极矩的变化传递给分子，使分子振动的振幅发生变化。

对于不对称分子来说，分子是一个偶极子，例如 HCl，振动时就会有偶极矩的变化。只有发生偶极矩变化的振动，才能观察到红外吸收谱带，这种振动称为红外活性。对于同核分子如 H_2、N_2、O_2，由于振动时偶极矩为零，所以它们在红外区不产生红外光谱，称为非红外活性。一些对称的多原子分子，虽然没有永久偶极矩，但它们除了对称伸缩振动以外，还可以作其他振动，依然存在着偶极矩的变化，因此，可以观察到振动光谱，仍有着红外活性。

2. 分子的转动光谱及振动光谱

如果把双原子分子看成相距为 R_0 的两个质点，它围绕着通过分子质心，并垂直于价键的轴而旋转。它的转动能量可表示为

$$E=\frac{J(J+1)h^2}{8\pi^2 I}=BhcJ(J+1) \tag{3-2}$$

式中，J 为转动量子数，即转动能级，$J=0$、1、2…；h 为普朗克常数；I 为分子的惯性矩，$g\cdot cm^2$；B 为转动常数，cm^{-1}；c 为光速。对于双原子分子，允许转动能量跃迁的选律是 $\Delta J=\pm1$。

在理论上刚性双原子转动光谱应是一系列波数为 $2B$、$4B$、$6B$…的等距离谱线。事实上，双原子分子并不完全是刚性的，随着振动能量的增大，转动谱线之间的距离在减小；又由于分子间的碰撞作用，谱线最终加宽成了连续光谱。因此，纯转动光谱在红外光谱分析中应用并不多。

3. 分子的振动模式及其类型

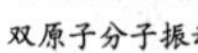

（1）简正振动　多原子分子的振动形式十分复杂，通常将其分解为一些简单的基本振动。如果分子由 n 个原子组成，每个原子的状态都可用空间直角坐标系 X、Y、Z 来描述。n 个原子就有 $3n$ 个运动状态，其中有 3 个平动状态，3 个转动状态，除去这两种状态后，属于分子振动的模式应有 $3n-6$ 种。

对于直线形分子，假定它的自身轴在 X 轴，那么它就不存在围绕着自身轴的化学键的转动，因此，直线形分子的振动模式应是 $3n-5$ 种。通常把 $3n-6$ 或 $3n-5$ 个振动称为简正振动。

（2）振动形式的类型　分子的振动形式可以分成两大类，即伸缩振动记作（ν）和弯曲振动或称变形振动，记作（δ）。伸缩振动是指沿原子间键轴的原子距离发生周期性的连续变化，也就是改变键长的振动。弯曲振动是指两个键之间夹角发生周期性的变化，也就是改变键角的振动，见图 3-11。

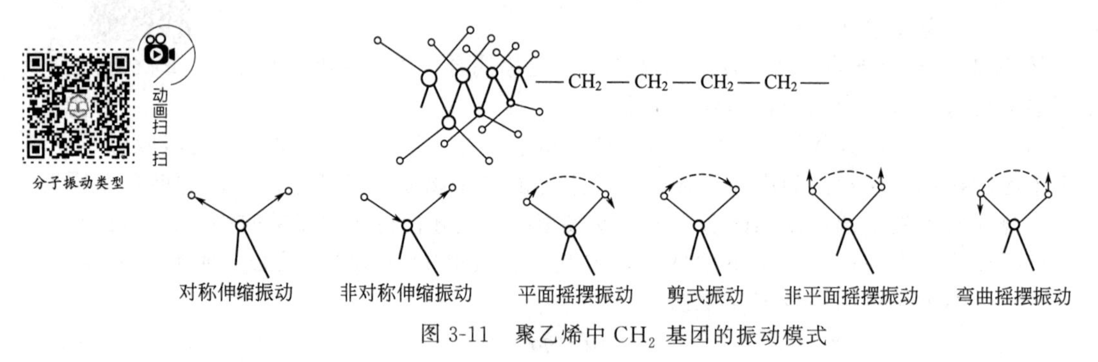

图 3-11　聚乙烯中 CH_2 基团的振动模式

（二）红外光谱的基团频率及其影响因素

分子振动的实质是化学键的振动，同一类型的化学键的振动具有相近的振动频率，其红外吸收光谱的吸收峰也总是出现在某一范围内。因此，分子中的一些基团总是具有一定的特征吸收，根据振动方程可以近似地推算出它们的振动频率，这些特征的频率称为基团频率。

1. 常见化学基团的红外特征频率

在 4000～6700cm^{-1}（2.5～1.5μm）范围内，分子中的一些基团是有着特征的基团频率的，这些频率是根据大量的研究所总结出来的经验相关关系。通常可以将中红外光谱划分为四个区域：第一区域/氢伸缩区、第二区域/三键区、第三区域/双键区、第四区域/指纹区。

2. 影响基团频率和吸收带形状的因素

（1）分子物理状态的影响　同一试样的固态、液态和气态的红外光谱，有着较大差别。在不同凝聚状态下，分子化学键的振动受到不同的影响，使得红外光谱图的形状和复杂性有着显著的差别。

① 气态　在气体状态下，参与红外吸收的分子的数目少，一般吸收谱带强度较小。压力较低时，还能观察到孤立分子的吸收带，并伴有转动的精细结构。随着气体压力的增大，分子间开始相互作用，精细结构逐渐消失，吸收带增宽。

② 液态　分子间的相互作用增大，液态红外光谱不再出现转动结构，强度也比气态的

大。当液态分子间形成氢键、发生缔合时，谱带的频率数目和强度都会发生较大变化。

③ 固态　固态物质的红外光谱，其吸收峰一般要比液态的更尖锐，峰的数目更多。由于发生分子振动与晶体振动的偶合，会出现一些新的吸收带，固态红外光谱的复杂性，对定性分析，特别是结构分析（如异构体分析）带来了很大的方便。

（2）外部环境因素的影响

① 溶剂效应　溶剂的极性会引起溶质的缔合，因此，在极性溶剂中，溶质的极性基团（如 C═O、—N═O 等）的伸缩振动频率将随溶剂极性的增加而降低，且强度往往增加。另外，溶剂的极性对氢键的影响也很大。

② 氢键　氢键 X—H…Y 中的 X、Y 原子通常是 O、N 或 F。由于氢原子周围的力场因形成氢键而改变，故 X—H 的振动频率和强度都会发生改变。氢键越强，振动频率越小，吸收带越宽，峰强度越大。缔合程度越强，越移向低波数。这是因为氢键使电子云密度平均化，键能减小，频率下降。

形成氢键，常使得 X—H 伸缩振动的吸收频率降低，而使 X—H 弯曲振动的频率增加。未缔合的羟基吸收峰通常出现在 $3650 \sim 3590 cm^{-1}$ 的波数范围内，而液态、固态纯化合物和许多溶液的羟基吸收峰都是在 $3600 \sim 3200 cm^{-1}$ 很宽的范围内，显示出较宽的吸收带，这就是缔合影响的结果。

（3）试样分子内部结构因素的影响

① 诱导效应　不同的取代基具有不同的电负性，通过静电诱导，导致分子中电子分布发生变化，引起键力常数 k 的变化，就改变了键或基团的特征频率，这称为诱导效应。这种效应主要表现在振动频率随取代原子的电负性或取代基团的总的电负性而变化。

例如卤素原子与氧原子竞争电子，就会使得 C—O 键的 k 增大，从而导致频率升高。因为烷基酮的 C═O 上，O 的电负性大于 C 的电负性，从而导致电子云密度偏向氧原子。如有吸电子的卤素原子加入，则会将电子云又拉回到双键上，从而使羟基的极性降低，双键得到增强，k 也就增大，吸收峰也就向高频方向位移。

	R—C(═O)—R′	R—C(═O)→Cl	Cl←C(═O)→Cl	F←C(═O)→F
$\nu_{C=O}$：	$1715 cm^{-1}$	$1800 cm^{-1}$	$1828 cm^{-1}$	$1928 cm^{-1}$

② 共轭效应　共轭效应是指形成大 π 键后引起的效应。该效应使得电子云的密度平均化，双键会略有伸长，因此向低频移动，单键则略有缩短，向高频移动，也就影响了所在基团的特征频率。例如酮的 C—O 与苯环共轭时就会向低频位移。

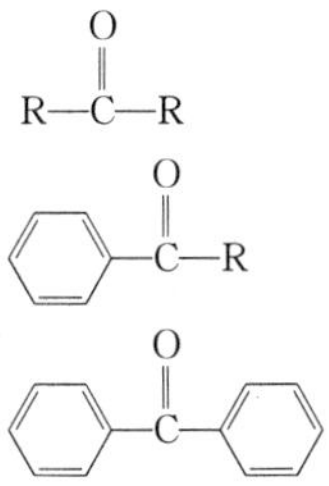

化合物	$\nu_{C=O}$
R—C(═O)—R	$1710 \sim 1725 cm^{-1}$
C_6H_5—C(═O)—R	$1695 \sim 1680 cm^{-1}$
C_6H_5—C(═O)—C_6H_5	$1667 \sim 1661 cm^{-1}$

③ 中介效应　化合物中存在有孤对电子的原子，如 O、S、N 等，并与多重键原子相连时，可产生类似的共轭作用，称为中介效应。例如酰胺中 C═O 与氮原子共轭作用，使 C—O 上的电子云密度推向氧原子，双键的极性增强，键力常数 k 下降，吸收峰移向低频方向。

④ 立体效应　立体效应包括环的张力、立体阻碍。对环状化合物，当环中有张力时，环内各键会削弱，导致伸缩振动频率降低，而与环相连的键则被增强，频率会升高。例如，四元环的张力最大，与它相连的羰基频率 $\nu_{C=O}$ 就最高。

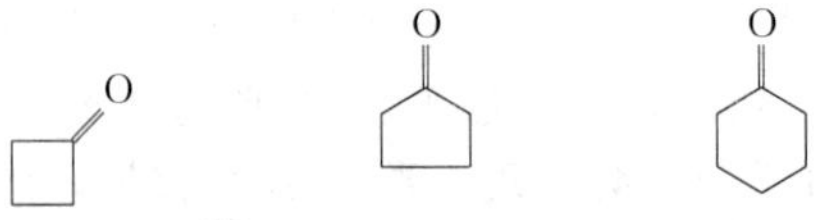

$\nu_{C=O}$ 1775cm^{-1} 1745cm^{-1} 1715cm^{-1}

立体阻碍存在，双键之间的共轭受到限制，键力常数就会增大，振动频率也会升高。

$\nu_{C=O}$：1680cm^{-1} 1700cm^{-1}

⑤ 振动偶合 振动偶合与费米共振相邻的两个基团，若原来的振动频率很相近，它们之间就可能产生相互作用，使谱带分裂成两个，一个高于正常频率，另一个则低于正常频率，这种相互作用，就称为振动的偶合。

（三）红外光谱解析

1. 试样制备与红外谱图绘制

一般情况下，红外光谱定性分析应有依次以下几个过程。

（1）试样的分离 先要应用各种分离手段来纯化样品，以得到单一的纯物质，供红外光谱测量用。

（2）进行元素分析并计算不饱和度 经提纯的样品，应先经过元素分析，求得分子的摩尔质量，然后再根据得到的分子式计算不饱和度，以判断分子中有无双键、三键及芳香环。

不饱和度是指有机分子中碳原子的饱和程度，它的经验公式为

$$u=1+n_4+(n_3-n_1)/2 \tag{3-3}$$

式中，u 为不饱和度；n_1、n_3、n_4 分别表示分子中一价、三价和四价原子的数目。$u=1$ 表明该分子具有双键或饱和环状结构，$u=2$ 表明该分子具有三键，$u=4$ 表明含有苯环或一个环加三个双键。如果分子式中含有高于四价的杂原子，经验公式不再适用。

（3）制样和测试 根据试样性质，红外制样方法见表 3-2。

表 3-2 红外光谱解析的制样方法一览表

试样	适用样品	制样方法
液相样品	液体样品，但不适于沸点在 100℃ 以下或挥发性强的样品，无法展开的凝胶类及毒性大或腐蚀性、吸湿性强的液体	液膜制样法：将液体夹于两块晶面之间，展开成液膜层
	黏度适中或偏大的液态样品，黏度较大而又不能加热加压法展薄的样品	涂膜制样法： ①加热加压法，将样品置于一晶面上，红外灯下加热，待易流动时，合上另一晶片加压展平 ②溶液涂膜法，将样品溶于低沸点溶剂中，然后滴于晶片上挥发成膜
固相样品	易溶于常用溶剂的固体试样	溶液制样法： 样品溶于溶剂中，再按液相样品吸收池法制样
	固体样品，特别是易吸潮或遇空气产生化学变化的样品；在对羟基或氨基进行鉴别时	糊状法： 研磨，加入液体石蜡磨匀，然后按液膜制样法操作
	该法为最常用方法，适用于绝大部分固体试样，不宜用于鉴别有无羟基存在	压片法： 加入溴化钾研磨，在压片专用模具上压成片

续表

试样	适用样品	制样方法
固相样品	熔点较低的固体样品	熔融成膜法： 样品置于晶面上，加热熔化，合上另一晶片
	适用于固态（粉末、纤维、泡沫塑料等）样品的测定	漫反射法： 样品加分散剂研磨，加到专用漫反射装置测定
	适用于某些遇空气不稳定、在高温下能升华的样品	升华法：样品和窗片置于同一个带透红外窗口的升华装置中
	黏稠液体	液膜法 溶液挥发成膜法 加热加压液膜法 全反射法 溶液法
	膜片状样品	透过法 镜反射法 全反射法
	适用于能磨成粉的样品	漫反射法 压片法
	适用于能溶解的样品	溶解成膜法 溶液法
	适用于纤维、织物等	全反射法
	不熔、不溶的高聚物，如硫化橡胶、交联聚苯乙烯等	热裂解法

由于谱图质量的好坏直接影响未知样品的判断。因此在红外光谱测试时应特别注意以下影响因素。

① 仪器参数的影响　应根据不同测试要求及时调整光源能量、增益、扫描次数等直接影响信噪比的仪器参数。

② 干扰因素的影响　注意环境湿度、样品污染、残留溶剂等干扰因素，避免产生红外光谱图中附加吸收带。

③ 样品厚度的影响　对聚酯类极性物质要求样品厚度小一些，对聚烯烃类非极性物质要求厚度大一些。

2. 红外谱图的解析

一般应首先观察基团区，先解析强吸收峰。特别要注意核对根据不饱和度计算所估计可能有的基团，在谱图的不同区域查找该基团特征吸收峰存在的佐证。在进行解析时，还应仔细分析红外光谱的三个重要特征。

（1）谱带的位置　虽然不同的基团有着不同的特征振动频率，但由于许多不同的基团可能在相同的频率区域产生吸收，所以在做这种位置对应时要特别注意。

红外光谱的解析必须考虑到所研究的塑料的分子链结构和聚集态结构，对应不同的结构特征产生相应的吸收带。

组成吸收带：反映了聚合物结构单元的化学组成、单体之间的连接方式、支化或交联、序列分布。

构象谱带：这些谱带与高分子链中某些基团的一定构象有关，在不同的相态中表现是不同的。

立构规整性谱带：这些谱带是与高分子链的构型有关，因此对同一高聚物在各种相态中都应该相同。

构象规整性谱带：这类谱带是由高分子链内相邻基团之间相互作用而产生的。与长的构象规整链段有关，而与个别基团无关。当塑料熔融时消失或轮廓变宽、强度减弱。

结晶谱带：由结晶中相邻分子链之间相互作用形成，与分子链排列的三维长程有序有关。

为了查找和记忆方便，根据高聚物在 1800～600cm^{-1} 区域中的最强谱带，分成下述几类。

① 含有羰基聚合物在羰基振动区（1800～1650cm^{-1}）有最强的吸收。最常见的是聚酯、聚羧酸和聚酰胺等聚合物。饱和聚烃和极性基团取代的聚烃在碳氢键的面内弯曲振动区（1500～1300cm^{-1}）出现强的吸收峰。

② 聚醚、聚砜、聚醇等聚合物最强的是 C—O 的伸缩振动，出现在 1300～1000cm^{-1} 区域内。

③ 含有取代苯、不饱和双键以及含有硅和卤素的聚合物，除含硅和氟的聚合物外，最强吸收峰均出现在 1000～600cm^{-1} 区域。

（2）谱带的形状　有时从谱带的形状也能得到有关基团的一些信息。例如含氢键和离子的基团可以产生很宽的红外谱带。谱带的形状也包括谱带是否有分裂，可用于研究分子内是否存在缔合以及分子的对称性、旋转异构、互变异构等。

（3）谱带的相对强度　在相同仪器和相同样品厚度的条件下，比较两条谱带的强度常可指示某特殊基团或元素存在的信息。如分子中含有一些极性较强的基团，就将产生强的吸收带。

3. 其他

在进行红外光谱解析时，还应注意以下几点。

① 光谱解析的正确性依赖于能否得到一张最佳的光谱图。这是和分析技术及操作条件，如制样是否均匀、样品厚薄是否恰当、本底扣除是否正确等有关的，因此必须注意选择最佳的操作条件，方能得到一张满意的谱图。

② 对未知塑料或添加剂的红外谱图的正确判别，除要掌握红外分析的有关知识外，还必须对高聚物样品的来源、性能及用途有足够的了解。

③ 塑料谱图虽与分子链中重复单元的谱图相似，但它仍有自身的特殊性。由于聚集态结构的不同、共聚物序列结构的不同等都会影响谱图，因此在解析谱图时要特别注意。

（四）红外光谱在塑料研究中的应用

红外光谱在塑料研究中的应用主要有红外光谱的定性分析，如分析与鉴别塑料、测定塑料的链结构、研究塑料加工过程的取向作用、发生的反应的研究。另外，红外光谱的定量分析在高分子材料的研究工作中被广泛地应用，如：样品中添加剂或杂质含量的测定、共聚物或共混物组成的测定、聚合物接枝度、交联度的分析以及聚合物反应过程中原料的消耗或生成物生成速率的测定等。GB/T 6040—2019 规定了用红外光谱仪定性定量分析有机物及无机物的通用规则。下面仅介绍几种应用。

1. 塑料材料的分析与鉴别

因红外操作简单，谱图的特征性强，因此是鉴别高聚物很理想的方法。用红外光谱不仅可区分不同类型的高聚物，而且对某些结构相近的高聚物，也可以依靠指纹图谱来区分。例如在图 3-12 所示未知物的谱图中，从 1500cm^{-1} 和 1590cm^{-1} 吸收带可看出有苯环骨架振动谱带，820cm^{-1} 是对位取代苯环上相邻两个氢的面外弯曲振动，而 1700～2000cm^{-1} 的一组不强的吸收带是苯环的 C—H 面外弯曲振动的倍频和合频，证明有苯环的存在。1760cm^{-1} 是 C═O 的伸缩振动谱带。1220cm^{-1}、1190cm^{-1}、1160cm^{-1} 等谱带是 C—O 的伸缩振动吸收带。1080cm^{-1} 和 1050cm^{-1} 是 C—O—与苯环相连的醚键的伸缩振动，1380cm^{-1} 和 1360cm^{-1} 这双峰吸收是两个甲基同连接在一个碳原子上的偕二甲基的特征峰。2950cm^{-1}

是 CH_3 上的饱和 C—H 伸缩振动吸收带，由此，再查证标准谱图，可以得出该未知物是聚碳酸酯。

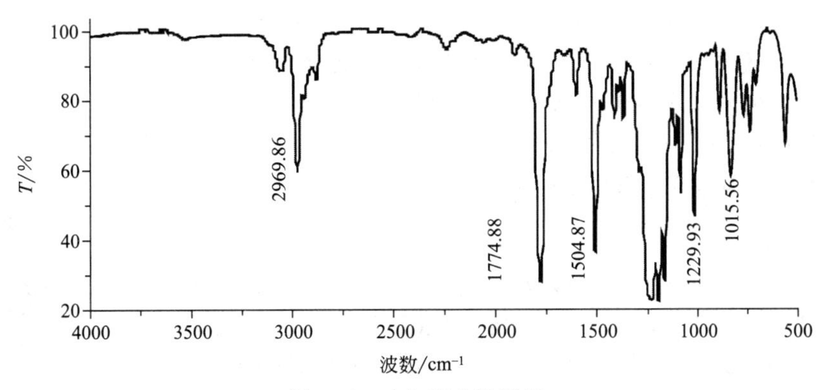

图 3-12 未知聚合物谱图

2. 聚合反应过程的研究

用红外光谱特征可直接对高聚物反应进行原位测定，从而研究高分子反应动力学，包括聚合反应动力学和降解、老化过程的反应机理等。例如环氧树脂能与固化剂发生交联反应，材料的性能与其网络结构的均匀性有很大的关系，因此可用红外光谱法研究交联网络结构的形成过程。图 3-13 中，913cm^{-1} 的吸收峰是环氧基的特征峰，随着反应的进行，该峰逐渐减小。

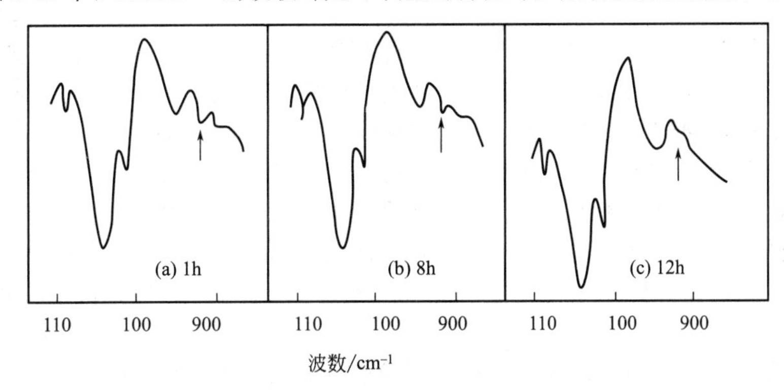

图 3-13 环氧树脂交联反应谱图

3. 高聚物结晶形态的研究

用红外吸收光谱可测定高聚物样品的结晶度，也可研究结晶动力学等。由于完全结晶高聚物的样品很难获得，因此不能仅用红外吸收光谱独立地测量结晶度的绝对量，需要依靠其他测试方法如 X 射线衍射法等测量的结果作为相对标准来计算结晶谱带的吸收率。但由于红外光谱法测定结晶度比其他方法简便，又可以进行原位测定，因此仍被广泛应用。

三、分光光度法

分光光度分析是基于不同物质的分子、原子或离子对电磁辐射的选择性吸收而建立起来的方法，属于吸收光谱分析。它以物质微粒吸收某一波长的光为基准，表现为微粒的吸光度值（A）与波长（λ）的函数关系。将吸光度对波长作图，即得到吸收曲线（或称为吸收光谱）。其中最大吸收波长（λ_{max}）表示物质对辐射的特征吸收或选择吸收，它与物质微粒的结构有关。

物质分子的电子能级、振动能级和转动能级都是量子化的，只有当辐射光子的能量恰等于两个能级之间的能量差（ΔE）时，分子才能吸收能量，使其外层电子由一个能级跃迁至另一个能级。

根据分光光度法所应用的电磁辐射的波谱区范围，可以将分光光度法分为原子吸收分光光度法、紫外-可见分光光度法和红外分光光度法。原子吸收分光光度分析，其光谱属于原子吸收光谱；紫外-可见分光光度分析，其光谱属于分子吸收光谱中的电子光谱；而红外分光光度分析的光谱则属于分子吸收光谱中的振动-转动光谱。

（一）目视比色法和光电比色法

1. 目视比色法

目视比色原理

用眼睛观察、比较溶液颜色深浅以确定物质含量的方法称为目视比色法。GB/T 7532—2008 规定了用目视比色法测定有机化工产品中重金属的试验方法。

常用的目视比色法是标准系列法：在一套由相同材质制成的、形状、大小都相同的比色管中依次加入一系列不同量的标准溶液，再分别加入等量的显色剂及其他试剂，同时控制实验条件相同，最后将其稀释至相同的体积，这样就配成了一套颜色逐渐加深的标准色阶。另将一定量的被测试液置于另一比色管中，在同样的条件下显色，并稀释到同一体积。然后从管口垂直向下观察，若试液与标准色阶中某一溶液的颜色深度相同，则认为这两只比色管中溶液的浓度相同；若试液颜色介于两个相邻标准溶液之间，则其浓度也介于这两个标准溶液的浓度之间。

2. 光电比色法

光电比色原理

光电比色法是借助光电比色计来测量一系列标准溶液的吸光度，绘制标准曲线，然后根据被测试液的吸光度，从标准曲线上求出被测物质的含量的。光电比色计通常由光源、滤光片、比色皿、光电池及检流计五个部件组成。

（1）光源　常用 6～12V 钨灯为光源，可发出连续光谱，波长在 360～1100nm 范围内。为了得到准确的测量结果，光源应该稳定，要采用电源稳压器对电源进行稳压处理。

（2）滤光片　一般由有色玻璃或有色塑料膜制成，用来将从光源发出的连续光谱中分出某一波长范围的光，作为分光光度分析的光源。测定时，滤光片透射比最大的光，应该是被测有色试液吸收最大的光。同时，从理论上说，滤光片分出的光，其纯度越高越好，但是，当光的纯度太高时，其强度就会过小，难以准确进行测量。所以在实际工作中，一般允许透过滤光片的光具有一定的波长范围。

（3）比色皿　由无色透明、耐腐蚀的光学玻璃制成，用于盛被测试液和参比溶液。同样厚度比色皿之间的透射率相差应小于 0.5%。比色皿必须保持干净，要注意保护其透光面，不能直接用手指接触。

（4）光电池　常用的是硒光电池。光电池可以将接收到的光信号转变为电信号。当光线照射到光电池时，就有电子从其硒层的表面逸出，单向流动到外层的金属薄膜层，使其带负电成为负极，硒层失去电子后带正电，并影响其后的铁片也带正电成为正极。这样，接通正、负极之间的线路便产生了光电流。硒光电池具有较高的灵敏度，可用普通检流计测量。

（5）检流计　通常采用悬镜式光点反射检流计。它的灵敏度高。使用时，要防止震动和大电流通过，以免吊丝扭断。当仪器不用时，指向零位，使其短路。

（二）分光光度法

1. 分光光度法的基本原理

分光光度分析的理论基础是朗伯-比尔定律，它以被测物质分子吸收某一波长的单色光为基础。它指出：当一束单色光穿过透明介质时，光强度的降低同入射光的强度、吸收介质的厚度，及光路中吸光微粒的数目成正比。用数学式表达为

朗伯-比尔定律原理

$$I/I_0=10^{-abc} \quad 或 \quad \lg(I_0/I)=abc \tag{3-4}$$

式中，I_0 为入射光的强度；I 为透射光的强度；a 为吸光系数；b 为光通过透明物的距离，一般为吸收池的厚度，cm；c 为被测物质的浓度，g/L；I/I_0 为透射比，用 T 表示，若以百分数表示，则 $T\%$称为百分透射率；而（$1-T\%$）称为百分吸收率；I/I_0 的负对数用 A 表示，称为吸光度，此时，式(3-4)可写成：

分光光度法原理

$$A=abc \tag{3-5}$$

式中，c 为物质的量浓度，mol/L，则上式又可写成：

$$A=\varepsilon bc \tag{3-6}$$

式中，ε 为摩尔吸光系数。如果 b 的单位用 cm，则 ε 的单位为 L/mol・cm。如果浓度 c 的单位用 g/100mL，b 的单位用 cm，则式中的吸光系数用符号 $E_{1\text{cm}}^{1\%}$ 表示。$E_{1\text{cm}}^{1\%}$ 称为比吸光系数，它与 ε 的关系可用下式表示：

$$E_{1\text{cm}}^{1\%}=\frac{10\varepsilon}{M} \tag{3-7}$$

式中，M 为被测物质的摩尔质量。用比吸光系数的表示方法，特别适用于摩尔质量未知的化合物。

2. 分光光度法的特点

分光光度分析具有如下特点。

① 灵敏度高，可测物质浓度为 $10^{-5}\sim10^{-6}$mol/L，即相当于含量为 0.0001%～0.001%的微量物质；

② 准确度较高，一般比色分析的相对误差为 5%～20%，分光光度法的相对误差为 2%～5%，对于微量组分的测定，已完全能满足要求；

③ 操作简便、快捷，在试样处理为试液后，一般只需要显色和测定两个步骤便可得结果；

④ 应用广泛，几乎所有的无机离子和许多有机化合物都可以直接或间接地用比色法或分光光度法进行测定。

分光光度计的特点如下：①入射光是纯度较高的单色光，可以得到十分精确细致的吸收光谱曲线，分析结果的准确度较高；②可以任意选取某种波长的单色光，利用吸光度的加和性，可以同时测定溶液中两种或两种以上的组分；③入射光的波长范围扩大了，只要在紫外或红外线区域中有吸收峰的物质，都可以用分光光度法进行测定；④一般按工作波长范围分类。原子吸收分光光度计主要用于低含量元素的定量测定，紫外-可见分光光度计主要应用于无机物和有机物的测定，红外分光光度计主要用于结构分析。

各种分光光度计现在都有相应的标准，如单光束紫外-可见分光光度计 GB/T 26798—2011、双光束紫外-可见分光光度计 GB/T 26813—2011、可见分光光度计 GB/T 26810—2011。图 3-14 和图 3-15 分别为单光束分光光度计、双光束分光光度计的光路示意图。

棱镜色散原理

3. 分光光度法测定方法及应用

分光光度法是通过测量吸光物质对单色光的吸收，根据光吸收定律来确定物质的含量的方法。

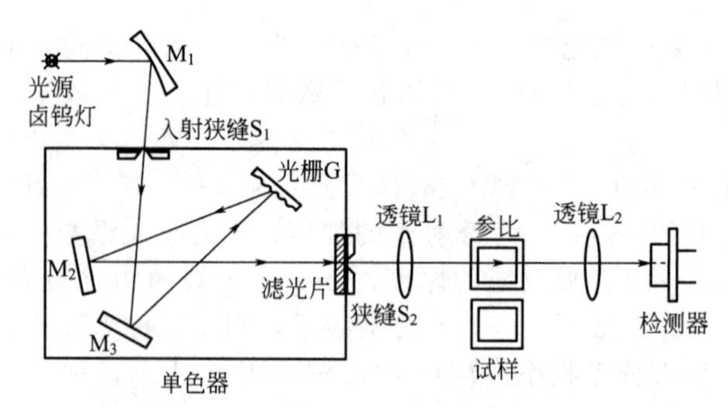

图 3-14 单光束分光光度计的光路示意图

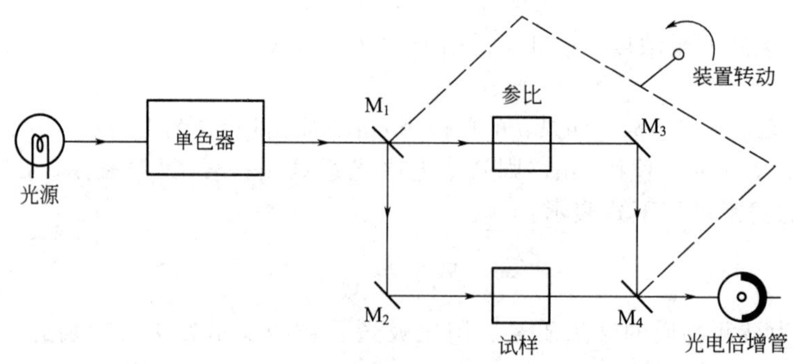

图 3-15 双光束分光光度计光路示意图（M_1、M_2、M_3、M_4 为反射镜）

(1) 原子吸收分光光度法 原子吸收分光光度法是基于待测物质基态原子蒸气对锐线光源发射的特征谱线的吸收来对元素进行定量的分析方法。这种方法对待测组分尤其是对金属元素的分析具有十分突出的优越性。其主要特点是测定灵敏度高，特异性和稳定性好，抗干扰能力强，操作简便，应用范围广。可直接测定的元素近 70 种，而且部分非金属元素及有机化合物也可以通过与某些金属元素发生的化学反应而进行间接测定。目前，原子吸收分光光度法在冶金、矿山、农业、环保、石油、化工、食品、医药卫生、材料、生命科学等行业的分析实验室得到广泛应用。多数金属元素的原子吸收分析法都被列为首选的定量分析方法或国家标准分析方法，因此它在化学领域占有重要地位。

(2) 紫外-可见分光光度法 紫外-可见分光光度法属于分子吸收光谱分析法。它是根据物质分子对紫外、可见光区辐射的吸收特征，对物质的组成进行定性、定量及结构分析的方法。由于紫外-可见分光光度法具有较高的灵敏度和准确度，选择性较好，操作快速、简便，仪器设备价格低廉、简单。GB/T 25481—2010 规定了在线紫外/可见分光光谱分析仪的要求、试验方法、检验规则等内容。因此，目前在工业、农业、医药卫生、食品检验、环保、生命科学、科研等领域得到广泛应用。

(3) 红外分光光度法 红外分光光度法是依据物质对红外光区电磁辐射的特征吸收，对化合物分子结构进行测定和物质化学组成进行分析的一种光谱分析方法。由于红外分光光度法分析特征性强，气体、液体、固体样品都可以测定，并具有用量少、分析速度快、不破坏样品的特点，因此，红外分光光度法不仅与其他许多分析方法一样，能进行定性和定量分析，而且该法是鉴定化合物和测定分子结构的最有效的方法之一，特别是从事以有机化合物为研究对象的化学工作者来说，红外光谱提供的某些信息最为简捷可靠，这是其他光谱技术难以替代的，红外分光光度计日益成为一般分析测试实验室必备的仪器，近年来在化学、化工、催化、石油、材料、生物、物理、医学、大气、环境、地理、天文等诸多研究领域得到了广泛应用。

四、激光拉曼光谱法

拉曼光谱是一种散射光谱。拉曼光谱分析法是基于印度科学家C. V. 拉曼（Raman）所发现的拉曼散射效应，对于入射光频率不同的散射光谱进行分析以得到分子振动、转动方面的信息，并应用于分子结构研究的一种分析方法。

最初由于使用的光源强度不高，产生的拉曼效应太弱，拉曼光谱应用的研究曾经落后于红外光谱并被其所取代。从20世纪60年代起，随着激光技术的发展，引入新型激光作为激发光源的拉曼光谱技术得到了迅速的发展，相继出现了一些新的拉曼光谱技术以及与其他分析方法的联用技术，例如表面增强拉曼光谱、傅里叶变换拉曼光谱、拉曼显微镜等。目前，拉曼光谱分析技术已在化学化工、生物医学、材料科学、环境科学和半导体电子技术等各种领域得到广泛的应用。

1. 拉曼光谱的基本原理

当频率为ν_0的入射光照射到气体、液体或透明晶体样品上时，绝大部分的入射光可以透过，其中仅有大约0.1%的入射光光子在与样品分子发生碰撞后发生了向各个方向的散射。如果是弹性碰撞，即不发生能量交换，只是改变方向，此时的光散射称为瑞利散射；若入射光光子与样品分子在发生碰撞时有能量交换，不仅改变了方向，而且散射光的频率也发生改变，而不同于激发光的频率，即称为非弹性碰撞，这种光散射就称为拉曼散射。

产生拉曼散射的原因是光子与分子之间发生了能量交换，若光子把一部分能量给了样品分子，得到的散射光能量减少，在垂直方向测量到的散射光中，可以检测到频率为（$\nu_0-\Delta E/h$）的线，称为斯托克斯线；若相反，光子从样品分子中获得了能量，在大于入射光频率处接收到散射光线，则称为反斯托克斯线（见图3-16）。

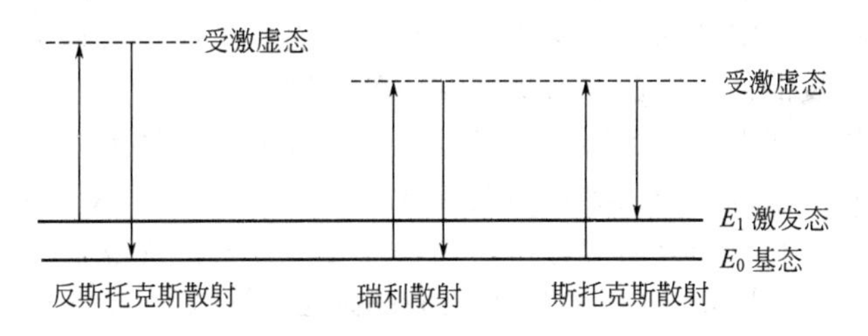

图3-16　拉曼散射效应能级跃迁图

对于斯托克斯（Stokes）拉曼散射来说，分子由基态E_0，最终被激发至振动激发态E_1能量差为

$$\Delta E=E_1-E_0 \tag{3-8}$$

此时，斯托克斯散射光的频率ν_-相应为

$$\nu_-=\nu_0-\Delta E/h \tag{3-9}$$

同理，反斯托克斯（anti-Stokes）散射光的频率ν_+为

$$\nu_+=\nu_0+\Delta E/h \tag{3-10}$$

可知，斯托克斯散射光的频率与反斯托克斯散射光的频率与激发光频率之差为

$$\Delta\nu=E/h \tag{3-11}$$

式中，$\Delta\nu$统称为拉曼位移。斯托克斯散射通常要比反斯托克斯散射强得多，拉曼光谱仪通常测定的大多是斯托克斯散射。由于拉曼位移$\Delta\nu$取决于分子振动能级的改变，不同的化学键或基团有着不同的振动能级，因此其拉曼位移$\Delta\nu$是具有特征性的，这就是拉曼光谱能够作为分子结构分析工具的原因。

2. 拉曼光谱的特点

拉曼光谱与红外光谱一样，都能提供分子振动频率的信息，但它们的产生机理不同。拉曼光谱为散射光谱，而红外光谱是吸收光谱。拉曼散射过程来源于分子的诱导偶极矩，与分子极化率的变化相关。通常非极性分子及基团的振动导致分子变形，会引起极化率变化，因此非极性分子及基团是拉曼活性的。

两种技术包含的信息通常是互补的，例如，非极性基团通常是拉曼活性的，因而对于相同原子的非极性键振动如 C—C、N—N 及对称分子的骨架振动，均能获得有用的拉曼光谱信息。可是分子对称骨架振动的红外信息却很少见到。当原子间的某个键产生一个很强的红外信号时，对应的拉曼信号则较弱甚至没有，反之亦然。它们之间存在着相互排斥、相互允许、相互禁阻的关系，故拉曼光谱和红外光谱能相互补充，有利于较完整地获得分子振动能级跃迁的信息，两种方法互相配合，可作为判断化合物结构的重要手段。

与红外光谱相比，拉曼散射光谱主要具有下述优点。

① 拉曼光谱的生成是一个散射过程，因而任何大小、形状、透明程度不一的样品，只要能被激光照射到，就可直接用于测量。由于激光束直径小，可聚焦，极微量的样品也都可以测量。

② 水由于极性很强，其红外吸收非常强烈。但水的拉曼散射却极微弱，因而水溶液样品可直接进行测量，这对生物大分子的研究非常有利。此外，玻璃的拉曼散射也较弱，所以玻璃可作为窗口材料，液体、固体粉末样品均可放于玻璃毛细管中来检测。

③ 对于聚合物来说，拉曼光谱可得到更丰富的谱带，S—S、C—C、C ═C、N ═N 等化学键在拉曼光谱中的信号都很强烈。

3. 拉曼光谱在材料结构研究方面的应用

一般来说，任何两种不同的化合物均有着不同的拉曼谱图，即各谱带的波数和强度不同，由此可对化合物进行定性的分析鉴定。而另一方面，不同化合物中同一基团或化学键又能给出大致相近的拉曼谱带，因此又可进行基团的鉴别。

拉曼光谱技术几乎不需要样品制备，可直接测定气体、液体和固体样品，并且可用水作溶剂。由于水和玻璃的散射光谱极弱，因此在含水溶液、不饱和碳氢化合物、聚合物结构、生物和无机物质及医药制品等方面的分析要比红外光谱分析法优越，并在材料结构研究中成为重要的分析工具。GB/T 32871—2016 规定了拉曼光谱法表征未经表面处理的单壁碳纳米管的直径、导电类型、无定形碳及缺陷含量的方法。

拉曼光谱和红外光谱在高聚物研究中可互为补充。拉曼光谱在表征高分子链的碳-碳骨架振动方面更为有效。例如 C—C 的伸缩振动，在红外光谱中一般较弱，而在激光拉曼光谱中，在 1150～800cm^{-1} 有强吸收带，易于区分伯、仲、叔以及成环化合物。由于拉曼光谱对烯类 C ═C 振动也很敏感，有利于区分含有双键的聚合物的异构物，例如在聚丁二烯中，C ═C 的伸缩振动反式-1,4 在 1664cm^{-1}，顺式-1,4 在 1650cm^{-1}，而 1,2-结构的则在 1639cm^{-1} 处有吸收峰。

对于同类型聚合物的区分，拉曼光谱也有其独到之处。例如各种不同的聚酰胺的红外光谱图很相似，只能依靠指纹区来区分，但在拉曼光谱中却很容易区分，如图 3-17 所示为尼龙 8 和尼龙 11 的拉曼光谱图，有明显的差异。

拉曼光谱与红外光谱相配合研究高聚物的空间异构也是很有用的手段。图 3-18 和图 3-19 为聚丙烯的拉曼光谱图和红外光谱图。比较这两张图可观察到，在拉曼光谱图中，3 种立体异构体有明显的差异。图 3-20 为聚乙烯的拉曼光谱图。

拉曼光谱也可用于塑料的风化、降解、结晶度和取向性等方面的研究。

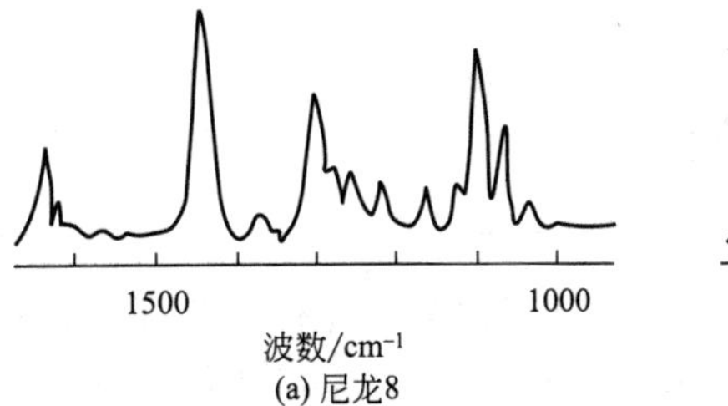

(a) 尼龙8

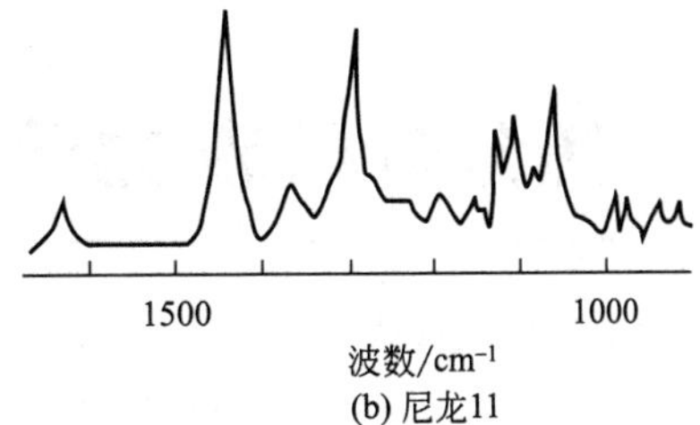

(b) 尼龙11

图 3-17 聚酰胺的拉曼光谱图

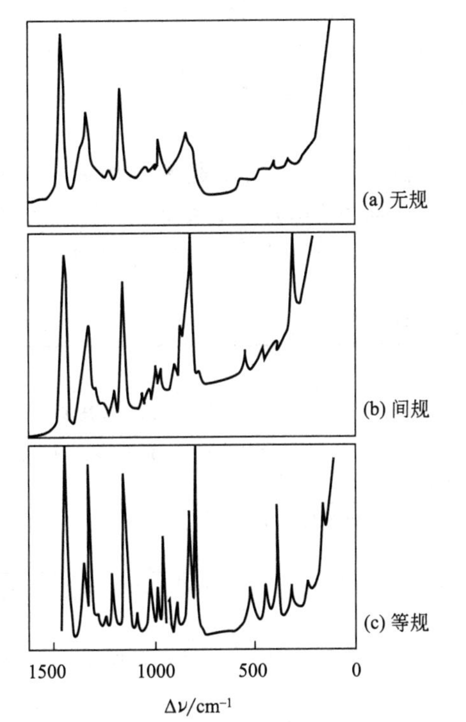

图 3-18 聚丙烯在 1600cm^{-1} 以下的拉曼光谱图

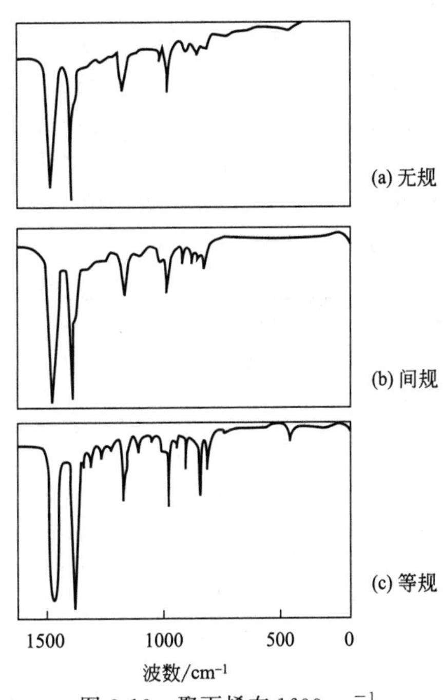

图 3-19 聚丙烯在 1600cm^{-1} 以下的红外光谱图

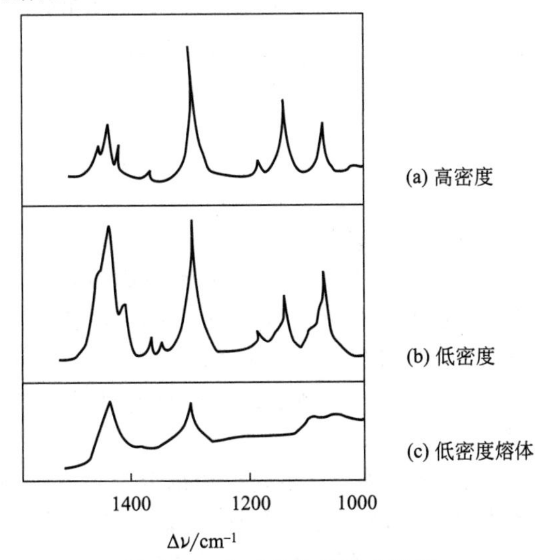

图 3-20 聚乙烯的拉曼光谱图

第三节 热分析和热-力分析

热分析是在规定的气氛中测量样品的性质随时间或温度的变化、并且样品的温度是程序控制的一类技术。1964 年，Roberts 和 Austen 等人提出了“差示扫描量热”的概念，后来被美国 Perkine-Elmer 公司采用，并研制出差示扫描量热仪（DSC 仪）。由于 DSC 仪能直接测量物质在程序控温下所发生的热量变化，而且定量性及重复性都很好，因此受到人们的普遍重视和应用。

20 世纪 60 年代，美国杜邦公司将热差分析仪器（Du Pont900）投入市场，这一技术进入了微量化时代，试样仅需几毫克。

随着电子技术发展和科学实验的应用需要，热分析种类不断发展起来。例如，由热重量法发展出微商热重法；根据物质受热发生尺寸变化而导出的热机械法；由于受热物质分解而导出的逸出气体法；由于受热使物质的一些物理性质发生变化而导出的热光法、热磁法等（见表 3-3）。

表 3-3 热分析方法的分类

物理性质	热分析方法	简称	定义
质量	热重法	TG	在程序控制温度下，测量物质的质量与温度关系的一种技术
	逸出气体法	EGA	在程序控制温度下，测量自物质放出的一种（或数种）挥发物的类别及分量与温度关系的一种技术
温度	差热分析法	DTA	在程序控制温度下，测量物质与参比物之间温度差与温度关系的一种技术
热量	差示扫描量热法	DSC	在程序控制温度下，测量输给物质与参比物的功率差与温度关系的一种技术
尺寸	热膨胀法	TD	在程序控制温度下，测量物质在可忽略的负荷下尺度与温度关系的一种技术
力学特性	热机械分析法	TMA	在程序控制温度下，测量物质在受非振荡性负荷下所产生的形变与温度关系的一种技术
	动态热机械法	DMA	在程序控制温度下，测量物质在受振荡性负荷下动态模数或阻尼与温度关系的一种技术

一、热重分析

（一）测试原理

根据国际热分析协会（ICTA）的定义，热重法（TG）是在程序控温下测量物质的质量与温度（或时间）关系的一种方法。从它又派生出微商热重法（DTG），它是将所得到的 TG 曲线再取其一阶导数的方法。凡是物质加热（或冷却）过程中有质量变化的，例如聚合物的热裂解以及配合剂的挥发等都可以用这两种方法进行测量。相反的，如果没有质量变化的过程，则不能使用这两种方法来测量。例如，聚合物的玻璃化转变过程就没有质量的变化，所以不能用它们来测试。

热重分析仪器实际上是一台热天平，其主要组成部分是：①记录天平；②炉子，加热的炉子温度最高可达 2000℃或更高；③程序控温系统；④记录仪（见图 3-21 和图 3-22）。热天平还可在真空、空气、惰性气体、氢气、氮气或其他气氛的环境下测试。

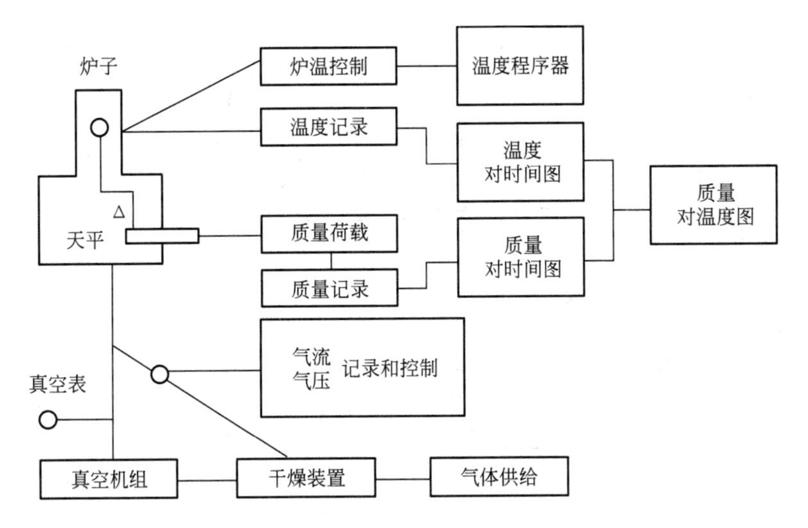

图 3-21　热天平的原理图

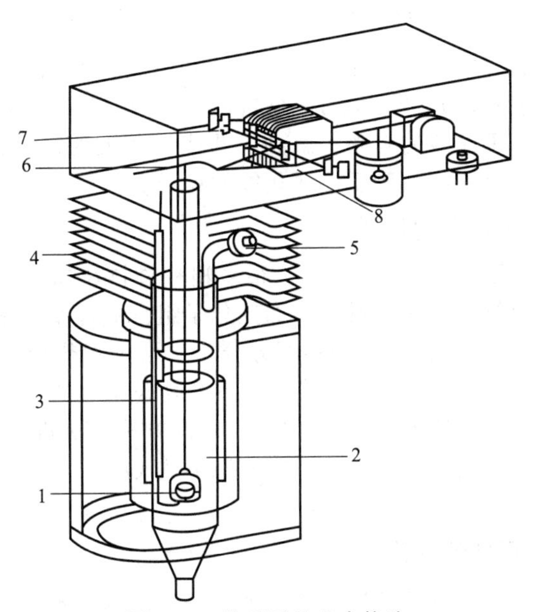

图 3-22　热天平的基本构造

1—试样；2—加热炉；3—热电偶；4—散热片；5—气体入口；6—天平梁；7—吊带；8—磁铁

在热重分析中，虽然测定的基本原理与常温下天平的测量是一样的，但是 TG 分析常常是在不同温度下测量的，而常规的天平测量是在常温下得到的，所以影响 TG 的测量就与常规天平的测量有不同之处。

TG 曲线的形状如图 3-23(a)、(b) 所示，纵坐标表示质量保持率，以未发生失重时的质量为 100%经失重后保留百分数来表示，例如经失重后还有 25%的质量，也即失重 75% 横坐标为温度（或时间）。其中（a）为单阶段失重，也就是失重反应只有一次；(b) 为多阶段失重，也就是在不同温度下有多个失重过程。图 3-23(c)、(d) 是 DTG（微商热重法）曲线，纵坐标以质量变化率（dW/dt）表示，纵坐标表示的是质量变化率，横坐标是温度（或时间），它从原来 TG 曲线的阶梯形状变成峰的形状，单阶段失重过程是一个单峰，多阶段过程表现出多个峰，每个峰代表一个失重过程。

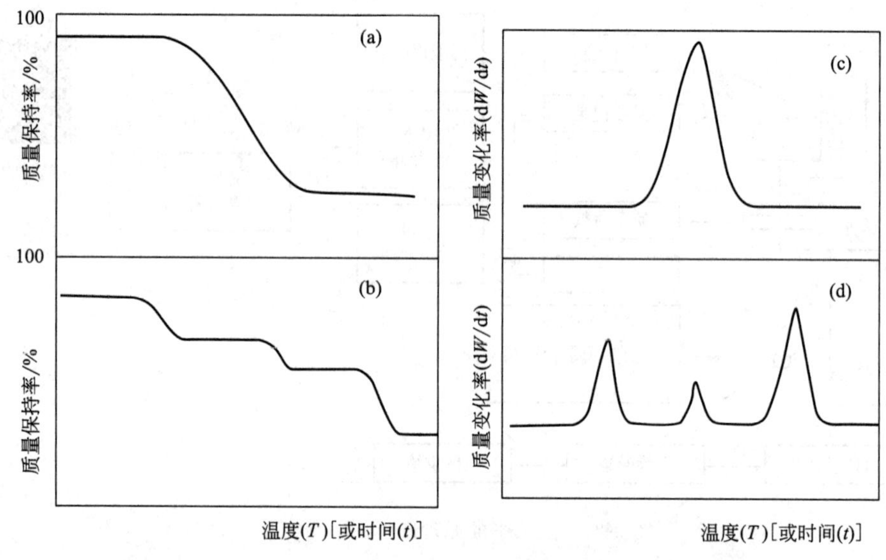

图 3-23 TG 曲线示意图（a）（b）及 DTG 曲线示意图（c）（d）

从一个样品的 TG 曲线中可得出如下信息：①开始失重的温度；②失重结束时的温度；③失重的量（从纵坐标表示出）；④失重是单阶段还是多阶段及各阶段相对的温度和失重量；⑤失重的速率，它可从失重曲线的斜率了解到，曲线斜率大的失重速度快，反之则较缓慢，还可从曲线作反应速率、反应级数和反应活化能的推导。

（二）在塑料材料研究中的应用

TG 分析的原理及得到的曲线简单明了。很多塑料材料在加热时有失重过程，这些过程包含着各种物理反应以及复杂的化学反应，如低分子组分的挥发、聚合物的热分解、结构变化等，应用 TG 和 DTG 方法可以进行塑料配方分析、聚合物热稳定性研究、聚合物热裂解机理研究、聚合物并用及共聚物研究、聚合物某些化学反应动力学研究等。国家标准 GB/T 33047.1—2016 规定了塑料的聚合物热重（TG）分析方法，标准包括三部分内容：第一部分为通则，第二部分为活化能的测定方法，第三部分为 Ozawa-Friedman 法测定活化能和反应动力学的分析。

1. 高分子材料热稳定性的评定

这种方法准确可靠，目前常被采用。如一种材料中加入一系列热稳定剂后，判断哪个效果好、选择加入量，都可用这种方法比较确定。Chiu 曾采用同样实验条件，比较聚氯乙烯（PVC）、聚甲基丙烯酸甲酯（PMMA）、高压聚乙烯（HDPE）、聚四氟乙烯（PTFE）、芳香族聚酰亚胺（PI）5 种高分子材料的相对热稳定性，结果显示，稳定性按聚氯乙烯、聚甲基丙烯酸甲酯、高压聚乙烯、聚四氟乙烯、芳香族聚酰亚胺依次递增（见图 3-24）。

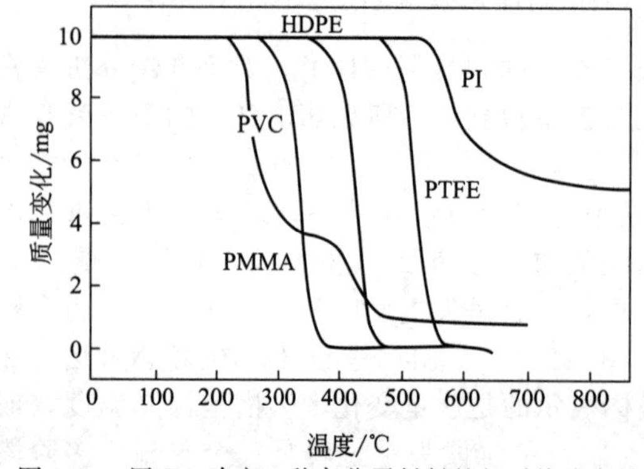

图 3-24 用 TG 确定 5 种高分子材料的相对热稳定性

2. 塑料中添加剂的分析

应用 TG 法分析塑料中各种有机或无机添加剂有着独特之处。例如，用 TG 分析聚丁酸乙烯酯（PVB）树脂中增塑剂含量，从图 3-25

中可以看出，曲线 3 的前半部分形状是由于增塑剂的挥发造成的失重，由此可算出增塑剂的含量。若升温速率很小或在等温下试验，则可得到更精确的结果。图 3-26 是利用 TG 测试软质 PVC 中的增塑剂含量。

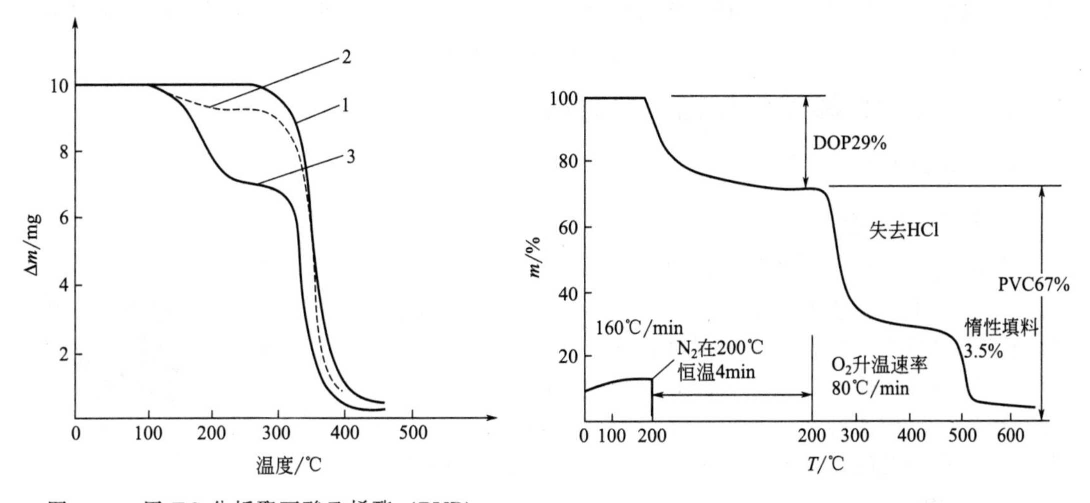

图 3-25　用 TG 分析聚丁酸乙烯酯（PVB）树脂中增塑剂含量

1—PVB；2—萃取了增塑剂树脂（PVB+增塑剂）；3—PVB+增塑剂

图 3-26　软质 PVC 中增塑剂的测定

3. 共聚物和共混物的分析

图 3-27 利用 TG 曲线分析乙烯-乙酸乙烯酯共聚物的组分。分解初期，迅速而定量地放出乙酸，只有在惰性气氛和高温下，才出现残留的碳氢链段的分解，所以，从初期失重可估计出共聚物的组分。

4. 塑料中水分（含湿量）的测定

图 3-28 是利用 TG 测定玻璃纤维增强尼龙中的水分、尼龙以及纤维含量的曲线。

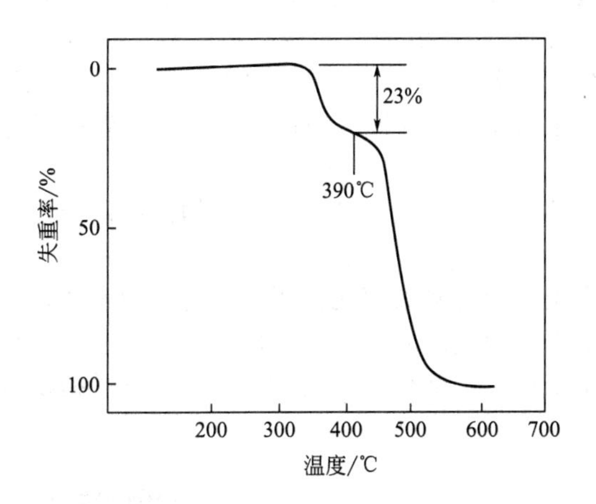

图 3-27　乙烯-乙酸乙烯酯共聚物的 TG 曲线

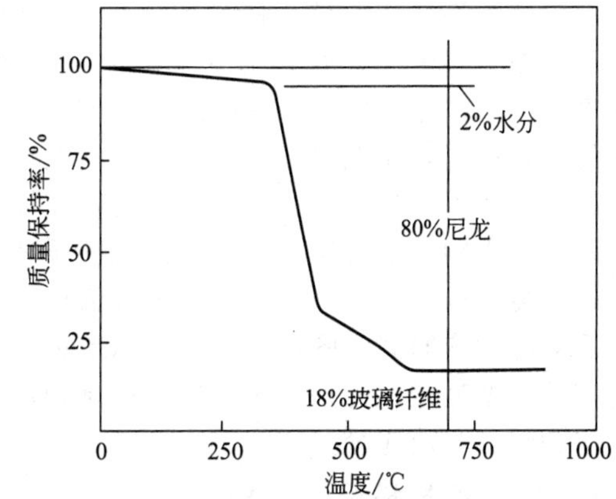

图 3-28　玻璃纤维增强尼龙的 TG 曲线

5. 其他

塑料材料氧化诱导期的测定。在恒定温度下，从通氧开始（TG 曲线上有个小的换气波动），直到TG曲线上发生增重之间的时间，称为热氧化诱导期。根据诱导期的长短，可以评定塑料的耐热氧化稳定性，可作为塑料的配方筛选、评比及鉴定的一种方法。

利用固化反应伴随放热效应，研究热固性塑料的固化过程。如酚醛树脂固化过程为缩合反应，有水生成，利用TG测定此类固化反应脱水失重过程即可研究酚醛树脂的固化过程。

另外，还可以利用TG研究塑料材料的热分解动力学。

二、差热分析和差示扫描量热分析

（一）差热分析

1. 差热分析原理

差热分析是指在相同条件下加热（或冷却）试样和参比物，并记录下它们之间所产生的温度差别的一种分析技术。差示温度或者对时间作图或者对固定仪器操作条件时的显示温度作图。试样发生任何物理和化学变化时释放出来的热量使试样温度暂时升高并超过参比物的温度，从而在DTA曲线上产生一个放热峰。相反地，一个吸热的过程将使试样温度下降，而且低于参比物的温度，因此，在DTA曲线上产生一个吸热峰。

差热分析基本原理

但是，一般地说，试样即使不发生物理变化，也不发生化学变化，试样和参比物之间也存在一个小的而且是稳定的温度差，这主要是由于这两种物质的热容和热传导性不同造成的。当然，也会受到其他许多因素的影响，诸如试样的数量和填充密度。

热流式原理

由此可见，DTA可以用来研究既不释放热量也不吸收热量情况下的转变，如某些固相-固相转变。转变前后试样在热容上所产生的差异将由试样和参比物之间形成一个新的稳定的温差上反映出来。差热曲线的基线在转变温度上将相应出现一个突然中断。同时，在该温度上下区域的曲线斜率一般有明显的不同。

2. 差热分析仪器的组成

差热分析仪由三大部分组成。

（1）被测物质的物理性质检测装置部分　也称主体部分，包括有加热器炉、样品容器和支持器以及检测敏感元件。检测敏感元件是由同种材料做成的两对热电偶，将它们反向连接，组成差示热电偶，并分别置于试样和参比物容器底部下面。测试温度在1000℃以下，用镍铬-镍铝热电偶，高温用铂-铂铑热电偶，可到1500～1700℃。但由于后者比前者的温差热电势低，所以，作低温测试最好不用高温炉。

（2）温度程序控制装置部分　温度程序控制部分的作用是使试样在要求的温度范围内进行温度程序控制，如升温、降温、恒温和循环等。

（3）显示记录装置部分　显示记录部分的作用是把检测敏感元件所测得的物理参数，经放大后对温度或时间作图，直观地显示或记录下来，现代的差热分析仪器都配有微型计算机进行实验数据处理。此外，还有气氛控制和数据处理装置部分，它们的作用是为试样提供真空、保护气氛和反应气氛。

（二）差示扫描量热分析

1. 差示扫描量热法的测试原理

热流型差示扫描量热法基本上与差热分析区别不大，本节重点介绍功率补偿型DSC。

功率补偿式原理

（1）差示扫描量热法定义　差示扫描量热法是在程序控温下，测量输入到物质和参比物之间的功率差与温度关系的技术，用数学式表示为

$$dH/dt = f(T \text{ 或 } t) \tag{3-12}$$

（2）差示扫描量热法的测试原理　DTA 曲线记录的是试样和参比物之间的温度差 ΔT，其值可正可负；而差示扫描量热法 DSC 则要求试样和参比物温度不论试样吸热或放热都要处于“动态零位平衡状态”，即使 $\Delta T \rightarrow 0$，DSC 测量的是维持试样和参比物处于相同温度所需要的能量差，这是 DSC 与 DTA 最本质的不同，如何实现 $\Delta T \rightarrow 0$，需通过功率补偿实现。

目前功率补偿的方式有以下三种。

① 保持参比物 R 侧以给定的升温速率升温，通过变化试样侧的加热量来达到补偿的作用，如试样放热，则试样侧少加热；如试样吸热，则试样侧多加热。此方案最合理，因为从理论上讲，可以做到功率补偿而不破坏程序控温。

② 在程序控温过程中同时变化试样侧与参比物侧的电流来达到 $\Delta T \rightarrow 0$。试样放热时，试样侧少通电流，而参比物侧多通电流。此种方式多少破坏了一些程序控温，为此，需采用电子计算机控制程序温度。

③ 当试样放热时，只对参比物侧通电流；试样吸热时，只对试样侧通电流，使 $\Delta T \rightarrow 0$，此种方式对程序控温影响最大。

DSC 的加热方式可分为两种：一种叫外加热式，另一种叫内加热式。所谓外加热式就是用一个炉子来加热，DTA 就是用外加热，热流式 DSC 也只能用外加热。

所谓内加热式，就是不用加热炉，而是靠支持器中的电阻丝（炉丝）进行加热。这组炉丝在交流电的一个半周内，用来作程序升温的热源；在另一个半周内，用来作功率补偿，这两个半周分别由两个电子线路控制，起两种作用。第一个回路的作用是控制平均温度，它保证试样和参比物的温度能按一定的速率增加；第二个回路的作用是当试样和参比物之间产生温度差时（由于试样产生放热或吸热反应），它能及时输入功率以消除这一差别。这就是所谓“动态零位平衡原理”。

2. 差示扫描量热法的仪器组成

差示扫描量热法是在差热分析的基础上发展起来的。因此，差示扫描量热仪在仪器结构组成上与差热分析仪非常相似。热流型差示扫描量热法，实际上就是定量差热分析。功率补偿型差示扫描量热仪与差热分析仪的主要区别是前者在试样侧和参比物侧下面分别增加一个功率补偿加热丝（或称加热器），此外还增加一个功率补偿放大器，而内加热式功率补偿型差示扫描量热仪结构组成特点是测温敏感元件是用铂电阻丝，而不是热电偶。

3. 影响热分析测量的实验因素

对于差热分析和差示扫描量热法，有许多因素会影响实验的最终结果。这些因素可分三大类：一是仪器方面的因素；二是操作条件的影响；三是试样方面的因素。

由于差热分析和差示扫描量热法二者的影响因素基本类似，而前者是热分析技术领域中发展最早、应用最广、研究比较多的一种技术，因此，在许多热分析技术专著里都以其为例进行讨论。

（1）仪器方面因素

① 样品支持器　由于曲线的形状受到热量从热源间样品传递和反应性试样内部放出或吸收热量的速率的影响，所以在 DTA（DSC）实验中，样品支持器起着极其重要的作用。因此，在仪器设计、制造中要求试样支持器与参比物支持器完全对称。它们在炉子

中的位置及传热情况都要仔细地考虑。有研究显示，随着样品支持器时间常数的增大，曲线形状发生歪曲，这如同随支持器扩散系数降低和（或）热容增大，曲线的形状发生明显变化一样。

② 热电偶位置及其形状　目前微量热分析技术所用的差示热电偶多数是安放在样品皿底部的一种平板式热电偶，比过去的接点球形热电偶的重复性要好，但仍要注意样品皿底要平。特别是使用多次的铂金样器皿，底部若不平，要用整形器整平后再用。

③ 试样容器（皿）影响　热分析试样容器（试样杯、试样皿或称坩埚），所用材料对试样、中间产物、最终产物和气氛应是惰性的，既不能有反应活性，也不能有催化活性。

（2）操作条件的影响

① 升温速率的影响　一般来说，曲线的形状，随升温速率的变化而改变。当升温速率增大峰温随之向高温方向移动，峰形变得尖而陡。升温速率不仅影响曲线形状，还影响相邻峰的分辨率。

② 气氛的影响　在有气体组分释放或吸收的反应中，峰的温度和形状会受到系统气体压力的影响。如环境气氛与所放出或吸收的气体相同，那么变化更加显著。

实验所用气体气氛一般有两种方式：静态气氛，通常是封闭系统；动态气氛，气体流经炉子或样品。采用前一种方式时，由于包围试样气氛受到试样放出气体和炉内对流现象的影响，浓度不断变化，故实验结果极难重复。目前商业热分析仪器具有很好的控制气氛系统。因此，能在实验中保持和重复所需要的动态气氛。

③ 灵敏度的影响　差热分析或差示扫描量热法的灵敏度是指记录仪的满刻度量程范围。如差热分析仪具有差示热电偶信号的放大系统，所以改变灵敏度，就是改变放大倍数。相当于放大或缩小 DTA（DSC）曲线的纵坐标刻度，使峰形增高或降低。

（3）样品方面的影响因素

① 试样量　试样用量越多，试样内传热越慢，形成的温度梯度越大，峰形扩张，因此，分辨率下降，峰顶温度移向高温。特别是在静止空气中做含结晶水试样的脱水反应时，如用量过多。在坩埚上部可形成一层水蒸气，使转变温度大大上升，如图 3-29 所示。

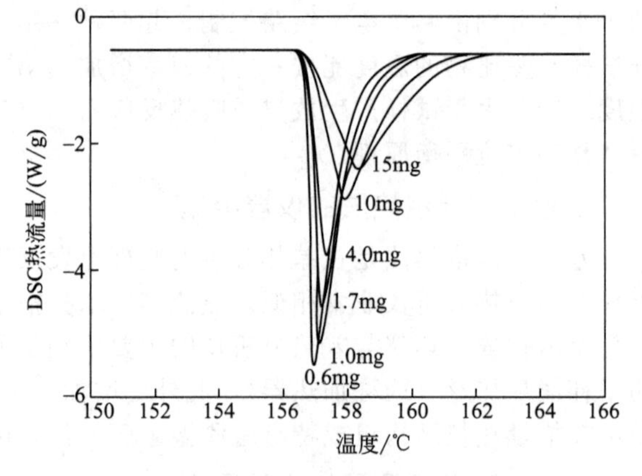

图 3-29　试样量对 DSC 测试结果的影响

② 试样的粒度、形状　研磨（粒度）对 DTA 曲线的影响主要是物理变化和熔化以及反应动力学因素。大块粒状的使峰形扩张，扁平状的峰形尖锐。

③ 其他　样品装填方式、试样结晶度、参比物和稀释剂都对测试曲线有不同程度的影响。

4. 热分析技术的应用

热分析技术有以下几方面的应用：热分析曲线可作为物质鉴定的指纹图；进行热力学研究；进行物质结构与物理性能关系的研究；反应动力学的研究。GB/T 19466.1—2004 和 GB/T 19466.4—2016 规定了塑料的差示扫描量热法（DSC）分析方法，包括七部分内容，分别是通则、玻璃化转变温度的测定、熔融和结晶温度、比热容的测定、聚合温度和（或）时间及聚合动力学的测定、氧化诱导时间的测定和结晶动力学测定。

近年来，DTA 和 DSC 在高分子的应用特别广泛，如研究聚合物的相转变，测定结晶温度、结晶度、熔点等结晶动力学参数和玻璃化转变温度以及研究聚合、固化、交联、氧化、分解等反应，并测定反应温度或反应温区、反应热、反应动力学参数等（见图 3-30）。

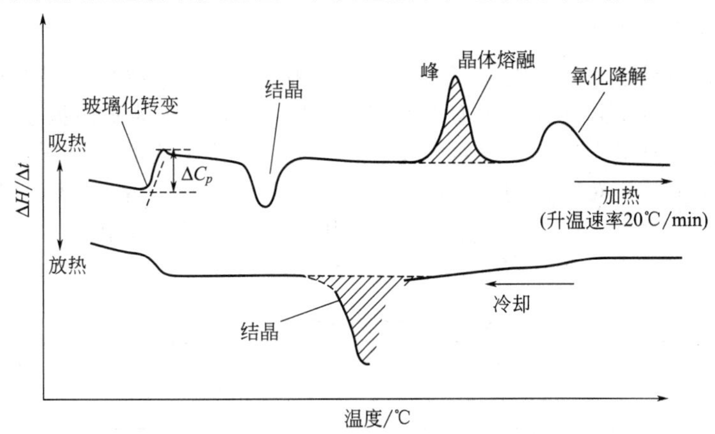

图 3-30　聚合物典型的 DSC 热谱图

三、动态力学分析

各种塑料制造的零部件常受动态交变载荷作用（如塑料齿轮的传动过程、减振阻尼材料的吸振过程等）。当塑料作为刚性结构材料使用时，希望材料有足够的弹性刚度，以保持其形状的稳定性，同时又希望材料有一定的韧性，以避免脆性破坏。而作为减振或隔声等阻尼材料减振效果还与弹性成分有关。此外，在塑料加工中，弹性成分不利于制品形状与尺寸的稳定性。

研究材料的动态力学性能随温度、频率、升降温速率、应变应力水平等的变化，可以揭示许多关于材料结构和分子运动的信息，无论实际应用还是基础研究，动态力学分析均已成为研究聚合物材料性能的最重要方法之一。它不仅可以给出宽广温度、频率范围的力学性能，用于评价材料总的力学行为，而且可检测聚合物的玻璃化转变及次级松弛过程，这些过程均与聚合物的链结构和聚集态结构密切相关。当聚合物的化学组成、支化和交联、结晶和取向等结构因素发生变化时，均会在动态力学谱图上体现出来，这使得动态力学分析成为一种研究聚合物分子链运动以及结构与性能关系的重要手段。GB/T 33061—2016《塑料 动态力学性能的测定》的各部分规定了各种在线性黏弹行为范围内测定刚性塑料动态力学性能的方法。

1. 动态力学分析的原理

聚合物材料具有黏弹性，其力学性能受时间、频率和温度影响很大。黏弹性材料的力学行为既不服从虎克定律，也不服从牛顿定律，而是介于二者之间，应力同时依赖于应变与应变速率，形变与时间有关。聚合物的力学性质随时间的变化统称为力学松弛，根据聚合物材料受到外部作用的情况不同，可以观察到不同类型的力学松弛现象，最基本的有蠕变、应力松弛、滞后和力学损耗（内耗）等。

动态力学分析（dynamic mechanical analysis，DMA）指在程序控温下，测量物质在受振荡性负荷下动态模数或阻尼与温度关系的一种技术，用于研究材料力学性能与速率的依赖性。塑料材料的动态力学性能随温度、频率、升降温速率、应变应力水平等的变化，可以揭示许多关于材料结构和分子运动的信息，对理论研究与实际应用都具有重要意义。

DMA 和 DSC 测定得到 T_g 的差别主要是 DMA 是动态测试，而 DSC 是静态测试。与温度谱相比，DMA 频率谱在研究分子运动活化能或将聚合物作为减振隔声等阻尼材料应用时，显得更为重要。

2. 动态力学分析的仪器

研究聚合物材料动态力学性能的仪器很多。各种仪器测量的频率范围不同，被测试样受力的方式也不相同，所得到的模量类型也就不同。DMA 通常分为自由振动法、强迫共振法和强迫非共振法三种测量方法。一般对于橡胶、塑料、纤维等固体高聚物样品，常采用强迫非共振法、扭摆法测量；对高聚物熔体或黏性溶液等常将样品浸渍于扭辫仪的辫子上，采用自由振动的方法进行测试。DMA 测量的温度范围低至液氮冷却温度－170℃，最高温度可达到 500～600℃（见表 3-4）。

表 3-4 动态力学试验方法

振动模式	形变模式	模量类型	频率范围/Hz
自由振动	扭转	剪切模量	0.1～10
强迫共振	固定-自由弯曲	弯曲模量	$10\sim10^{4}$
	S形弯曲	弯曲模量	3～60
	自由-自由扭转	剪切模量	$10^{2}\sim10^{4}$
	纵向共振	纵向模量	$10^{4}\sim10^{5}$
强迫非共振	拉伸	杨氏模量	$10^{-3}\sim200$
	单向压缩	弯曲模量	
	单、双悬臂梁弯曲	弯曲模量	
	三点弯曲	弯曲模量	
	扭转	剪切模量	
	S形弯曲	弯曲模量	$10^{-2}\sim85$
	平行板扭转	剪切模量	0.01～10
声波传播	声波传播	杨氏模量	$3\times(10^{3}\sim10^{4})$
	超声波传播	纵向与剪切模量	$1.25\times(10^{6}\sim10^{7})$

目前大多数动态力学分析仪器都可以用来测定聚合物试样的动态力学性能温度谱和频率谱，仪器的组成部分中一般都包括温控炉、温度控制与记录仪。图 3-31 为动态力学分析仪器的基本组成示意图。图 3-32 和图 3-33 为动态力学分析仪器作用模式。

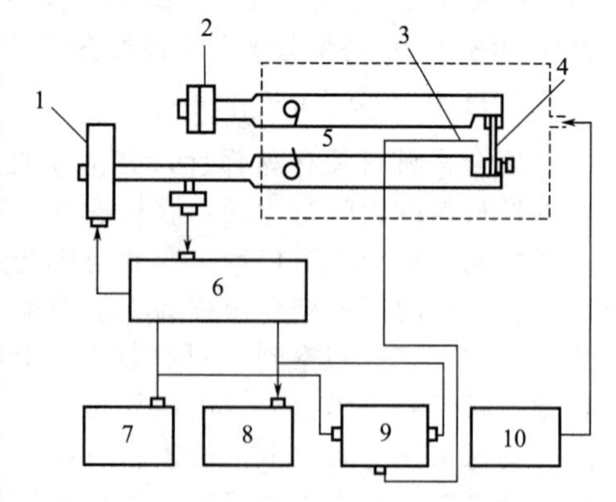

图 3-31 DMA 仪器的示意图

1—电-力转换器；2—平衡质量；3—热电偶；4—样品；5—活动支点；6—驱动器；7—频率显示器；8—阻尼显示；9—记录仪；10—程序控制器

3. 动态力学分析的应用

在一定频率下，聚合物动态力学性能随温度的变化称为动态力学温度谱，即 DMA 温度谱。聚合物结构复杂、品种繁多。非晶、结晶、液晶及取向聚合物，线形、支化及交联聚合物，均相与多相聚合物等，它们的 DMA 温度谱各不相同。

从 DMA 温度谱上得到的各转变温度在聚合物材料的加工与使用中具有重要的实际意义。T_g 是非晶态热塑性塑料的最高使用温度以及加工中模具温度的上限；T_f 是注塑成型、挤出成型、吹塑成型等加工成型时熔体温度的下限；$T_g \sim T_f$ 是真空吸塑成型等高弹态成型的温度范围。

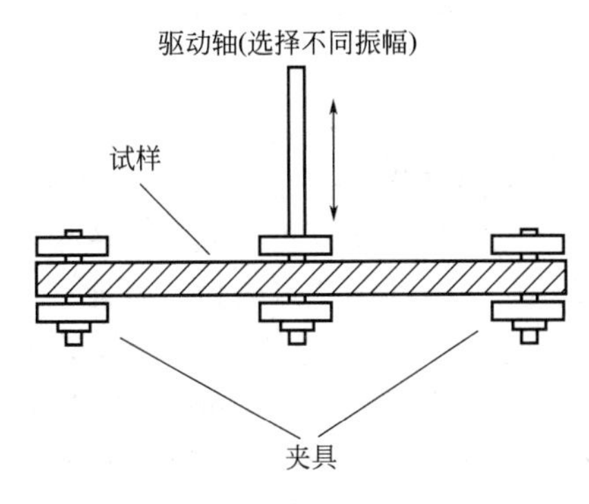

图 3-32　弯曲模式

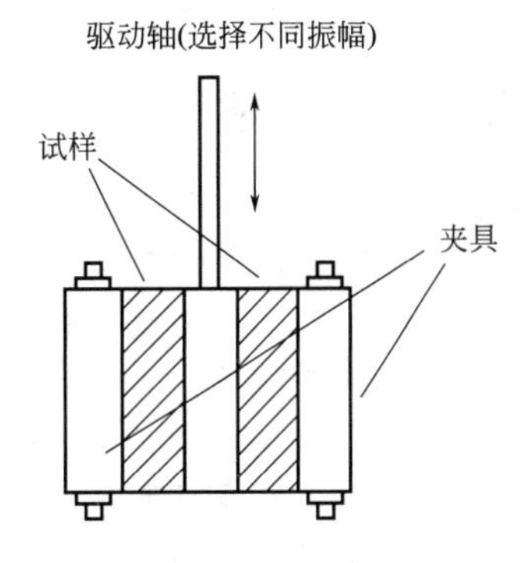

图 3-33　剪切模式

T_f 是未硫化橡胶与各种配合剂混合和加工成型的温度下限。此外，凡是具有强度较高或温度范围较宽的 β-转变的非晶态热塑性塑料（如聚碳酸酯、聚芳砜等），一般在 $T_\beta \sim T_g$ 的温度范围内能实现屈服冷拉，因此，具有较好的冲击韧性。T_β 也是这类材料的韧-脆转变温度，在 T_β 以下，塑料变脆。另外，由于在 $T_\beta \sim T_g$ 温度范围内，聚合物链段仍有一定程度的活动能力，所以能通过分子链段的重排而导致自由体积的进一步收缩，即物理老化。

DMA 温度谱按模量和内耗峰可分成几个区域，不同区域反映材料处于不同的分子运动状态。转折的区域称为转变，分主转变和次级转变。这些转变和较小的运动单元的运动状态有关，各种聚合物材料由于分子结构与聚集态结构不同，分子运动单元不同，因而各种转变所对应的温度不同。

玻璃态与高弹态之间的转变为玻璃化转变，转变温度用 T_g 表示；玻璃态的模量一般为 1～10GPa，高弹态的模量为 1～10MPa。玻璃化转变区模量下降的范围视聚合物类型而不同。对非晶聚合物而言，一般模量降低 3～4 个数量级；对结晶聚合物，模量一般降低 1.5～2.5 个数量级；对交联聚合物，模量一般降低 1～2 个数量级。玻璃化转变反映了聚合物中链段由冻结到自由运动的转变，这个转变称为主转变或 α-转变，这段除模量急趋下降外，$\tan\delta$ 急剧增大并出现极大值后再迅速下降。高弹态与黏流态之间的转变为流动转变，转变温度用 T_f 表示，当温度超过 T_f 时，非晶聚合物进入黏流态，储能模量和动态黏度急剧下降，$\tan\delta$ 急剧上升，趋向于无穷大，熔体的动态黏度范围为 $10 \sim 10^6 Pa \cdot s$。

图 3-34 为 EP/PP 共混物的 DMA 图谱。由图可以看到，随温度升高，模量逐渐下降，并有若干段阶梯形转折，$\tan\delta$ 在谱图上出现若干个突变的峰，模量下降与 $\tan\delta$ 峰的温度范围基本对应。

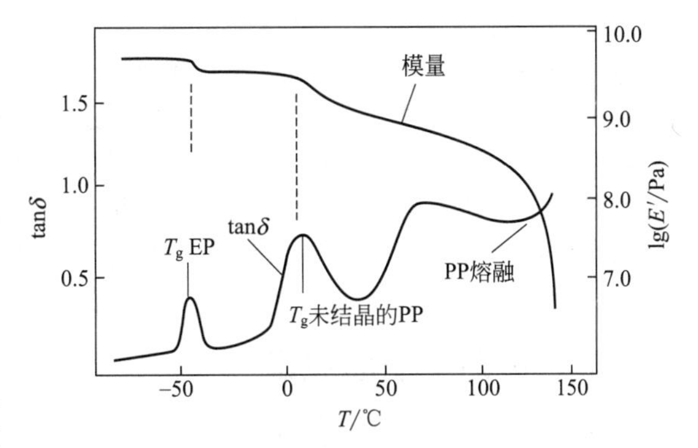

图 3-34　EP/PP 共混物的 DMA 图谱

第四节 显微技术

一、显微技术概述

电子显微镜技术是显微技术的一个重要分支，是一门现代化的显微科学。显微技术的核心是显示肉眼所不能直接看到的物质的手段，准确地说就是显微仪器。光学显微仪器种类较多，如生物显微镜、体视显微镜、相差显微镜、荧光显微镜、倒置显微镜、万能显微镜、紫外线显微镜、偏光显微镜等。光学显微镜的分辨率最高只能达到 200nm，有效放大倍率为 1000～2000 倍。如果研究比 200nm 更小的结构，如物质的分子、原子等，光学显微镜便无能为力了。于是，科学家就发明了电子显微镜，简称电镜（EM），它是利用电子束对样品放大成像的一种显微镜，包括扫描电镜（scanning eletron microscope，SEM）和透射电镜（transmission electron microscope，TEM）两大类型，其分辨率最高达到 0.01nm，放大倍率高达 80 万～100 万倍。借助这种电镜能直接看到物质的超微结构。

1924 年，法国科学家 De Broglie 证明任何粒子在高速运动的时候都会发射一定波长的电磁辐射，其辐射波的波长与粒子的质量和运动速度成反比，如果高速运动的粒子是电子，那么，电子在真空中运动的速度与加速电压有关，这种随加速电压改变的电子波长叫作德布罗意波，这为电镜的研制打下了基础，但仅有电子流辐射波还不行，因为并没有解决电子流聚焦成像的问题。1926 年，德国科学家 Garbor 和 Bush 发现用铁壳封闭的铜线圈对电子流能折射聚焦，即可以作为电子束的透镜。

上述两个重大发现为电镜的研制提供了重要的理论基础。德国科学家 Ruska 和 Knoll 在前面两个发现的基础上，经过几年的努力，终于在 1932 年制造出第一台电子显微镜。尽管它十分粗糙，分辨率也很低，但它却证实了上述两个理论的实用价值。经过改造，在 1933 年研制的电镜分辨率为 50nm，放大倍率为 1.2 万倍，到 1938 年分辨率为 10nm，放大倍率为 20 万倍。1939 年这一成果被正式交付德国西门子公司批量生产，当时生产了 40 台投入国际市场。

最早期作为商品出现的是 1965 年英国剑桥仪器公司生产的第一台扫描电镜，它采用二次电子成像，分辨率达 25nm，使扫描电镜进入了实用阶段。1968 年在美国芝加哥大学，Knoll 成功研制了场发射电子枪，并将它应用于扫描电镜，可获得有较高分辨率的透射电子像。1970 年他发表了用扫描透射电镜拍摄的铀和钍中的铀原子和钍原子像，这使扫描电镜又进展到一个新的领域。1982 年德国物理学家 Gerd Binnig 与瑞士物理学家 Heinrirh Rohrer 在瑞士苏黎世研究所工作时发明了扫描隧道显微镜（STM），并因此共同获得了当年的诺贝尔物理学奖。1986 年发明的原子力显微镜，可以在任何环境（如液体、空气）中成像，在纳米级、分子级水平上作研究。商用产品出现于 1989 年。我国电镜研制起步较迟，1958 年在长春中国科学院光学精密机械研究所生产了第一台中型电镜。1975 年在中国科学院北京科学仪器厂成功试制了第一台 DX-3 型扫描电镜，分辨率为 10nm。

二、透射电子显微镜

透射电子显微镜简称透射电镜，是最早发展起来的一种电子显微镜。由于它的分辨率高。并且其能够作电子衍射等待点，至今仍然是应用得最广泛的一种电镜。

1. 原理

透射电子显微镜使用了电子波作为光源，当电子波与物体产生相互作用时，其运动状态会发生变化，只要我们掌握了电子波与物质的相互作用规律，就可以通过检测电子波的强度来研究样品的微观结构。

每一张电子显微像都是由亮度变化的像点构成的，这种变化实际上反映了电子波强度的变化，图像上越亮的地方表示电子到达的数量越多、电子波强度越大，而暗的地方则表示电子达到的数量少、电子波强度低（底片上的情况正好相反）。这种电子波强度的变化就形成了所谓衬度（或称为反差）。当用 TEM 观察物质的结构时，所得到的基本信息就是图像上的衬度变化。因此，可以说透射电子显微术成像理论的核心就是衬度理论。

2. 设备

作为一种综合性分析仪器，TEM 同时具备成像、衍射以及成分分析的多种功能，而其最基本的功能就是能够显微成像，即借助于 TEM，可以数万倍、数十万倍地放大样品，直接观察到尺度极为微小的样品或样品上微小区域的结构。透射电子显微镜主要包括电子光学系统、真空系统和电器三部分（见图 3-35）。

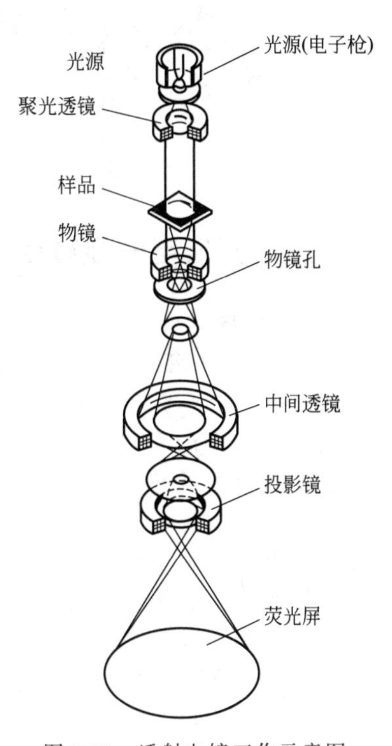

图 3-35 透射电镜工作示意图

（1）电子光学系统（镜筒） 电子显微镜的电子光学系统放置在电镜的镜筒内，其核心是磁透镜。光学显微镜是以玻璃透镜使光束聚焦，而电子显微镜则是以磁透镜使电子束聚焦。电子光学系统是电子显微镜的主体，它可以说是一个透镜组。电镜的上端是电子枪部分，下端是观察和照相部分，中间则为成像系统，还有样品室。

（2）真空系统 透射电镜的真空度是标志其质量的关键问题之一。电镜的镜筒内部处于高真空的原因是：①在空气中，运动的电子与气体分子碰撞而散射，使得电子的平均自由路程减小；②电子枪的高压需要处于高真空中，以免引起放电；③高真空可以延长电子枪中灯丝的寿命；④试样处于高真空中可以减小污染等。电子显微镜的真空系统由机械泵、扩散泵、真空管道和阀门以及空气干燥器、冷却装置、真空指示器等组成。

（3）电器部分 电镜的电器主要包括以下几部分：电子枪的高压电源、磁透镜激磁电流的电源、各种操作、调整设备的电器、真空系统电源、安全保护用电器。现代电镜采用了晶体管和集成电路等电子新技术，大大提高了电源的稳定性。

3. 应用

透射电子显微镜具有很高的分辨率和放大倍率，在高分子研究中已成为一种不可缺少的分析工具之一。借助于透射电子显微镜，可以研究高分子内部细微的形态与结构，分析高分子中各种固体颗粒的形状、大小及粒度分布，研究高分子的晶格、网络、分子量分布以及高分子材料因表面起伏现象而呈现出的微观结构等。单晶的发现是电镜在高分子研究方面的一个重大成就。图 3-36 即为聚乙烯的单晶的 TEM 照片。

在橡胶增韧塑料体系中，最有代表性的例子是高抗冲聚苯乙烯体系。图 3-37 是运用超薄切片和染色技术制备的高抗冲聚苯乙烯样品的 TEM 照片，可以看到，橡胶相（深色部分）成颗粒状分散在连续相聚苯乙烯塑料相（浅色部分）中，而在橡胶粒子内部，还包藏着相当多的聚苯乙烯。由于这种包藏结构，提高了橡胶相的模量，也增加了橡胶相的实际体积分数。

图 3-36 聚乙烯在 83℃、0.05%环境下生成的单晶

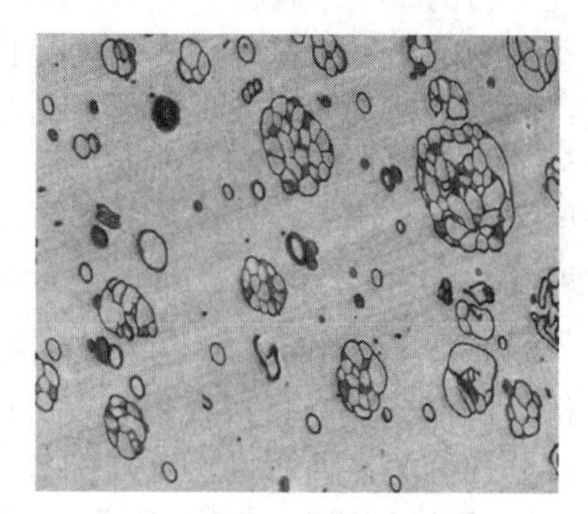

图 3-37 高抗冲聚苯乙烯（HIPS）的 TEM 照片

三、扫描电子显微镜

（一）概述

20 世纪 70 年代以来，扫描电镜的发展主要在几个方面：第一，不断提高分辨率，以求观察更精细的物质结构及微小的实体，以至分子、原子；第二，研发超高压电镜和特殊环境的样品室，以研究物体在自然状态下的形貌及动态性质；第三，研发能对样品进行综合分析（包括形态、结构和化学成分等）的设备。

目前，科学界已成功研发制造出的电镜有：典型的扫描电镜、扫描透射电镜（STEM）、场发射扫描电镜（FESEM）、冷冻扫描电镜（Cryo-SEM）、低压扫描电镜（LVSEM）、环境扫描电镜（ESEM）、扫描隧道显微镜（STM）、扫描探针显微镜（SPM）、原子力显微镜（AFM）等，以及多功能的分析扫描电镜，即配备了能谱仪（energy dispersive spectrometer，EDS）、波谱仪（wavelength dispersive spectrometer，WDS）。配备了能谱仪和波谱仪的 SEM 不但可以进行试样的形貌观察，而且可以进行微区成分分析。如果配备了电子背散射衍射（electron back-scatter diffraction，EBSD）附件，还可以进行材料微区结构晶体取向、显微织构等的研究。扫描电镜的工作示意图见图 3-38。

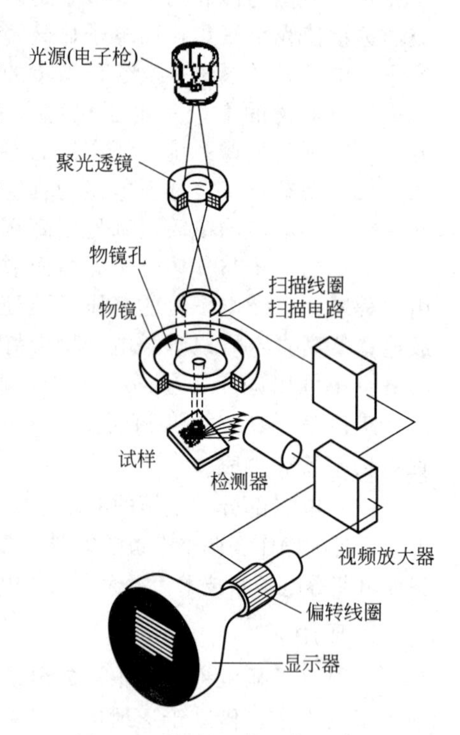

图 3-38 扫描电镜工作示意图

（二）仪器构造、成像原理及主要特点

1. 仪器构造、成像原理

扫描电镜可分为五个主要组成部分：电子束会聚系统、样品室、真空系统、电子学系统和显示部分。

（1）电子束会聚系统　此系统由三部分组成，即电子枪、磁透镜及扫描线圈。

① 电子枪　采用发夹式热发射钨丝栅极电子枪，所用的加速电压一般为 0.5～30kV。

② 磁透镜（聚光镜） 电子射线在磁场的作用下会改变前进的方向。当电子射线通过空心的强力电磁圈时，就像光线通过玻璃的透镜那样，会发生折射而聚焦。

由于三极电子枪所发射出来的电子束直径一般为 30～50μm，而最终要求电子束直径成为 1～5nm 的电子探针，因此需要两个或三个磁透镜组成，即双聚光镜和物镜（末透镜）。这两个透镜都有光阑，可挡掉一部分无用的电子，尤其是物镜光阑要尽量地小，以减少像差。同时，磁透镜有像散存在，故要安装消像散器。

③ 扫描线圈 通常由两个偏转线圈组成。在扫描发生器的作用下，电子束在样品表面做光栅状扫描。

（2）样品室 样品室是固定样品以及电子束和样品相互作用产生各种信号电子的场所。样品用导电胶或双面胶固定在铜台上，经过喷镀，装入样品座，把这个样品座放在和微动装置连在一起的样品架上。

（3）真空系统 扫描电镜的镜体和样品室内部都需要保持 $1.33\times10^{-4}\sim1.33\times10^{-2}$Pa 的真空度，因此必须用机械泵和扩散泵进行抽真空。真空系统还有水压、停电和真空自动保护装置，置换样品和灯丝时有气锁装置。

（4）电子学系统

① 电源系统 扫描电镜的电源系统包括启动镜体的各种电源（高压、透镜系统、扫描线圈、合轴线圈、消像散用的电源等），如检测-放大系统电源、光电倍增管电源、真空系统和图像信号处理线路电源、观察用的显像管以及照相机电源等。

② 信号电子成像系统 此系统把电子探针和样品相互作用产生的信号电子进行收集、放大、处理，最后在显像管上显示图像。扫描电镜可以接收从样品上发出的多种信号电子来成像，不同的信号电子要用不同的探测器。在高真空的工作状态下，以二次电子信号的图像质量最好。二次电子的探测器为二次电子探头，是扫描电镜最重要的部件之一。

（5）显示部分 显像管把电子透镜像普通显微镜里的物镜和目镜那样组合起来，把物体放大到几万、几十万倍。由于人眼看不见电子射线，必须在荧光屏上显示放大的图像，即将信号放大器获得的输出调制信号通过显像管转换成图像。照相机将显像管显示的图像、编号、放大倍率、标尺长度和加速电压拍摄到底片上。目前，随着科学技术的不断发展，已用计算机代替照相机的功能，直接将图像及设置的参数输出。

2. SEM 的主要特点

（1）放大倍率高 SEM 放大倍率 M 是指扫描显示的线性尺度（L）与试样上扫描范围的相应长度（l）之比，$M=L/l$。放大倍率可从几十倍到几十万倍，连续可调。

（2）图像分辨率高 分辨率是指在选定的操作条件下，可以被清楚地分开、识别的两个图像特征之间的最小距离。分辨率 d 可以用贝克公式表示：

$$d=0.61\lambda/(n\sin\alpha) \tag{3-13}$$

式中，α 为透镜孔径半张角；λ 为照明试样的光波长；n 为透镜与试样间介质的折射率。对光学显微镜，$\alpha=(70°\sim75°)\lambda$，$n=1.4$，则 $n\sin\alpha<1.4$。光学显微镜照明的可见光波长范围为 $\lambda<400\sim700$nm，所以光学显微镜分辨率 $d\approx0.5\lambda$，显然 $d>200$nm。要提高分辨率可以通过减小照明波长来实现。SEM 是用电子束照射试样，电子束是一种德布罗意（De Broglie）波，具有波粒二相性，$\lambda=12.26/V_0^{1/2}$（V），式中 V_0 为加速电压。如果 $V_0=20$kV 时，则 $\lambda=0.0085$nm。不同加速电压下尼龙 6 的 SEM 影像见图 3-39。

（3）景深大 景深大的图像立体感强，对粗糙不平的断口试样观察需要大景深。一般情况下 SEM 景深比透射电镜（TEM）大 10 倍，比光学显微镜（OM）大 100 倍。

（4）保真度好 试样通常不需要作任何处理即可以直接进行形貌观察，所以不会由于制样原因而产生假象。这对断口的失效分析、腐蚀产物及贵重试样的分析特别重要。图 3-40 和图 3-41 分别为尼龙 66 纤维和微孔纤维断口形貌的 SEM 照片。

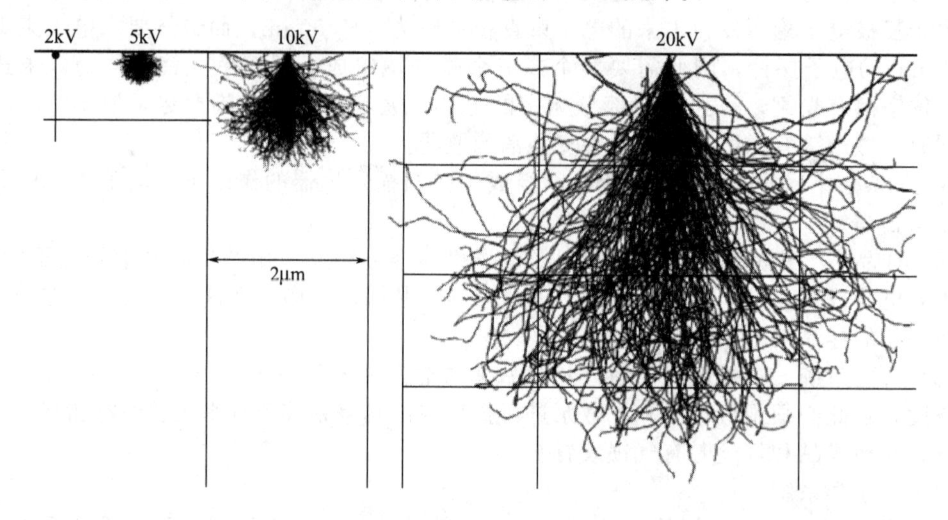

图 3-39 不同加速电压下尼龙 6 的 SEM 影像

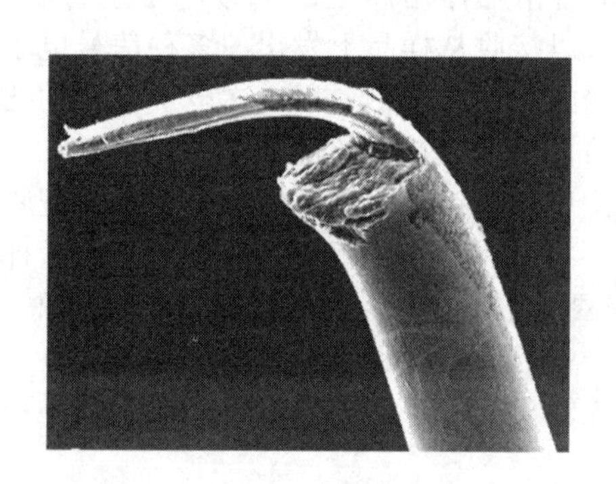

图 3-40 尼龙 66 纤维断口形貌的 SEM 照片

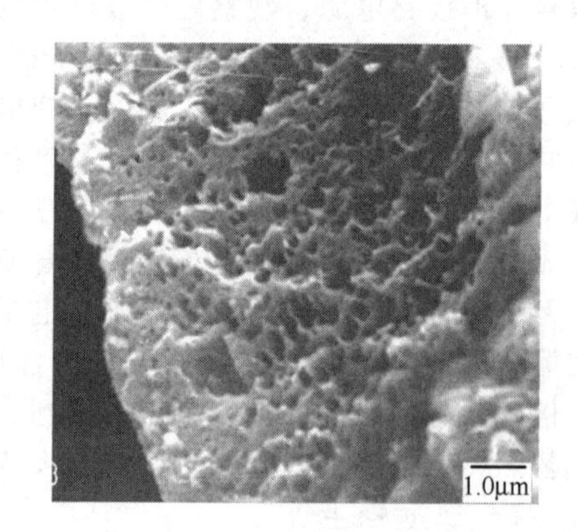

图 3-41 微孔纤维断口形貌的 SEM 照片

（5）试样制备简单 试样可以是自然面、断口、块状、粉体、反光及透光光片，对不导电的试样只需加镀一层几个纳米的导电膜。环境扫描电镜和低真空扫描电镜还可以直接观察生物活体及含水试样。

另外，现在许多 SEM 具有图像处理和图像分析功能。有的 SEM 配备附件后，能进行加热、冷却、拉伸及弯曲等动态过程的观察。

（三）SEM 在塑料材料研究中的应用

扫描电镜技术被广泛应用于高分子多相体系的形态结构、界面状况、损伤机制及材料性能预测等方面的研究。例如，GB/T 28873—2012 规定了应用扫描电子显微镜的低真空和环境真空模式，进行纳米颗粒生物效应研究中生物样品形貌的分析的方法，GB/T 17361—2013 规定了用扫描电子显微镜及能谱仪对沉积岩自生黏土矿物的晶体形态及化学成分进行鉴定的方法。图 3-42 和图 3-43 为尼龙拉伸断裂面的形貌以及聚碳酸酯冲击断面的形貌。

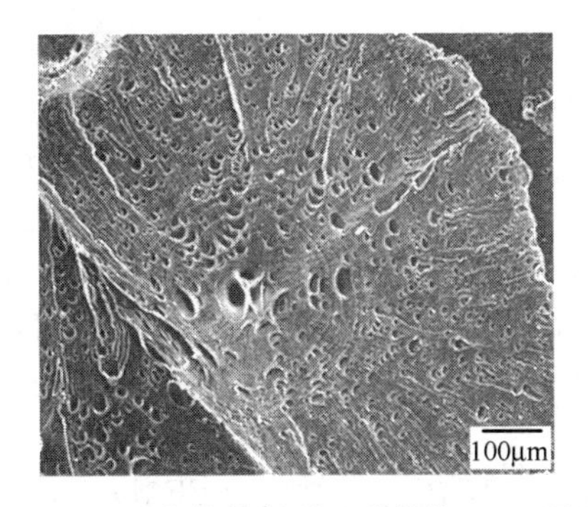

图 3-42 尼龙拉伸断裂面形貌的 SEM 照片

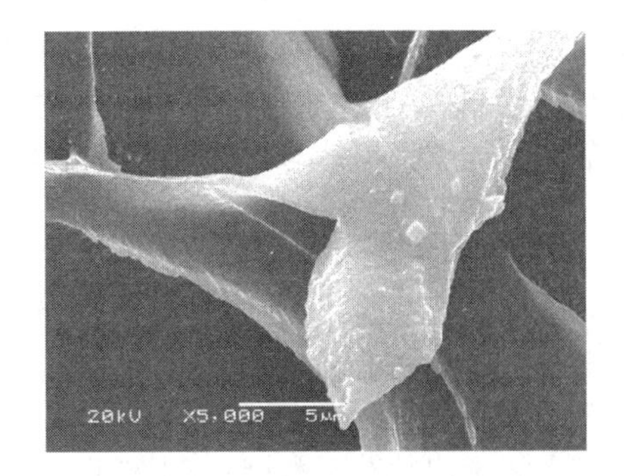

图 3-43 PC 热水老化 800h 后的冲击断面形貌的 SEM 照片

例如，利用扫描电镜可以研究 HDPE 的拉伸膜的结构。从图 3-44 可以看出，拉伸 HDPE 膜表面分布不同尺寸的多孔区域，区域间由 HDPE 细纤维连接，多孔网络区域顺着拉伸方向分布。

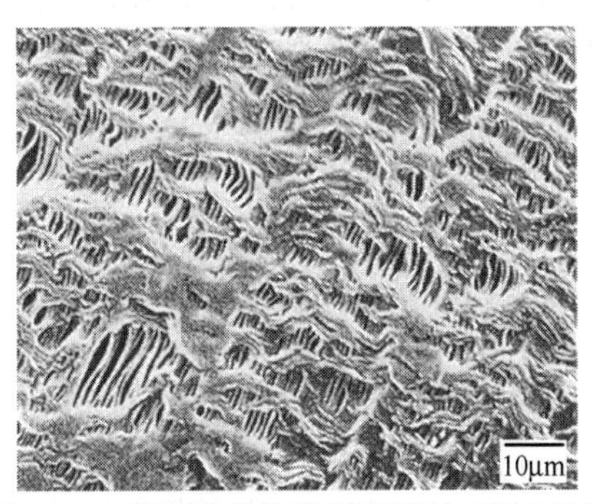

图 3-44 HDPE 的拉伸膜表面的 SEM 照片

扫描电镜技术在高分子复合材料微观形态研究中发挥了重要作用。由于填充塑料中界面区的存在是导致复合材料具有特殊复合效应的重要原因之一，因此界面黏结性能的强弱直接影响复合材料的性能。从图 3-45 和图 3-46 玻璃纤维增强聚合物的 SEM 照片上可以看出，表面处理对界面性能的影响。

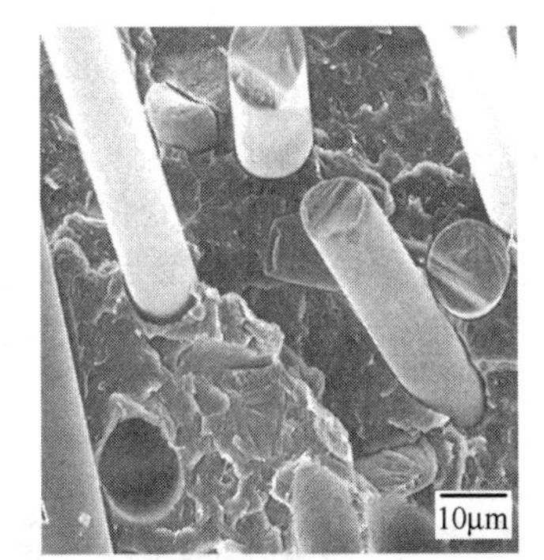

图 3-45 玻璃纤维未经过表面处理增强聚合物的 SEM 照片

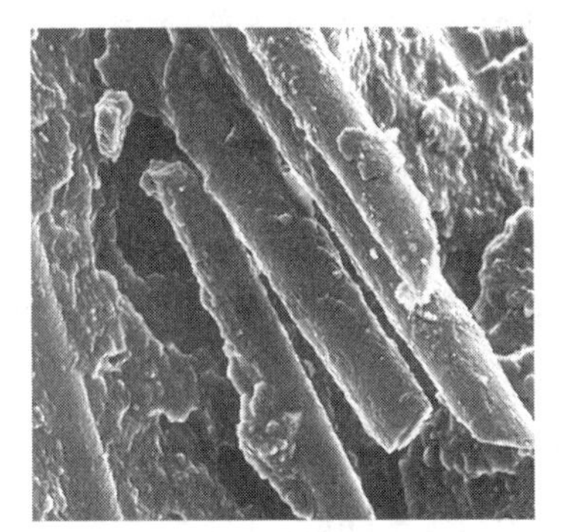

图 3-46 玻璃纤维经过表面处理增强聚合物的 SEM 照片

四、原子力显微镜

1. 概述

由于受光波波长的限制，光学显微镜分辨率一般仅能达到微米级水平，电子显微镜以透射或反射的方式成像，最高分辨率可达 5nm；它们都只能获得样品表面二维信息。1986 年，G. Binning、Quate 和 Cerber 发明的第一台原子力显微镜（atomic force microscope，AFM）与前两种显微镜相比有明显不同，它使用一个尖锐的探针扫描试样的表面，通过检出及控制探针与试样表面间的相互作用力，来形成试样的表面形态像，可达到原子水平分辨率。

由于在两个相互接近的物质间，一定有相互作用发生，因而在原理上 AFM 观察对于试样没有任何限制，AFM 超越了光和电子波长对显微镜分辨率的限制，在立体三维上观察物质的形貌，并能获得探针与样品相互作用的信息。典型 AFM 的侧向分辨率（X、Y 方向）可达到 2nm，垂直分辨率（Z 方向）小于 0.1nm。

AFM 可以用于观察物质表面总电子密度的形貌，弥补了扫描隧道显微镜（STM）不能观测非导电样品的缺陷。AFM 具有操作容易、样品制作简单、分辨率高等优点，它可以在真空、气相、液相和电化学的环境下直接观察样品；对于绝缘性试样，如有机固体、聚合物及生物分子等也可进行观察。

通过多年来的开发与改进，AFM 已有了多种类型，如摩擦力显微镜（FFM）、黏弹性显微镜（SVM）、磁力显微镜（MFM）、静电力显微镜（EFM）、表面电位显微镜（SEPM）、热探测显微镜（SThM）及近接场光扫描显微镜（NSOM）等。这些显微镜可分别用来研究材料表面的力学特性、电磁特性、表面电位分布、表面热特性及光学特性等。它们已在有机材料、无机材料、半导体、光记录材料等领域得到广泛的应用。

2. 仪器结构与原理

原子力显微镜技术测试可以分为动态（如 AFM 利用振动附加探测器）和静态两种模式。

扫描形式有“接触模式”（contact mode），即探测器在样品表面横向扫描；另外是“轻敲工作模式”，即共振方式（tapping mode），在轻敲工作模式下，原子力显微镜（AFM）压电微悬臂以较大的振幅振动。

探针是 AFM 检测系统的关键部分，它由悬臂和悬臂末端的针尖组成。探针固定在悬臂的末端，并使它充分地接近试样的表面，以检测试样与探针间的相互作用力，它的移动可通过其背面反射的激光由位置灵敏检测器来检测。随着精细加工技术的发展，人们已经能制造出各种形状和特殊要求的探针。

一般试样被固定在一个压电陶瓷扫描器上，使用这个扫描器可使试样在 X、Y、Z 三个方向以高于 0.1nm 的精度移动。在接触式 AFM 体系中，悬臂末端的针尖与样品接触针尖在 X、Y 方向上扫描样品表面，样品表面的高低起伏变化反映在悬臂的起伏变化上，这种变化经光学系统转换成光点位置在光电管上的变化，光点位置变化再由反馈回路接收后在 Z 方向上移动样品来调节光点到初始位置。原子力显微镜的结构和主要组成部分分别见图 3-47 和图 3-48。

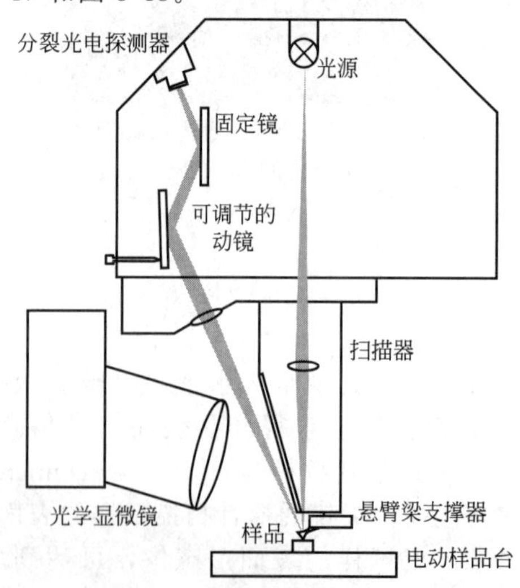

图 3-47 原子力显微镜结构示意图

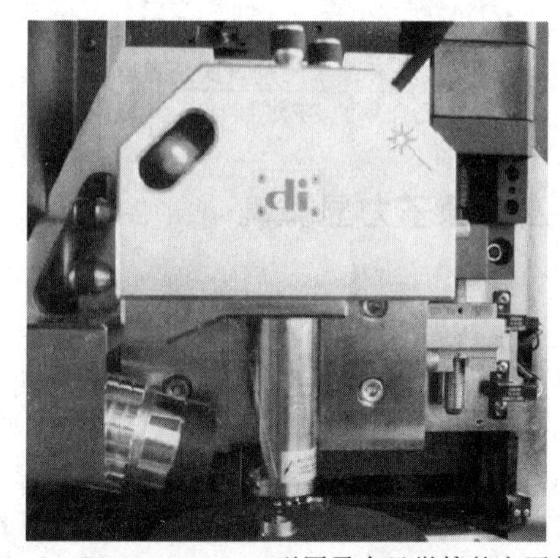

图 3-48 Dimension 3000 型原子力显微镜的主要部分

3. 原子力显微镜的工作环境

原子力显微镜受工作环境限制较少，它可以在超高真空、气相、液相和电化学的环境下操作。

(1) 真空环境　最早的扫描隧道显微镜（STM）研究是在超高真空（UHV）下进行操作的。后来，随着 AFM 的出现，人们开始使用真空 AFM 研究固体表面，真空 AFM 避免了大气中杂质和水膜的干扰，但其操作较复杂。

(2) 气相环境　在气相环境中，AFM 操作比较容易，它是广泛采用的一种工作环境，因 AFM 操作不受样品导电性的限制，它可以在空气中研究任何固体表面。气相环境中 AFM 多受样品表面水膜干扰。

(3) 液相环境　在液相环境中，AFM 是把探针和样品放在液池中工作的，它可以在液相中研究样品的形貌；液相中 AFM 消除了针尖和样品之间的毛细现象，因此减少了针尖对样品的总作用力。液相 AFM 的应用十分广阔，它包括生物体系、腐蚀或任一液固界面的研究。

(4) 电化学环境　正如超高真空系统一样，电化学系统为 AFM 提供了另一种控制环境，电化学 AFM 是在原有 AFM 的基础上添加了电解池、双恒电位仪和相应的应用软件。电化学 AFM 可以现场研究电极的性质，包括化学和电化学过程诱导的吸附、腐蚀以及有机和生物分子在电极表面的沉积和形态变化等。

4. 原子力显微镜在高聚物研究中的应用

原子力显微镜在高聚物研究中的应用主要在以下几个方面：AFM 对高分子的研究发展十分迅速，可以应用于高分子表面形貌和纳米结构的研究；微观尺寸下聚合物材料性质的研究；多组分样品的相分布研究；材料亚表面结构的研究。AFM 直接进行高分子形态、结构、构象等观察的同时，还可进行凝聚态方面的研究。例如，GB/T 32189—2015 规定了氮化镓单晶衬底表面粗糙度的原子力显微镜检验法，GB/T 31227—2014 规定了使用原子力显微镜（AFM）测量溅射成膜方法生成的、平均粗糙度 Ra 小于 100nm 薄膜表面粗糙度的方法。

高分子的形貌可以通过接触式 AFM、敲击式 AFM 来研究。接触式 AFM 研究形貌的分辨率与针尖和样品接触面积有关。一般来说，针尖与样品的接触尺寸为几纳米，接触面积可以通过调节针尖与样品接触力来改变，接触力越小，接触面积就越小；同时也减少了针尖对样品的破坏。敲击式 AFM 以针尖轻轻敲击样品表面的方式成像，这大大减少了针尖对样品的形变或破坏，在水中使用敲击式方式成像能得到更理想的图像效果。图 3-49 为通过 AFM 测试得到的等规立构 PP 和对称式 SBS 的形貌。

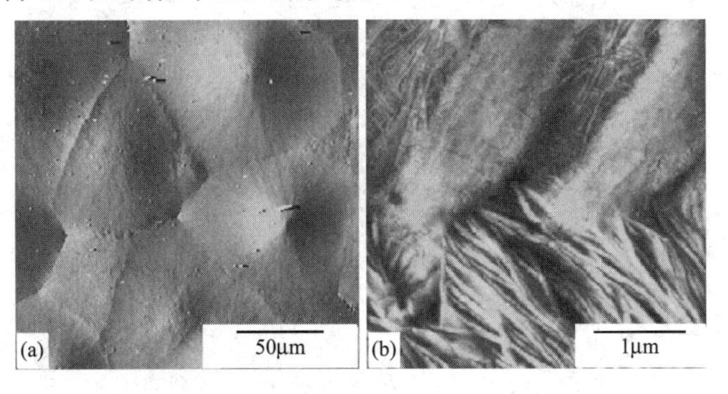

图 3-49

图 3-49 等规立构 PP 和对称式 SBS 的形貌
(a)、(b) 等规立构 PP；(c)、(d) 对称式 SBS

许多高分子材料由不均一相组成，因此研究相的分布可以给出高分子材料许多重要的信息。图 3-50 为 PETG/PS 的截面由不同厚度分层组成，从相图中不仅可以分辨出两种不同的高分子组分，而且可以见到约 1nm 尺寸的颗粒。

图 3-50 PETG/PS 的截面由不同厚度分层组成（RY. F. Liu）

聚合物膜表面形貌观察也是 AFM 的重要应用领域之一，通过 AFM 照片分析，可以了解聚合物膜表面结构、聚合物膜取向层厚度，还可以获取取向层的枝化和层连接状况等信息；AFM 是观察高分子在外界条件作用过程中其形貌变化和分子运动的有力工具，分析高聚物结晶形态，可观察高分子结晶形态，包括片晶表面分子链折叠作用；研究高聚物单链的导电性也是 AFM 应用的最新进展之一。

另外，AFM 是研究生物大分子强有力的工具，生物大分子不同于一般高分子聚合物，它在生物体中多以单个分子存在，因此容易得到单个分子的形貌图像。单个生物分子的三维形貌及动力学性质研究对解释生命现象有不可估量的作用，如今人们用 AFM 研究各种生物分子，如 DNA、蛋白质、抗原抗体分子及其他一些重要分子。

阅读材料

中国离子交换树脂与吸附树脂的奠基人、著名化学家、中国科学院院士——何炳林

何炳林院士（1918.8.24—2017.7.4），1937 年就读于北京大学、清华大学、南开大学联合组建的西南联合大学，1942 年毕业后留在化学系读研究生并兼任助教。1947 年赴美留学，1952 年获得美国印第安纳大学博士学位。

新中国的成立，使何炳林先生备受鼓舞，热盼回国投身社会主义建设并作积极准备，但遭到美国当局的阻挠，为此，何炳林先生暂时到美国纳尔哥化学工业公司工作。何炳林先生从祖国建设需要出发，先后将农药和发展原子能所必需的离子交换树脂作为研究方向，并为之做出了不懈努力。1954 年日内瓦会议前夕，他与部分留美人员联名致信周恩来总理，再次表达了尽早回国的强烈愿望。在周总理的帮助协调下，通过外交努力，何炳林先生满怀报效祖国的赤子之心，放弃了在美国优越的工作和生活条件，终于在 1956 年

2月携全家回到祖国的怀抱，接受杨石先校长的邀请来到南开大学任教。

回到母校后，何炳林先生立即着手进行高分子化学学科建设和离子交换树脂研制工作。尽管当时的科研条件和生活条件都很艰苦，他仍以高昂的热情忘我工作，带领师生克服重重困难，用不到两年的时间便将当时世界上已有的主要离子交换树脂品种全部合成出来，包括用于从贫铀矿中提取铀的特种树脂。当时主管原子能工业的二机部拨专款于1958年在南开大学建成了我国第一座专门生产离子交换树脂的南开大学化工厂，开始了我国自己的离子交换树脂工业生产，产品专供二机部用于核燃料铀的浓缩。1964年我国第一颗原子弹爆炸成功，这一成就包含了何炳林先生多年的心血，为此，在1988年国防科工委授予何炳林先生“献身国防事业”成就奖。

后来，原南开大学化工厂迁到四川宜宾，新南开大学化工厂改为民用，主要生产我国用量最大的水处理树脂，解决了我国大型锅炉的水处理问题，为大型化工企业和火电厂的发展提供了有力的技术支持。在何炳林先生的无私帮助下，上海、山东、东北、河南等地也陆续筹建了离子交换树脂工厂，纷纷派人来南开大学化工厂学习和培训。可以说，何炳林先生不仅是我国离子交换树脂产业的创始人，还把离子交换树脂生产及应用技术普及到全国各地，堪称我国的“离子交换树脂之父”。

为提高离子交换树脂的性能，何炳林先生在国际上率先发现了大孔树脂的制备方法(遗憾的是，鉴于这一成果的重要性，当时学校决定严格保密，没有及时在国际上公布)，并在此基础上生产出多种新型吸附树脂，广泛用于环保、化工和制药等行业，大大拓展了树脂的应用范围。大孔树脂的发现，是何炳林先生对科学的又一重大贡献。在何炳林先生发现了大孔树脂的三年之后，捷克科学家才发表了类似的成果，在此基础上，美国最先生产出了大孔吸附树脂。

在何炳林先生的领导下，南开大学高分子学科广泛开展了吸附树脂的研究和开发工作，并取得了卓有成效的成果。其中，系列氢键吸附树脂已成为环境保护和中药现代化过程中重要的吸附分离材料；多种血液净化吸附剂用于临床，挽救了很多因为安眠药中毒、红斑狼疮等不治之症的危重患者的生命，由此开创了我国血液灌流临床治疗的先河。

20世纪80年代，何炳林先生在国内率先开展了生物医用高分子材料的研究，组织相关重大研究项目，建立和发展了我国生物医学高分子领域，获得国家自然科学二等奖。如今生物医学高分子已成为国际研究热点，我国在这一领域中有着重要的地位，这充分体现了何炳林先生科研生涯中高瞻远瞩的眼光和积极进取的精神。

何炳林先生始终坚持科研工作与国家的重大需求相结合、基础研究与应用研究并重。在基础研究方面，“大孔离子交换树脂及新型吸附树脂的结构与性能”的研究成果，为新型分离树脂的开发提供了有力的理论支撑；在应用方面，十分重视科研成果的产业化，南开大学化工厂及天津南开和成科技有限公司的产品大多是在何炳林先生的带领下取得的科研成果的具体应用。可以说，何炳林先生为地方及国家的经济建设做出了重大的贡献。由于其卓著的成就，先后获得国家自然科学二等奖、国家发明奖、教育部科技进步一等奖、何梁何利科学与技术进步奖、杜邦科技创新奖、日本高分子学会国际奖、天津市科技重大成就奖等重大奖励20余项。

何炳林先生是我国高分子学科的主要创始人之一。1958年从研究离子交换树脂开始，何炳林先生主持成立了高分子教研室、高分子化学研究所，建立了南开大学高分子学科。自20世纪80年代以来的突出成果使得南开大学高分子学科成为国家重点学科，并在此基础上建立了“吸附分离功能高分子材料国家重点实验室”，使南开大学高分子学科成为全国唯一的有两个“重点”的高分子学科。

何炳林先生特别注重跨学科发展，推动功能高分子材料的研究跨入环保、制药、医学、分析、信息等领域，对这些学科的发展起到促进和支持作用。

何炳林先生十分注重人才培养和研究团队的建设。他教书育人，注重理论联系实际、教学联系科研，积极尝试跨学科、复合型、创新型人才的培养，先后培养了600余名本科生、100余名硕士生、60余名博士生和15名博士后，多次获得国家、天津市和学校优秀教学成果奖。何炳林先生不仅培养了大批不同层次的科技人才，还十分重视加强南开高分子学科的研究力量，通过多种渠道引进优秀人才，并想方设法为他们解决生活和工作中的困难。晚年，他和夫人陈茹玉先生捐出个人积蓄，分别设立了“何炳林奖学金”和“陈茹玉奖学金”，资助爱国、品学兼优以及生活困难的南开大学高分子学科的学生。

何炳林先生历任南开大学化学系高分子教研室主任、化学系主任、高分子化学研究所所长，曾兼任青岛大学校长、中国化学会常务理事、中国化学会高分子学科委员会副主任、国家自然科学基金委员会化学组评审委员、中国生物材料与人工器官学会副理事长、中国石油化工总公司顾问、《离子交换与吸附》主编、《高分子学报》和《高等学校化学学报》中英文版副主编、国际刊物 *Biomaterials*、*Artificial Cells and Artificial Organs* 和 *Reactive and Functional Polymers* 编委、《中国科学》和《科学通报》编委等，多次当选全国和天津市劳动模范，两次当选全国人大代表，1980年当选为中国科学院院士。

何炳林先生长期以来为国内外高分子科学界，特别是在离子交换树脂、大孔吸附树脂和生物医用高分子领域做出了重大贡献，对中国高分子学科、生物医用高分子领域、南开大学高分子学科的建设做出了不懈努力和卓越贡献。

资料参考：

何炳林院士诞辰100周年纪念专辑前言 [J]. 离子交换与吸附，2018，34 (5)：385-387.

思考题

1. 简要说明TG、DTG、DTA和DSC的原理。在它们的热谱图中，纵坐标和横坐标各代表什么？

2. 应用DTA或DSC如何测定高分子材料的玻璃化转变温度 T_g？

3. 用红外光谱法研究高分子材料时，常用的制样方法有哪些？它们各有何优缺点？

4. 简要说明傅里叶变换红外光谱法（FTIR）的基本原理。与普通的色散型红外光谱法比较FTIR有哪些优点？

5. 设计一个简单方案，说明如何应用红外光谱法鉴别一个两元聚合物共混物中两种聚合物之间有没有发生化学作用。

6. 根据TEM的成像原理，说明用TEM研究高分子样品时，在样品制备上应注意哪些主要问题。常用的制样方法有哪几种？它们各适用于哪些研究场合？

7. 根据SEM的成像原理，简要说明用SEM研究高分子样品时，在样品制备上应注意哪些主要问题。

8. TEM和SEM在高分子研究中应用的领域主要有哪些？试举例说明。

第四章
物理性能测试

学习目标

- **知识目标**

1. 掌握塑料含水量、吸水性的测试原理。
2. 理解密度和相对密度的测定原理。
3. 理解高分子溶液黏度的测定原理。
4. 了解通用树脂的溶解性。

- **技能目标**

1. 熟悉塑料含水量、吸水性的测定。
2. 熟悉高分子溶液黏度的测定。
3. 会测定塑料的密度和相对密度。
4. 会测定塑料的透气性、透湿性。

- **素质目标**

1. 培养爱国情怀，坚持自信自立，增强大国自信、民族自信。
2. 培养科学思辨、客观理性、求真求实、精益求精的工匠精神。
3. 养成尊重知识、尊重劳动、尊重创造的意识。

第一节　塑料的吸水性及含水量测定

塑料吸水后会引起许多性能变化，例如会使塑料的电绝缘性能降低、模量减小、尺寸增大等机械物理性能的变化。塑料吸水性大小决定于自身的化学组成。分子主链仅有碳、氢元素组成的塑料，例如聚乙烯、聚丙烯、聚苯乙烯等，吸水性很小。分子主链上含有氧、羟基、酰氨基等亲水基团的塑料，吸水性较大。

一、塑料含水量的测定

塑料中含有一定量的水分，通常以试样原质量与试样失水后的质量之差与原质量之比的百分比来表示。一般水分的存在对塑料的性能及成型加工会产生有害的影响，而且水在高温下会汽化，使制品产生气泡。目前广泛使用的测定水分含量的方法有：干燥恒重法、汽化测压法和卡尔·费休试剂滴定法。

1. 干燥恒重法

干燥恒重法是将试样放在一定温度下干燥到恒重，根据试样前后的质量变化，计算水分含量。

2. 汽化测压法

汽化测压法是利用水的挥发性。在一个专门设计的真空系统中，加热试样，试样内部和表面的水蒸发出来，使系统压力增高，由系统压力的增加，求得试样的含水量。

3. 卡尔·费休试剂滴定法

用专门配制的试剂（卡尔·费休试剂），利用碘氧化二氧化硫时，需要定量的水这一原理来测量水分含量。测试方法可以参照 GB/T 6283—2008 化工产品中水分含量的测定卡尔·费休法（通用方法）。以甲醇为例，卡尔·费休试剂与水的反应式如下：

$$C_5H_5N \cdot I_2 + C_5H_5N \cdot SO_2 + C_5H_5N + H_2O + CH_3OH \longrightarrow 2C_5H_5N \cdot HI + C_5H_5N \cdot HSO_4CH_3$$

（1）卡尔·费休试剂的配制　在 1000mL 干燥棕色磨口瓶中溶解 (133±1)g 碘于 (425±2)mL 无水吡啶中，摇匀。再加入 (425±2)mL 无水甲醇，摇匀后在冰浴中冷至 4℃以下。缓缓通入二氧化硫，使其增重 102～105g，盖紧瓶塞，摇匀，于暗处放置 24h 备用。使用前用同体积无水甲醇稀释。每毫升该试剂约相当于 3mg 水。

（2）滴定终点　用卡尔·费休水分测定仪滴定，在浸入溶液的两铂电极间加上适当的电压，因溶液中存在着水而使阴极极化，电极间无电流通过。当滴定至终点时，阴极去极化，电流突然增加至一最大值，并保持 1min 钟左右，即为滴定终点。

（3）含水量计算

$$T=\frac{m_1}{V_1} \tag{4-1}$$

或

$$W_s=\frac{TV_2}{m_2}\times 100 \tag{4-2}$$

式中，W_s 为被测试样含水量，%；T 为卡尔·费休试剂的滴定度，g/mL；V_1 为滴定空白试样用卡尔·费休试剂的体积，mL；V_2 为滴定被测试样用卡尔·费休试剂的体积，mL；m_1 为标定卡尔·费休试剂消耗空白试样中水的质量，g；m_2 为被测试样的质量，g。

二、塑料的吸水性测定

1. 定义及原理

塑料吸水的性能叫吸水性，是指塑料吸收水分的能力。塑料吸水试验的原理为：将试样浸入保持一定温度（通常温度为 23℃）的蒸馏水中经过一定时间后（24h）或浸泡到沸水中一定时间（30min）后，测定浸水后或再干燥除水后试样质量的变化，求出其吸水量。通常以试样原质量与试样失水后的质量之差与原质量之比的百分比来表示；也可用单位面积的试样吸收水分的量来表示；还可以直接用吸收的水分量来表示其吸收水分的能力。可参照 GB/T 1034—2008 塑料吸水性的测定。另外，硬质泡沫塑料吸水率的测定可参考 GB/T 8810—2005；纤维增强塑料吸水性试验方法可参考 GB/T 1462—2005。

2. 试验步骤及计算

（1）试验步骤

① 将试样放入 (50±2)℃烘箱中干燥至少 24h，然后在干燥室内冷却到室温，称量每个试样质量，精确至 0.1mg，表示为 m_1。重复本步骤至试样的质量变化在±0.1mg。

② 将试样浸入蒸馏水中，水温控制在 (23±1)℃；浸水 (24±1)h 后，取出试样，用清洁、干燥的布或滤纸迅速擦去试样表面的水，再次称量每个试样的质量，精确至 0.1mg，表示为 m_2。试样从水中取出后，应在 1min 内完成称量。

③ 或将试样完全浸入沸腾蒸馏水中经 (30±2)min 后，取出试样浸入处于室温的蒸馏水中，冷却 (15±1)min，从水中取出试样，同样用清洁、干燥的布或滤纸擦去试样表面的

水，再次称量试样质量，精确至0.1mg，试样从水中取出到称量完毕必须在1min之内完成，也表示为m_2。如果试样厚度小于1.5mm，最好在称量瓶中称量试样。

④ 若要考虑浸水过程中抽取出试样所含的水溶性物质，在完成上述步骤②或③后，可将浸水后的试样再次干燥，重复步骤①至试样的质量恒定，表示为m_3，精确至0.1mg。

（2）试样的吸水质量分数

试样相对于初始质量的吸水质量分数为W_m，用吸水百分率来表示，数值以%表示：

$$W_m=\frac{m_2-m_1}{m_1}\times100\% \tag{4-3}$$

或

$$W_m=\frac{m_2-m_3}{m_1}\times100\% \tag{4-4}$$

在某些情况下，需要用相对于最终干燥后试样的质量表示吸水百分率：

$$W_m=\frac{m_2-m_3}{m_3}\times100\% \tag{4-5}$$

式中，m_1为试样干燥处理后，浸水前的质量，mg；m_2为试样浸水后的质量，mg；m_3为试样浸水后，最终干燥后的质量，mg。

试样结果以在相同暴露条件下得到的三个结果的算术平均值表示。

3. 试样

试样尺寸要求见表4-1。

表4-1 试样尺寸要求

试样类型	试样尺寸
模塑料	长、宽60mm±2mm，厚度(1.0±0.1)mm或(2.0±0.1)mm的方形试样
管材	直径≤76mm时，沿径向切取25mm±1mm长的一段；直径>76mm时，沿径向切取长76mm±1mm，宽25mm±1mm样片
棒材	直径≤26mm时，切取25mm±1mm长的一段；直径>26mm时，切取13mm±1mm长一段
片或板材	边长为61mm±1mm的正方形，厚度为1.0mm±0.1mm
成品、挤出物、薄片或层压片	长、宽60mm±2mm，厚度(1.0±0.1)mm或者(2.0±0.1)mm的方形试样；或被测材料的长、宽61mm±1mm，一组试样有相同的形状(厚度和曲面)
各向异性的增强塑料	边长≤100mm×厚度

4. 试验设备及影响因素

（1）试验设备　天平（感量0.1mg）、烘箱（常温～200℃，温控精度为±2℃）、干燥器（内装无水$CaCl_2$或P_2O_5）、恒温水浴（控制精度为±0.1℃）、量具（精度为0.02mm）。

（2）影响因素

① 试样尺寸　试样尺寸不同，吸水量则不同。因此标准规定每一类型的材料的统一尺寸，只有尺寸相同时，才能相互比较。

② 材质均匀性　对均质材料可以进行比较，对非均质材料，无论是吸水量或吸水百分率或单位面积吸水量，只有在试样尺寸相同时才可进行比较。

③ 试验的环境条件　试验环境有一定要求，要求尽可能在标准环境下进行，因为试样浸水后需要擦干再次称量，如果环境温度高、湿度低，则在称量时就一边称量一边在减轻，使结果偏低，反之结果就偏高。

④ 试验温度　试验温度要严格按照标准规定，太高太低都会给测试结果带来影响。

三、应用举例

尼龙 6（PA6）是应用广泛的重要工程材料，但其结晶度不高，非晶区部分聚酰胺链结构上的强极性酰氨基（亲水基团）、端氨基和羧基使 PA6 氢键形成能力强，因而吸水率较高。PA6 长期暴露吸湿后力学性能明显下降，材料服役寿命大大缩短。聚对苯二甲酸丙二醇酯（PTT）是一种新型热塑性聚酯，加工性能优异，结晶度高，尺寸稳定性和回弹性好，吸水率低。在 PA6 中加入 PTT，经共混改性的 PA6/PTT 体系，可结合两种材料各自优势，通过改性降低 PA6 的吸水率，从而提高其吸湿后的力学性能。PTT 极性较大，其极性基团与 PA6 的极性基团作用加强，从而削弱了水与 PA6 的作用。低吸水率的 PTT 能有效阻滞水分在材料内部的渗透，从而降低了共混材料的吸水率。

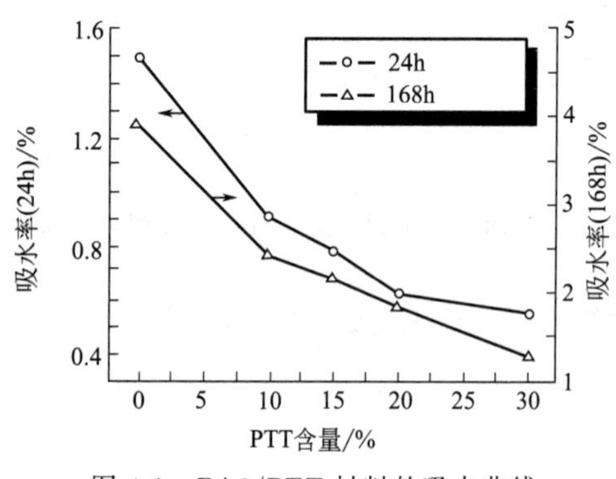

图 4-1 PA6/PTT 材料的吸水曲线

PTT 改性 PA6 试样经 24h 真空干燥称量后，放入 23℃恒温蒸馏水中浸泡，滤纸吸干表面水珠后用电子天平称量吸水 24h 及 168h 的质量并计算吸水率。

图 4-1 表明随 PTT 含量的增加，材料的吸水率单调降低。PTT 含量 20%时，PA6/PTT 体系 24h 和 168h 吸水率仅为同等吸水条件下 PA6 吸水率的 41%和 47%。PTT 有效地抑制了 PA6 的吸水性。

第二节 密度和相对密度的测定

密度和相对密度是塑料不可缺少的物理参数之一，可作为橡塑材料的产品鉴别、分类、命名、划分牌号和质量控制的重要依据，为科研及产品加工应用提供基本性能指标。

一、概念

1. 密度

密度是规定温度下单位体积内所含物质的质量，用符号 ρ 表示。由于密度随温度而变化，故引用密度时必须指明温度，温度 t℃时的密度用 ρ_t 表示。一般塑料密度为 0.80～2.30g/cm^3。

2. 相对密度

相对密度指一定体积物质的质量与同温度情况下等体积的参比物质质量之比（常用的参比物为水）。温度 t/t℃时的相对密度用 d_t^t 表示。

$$d_t^t = \frac{\rho_t}{K} \tag{4-6}$$

式中，ρ_t 为 t℃时物质的密度；K 为 t℃时水的密度。

3. 表观密度

对于粉状、片状、颗粒状、纤维状等模塑料的表观密度是指单位体积中的质量，用 D_α 表示；对于泡沫塑料的表观密度是指单位体积的泡沫塑料在规定温度和相对湿度时的质量。故又称体积密度或视在密度，用 ρ_α 表示（g/cm^3）。

二、塑料的密度及相对密度的测定

泡沫塑料以外的塑料密度及相对密度的测定可以参考国家标准：GB/T 1033《塑料 非泡沫塑料密度的测定》相关部分。该标准共有三部分：第 1 部分为浸渍法、液体比重瓶法和滴定法，第 2 部分为密度梯度柱法，第 3 部分为气体比重瓶法。有些材料的密度测定有相应的国家标准，例如，GB/T 1463—2005 规定了纤维增强塑料密度和相对密度试验的方法。

（一）A 法——浸渍法

浸渍法是基于阿基米德定律，将体积的测量转换为浮力的测量，即只要测得该物体全浸没在已知密度的浸渍液中的浮力，就能计算出该物体的体积，进而计算出测量物体的密度。浸渍法测试塑料密度被普遍使用，并收录于现行国家标准 GB/T 1033.1—2008《塑料 非泡沫塑料密度的测定 第 1 部分 浸渍法、液体比重瓶法和滴定法》中。

1. 测试原理

试样在规定温度的浸渍液中，所受到浮力的大小，等于试样排开浸渍液的体积与浸渍液密度的乘积。而浮力的大小可以通过测量试样的质量与试样在浸渍液中的表观质量求得。

动画扫一扫
浸渍法测定原理

由
$$m_0-m_1=V_s\rho_0$$

得
$$V_s=\frac{m_0-m_1}{\rho_0} \tag{4-7}$$

式中，V_s 为试样的体积，cm^3；m_0 为试样的质量，g；m_1 为试样在浸渍液中的表观质量，g；ρ_0 为浸渍液的密度，g/cm^3。

试样的体积和质量均可测得，则试样的密度 ρ_s 即可求出。

$$\rho_s=\frac{m_0}{V_s}=\frac{m_0\rho_0}{m_0-m_1} \tag{4-8}$$

利用式(4-7) 可求其相对密度。

2. 试验设备

天平（感量 0.1mg，最大称量 200g）、金属丝（具有耐腐蚀性，直径不大于 0.5mm）、恒温水浴（温度波动±0.5℃）、温度计（最小分度值为 0.1℃，范围为 0～30℃的温度计）、比重瓶（带侧臂式溢流毛细管，配备分度值为 0.1℃，范围为 0～30℃的温度计）、玻璃容器及固定支架、重锤。用于浸渍法测密度的装置见图 4-2。

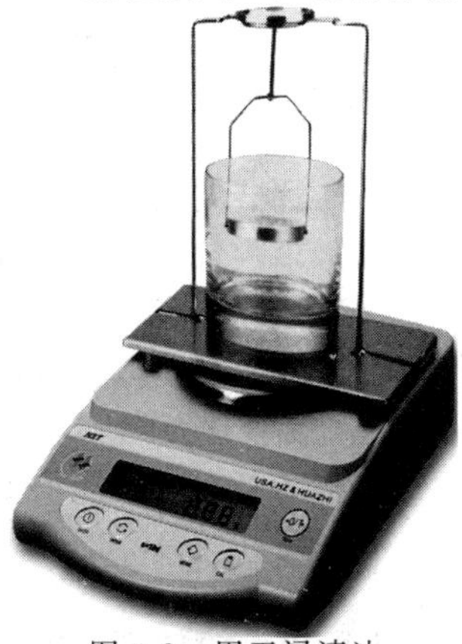

图 4-2 用于浸渍法测密度的装置

3. 方法要求

① 标准环境温度下准备好试样，试样表面应平整、清洁、无裂缝、无气泡等缺陷。试样尺寸适宜，质量不大于 10g，称量试样的质量 m_0，精确至 0.1mg。

② 浸渍液选用新鲜蒸馏水或其他不与试样作用的液体。盛装浸渍液的烧杯或容器放在固定支架上，浸渍液的温度控制在 23℃±1℃。

③ 用直径小于 0.13mm 的金属丝悬挂着试样，试样全部浸入浸渍液中，试样上端距液面不小于 10mm，用另一根细金属丝除去黏附在试样表面上的气泡，挂在天平上进行称量，记为 m_1。

④ 若试样密度小于浸渍液的密度时，需加一重锤（小铜锤

或不锈钢锤)，使试样能浸没于浸渍液中，称量试样与重锤在浸渍液中的质量，记为 m_{h0}。

⑤ 取下试样后称量重锤在浸渍液中的质量，记为 m_{h1}。

每个试样的密度至少测 3 次，取平均值作为实验结果，结果保留到小数点后第三位。

4. 试样密度的计算

试样的密度大于浸渍液的密度时，按照式(4-8) 计算。

若试样的密度小于浸渍液的密度，考虑重锤的影响，按照式(4-9) 计算：

$$\rho_s=\frac{m_0}{m_1-(m_{h0}-m_{h1})}\times\rho_0 \tag{4-9}$$

式中，m_0 为试样的质量，g；m_1 为试样在浸渍液中的表观质量，g；ρ_0 为浸渍液的密度，g/cm^3；ρ_s 为试样的密度，g/cm^3；m_{h0} 为试样与重锤在浸渍液中的质量，g；m_{h1} 为重锤在浸渍液中的质量，g。

5. 影响因素

(1) 悬丝的影响 目前国际各国在采用该方法时，有的国家对悬丝有规定，有的国家则没有规定。悬丝的直径在 0.10～0.13mm 较合适。太粗需考虑悬丝在浸渍液中受到浮力，太细则强度不够，选择较合适的直径，使在浸渍液中所受到浮力忽略不计。悬丝的种类通常选择不带漆膜的铜丝。根据编者实践，测试塑料密度大于浸渍液密度的试样，头发丝比较好，它们既柔软，又具有足够的强度，与浸渍液又不起作用。

若悬丝采用细金属丝，由于浸渍法的关键是测量浮力，即测量物体浸没于浸渍液下的重力的剩余量（实际测剩余的质量，即 m_0-m_1），实验时不得不用金属丝将样品悬挂于天平上，方能测量出样品在浸没时抵消浮力后剩余的重力。然而金属丝的加入使得测出的重力余量不是样品独自表现的重力余量。试样上附加的金属丝重力余量应在试样和金属丝总重力余量中扣除，这样才能真正地测出试样在浸渍液中的重力余量，从而消除金属丝体积给测试带来的误差。若金属丝直径很大，这种误差就越明显。因此，考虑金属丝的体积影响，试样的密度按下式计算：

$$\rho_s=\frac{m_0}{m_0+m_j-m_{sj}}\times\rho_0 \tag{4-10}$$

式中，m_j 为金属丝在浸渍液中的质量；m_{sj} 为金属丝与试样在浸渍液中的质量。

称量金属丝或金属丝与重锤浸没于浸渍液中时，浸入的深度应该前后保持一致。

(2) 试样在浸渍液中距液面的高度 在各国的方法中，对试样在浸渍液中距液面的高度，大都有明确的规定。太靠近液面，受液面张力的影响，导致数据不准确，通常规定大于 10mm。

(3) 容器的大小 盛浸渍液的容器，当试样放入浸渍液中，如果容器太小，则试样太靠近边缘，影响数据准确，通常试样距容器边缘应大于 20mm。

(4) 试样吸附的气泡 由于试样在浸渍液中受到的浮力是通过测量试样的质量和试样在浸渍液中的表观质量求得，如果吸附有气泡或试样本身有气泡，都严重影响试验结果，一定要彻底排除吸附的气泡。如果试样本身有气泡，应重新制样。

(二) C 法——滴定法

1. 测试原理

滴定法测定塑料密度原理

两种可互溶的不同密度的液体，其中一种液体的密度低于被测样品的密度，而另一种液体的密度高于被测样品的密度，配制成混合浸渍液。将无气孔的具有合适形状的固体试样放入恒温的混合浸渍液中，不要使试样附有气泡，观察试样沉浮，若浮起来，则加轻浸渍液，若沉下去，则加重浸渍液，每次加完，搅拌均匀，直至最轻的试样和最重的试样悬浮在混合浸渍液中。用比重瓶测定相应的混合浸渍液的密度，试样的密度就介于二者之间。

其密度按下式计算：

$$\rho_s=\frac{m_{IL}}{m_w}\rho_w \tag{4-11}$$

式中，ρ_s 为23℃时浸渍液的密度，g/cm^3；m_{IL} 为比重瓶中装满混合浸渍液的质量，g；m_w 为比重瓶中装满水的质量，g；ρ_w 为23℃或27℃时水的密度，g/cm^3。

2. 试验设备

天平（感量0.1mg，最大称量200g）、玻璃量筒（容量为250mL）、滴定管（容量为25mL，分度值0.1mL）、恒温水浴（温度波动±0.5℃）、容量瓶（容积为100mL）、温度计（分度值为0.1℃）、平头玻璃搅拌棒。

3. 方法要求

① 用容量瓶准确称量100mL较低密度的浸渍液，倒入干燥的250mL的玻璃量筒中，并将装浸渍液的量筒放入液浴中，恒温到23℃±0.5℃。

② 将试样放入量筒中。当液体的温度达到23℃±0.5℃时，用滴定管每次取1mL重浸渍液加入量筒中，每次加入后，用玻璃棒竖直搅拌浸渍液，防止产生气泡。

③ 观察试样的现象，当样片下沉的速率逐渐减慢，每次加入0.1mL重浸渍液。当最轻的试样在液体里悬浮，且能保持至少1min不做上下运动时。记录加入的重浸渍液的总量，这时混合液的密度相当于被测试样密度的最低限。

④ 继续滴加重浸渍液，当最重的试样在混合液中某一水平也能稳定至少1min时，记录所添加重浸渍液的总量，这时混合液的密度相当于被测试样密度的最高限。

⑤ 用比重瓶法来测定混合浸渍液的密度。

⑥ 称量已干燥的比重瓶质量。

⑦ 将配好的混合液装入比重瓶，在规定温度恒温40min。

⑧ 擦净恒温好的比重瓶溢出液及外部挂上的浸渍液及水后称其质量。

4. 影响因素

（1）试样大小　试样太大，容易下沉，也容易吸附气泡，太小，不容易看清楚。

（2）试样上吸附气泡　试样表面有气泡就增加了试样的浮力，本来配制的混合液如刚好合适，由于试样表面有气泡，则试样从浸渍液漂起来，最终导致结果偏高。为了消除试样上吸附气泡，首先要试样清洁，在摇晃试样时，动作要轻。

（3）轻重两种浸渍液的选择　轻浸渍液密度一定比试样密度轻，重浸渍液密度一定比试样密度大。

（三）密度柱法测定密度

1. 试样及浸渍液

试样可以是片状、粒状或容易鉴别的形状，但应使操作者精确测量试样体积中心位置。试样表面应平整、清洁、无裂缝、气泡、凹陷等，一般厚度不低于0.13mm。根据试样密度值的范围，选择与试样不起作用的溶液体系，或其他适用的混合物作为浸渍液。

2. 玻璃浮标的制备

制备直径为3～8mm、近似球形，经过充分退火的玻璃球。选择适当的溶液体系，注入容积为100mL的量筒中，将此量筒置于温度为（23±1）℃的恒温水浴中恒温。装入被校准的玻璃浮球，搅拌均匀，如果浮标下沉，则加入密度较大的液体，反之，加入密度较小的液体，再充分搅拌均匀，待浮标在溶液中悬浮静止不动至少30min，测定浮标保持平衡状态的液体密度，即为该浮标的密度（精确到0.0001g/mL）。对每一个浮标依次这样校正。

3. 密度柱的配制

用两个尺寸相同的玻璃容器，如图4-3所示，选择适当的溶液体系，将选用的两种液体用缓慢加热或抽真空等方法除去气泡，玻璃容器A中是密度较小的液体，B中是密度较大的液体，容器B中所需液体的体积应大于所配梯度管总体积的一半。打开旋塞a和b，立即启动电磁搅拌器，液面不能波动太大，使B中混合液缓慢沿着梯度管壁流入管中，直至所需液位。选用5个以上的玻璃浮标，用容器A中轻液浸渍后沿壁轻轻放入梯度柱中。将配制好的密度梯度柱放在温度为（23±1）℃下静置不少于8h，恒温浴的液面应高于梯度柱的液面，待浮标位置稳定后，测量每个浮标的几何中心高度，精确到1mm。绘制密度（ρ）-浮标高度（H）的工作函数曲线图。

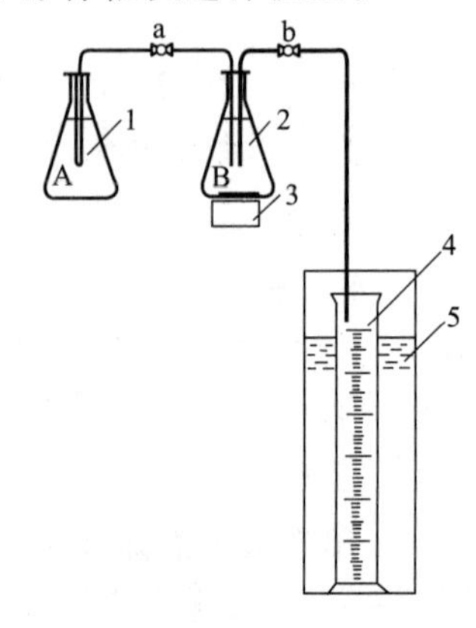

图4-3 配制密度柱配管装置

1—轻液容器；2—重液容器；3—电磁搅拌器；4—梯度管；5—恒温水浴

4. 测定试样密度

测定三个试样，用容器A中的轻液浸湿后，轻轻放入梯度柱中，一般试样放入30min，其高度位置处于稳定平衡，测量其几何中心高度，在所绘制的浮标密度（ρ）-浮标高度（H）的工作函数曲线图上，读取试样位于梯度柱中的高度所对应的密度值，即为该试样的密度。或用内插法计算如下：

密度柱配制

$$\rho=a+\frac{(x-y)(b-a)}{z-y} \tag{4-12}$$

密度柱法测定密度原理

式中，ρ为试样的密度，g/cm^3；x为试样的高度，mm；y、z为试样上下相邻两个标准玻璃浮标的高度，mm；a、b为两个标准玻璃浮标的密度，g/cm^3。

5. 主要影响因素

① 温度　为了保持密度梯度管内密度梯度稳定平衡，要求温度稳定，而且恒温水浴的液面要高于密度梯度液。液面恒温水浴的控温度为±0.1℃。

② 试样　试样必须是容易确定中心位置，无空穴或其他容易形成气泡的表面缺欠。切割必须用锐利的刀片，避免由于压缩引起密度的改变。

③ 试样的打捞　打捞试样时，必须小心，以避免破坏密度梯度液密度的线性平衡。

④ 浮标的标定　玻璃浮标的标定一定要准确。观察试样的中心位置时，通常用测高仪，如用人眼观察，一定要求水平观察口。

⑤ 溶液因素　研究表明，对于水-乙醇体系，密度梯度柱法的重复性和重现性不明显依赖于材料本身的密度。两种乙醇-水和异丙醇-水体系的有效数据表明，两种体系的重复性和重现性数据差异很小，密度梯度柱法的精密度不明显依赖于所用的浸渍液体系，见表4-2。

表 4-2 乙醇-水和异丙醇-水两种体系的重复性和再现性比较

样品	4号		6号	
体系	乙醇-水	异丙醇-水	乙醇-水	异丙醇-水
实验室数	10	9	11	10
总平均值的估计 $m/(g/cm^3)$	0.92285	0.92287	0.95131	0.95095
重复性标准差 S_r	6.3×10^{-5}	1.48×10^{-4}	2.04×10^{-4}	2.35×10^{-4}
重复性限 r	2.04×10^{-4}	4.14×10^{-4}	6.13×10^{-4}	6.58×10^{-4}
再现性标准差 S_R	5.10×10^{-4}	6.33×10^{-4}	5.45×10^{-4}	5.49×10^{-4}
再现性限 R	1.56×10^{-3}	1.77×10^{-3}	1.58×10^{-3}	1.54×10^{-3}

三、实施案例

昆山××××制品有限公司生产的塑料制品，测试塑料材料的密度。测试试验参照标准GB/T 1033.1—2008，采用浸渍法。

1. 测试准备

测试环境条件：温度23℃、湿度53%。试样：数量3个，测量前样块在实验室规定温度下停放8～12h。试验设备：MatsuHaku电子密度计。

2. 测试步骤

① MatsuHaku电子密度计调零，如图4-4(a) 所示；先测量出试块在空气中的质量，如图4-4(b) 所示。

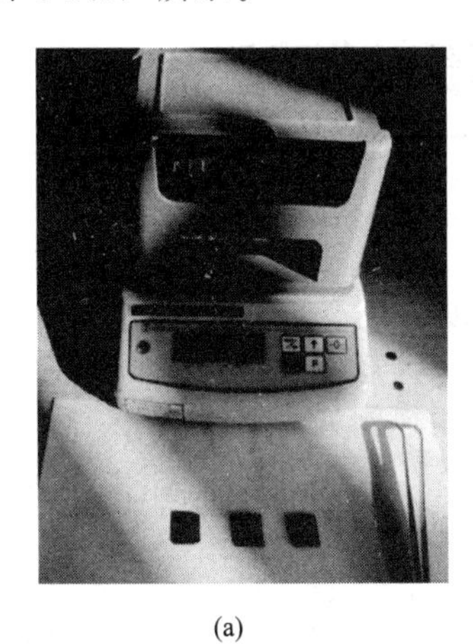
(a)

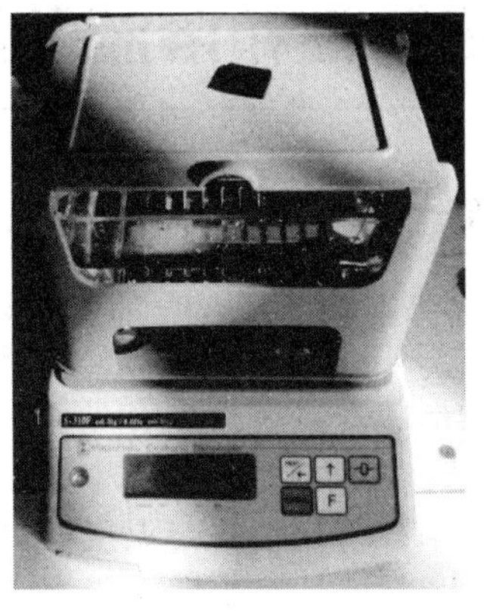
(b)

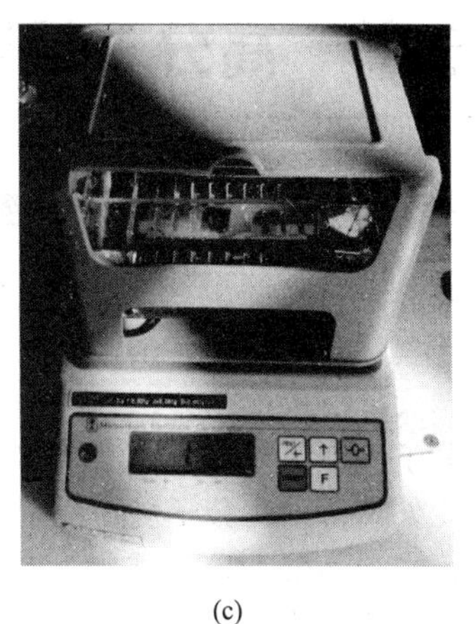
(c)

图 4-4 塑料材料密度测试

② 试块投入液体中测量样块在液体中的质量并自动计算样块的密度及显示数值，如图4-4(c) 所示。依次测出三个试样的密度，见表4-3。

表 4-3 塑料制品密度测试数据处理 单位：g/cm^3

测试数据	ρ_1	ρ_2	ρ_3	ρ 平均值
密度	1.139	1.138	1.154	1.14
判定标准	$\rho=(1.15\pm0.10)$			
判定结果	合格			

四、应用举例

ICH（人用药品注册技术规范国际协调会）在制剂稳定性资料中要求药用包装：长期试验所用的容器应当与实际贮藏和销售时的包装相同或相似。而确定药用塑料材料相同常用的有红外光谱法、材料密度等方法，密度是确定药用塑料不可缺少的物理参数之一，它对材料配方的控制有一定作用，它既可为科研及产品加工提供基本性能指标，又可作为药用塑料特别是晶态聚合物产品鉴别或配方控制的重要依据。在2002年国家药品监督管理局颁布的国家药品包装容器（材料）标准中，药用塑料容器（材料）普遍采用了密度试验方法。

药用塑料的密度试验方法与药品的相对密度试验方法不尽相同，容器（材料）常用的密度测定方法是浸渍法。

容器（材料）需经预处理，取容器（材料）样品约2g，加水100mL，回流2h后取出，放冷。然后在80℃条件下干燥2h，放冷至设定的温度待测。将上述样品置于天平上，精密测定其在空气中的质量，然后将样品置于盛有一定量已知密度的溶剂（水或无水乙醇）中，精密测定其质量，按式(4-8)计算容器（材料）的密度。测定聚丙烯3批，其规定值为0.900～0.915g/cm^3，其测得值分别为0.905g/cm^3、0.914g/cm^3、0.9039g/cm^3；测定低密度聚乙烯3批，其规定值为0.910～0.9359g/cm^3，其测得值分别为0.923g/cm^3、0.907g/cm^3、0.9199g/cm^3。某批号的低密度聚乙烯产品（0.907g/cm^3），其密度测定结果与规定值不符，经红外光谱法进一步测定，该产品是由低密度聚乙烯与聚丙烯2种材料混料所致。因此，通过测定容器材质的密度能初步控制容器材质的组成。

第三节 高分子的溶解性和溶液黏度的测定

一、高分子树脂的溶解性

高分子材料的溶解性除了与化学组成有关外，很大程度上还受分子量、等规度和结晶度等结构因素的影响。一般来说，分子量、等规度和结晶度越大，溶解性越差。分子链的形状对溶解性也有显著影响，例如交联的高分子一般不能溶解，只能溶胀。材料中的添加成分也会影响其溶解性。此外，一种高分子能否溶解于某种溶剂往往与温度有决定性关系，比如非极性结晶聚乙烯，要在120℃以上结晶熔化后才能溶于四氢化萘、对二甲苯等非极性溶剂中。因此，说一种高分子材料能否溶于某种溶剂往往比较困难，因为高分子化合物的溶解速度远比小分子化合物小得多。由于高分子不易运动，溶解的第一步先是溶剂分子渗入高分子内部，使高分子体积膨胀，称为溶胀，然后才是高分子均匀分散到溶剂中而溶解。然而溶解性试验易于操作，因此，判断其高分子材料的溶解性还是方便可行的。

高分子溶解性

溶解性一般操作是取大约100g粉碎了的试样于试管中，加入10mL溶剂，不断振动，观察数小时或更长时间，必要时可用酒精灯或水浴加热。注意的是当含有不溶的无机填料、玻璃纤维等时，不易观察到是否易于溶解，可进一步试验过滤溶液或静止过夜后倾去上层清液，在表面皿上滴几滴溶液，观察其干燥后是否有残留物，如有，则说明能溶解。

二、高分子溶液黏度的测定

黏度是流体黏性的表现，溶液的黏度一方面与聚合物的分子量有关，同时黏度能提供黏性液体性质、组成和结构方面的许多信息，是评定塑料和橡胶的重要指标，也是塑料、合成树脂聚合度控制的一种方法，为塑料、合成树脂和橡胶的成型加工提供工艺参数。

（一）基本概念

1. 黏度

又称绝对黏度或动力黏度，表示流体在流动过程中，单位速度梯度下所受到的剪切应力的大小。公式表示为：

$$\sigma=\mu \frac{d\gamma}{dt} \tag{4-13}$$

式中，σ 为剪切应力，N；$d\gamma/dt$ 为剪切速率，m^2/s；μ 为黏度，Pa·s。

2. 运动黏度

液体的绝对黏度与其密度的比值。用 ν 表示，SI 制中的单位为 m^2·s。

3. 黏度比

又称溶液溶剂黏度比或相对黏度，指在相同温度下，溶液黏度 η 与纯溶剂黏度 η_0 的比值；在溶液较稀（即 $\rho\approx\rho_0$）时，可近似地看成溶液的流出时间 t 与纯溶剂流出时间 t_0 的比值（t、t_0 分别为一定体积的稀溶液及纯溶液用同一黏度计在同一温度下测得的流出时间）。用 μ_r 表示，是一个量纲为 1 的量。

$$\mu_r=\frac{\eta}{\eta_0}=\frac{t}{t_0} \tag{4-14}$$

4. 特性黏度

在黏度法测定聚合物的分子量时，还要用到下面的几个黏度名称。

增比黏度（η_{sp}）：表示溶液黏度比纯溶剂黏度增加的倍数，也是量纲为 1 的量。

$$\eta_{sp}=\frac{\eta-\eta_0}{\eta_0}=\eta_r-1 \tag{4-15}$$

比浓黏度（η_{sp}/c）：表示单位浓度的溶质所引起的黏度增大值。比浓黏度的量纲是浓度的倒数。

比浓对数黏度 [$(\ln\eta_r)/c$]：其中 c 表示聚合物溶液的浓度。比浓对数黏度的量纲也是浓度的倒数。

特性黏度的定义为溶液浓度无限稀释情况下的比浓黏度（η_{sp}/c）或比浓对数相对黏度 $(\ln\eta_r)/c$：

$$[\eta]=\lim_{c\to 0}\frac{\eta_{sp}}{c}=\lim_{c\to 0}\frac{\ln\eta_r}{c} \tag{4-16}$$

特性黏度 [η] 表示单位质量聚合物在溶液中所占流体力学体积的大小，其值与浓度无关，其量纲是浓度的倒数。

（二）黏度的测定

通常测定液体黏度的方法主要分三类：①液体在毛细管里的流出时间；②圆球在液体里落下的速度；③液体在同轴圆柱体间对圆柱体转动的影响。

1. 毛细管法

（1）测量原理及计算　在规定温度和环境压力的条件下，在同一黏度计内测定给定体积的溶液和溶剂流出时间，求得黏度。相对黏度 μ_r：

毛细管测定相对黏度

$$\mu_r=\frac{t}{t_0} \tag{4-17}$$

式中，μ_r 为相对黏度；t 为溶液流经黏度计的时间，s；t_0 为溶剂流经黏度计的时间，s。

参照 GB/T 1632.1—2008《塑料 使用毛细管黏度计测定聚合物稀溶液黏度》标准执行。另外，一些材料有特定的国家标准规定相应的测试方法，例如，GB/T 22314—2008 规定了环氧树脂的黏度测定方法，GB/T 12008.7—2010 规定了聚醚多元醇的黏度测定方法，GB/T 24148.4—2009 规定了不饱和聚酯树脂（UP-R）的黏度测定方法。

（2）试验设备　测试黏度的实验设备有：黏度计；恒温槽一套（恒温温度波动为 ±0.05℃）；秒表（分度值为 0.1s）；容量瓶（25mL）；分度吸管和无分度吸管（10mL）；针筒（50mL 或 20mL）；玻璃砂芯漏斗，溶剂储存管；分析天平（分度值为 0.1mg）；洗耳球、水泵、吸滤瓶、乳胶管和铁架等；相应的试剂及稳定剂。

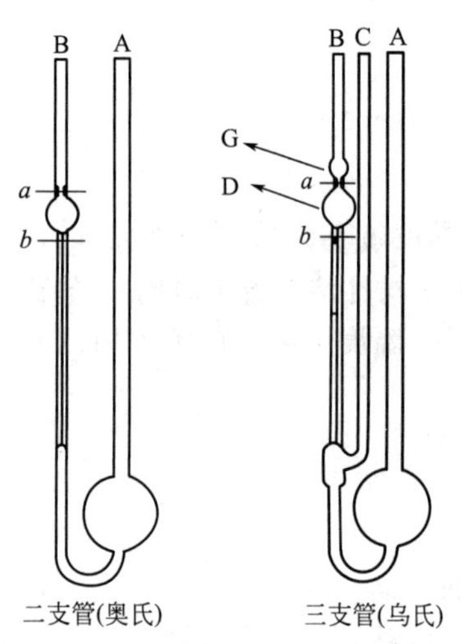

图 4-5　毛细管黏度计

乌氏黏度计在测定高分子溶液的黏度时以测定液体在毛细管内流出速度的黏度计法最为方便。常用的黏度计有两种：奥氏黏度计与乌氏黏度计（见图 4-5）。采用乌氏黏度计时，当把液体吸到 G 球后，放开 C 管，使其通大气，因而 D 球内液体下降。形成毛细管内为气承悬液柱，使液体流出毛细管时沿管壁流下，避免产生湍流的可能，同时毛细管中的流动压力与 A 管中液面高度无关。因而不像奥氏黏度计那样，每次测定，溶液体积必须严格相同。

乌氏黏度计由于不小心被倾斜所引起的误差也不如奥氏黏度计大，故能在黏度计内多次稀释，进行不同浓度的溶液黏度的测定，所以又称为乌氏稀释黏度计。

乌氏黏度计 3 条管中，B、C 管较细，极易折断，拿黏度计时不能拿着它们，应拿 A 管。同理，固定黏度计于恒温槽时，铁夹也只许夹着 A 管。特别是把黏度计放入恒温槽中或从恒温槽中取出时，由于水的浮力，此时若拿 B、C 管，就很容易折断。由于玻璃管弯曲处应力大，任何时候不应同时夹持两支管。套上或拆除 B、C 上的胶管时，也应只拿住被套或除去支管。

（3）方法要求

① 测量不同待测试样的黏度时，注意溶液的配制；

② 将黏度计安装在恒温浴中，恒温浴的温度波动为（工业测量）±0.1℃或（精密测量）±0.01℃，恒温时间隔 10min，液面高过 G 球 5cm；

③ 使毛细管保持垂直，同时待气泡消失；

④ 将约 10mL 的溶液和溶剂分别装入黏度计内，在恒温下测量其流过黏度计的时间 t_0 和 t；其中溶剂要测量三次，取其平均值。

（4）影响因素

① 一套恒温槽装置包括玻璃缸、加热棒、导电表、继电器、精密温度计等。由于温度对液体黏度影响很大，所以恒温槽水浴温度的精度要求±0.05℃。实验过程中恒温槽的温度要恒定，溶液每次稀释恒温后才能测量。

② 溶液浓度愈高则高分子链间距愈短，分子间作用力越大，因而溶液浓度对黏度的测试存在着很大的影响，表现为所测得的数据所表达的 $\frac{\eta_{sp}}{c}$ 或 $\frac{\ln\eta_r}{c}$ 与 c 的线性相关度差。选择的溶液浓度应使溶液流经时间与溶剂流经时间之比介于 1.2～2.0 之间。

③ 测定过程中因为毛细管垂直发生改变以及微粒杂质局部堵塞毛细管而影响流经时间。若两次连续测定的溶剂的流下时间相差大于 0.4s，则清洗黏度计。

④ 毛细管法是测定溶液从一垂直毛细管中流经上、下刻度所需的时间。重力的作用，除驱使液体流动外，还部分转变为动能，这部分能量损耗，必须予以校正。为了使不同批次的实验结果可进行比较，对不同溶剂，应选用不同的标准黏度计。使溶剂流出时间为 100～130s，动能校正系数≤2×10^{-2}，此时可不需进行动能校正计算。

落球式黏度计测定原理

2. 落球法及落球黏度

国家标准 GB/T 32683 用落球黏度计测定黏度，共有 2 部分内容：第 1 部分为斜管法，第 2 部分为自由落球法。斜管法规定了使用落球黏度计测定乳化或悬浮态液体聚合物或树脂黏度的方法，适用的流体应具有牛顿流体特征，测量的黏度范围为 0.6～250000mPa・s，测量的温度范围为－20～120℃。如果流体行为与牛顿流体行为明显不同，那么使用不同的落球或不同形式的黏度计（毛细管黏度计或旋转黏度计），会得到不同的结果。

（1）落球黏度　落球法是根据测定已知质量和体积的小球在被测液体中通过一定高度的液体柱所需要的时间，从而测定黏液的黏度。落球黏度用落球黏度计测定，操作方便，见图 4-6。在落球法测定中，流体的剪切应力和剪切速率都很小，剪切速率能够变化的范围也受到限制，所以用这种方法测定的黏度接近于零剪切黏度 μ_0，故可作为利用毛细管挤出流变仪和旋转黏度计测量流动曲线时，在低剪切速率区数据的补充。落球法因其简单方便，常用于测定黏度较高的牛顿流体。

（2）测量原理及计算　图 4-6 是最简单的落球式黏度计，测定钢球通过刻度所需要的时间，如果在使用前用一种已知黏度的液体进行同样的测定，二者比较即可知道被测溶液的黏度 μ。其数学表达式如下：

$$\mu=K(\rho_1-\rho_2)t \quad (4\text{-}18)$$

式中，μ 为液体的黏度，Pa・s；K 为黏度计常数，Pa・s・m^3/(kg・s)；ρ_1 为钢球的密度，kg/m^3；ρ_2 为液体的密度，kg/m^3；t 为流经时间，s。

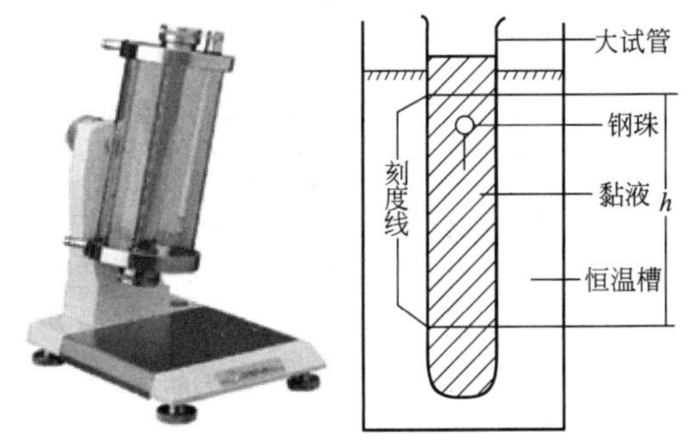

图 4-6　落球式黏度计及其结构示意图

（3）方法要求

① 液体倒入试管内，放入适当的球，注意球上不应黏附任何气泡；

② 黏液需在恒温槽内恒温 15min；不同的球测量的精度是不同的；

③ 测天然乳胶黏度时，用 0.8%氨水调胶乳的总固体为 55%，其胶乳温度控制为(25±1)℃。

（4）试验设备　试管、恒温槽（温度波动为±0.05℃）、钢球、温度计（最小分刻度值为 0.2℃）、秒表（分度值为 0.1s）。

3. 旋转法

旋转黏度计测量黏度的基本原理是基于浸入流体中的物体（如圆筒、圆锥、圆板、球及其他形状的刚性体）旋转，或这些物体静止而使周围的流体旋转时，这些物体将受到流体的黏性力矩的作用，黏性力矩的大小与流

圆筒旋转黏度计测定原理

锥板旋转黏度计测定原理

体的黏度成正比，通过测量黏性力矩及旋转体的转速求得黏度。例如，GB/T 2794—2013 规定了单圆筒旋转黏度计法测定胶黏剂黏度的方法，GB/T 9751.1—2008 规定了以高剪切速率操作的锥板黏度计测定色漆和清漆黏度的方法。

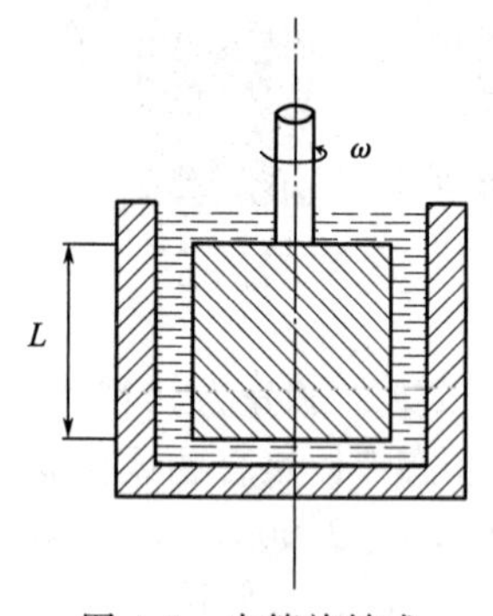

图 4-7 内筒旋转式黏度计结构示意图
L—内筒长度；ω—旋转速度

基于旋转法测定液体黏度的黏度计有同轴圆筒内旋式黏度计、单圆筒旋转式黏度计、外筒旋转式黏度计、锥/板式黏度计等多种。其中，同轴圆筒内旋式黏度计是测量低黏度流体黏度的一种基本仪器。它的测量元件由刻度盘、电机可动框架（电机壳体）、安装在与电机可动框架连接的指针与刻度盘之间的弹性元件（游丝）组成，测量元件悬挂在固定的吊丝上。在同轴安装的内筒（转子）、外筒间隙中加入一定量的液体，当电机带动内筒恒速转动时，液体受剪切产生的黏性力矩使电机可动框架偏转，弹性元件产生扭矩，当弹性力矩与黏性力矩平衡时，指针在刻度盘上指出一定的值，用该值计算被测液的黏度和转子常数。

目前世界各国的同轴圆筒旋转黏度计大多采用的是内筒旋转式的，称为 Searle 系统，参见图 4-7。

其优点是在外圆筒体不转动的情况下，采用夹套或其他方法比较容易控制测定时的温度，其不足之处是不能用于高转速下低黏度的样品测定，因作用在液体上的离心力能使层流最终转为湍流，影响了动力黏度的测定。我国的 RV 型、NXS-11 型、QNX 型、NDJ-79 型旋转黏度计等均属于此类。例如：NDJ-79，它适用于实验室、工厂测定各种牛顿型液体的绝对黏度和非牛顿型液体的表观黏度，如定制特殊转筒与标准转筒一起配用，可测定非牛顿型液体的流变特性，见图 4-8。

（1）测量原理及计算　同步电机以稳定的速度旋转，连接刻度圆盘，再通过游丝和转轴带动转子旋转。如果转子未受到液体的阻力，则游丝、指针与刻度圆盘同速旋转，指针在刻度盘上指出的读数为“0”。反之，如果转子受到液体的黏滞阻力，则游丝产生扭矩，与黏滞阻力抗衡，最后达到平衡，这时与游丝连接的指针在刻度圆盘上指示一定的读数（即游丝的扭转角）。将读数乘上特定的系数即得到液体的黏度（mPa·s）。

对 NDJ-1 型旋转式黏度计其结构图见图 4-9，流体黏度按式(4-19) 计算：

$$\eta = K\alpha \tag{4-19}$$

式中，η 为待测液体的黏度；K 为系数；α 为指针指示的读数（偏转角度）。

图 4-8 NDJ-79 型旋转式黏度计

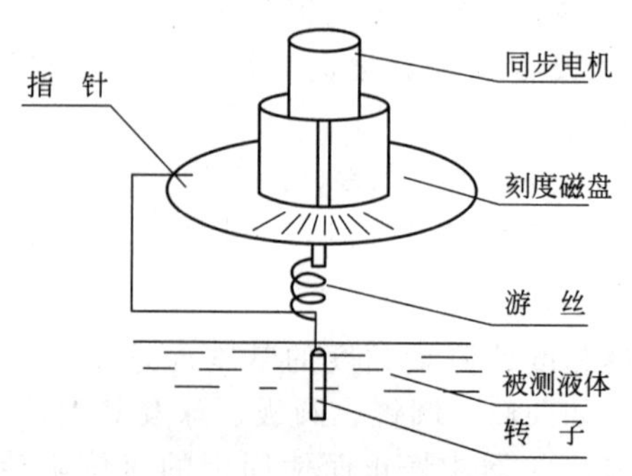

图 4-9 NDJ-1 型旋转式黏度计结构示意图

（2）基本操作

① 准备被测样品，置于直径不小于 70mm 的烧杯或容器中，准确地控制液体的温度。当温度调到合适时，准备测定；

② 测定前看黏度计上气泡是否在中间位置，如果不在则要调“0”；

③ 转动左右调节旋钮，使气泡调整到中间位置，这时可以进行测定；

④ 将选配好的转子旋入连接螺杆上，旋转升降钮。使仪器缓慢下降，转子逐渐浸没待测液中，直到转子液面标志和液面平齐，开启开关调节适当转速，进行测定；

⑤ 当指针趋于稳定，按下指针控制开关，读数；

⑥ 根据旋转系数等计算公式得到结果。

（3）影响因素

① 在规定的温度下进行，将温度波动严格控制在检定温度要求的范围内，因为温度对测定值具有十分重要的影响。温度升高，黏度下降，对于精确测量，最好不要超过 0.1℃。

② 连接螺杆和转子处应该保持干净，否则将影响到转子的正确连接和转动的稳定性。转子每次用完要及时清洗（不得在仪器上进行清洗）。

③ 正确选择转子或调整转速，扭矩值在 10%～95%之间。

④ 转子放入样品中时要避免产生气泡，否则测量出的黏度值会降低，具体方法是将转子倾斜地放入样品中，然后再安装转子，转子不能碰到杯壁和杯底，被测量的样品必须没过规定的刻度。

4. 应用举例

高聚物平均分子量是表征聚合物特征的基本参数之一，平均分子量不同，高聚物的性能差异很大。所以不同材料、不同用途对平均分子量的要求是不同的。测定高聚物的分子量对生产和使用高分子材料具有重要的实际意义。高分子化合物分子量的测定方法有多种，最常用的是黏度法，该法在生产和科研中已得到广泛的应用。黏度法测定高聚物分子量具有仪器设备简单、操作方便、分子量适用范围大且实验精确度高等优点。

高聚物溶液的特性黏度 $[\eta]$ 和高聚物分子量 M 之间的关系可用 Mark-Houwink 经验方程：

$$[\eta]=KM^{\alpha}$$

式中，K、α 是经验方程的两个参数，是与高分子形态、溶剂和温度有关的常数。为了求得高聚物溶液的特性黏度，必须进行一系列相对黏度 η_r 的测定，再计算出增比黏度 η_{sp}、比浓黏度 η_{sp}/c 和比浓对数黏度 $(\ln\eta_r)/c$。

高聚物溶液的特性黏度和浓度之间依赖关系有下列两个经验公式：

$$\eta_{sp}/c=[\eta]+K'[\eta]^2c \tag{4-20}$$

$$(\ln\eta_r)/c=[\eta]-\beta[\eta]^2c \tag{4-21}$$

式(4-20) 为 Huggins 经验公式，K'称为 Huggins 常数；式(4-21) 为 Kraemer 公式，β 称为 Kramer 常数。在高聚物稀溶液中，以 η_{sp} 对 c 或 $\ln\eta_r$ 对 c 作图都成线性关系，且两线在纵坐标上交于一点，该点纵坐标即截距为溶液的特性黏度 $[\eta]$，见图 4-10。

例如，在聚酯（PET）生产过程中，由于缩聚反应的随机性，要合成聚合度完全一样，或要把聚合度相差为 1 的两种分子分离，都是非常困难的。PET 产品质量的控制方法之一就是用黏度法测定特性黏度，通过测定聚合物的特性黏度对生产实施调节和控制，如图 4-11 所示。

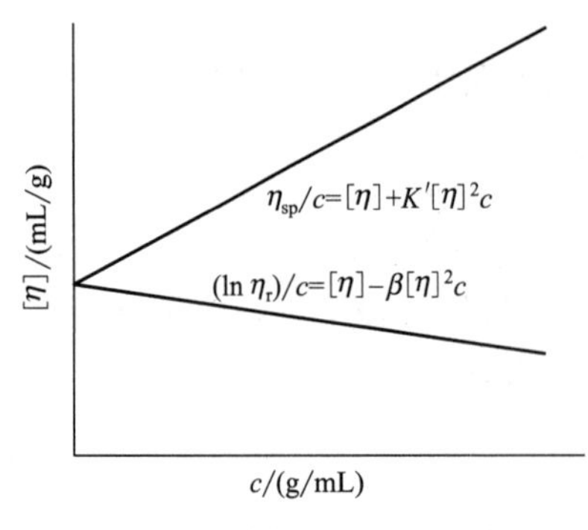

图 4-10 外推法测特性黏度

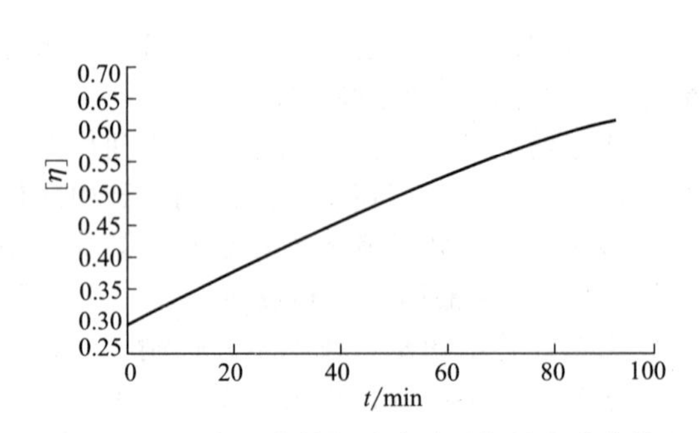

图 4-11 反应器内特性黏度随时间的变化曲线

在生产过程中，常需要对聚合物的特性黏度进行大量重复测定，以得到产品质量信息和控制生产。如果都按此法操作，每个样品至少要测定 3 个以上不同浓度溶液的相对黏度，这是非常烦琐的，而且需时较长，尤其在所得样品量极少的情况下，就难以用此法求得高聚物溶液的 $[M]$。为此，人们找到了更快速的近似方法，即“一点法”。一点法只需通过测定一个浓度下的黏度值，然后根据一点法公式即可求得高分子溶液的特性黏度。

有人在研究高分子溶液的黏度行为时发现一经验公式：

$$[\eta]=[(\ln\eta_r)/c]\eta^{1/9}$$

在使用时只依赖于一个参数 α，α 的定义为：先用稀释外推法作一标准图求得特性黏度，用 Kramer 公式求得 $\eta_r=2.0$ 时的浓度 c_t，并求得与 c_t 对应的 $(\ln\eta_r)/c$ 值，此时 $[\eta]$ 和 $(\ln\eta_r)/c_t$ 的差值与 $[\eta]$ 的比值即为 α。当 α 在 0.02778～0.12000 范围时，即可使用此公式。

第四节 透气性和透湿性

透气性是聚合物重要的物理性能之一。没有一种聚合物材料能阻挡住气体和蒸气分子的渗透。用高分子聚合物制作的薄膜或薄片，有时要求对水蒸气和各种气体有良好的阻隔性，有时又要求有良好的气体透过性。例如：塑料薄膜在用于农作物的保湿时，对水蒸气就需要有好的阻隔性，而对氧气和二氧化碳又需要有良好的透过性能；在用于食品包装时对水蒸气和氧气需要良好的阻隔性，既可防腐、防潮，又可保湿；充气轮胎的内胎、输送气体的胶管和某些密封制品，均要求透气性低，气体难以通过。各种高分子材料的阻隔性能相差很大，从透气性较好的硅橡胶到阻隔性较好的聚偏氯乙烯，气体透过系数相差 100 万倍。因此对高分子材料的透气性和透湿性的测定是十分重要的。

气体和蒸汽的渗透一般要经过溶解、扩散和蒸发三个过程。第一阶段是气体或蒸汽被聚合物表面层吸附（溶解），通常用溶解度 S 表示；第二阶段是被吸收或溶解的气体在聚合物内部进行扩散，通常有扩散系数 D 表示；第三阶段是穿过聚合物的气体或蒸汽在另一侧解吸出来。而透过聚合物的总能力通常用透气系数 P 表示，三者关系符合公式：$P=SD$。

一、透气性及其测定

塑料薄膜透气系数或透气量的测定，参照国标 GB/T 1038—2000《塑料薄膜和薄片气体透过性试验方法 压差法》进行的。

1. 定义

(1) 气体透过量　标准状态下，单位透过面积、单位压差内在24h透过的气体量，用Q_g表示，单位为$m^3/(m^2 \cdot Pa \cdot 24h)$。

(2) 透气系数　标准状态下，在单位时间内，单位压差下，透过单位面积、单位厚度薄膜的透气量，用P_g表示，单位为$m^3 \cdot m/(m^2 \cdot Pa \cdot s)$。

2. 测定原理

气体通过薄膜的透过过程，从热力学的观点来看，是单分子扩散过程。其透气量或透气系数的测定，是在一定温度下，让试样两侧保持一定的气体压差，即在试样的一侧施加一定压力的测试气体；而另一侧真空减压，使试验气体在试样中溶解及扩散，气体透过试样，测量试样低压侧的气体压力变化，计算透气系数。在透气性试验中，由于气体透过，低压侧压力徐徐上升，压力与时间成直线变化时，透过稳定后，$\Delta P/\Delta t$是稳定的，根据斜率可计算出透过率和透气系数。计算公式如下：

透气性测定
基本原理

$$P_g=\frac{\Delta P}{\Delta t}\times\frac{V}{A}\times\frac{IT_0}{P_0T}\times\frac{1}{P_1-P_2} \tag{4-22}$$

$$Q_g=\frac{\Delta P}{\Delta t}\times\frac{V}{A}\times\frac{T_0}{P_0T}\times\frac{24}{P_1-P_2} \tag{4-23}$$

式中，P_g为透气系数，$m^3 \cdot m/(m^2 \cdot Pa \cdot s)$；$Q_g$为透气量，$m^3/(m^2 \cdot Pa \cdot 24h)$；$\Delta P/\Delta t$为稳定渗透时，单位时间内低压侧气体压力变化的算术平均值，Pa/s；A为薄膜面积，m^2；I为薄膜厚度，m；T为试验温度，K；V为低压侧体积，m^3；(P_1-P_2)为试样两侧压差，Pa；T_0、P_0为标准状态下的温度(K)和压力(Pa)。

3. 测定方法及设备

测量聚合物透气性方法很多，有真空法、恒压法、恒容法，还有近年来发展起来的MC3型气体透过率测试仪等。

(1) 真空法　真空法装置见图4-12，在低压侧抽真空，高压侧为1atm的试验气体，通过测量低压侧的压力、浓度的变化或流量的大小来测量流速。

① 测试步骤

a. 测量试样厚度　试样直径为75mm，无皱褶，表面清洁，在无水氯化钙干燥器中干燥24h，每组试样三个。测量试样厚度，至少测量五点，取算术平均值。将试样装置于透气室中，并使试样高压侧与低压侧密封好。

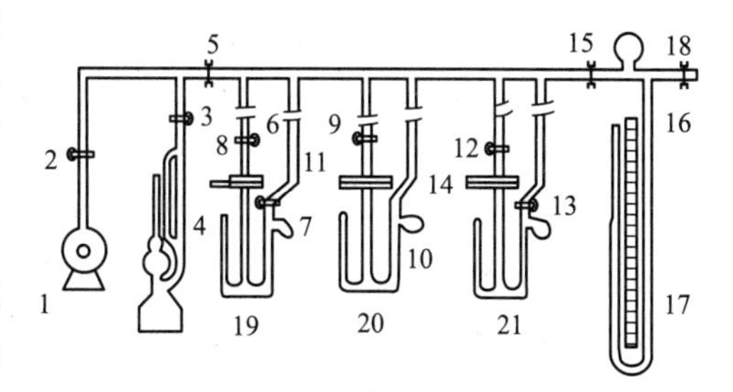

图4-12　真空法透气仪结构示意图

1—真空泵；2,3,5,15,16—真空活塞；4—麦氏压力计；6,9,12—高压侧真空活塞；7,10,13—低压侧真空活塞；8,11,14—透气室；17—U形压力计；18—贮气槽；19～21—透气室压力计

b. 开启透气仪真空泵　使试样高、低压侧均抽真空，当两侧均达到大约1.33Pa时，关闭高、低压侧真空活塞阀。

c. 通气　将所测气体通入高侧，使高压侧达到所需压力，关闭通气口，气体开始透过。

d. 当气体透过达到稳定时，每隔一定时间记录透气室低压侧的压力值，至少连续记录三次，计算平均值$\Delta P/\Delta t$。

e. 依据式(4-22)、式(4-23)可计算出其透气系数与透气量。

② 试验设备 试验设备主要有：真空泵、麦氏真空计（或其他真空计，可测量至 1×10^{3}mmHg)、封闭式 U 形压差计（量程 760mmHg 以上，准确度 1mmHg)、贮气瓶（体积 2L 以上)、透气室和透气室压力计、量具（准确度为 0.002mm)、高频真空检漏计、吹风机。

③ 试验条件 温度为（25±2)℃或按产品标准规定；压力高压侧 760mmHg 按产品标准规定，低压侧的压力 $P=(1\times10^{-2}\sim1\times10^{-3})$mmHg；气体种类按使用要求选择，并需干燥。

（2）MC3 型气体透过率测试仪 见图 4-13 和图 4-14，其原理也是基于试样两侧形成压差，压力与时间成直线关系，将其转变为电气信号，从而计算出气体透过率：

$$R=\frac{T_0V}{P_0T}\times\frac{1}{A}\times\frac{1}{P_d}\times\frac{dp}{dt}\quad[m^3/(m^2\cdot Pa\cdot h)]\tag{4-24}$$

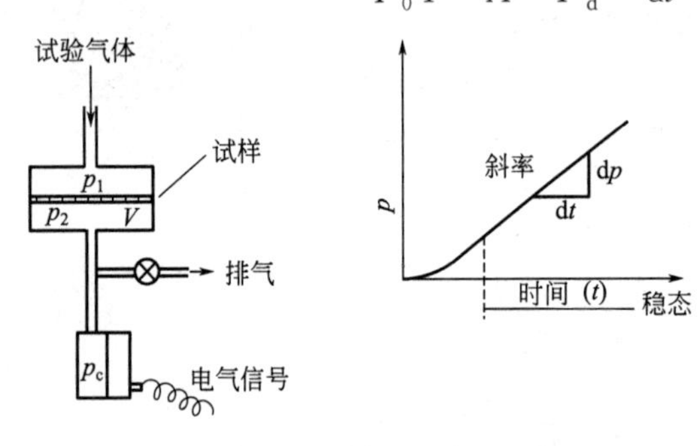

图 4-13 MC3 型气体透过率测试仪原理

图 4-14 透气仪

式中，T_0、P_0 为理想状态下的温度、压力；T、p、V 为测定时的温度、压力、体积；dp/dt 为气体透过成定态的低压侧压力斜率；A 为透过面积；P_d 为在试样上施加的压力差。

透过系数：

$$p=1.15\times10^{-20}eR\quad[cm^3\cdot cm/(cm^2\cdot Pa\cdot s)]\tag{4-25}$$

式中，R 为气体透过率；e 为试样厚度，μm。

二、透湿性及其测定

液体及其蒸汽对聚合物材料的透过性，一般采用测定透过物浓度变化的方法来测量透过性。试验结果一般表示为透过速度，而不采用渗透系数。塑料薄膜和片材透水性的测定，参照国标 GB 1037—88《塑料薄膜和片材透水蒸气性试验方法 杯式法》进行。

1. 定义

（1）透湿量 水蒸气透过量，薄膜两侧水蒸气压差和薄膜厚度一定、温度一定、相对湿度一定的条件下，$1m^2$ 面积，24h 内所透过的水蒸气量，用 Q_V 来表示，单位为 $kg/(m^2\cdot 24h)$。

（2）透湿系数 水蒸气透过系数，在一定的温度和相对湿度下，在单位水蒸气压差下，单位时间内透过单位面积单位厚度的水蒸气量，用 P_V 来表示，单位为 $kg\cdot m/(m^2\cdot Pa\cdot s)$。

2. 测试原理

水蒸气对薄膜的透过跟气体相似，水蒸气分子先溶解于薄膜中，然后向低浓度处扩散，最后在薄膜的另一侧蒸发。在规定温度和相对湿度及试样两侧保持一定蒸气压差的条件下，测定透过试样的水蒸气量，计算出透湿量及透湿系数。

$$Q_V=\frac{24\Delta m}{At}\tag{4-26}$$

$$P_V=\frac{\Delta mI}{tA\Delta p}\tag{4-27}$$

动画扫一扫

透湿性测定基本原理

式中，Q_V 为水蒸气透过量，kg/(m^2·24h)；P_V 为水蒸气透过系数，kg·m/(m^2·Pa·s)；t 为质量增量稳定后两次间隔时间，h；Δm 为 t 时间内质量增量，kg；Δp 为试验两侧水蒸气压差；A 为薄膜面积，m^2；I 为薄膜厚度，m。

3. 测试方法及设备

测定液体及蒸汽对聚合物的透过性，有“杯”法、“盘”法、静水压法等。下面介绍“杯”法。

（1）试验步骤

① 制样　将薄膜切成与透湿杯（见图 4-15）相应大小的尺寸，并检查有无缺欠，如针眼、皱褶、划伤、孔洞等，每一组至少取三个试样，对于表面材质不相同的样品，在正、反两面各取一组试样，对于透湿量低或精确度要求高的样品，应取一个或两个试样进行空白试验。

图 4-15　透湿杯

② 装样　先将已烘好的干燥剂装入清洁的玻璃皿中，使干燥剂距试样表面约 3mm。将盛有干燥剂的玻璃皿放入透湿杯中，将杯子放在杯台上，再将试样放在杯子正中，加上杯环后，用导正环固定好试样的位置，再加上压盖，小心地取出导正环，将熔融好的密封蜡浇灌在透湿杯的凹槽中，使玻璃皿中干燥剂由薄膜密封在透湿杯中，密封蜡凝固后，不允许产生裂纹及气泡。

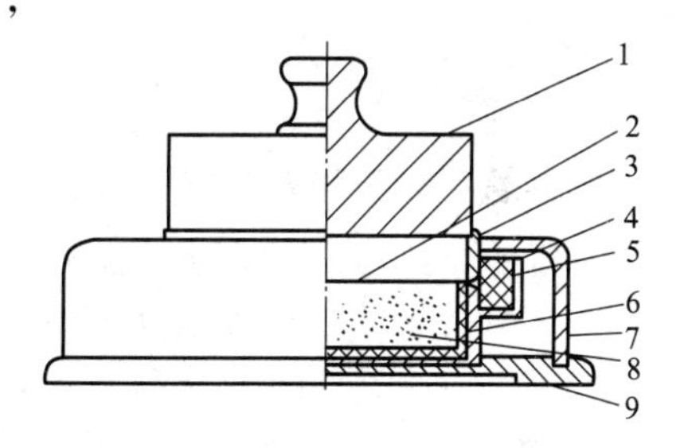

图 4-16　透湿杯组装图

1—压盖（黄铜）；2—试样；3—杯环（铝）；4—密封蜡；5—杯子（铝）；6—杯皿（玻璃）；7—导正环（黄铜）；8—干燥剂；9—杯台（黄铜）

③ 待透湿杯达到室温后，称量其质量。

④ 将透湿杯放入已调好温度与相对湿度的恒温恒湿箱中，通常 16h 后，从箱中取出，放入处于（23±2)℃环境中的干燥器中，放置约 40min，称其质量，称量后重新放入恒温恒湿箱中，以后每隔 12h、14h、48h 或 96h 取出，同样处理后再称量，称量后，再放入恒温恒湿箱中，如此待相邻间隔两次增量之差不大于 5%时，可以认为稳定透过，再重复一次，可以终止试验（见图 4-16）。

（2）测试仪器和试剂

① 测试仪器　主要有恒温恒湿箱（能提供稳定的温度和相对湿度，其温度精度为±0.6℃，相对湿度精度为±2%，风速为 0.5～2.5m/s)、透湿杯、分析天平（感量为 0.1mg)、干燥器、量具（测量薄膜厚度精度为 0.001mm，测量片材厚度精度为 0.01mm)。

② 试剂　主要有密封蜡、干燥剂等。

（3）试验条件　试验条件有两种，分别为条件 A（温度 38℃±0.6℃，相对湿度 90%±2%）和条件 B（温度 23℃±0.6℃，相对湿度 90%±2%）。

4. 影响因素

影响气体和各种蒸汽透过性的主要因素有以下几个方面。

（1）膜暴露面积大小和厚度　在恒定状态下，气体透过速率与膜暴露的面积成正比，与膜的厚度成反比。

（2）影响扩散常数和溶解度的因素　这些因素包括压力、温度、薄膜材料的性质及扩散气体的性质等，如气体和蒸汽与膜无作用，则透过性与压力无关；如与膜材料发生强烈相互作用，则透过常数与压力有关。多数气体的透过常数 P 是随着温度的升高而迅速增大的。

（3）成膜材料的性质　聚合物的品种不同，结构不同，性质也不同，因而对气体的阻隔性也不同。扩散系数可以认为是聚合物疏松度的量度，结构紧密，分子的对称性好，对气体的扩散常数也比较小；在聚合物材料中加入颜料或填料，会使结构紧密度降低，透气性增加；结晶度增加，会使材料的紧密度增加，因而结晶度高的聚合物比结晶度低的聚合物对气体的阻隔性要好。

（4）扩散气体和蒸汽的性质　气体在膜中的溶解度取决于两者之间的相溶性。气体与蒸汽的区别与冷凝的难易程度有关，容易冷凝的气体更容易溶解于聚合物中，对膜的渗透性也就越强。如果混合气体中有一种气体与膜材料发生强烈的相互作用，那么两者的透过率将发生变化，这是因为与膜发生相互作用的气体起到了增塑剂的作用，增加了膜的疏松度。

（5）材料分子结构的影响　材料的分子结构对材料的透过性的影响是不可忽略的。一般而言，分子极性小的，或分子中含有极性基团少的材料，其亲水倾向小，吸湿性能也比较低；含有极性基团如—COO—、—CO—NH—和—OH—多的高分子材料吸水性也强。极性强的聚合物通常吸水性也强，材料的水蒸气透过率和透气率也较大。

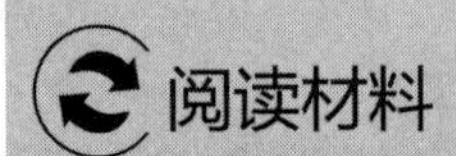

阅读材料

高分子光电材料与器件专家、中国科学院院士、发展中国家科学院院士——曹镛

曹镛，华南理工大学材料学院教授，1941年10月生，湖南长沙人。1965年毕业于苏联列宁格勒大学（现圣彼得堡国立大学）化学系高分子专业，获化学学士学位。1966—1988年在中国科学院化学研究所工作，1979—1981年在日本东京大学化学系物理化学专业进修，1987年获东京大学理学博士学位，1988年被国务院学位委员会批准为博士生导师。历任美国加州大学圣巴巴拉分校高分子及有机固体研究所、美国加州圣巴巴拉UNIAX公司资深研究员。2001年当选中国科学院院士，2008年当选发展中国家科学院（TWAS）院士。

曹镛教授长期从事有机固体、光电高分子材料及器件的研究，研究方向主要有光电高分子材料合成和表征、光电器件制备和表征、器件物理研究，包括发光材料及器件、太阳能电池、场发射、生物传感器、高分子光电纳米构相材料等。

1998年前，曹镛教授主要在钱人元先生、黑田晴雄教授及A. J. Heeger教授指导下从事有机固体、导电聚合物的结构与性能关系及发光材料与器件研究。1998年回国后，在华南理工大学主要参与合成一系列新型（含硒、含硅等）窄带隙光电高分子材料及单链白光材料、新型三线态材料与器件的研究。

曹镛教授是我国最早从事导电高分子研究的科学家之一，取得了一系列具有国际先进水平的科研成果，其学术成就得到国际学术界的广泛认可。主要有以下几个方面：

① 国际上首次实现稀土催化聚乙炔的合成。与中国科学院长春应化所王佛松先生合作，成功地进行了用稀土催化剂合成聚乙炔（与此同时沈之荃先生在浙大也进行了同样的工作）。这一工作不仅在国际上首次实现稀土催化聚乙炔的合成，得到了有新的结构和形貌特色的聚乙炔品种，而且是导电聚合物研究领域在我国发端的标志。

② 国际上率先用苯胺、噻吩低聚物掺杂并研究结构与性能关系。将其结果与相同结构的导电聚合物比较，从而在难于表征的高导聚合物（不溶、不熔）的结构与性能关系方面得到比较明确的结论；对苯胺及掺杂苯胺低聚物的电子光谱、红外光谱、核磁特性及其与电导的相关性也进行了全面的研究。噻吩低聚物现已发展成一类重要的高迁移率器件材料。

③ 开拓了有机及高分子铁磁体在国内的研究。与中国科学院物理所赵建高教授合作，开拓了有机及高分子铁磁体的研究领域。与传统无机铁磁材料相比，有机铁磁材料密度低、

易加工、经济效益显著。

④ 发现了一批具有优异微波吸收特性的导电聚苯胺体系，并对其结构与微波吸收特性的关系进行了深入研究。而在当时（1988 年前）国际与国内科学及专利文献中关于导电聚苯胺的这一特性均未见有过报道。

⑤ 首次提出了“对阴离子诱导加工性”新概念。自 1976 年发现聚乙炔掺杂实现高电导以后的 10 年中，始终存在的一个难题是所有导电聚合物变成不溶、不熔材料，失掉了加工性，应用可能性大大降低。从 1985 年起，曹镛教授把探索解决这一问题作为自己的主要研究方向之一并做出了一些有益的探索。在用有机质子酸掺杂聚苯胺制备可溶性聚合物的基础上，首次提出了“对阴离子诱导加工性”（counter-ion induced processibility）这一全新概念，解决了导电高分子的高导电性与加工性不能兼容的难题，其研究结果已得到实际应用。

1994 年以来，曹镛教授将研究工作重心转向高分子发光材料及器件的研究，他与物理研究人员合作，成功地用可溶性高导聚苯胺涂覆在聚酯（PET）薄膜上取代 ITO 作为透明电极，首次在国际上实现可弯曲的大面积塑料发光二极管。曹镛教授等人用严密的实验表明，有可能通过改变三线态与单线态之散射截面来突破这一理论极限。这一结果表明在高分子发光器件上有可能得到比目前高得多的电荧光量子效率，具有重要的科学意义和实际意义。这一研究结果发表在 *Nature* 上后得到该领域主要专家学者的广泛认同。

曹镛教授可谓硕果累累，在光电高分子材料及器件研究方面，共发表有关论文近 400 篇，他人引用总计超过 6000 余次。1988 年由国家科委授予“有突出贡献的中青年科学家”称号。

曹镛院士凡事亲力亲为，大到立项做课题，小到调试机器的螺丝，都亲自动手。他从事科研多年，未领取分文劳务费；他淡泊名利、谦逊低调；他为人师表、严谨治学，视科研为一生追求。曹镛院士治学严谨，但是对团队成员、对学生很好，从不催促、强迫他们做事，从不严厉批评人，而是春风化雨、言传身教地引领大家。曹镛院士认为科学家的价值在于以自己的科学研究成果为科学的进步及国民经济的发展做出实质性的贡献。曹镛院士求真务实、严谨治学的科学态度，开拓创新、用于攀登的科学精神，严于律己、淡泊名利的崇高品德，为人师表、无私奉献的高尚品格必将广为流传并不断发扬光大。

资料参考：

卢利平，周洪英．我国最早从事导电高分子研究的科学家之一　高分子光电材料与器件专家　华南理工大学教授、博导　中国科学院院士、发展中国家科学院院士——曹镛[J]．功能材料信息，2012，9（3）：3-7.

思考题

1. 塑料和橡胶材料的吸水性可用什么来表示？受哪些因素的影响？
2. 密度的表示方式有哪几种？如何来测定？
3. 浸渍法测量密度的原理是什么？
4. 叙述毛细管法测量黏度的原理。
5. 毛细管法测量黏度实验过程中，恒温槽的温度不恒定会有何影响？
6. 何谓溶胀与溶解？
7. 塑料薄膜的透气性用什么来表示？叙述其测试原理？

第五章

力学性能测试

学习目标

- **知识目标**

1. 掌握拉伸性能、弯曲性能、冲击性能的概念及测试原理。
2. 理解压缩性能、硬度、剪切性能、疲劳性能的概念及测试原理。
3. 了解摩擦及磨耗性能、蠕变及应力松弛试验测试原理。

- **技能目标**

1. 能测试塑料的拉伸性能、弯曲性能和冲击性能。
2. 会测试塑料的硬度、剪切性能和压缩性能。
3. 会测试通用塑料的疲劳性能、摩擦及磨耗性能。

- **素质目标**

1. 树立社会责任感和使命感，怀抱梦想又脚踏实地。
2. 培养踏实勤奋、勇于创新、精益求精的工匠精神。
3. 培养有理想、敢担当、能吃苦、肯奋斗的新时代精神。

随着高分子科学技术的飞速发展，高分子材料各种性能有了显著的提高，在某些领域塑料已经取代木材、金属材料。为了使塑料材料及其制品能够安全可靠地使用，对其进行性能检验是非常有必要的，其中力学性能检验是最重要的检验之一。

塑料力学性能检测的主要特点如下。

1. 检验内容多

由于塑料的种类繁多，应用的场合千差万别，所关注的力学性能指标也不尽相同，常见的有拉伸、弯曲、压缩、剪切、剥离、冲击、爆破、撕裂、摩擦系数、维卡软化温度、熔体流动速率、扭转等性能指标的检验，其中每一种性能检验都包含了许多规定的检验项目。

2. 相关标准多

与金属材料相比，塑料的力学性能检验的标准非常多，据粗略的统计，大约不下几十种。除了不同性能指标具有不同的检验标准外，对于不同类型的塑料，同一种力学性能的检验亦有不同的标准规定，如拉伸试验就有 GB/T 1040—2006 塑料拉伸试验方法，GB 8804.1—2003、热塑性管材拉伸性能试验方法，GB/T 6344—2008 软质泡沫聚合物材料拉伸强度和断裂伸长率的测定，GB/T 1447—2008 玻璃纤维增强塑料拉伸性能试验方法等众多的标准。

3. 试验设备多

塑料常见力学性能试验机主要有：万能材料试验机、摆锤冲击试验机、落锤冲击试验机、扭转试验机、高低温环境试验箱等。其中万能材料试验机功能强大、种类繁多、性能差异大、扩展配置多，通过增配不同附件，可满足绝大多数不同标准试验要求。

第一节 拉伸性能

塑料的拉伸性能是塑料力学性能中最重要、最基本的性能之一。塑料拉伸试验是沿试样纵向主轴恒速拉伸，直到断裂或应力（负荷）或应变（伸长）达到某一预定值，测量在这一过程中试样承受的负荷及其伸长。

一、概念及测试原理

1. 基本概念

应变：当材料受到外力作用，而所处的条件使它不能产生惯性移动时，它的几何形状和尺寸将发生变化，这种变化就称为应变。

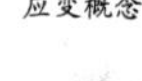
应变概念

应力：在任何给定时刻，在试样标距长度内，每单位原始横截面积上所受的拉伸负荷，以 MPa 为单位。

拉伸强度：在拉伸试验过程中，试样承受的最大拉伸应力，以 MPa 为单位。

拉伸强度标称应变：拉伸强度出现在屈服之后时，与拉伸强度相对应的拉伸标称应变，用量纲为 1 的比值或百分数（%）表示。

应力概念

拉伸弹性模量：反映材料形变与内应力关系的物理量，在弹性形变区（应力-应变曲线的初始直线部分），材料所承受的应力与产生相应的应变之比（用 E 来表示）。

2. 测试原理

在规定的试验温度、湿度与拉伸速度下，通过对塑料试样的纵轴方向施加拉伸载荷，使试样产生形变直至材料破坏。记录下试样破坏时的最大负荷和对应的标线间距离的变化等情况，可绘制出应力-应变曲线（见图 5-1），并可计算出数据。

应力-应变曲线一般分为两个部分：弹性变形区和塑性变形区。在弹性变形区域，材料发生可完全恢复的弹性变形，应力和应变呈正比例关系。曲线中直线部分的斜率即是拉伸弹性模量值，它代表材料的刚性。弹性模量越大刚性越好。在塑性变形区，应力和应变增加不再成正比关系，最后出现断裂。

二、测试仪器

试验机应符合国家标准 GB/T 17200—2008 橡胶塑料拉力、压力和弯曲试验机（恒速驱动）技术规范的要求。通常使用的是一种恒速运动的电子万能试验机（见图 5-2）。它有一个固定的或基本固定的元件，上面装一个夹头，还有一个可移动元件，上面装有另一个夹头。为了保证两夹头对中，一般在固定元件和可移动元件之间用自动校直夹头夹持试样。同时，还采用了一种速度可调的驱动机构。一些市售的拉力试验机还采用了闭路伺服控制驱动机构，以保证高度的速度精确度。并采用一种负载指示机构，使其精确度能达到所指示的总拉伸负荷的±1%或以上。还有一种伸长指示器，通常叫作伸长计，用于测定试样伸长时标距长度中两个标记点位置间的距离。

目前，已倾向于用数字式的负荷指示器来代替偏转指针式的指示器，这种指示器比模拟型指示器容易读数。该试验机摆脱耗时的手工计算，使应力、伸长、模量、能量和统计上的计算都实现了自动化，并在试验结束时给出一个直观的显示结果或打印出结果。

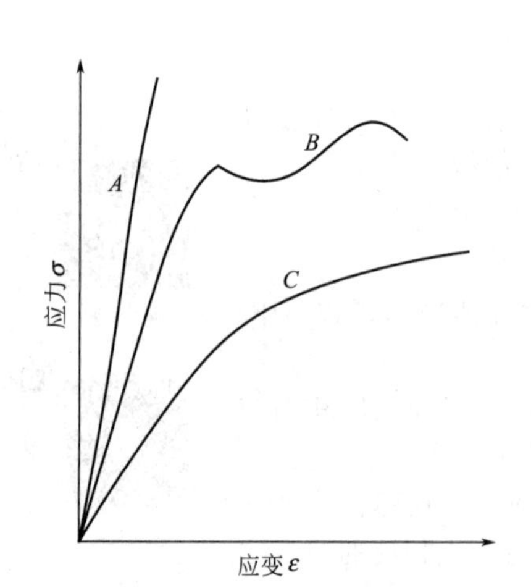

图 5-1 典型应力-应变曲线

A—脆性材料；

B—有屈服点的韧性材料；

C—无屈服点的韧性材料

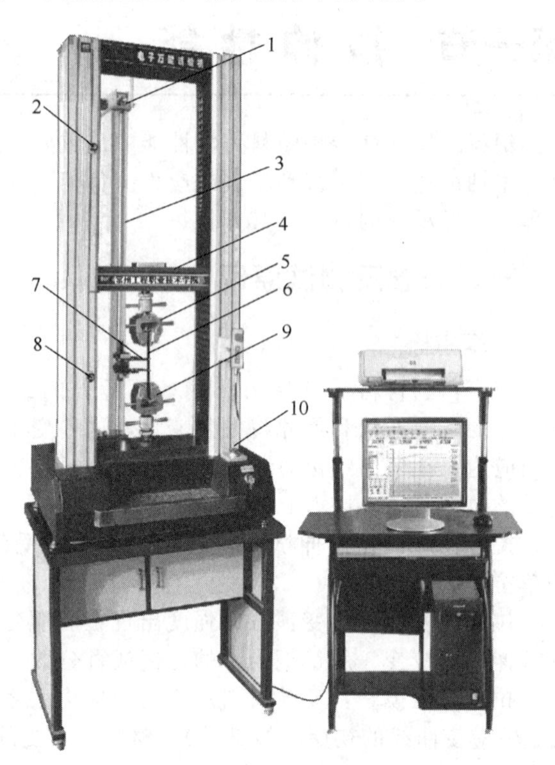

图 5-2 电子万能试验机

1—引伸计；2—固定上限位；3—引伸计导杆；

4—中横梁；5—上夹具；6—样条；7—下夹具；

8—传感器；9—下限位；10—急停开关

试验机用的夹具，根据试验要求，采用相应夹具可靠夹持试样，完成试验过程。夹具的性能优劣直接影响到试验的准确性。试验过程中要求夹具无滑脱，对试样无损伤，夹具之间对中性或平行性好。目前使用最多的主要有拉伸楔形夹具（见图 5-3）。

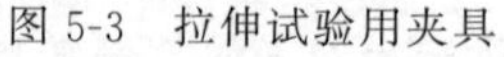

图 5-3 拉伸试验用夹具

三、测试标准和试样

塑料拉伸试验参照的标准为 GB/T 1040.1—2018《塑料拉伸性能的测定　第1部分：总则》。制备拉伸试样的方法很多，最常用的方法是注射模塑或压缩模塑；也可以通过机械加工从片材、板材和类似形状的材料上切割。在某些情况下可以使用多用途试样。GB/T 17037.1—2019 规定了多用途试样和长条形试样的制备方法。图 5-4 示出的为 GB/T 1040—2006 标准试样（1A 和 1B）。1A 型和 1B 型试样尺寸及公差见表 5-1。

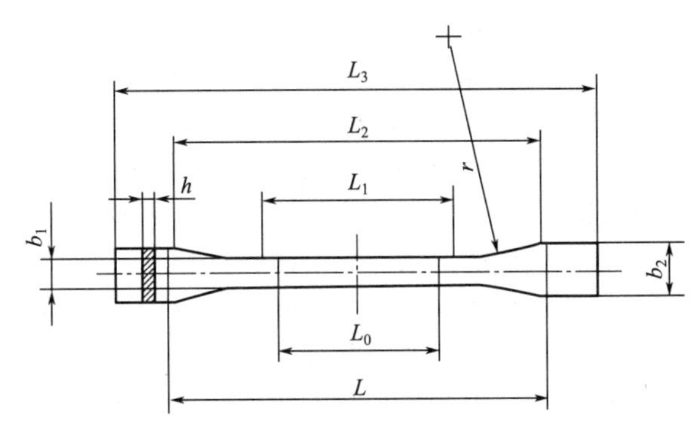

图 5-4　1A 型和 1B 型试样

表 5-1　1A 型和 1B 型试样尺寸及公差

符号	名称	尺寸/mm	公差/mm	符号	名称	尺寸/mm	公差/mm
1A 型试样				1B 型试样			
L_3	总长(最小)	150		L_3	总长(最小)	150	
L	夹具间距离	115	±1.0	L	夹具间距离	L_2	+5～0
r	半径	20～25		r	半径(最小)	60	
b_2	端部宽度	20	±0.2	b_2	端部宽度	20	±0.2
b_1	窄部宽度	10	±0.2	b_1	窄部宽度	10	±0.2
h	优选厚度	4	±0.2	h	优选厚度	4	±0.2
L_0	标距	50	±0.5	L_0	标距	50	±0.5

注：1A 型试样为优先选用的直接模塑多用途试样；1B 型试样为机加工试样。

四、测试步骤及影响因素

拉伸形变特征

拉伸测试原理

拉伸断裂

1. 测试步骤

试样是在标准的测试条件下进行测试的。由于某些塑料的拉伸性能会随着温度的微小变化而发生很大的变化，因此建议在标准试验室环境条件下进行试验，应从 GB/T 2918—2018 获取最佳的试验条件。

（1）试样准备　试样上必须标出确定标距的标记，标记离试样的中心点距离大致相等。标距精度要求 1%，标线不能刻划、冲刻或压印在试样上，以免受试材料损坏，应采用对受试材料无影响的标记物质，而且所画的平行线要尽量细。

试样不能扭曲，成对的平行面间要相互垂直，表面和边沿不能有划痕、坑洞、污迹和毛刺。如不符合要求，应舍弃或在试验前机加工到合适的尺寸或外形。

（2）测量试样　在塑料试样中部距离标距每端 5mm 以内测量试样中间平行部分的宽度和厚度，宽度精确至 0.1mm，厚度精确至 0.02mm。每个试样测量 3 点，取算术平均值。

（3）夹持　将试样放到夹具中，务必使试样的长轴线与试验机的轴线成一条直线。为准确对中，应在紧固夹具前线稍微绷紧试样，然后平稳而牢固地夹紧夹具，以防止试样滑移或过早被破坏。

（4）引伸计安装　若使用引伸计，平衡预应力后，将校准过的引伸计安装到试样的标距上并调正（见图 5-5）。

（5）试验速度　根据有关材料的相关标准决定试验速度。拉伸试验方法国家标准规定的试验速度范围为 1～500mm/min，分为 9 种速度（见表 5-2）。不同品种的塑料可在此范围内选择适合的拉伸速度进行试验。

（6）数据的记录　记录试验过程中试样承受的负荷及与之对应的标线间或夹具间距离的增量。若试样在肩部断裂或塑性变形扩展到整个肩宽时，或者试样在夹具内出现滑移或在距任一夹具 10mm 以内断裂时，或者由于明显缺陷导致过早破坏时，此试验作废，应另取试样补做。

（7）试样数量　每个受试方向和每项性能应至少试验 5 个试样。如果需要精密度更高的平均值，试样数量可多余 5 个。

图 5-5　引伸计安装

表 5-2　推荐试验速度

速度/(mm/min)	允许偏差/%	速度/(mm/min)	允许偏差/%
1	±20	50	±10
2	±20	100	±10
5	±20	200	±10
10	±20	500	±10
20	±10		

2. 结果计算和表示

（1）应力按式(5-1）计算：

$$\sigma_t = \frac{P}{bd} \tag{5-1}$$

式中，σ_t 为应力，MPa；P 为对应负荷，N；b 为宽度，mm；d 为厚度，mm。

（2）应变按式(5-2)、式(5-3）计算：

$$\varepsilon = \frac{\Delta L_0}{L_0} \times 100\% \tag{5-2}$$

式中，ε 为应变；L_0 为标距，mm；ΔL_0 为标线间长度增量，mm。

$$\varepsilon = \frac{\Delta L}{L} \times 100\% \tag{5-3}$$

式中，ε 为拉伸标称应变；L 为夹具间初始距离，mm；ΔL 为夹具间距离增量，mm。

（3）标准偏差值按式(5-4）计算：

$$s = \sqrt{\frac{\sum (X_i - \overline{X})^2}{n-1}} \tag{5-4}$$

式中，s 为标准偏差值；X_i 为单个测定值；$\overline{X}$ 为组测定值的算术平均值；n 为测定个数。

计算结果以算术平均值表示，σ_t 取三位有效数字，ε、s 取两位有效数字。

3. 影响因素

（1）试样的制备与处理　在做各种塑料试验时，都要制成标准试样。拉伸试验要求做成哑铃形试样。制样方式有两种：一种是用原材料制样；另一种是从制品上直接取样。用原材料制成试样有几种方法，包括模压成型、注塑成型、压延成型或吹膜成型等，每种制样过程都要符合相关的标准。

不同方法制样的试验结果不具备可比性。同一种制样方法，要求工艺参数和工艺过程也要相同，否则塑料在成型过程中的微观结构如结晶度、分子取向等将有较大变化，直接影响试验结果。塑料原材料压成片或吹成膜后，用制样机和标准切刀制成标准试样，不能有毛边或划损等缺陷。试样制备好后，要按 GB/T 2918—2018 标准，在恒温恒湿条件下放置处理。对于有些材料，甚至还需进行退火处理。

（2）材料试验机　材料试验机影响拉伸试验结果的因素主要有：测力传感器精度、速度控制精度、夹具、同轴度和数据采集频率等。测力传感器是材料试验机的核心部件，它的精度直接影响到试验数据和偏差大小，一般要求传感器的精度在 0.5%以内。拉伸速度要求平稳均匀，速度偏高或偏低都会影响拉伸结果。夹具的设计主要是手动和气动两种，夹片材试样的夹具要求随着拉力的增大，夹紧力亦增大，但不能造成试样变形损坏。试验机的同轴度不好，拉伸位移将偏大，拉伸强度有时将受到影响，结果偏小。试验数据采集的频率也要适中，否则将影响到试验结果，峰值偏小。

（3）试验环境　影响塑料拉伸试验结果的因素主要是温度和湿度。GB/T 2918—2018 规定，标准实验室环境温度为（23±2)℃，相对湿度为 45%～55%。热塑性塑料的拉伸性能测试受温度的影响较大，伴随着温度上升，试验曲线将由硬脆型向黏强型转变，拉伸强度和拉伸弹性模量变小，而断裂伸长率将变大。相对湿度一般对吸水率比较大的塑料影响较大。某些塑料吸水后，水分子在内部起到了偶联剂和增韧剂的作用，从而影响该塑料的刚性和韧性。

（4）操作过程　一般情况下，拉伸速度快，屈服应力和拉伸强度增大，而断裂伸长率将减小。因为塑料属于黏弹性材料，它的应力松弛过程与变形速度紧密相关。应力松弛需要一个时间过程，当低速拉伸时，分子链来得及位移、重排，塑料呈现韧性行为，表现为拉伸强度减小，断裂伸长率增大；高速拉伸时，分子链段的运动跟不上外力作用的速度，塑料呈现脆性行为，表现为拉伸强度增大，断裂伸长率减小。

（5）数据处理　现在的材料试验机多数由计算机控制，数据处理已程序化，但是有些数据还是依靠人为测试和计算的，如试样尺寸、位移变化、伸长率计算及脱机试验等。数据的处理采取“四舍五入”的原则，要以测量误差为依据，将测试得到的或计算得到的数据截取成所需要的位数，对舍去的位数按“四舍五入”处理。

第二节　弯曲性能

弯曲试验主要用来检验材料在经受弯曲负荷作用时的性能，生产中常用弯曲试验来评定材料的弯曲强度和塑性变形的大小，是质量控制和应用设计的重要参考指标。弯曲试验采用简支梁法，把试样支撑成横梁，使其在跨度中心以恒定速度弯曲，直到试样断裂或变形达到预定值，以测定其弯曲性能。

一、概念及测试原理

弯曲应力-应变概念

1. 概念

挠度：弯曲试验过程中，试样跨度中心的顶面或底面偏离原始位置的距离称为挠度，单位为 mm。

规定挠度：规定挠度为试样厚度 h 的 1.5 倍，单位 mm。当跨度 $L=16h$ 时，规定挠度相当于弯曲应变为 3.5%。

弯曲应力：试样跨度中心外表面的正应力，单位为 MPa。

断裂弯曲应力：试样断裂时的弯曲应力，单位为 MPa。

弯曲强度：试样在弯曲过程中承受的最大弯曲应力，单位为 MPa。

在规定挠度时的弯曲应力：挠度等于试样厚度 1.5 倍时的弯曲应力，单位为 MPa。

弯曲应变：试样跨度中心外表面上单元长度的微量变化，用量纲为 1 的比或百分数（%）表示。

断裂弯曲应变：试样断裂时的弯曲应变，用量纲为 1 的比或百分数（%）表示。

弯曲强度下的弯曲应变：最大弯曲应力时的弯曲应变，用量纲为 1 的比或百分数（%）表示。

弯曲弹性模量或弯曲模量：应力差 $\sigma_{f2}-\sigma_{f1}$ 与对应的应变差之比，单位为 MPa。

2. 测试原理

测定塑料弯曲性能采用的第一种方法是三点负载体系（见图 5-6），即在一个简支梁上施加一个中心负载，一个横截面为矩形的试样放置在两个支撑点上，利用位于支撑点中间的压头加载。在压头作用下可以在压头与试样接触的一条线上产生最大轴向纤维应力。这种方法是使试样在最大弯矩处及其附近破坏，但这种加载法由于弯矩分布不均匀，某些部位的缺陷不易显示出来，且存在剪力的影响。

第二种力法是四点负载体系（见图 5-7），即有两个负载点，每个负载点离与其相邻的支撑点的距离与另一个相等，两个负载点之间的距离是跨距的 1/3。这种方法是使弯矩均衡分布在试样上，试验时试样会在该长度内任何薄弱处破坏，试样的中间部分为纯弯曲，且没有剪力的影响。

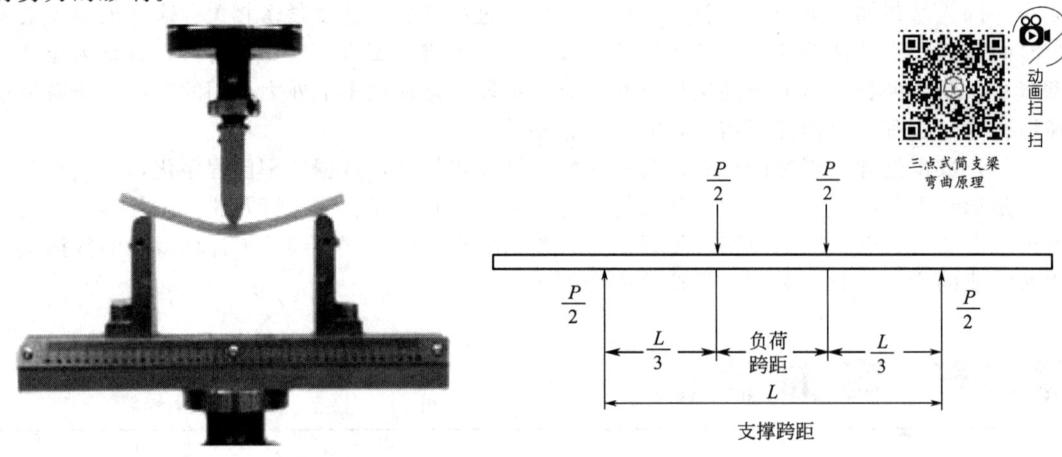

图 5-6 塑料三点式弯曲试验

图 5-7 四点式弯曲试验示意图

二、测试仪器

弯曲试验机应符合 GB/T 17200—2008 的要求。通常，拉伸试验用的机器也能用来做弯曲试验，上部的可动压头可用来做弯曲试验。能指示拉伸和压缩负载的具有双重目的的负载传感器可方便地对拉伸试验和压缩试验进行测定。在拉伸试验一节中已详细叙述了其设备。为此目的所用的机器，其压头运动的速率在全行程上应该是恒定的，且其负载测量系统的误差应不超过所期望的最大负载的±1%。

弯曲试验所用的两个支座和压头位置见图 5-8。压头半径 r_1 和支座半径 r_2 的尺寸如下：r_1 = 5.0mm ± 0.1mm；r_2 = 2.0mm±0.2mm，试样厚度≤3mm；r_2 = 5.0mm±0.2mm，试样厚度>3mm。

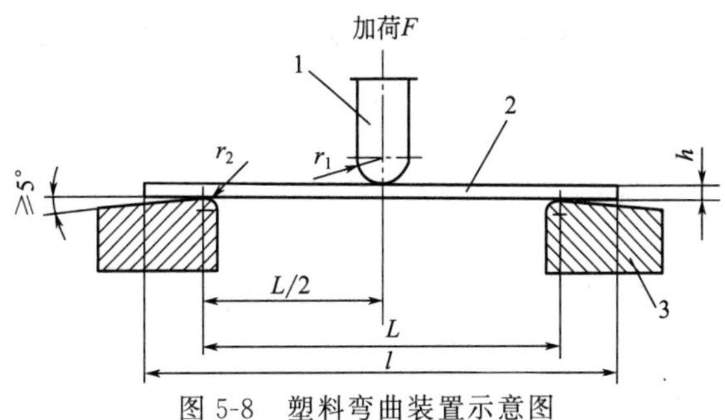

图 5-8 塑料弯曲装置示意图

1—加荷头；2—试样；3—试样支柱；r_1—加荷压头半径；r_2—支柱圆弧半径；l—试样长度；F—弯曲负荷；L—跨度；h—试样厚度

三、测试标准和试样

塑料的弯曲试验的标准方法是 GB/T 9341—2008。塑料测试试样可采用注塑、模塑或由板材经机械加工制成矩形截面积的试样，也可从标准的多用途试样的中间平行部分截取。推荐试样尺寸是：长度 l：80mm±2mm；宽度 b：10.0mm±0.2mm；厚度 h：4.0mm±0.2mm（见表 5-3）。

当不可能或不希望采用推荐试样时，试样长度和厚度之比应与推荐试样相同，如式(5-5）所示：

$$l/h=20\pm1 \tag{5-5}$$

某些产品标准要求从厚度大于规定上限的板材上取试样时，可采用机加工方法，仅从单面加工到规定厚度，把试样的未加工面与两个支座接触，中心压头把力施加到试样的机加工面上，这样就会接近或消除其加工影响。对于各向异性材料，应使所选择的试样在试验过程中承受弯曲应力的方向与其产品（模塑制品、板、管等）在使用时承受的弯曲应力的方向相同。当材料的弯曲特性在两个方向上显示出有很大差别时，应在两个方向上进行试验，并记录试样的取向与主方向的关系。

表 5-3 与试样厚度 h 相关的宽度值 b 单位：mm

公称厚度 h	宽度 b①	公称厚度 h	宽度 b①
1<h≤3	25.0±0.5	10<h≤20	20.0±0.5
3<h≤5	10.0±0.5	20<h≤35	35.0±0.5
5<h≤10	15.0±0.5	35<h≤50	50.0±0.5

① 含有粗粒填料的材料，其最小宽度应在 30mm。

四、测试步骤及影响因素

1. 测试步骤

试验应在受试材料标准规定的环境中进行，若无类似标准时，应从 GB/T 2918 中选择最合适的环境进行试验。另有商定的，如高温或低温试验除外。

① 测量试样中部的宽度 b（精确到 0.1mm），厚度 h（精确到 0.01mm），计算一组试样厚度的平均值 $\overline{h}$。剔除厚度超过平均厚度允差±0.5%的试样，并用随机选取的试样来代替。调节跨度 L，使 $L=(16\pm1)\overline{h}$，并测量调节好的跨度，精确到 0.5%。

除下列情况外都用上式计算：

a. 对于较厚且单向纤维增强的试样，为避免剪切时分层，在计算两撑点间距离时，可用较大 $L/\overline{h}$ 比。

b. 对于较薄的试样，为适应试验设备的能力，在计算跨度时应用较小的 $L/\overline{h}$ 比。

c. 对于软性的热塑性塑料，为防止支座嵌入试样，可用较大的 $L/\bar{h}$ 比。

② 设置好合适的试验速度 试验速度按受试材料规定设置试验速度，若无类似标准，应从表 5-4 中选一速度值，试验速度使应变速率尽可能接近 1%/min，这一试验速度使每分钟产生的挠度近似为试样厚度值的 0.4 倍，推荐试样的试验速度为 2mm/min。

表 5-4 试验速度推荐值

速度/(mm/min)	允差/%	速度/(mm/min)	允差/%
1[①]	±20[②]	50	±10
2	±20[②]	100	±10
5	±20	200	±10
10	±20	500	±10
20	±10		

① 厚度在 1～3.5mm 之间的试样，用最低速度。

② 速度 1mm/min 和 2mm/min 的允差低于 GB/T 17200—2008 的规定。

③ 试样应对称地放在两个支座上，并于跨度中心施加力。

④ 记录试验过程中施加的力和相应的挠度，若可能，应用自动记录装置来执行这一操作过程，以便得到完整的应力-应变曲线图。

⑤ 根据力-挠度或应力-挠度曲线或等效的数据来确定相关应力、挠度和应变值。

⑥ 试验结果以每组 5 个试样的算术平均值表示。试样在跨度中部分 1/3 以外断裂，试验结果应作废，并应重新取样进行试验。

2. 结果计算和表示

(1) 塑料弯曲应力按式(5-6) 计算：

$$\sigma_f = \frac{3PL}{2bh^2} \tag{5-6}$$

式中，σ_f 为弯曲应力，MPa；P 为施加的力，N；L 为跨度，mm；b 为试样宽度，mm；h 为试样厚度，mm。

(2) 塑料挠度按式(5-7) 计算：

$$s_i = \frac{\varepsilon_{fi} L^2}{6h} \quad (i=1,2) \tag{5-7}$$

式中，s_i 为单个挠度，mm；ε_{fi} 为相应的弯曲应变，ε_{f1} 和 ε_{f2} 的值；L 为跨度，mm；h 为试样厚度，mm。

根据给定的弯曲应变 $\varepsilon_{f1}=0.0005$ 和 $\varepsilon_{f2}=0.0025$，按上式计算相应的挠度 s_1 和 s_2。

(3) 塑料弯曲模量按式(5-8) 计算：

$$E_f = \frac{\sigma_{f2} - \sigma_{f1}}{\varepsilon_{f2} - \varepsilon_{f1}} \tag{5-8}$$

式中，E_f 为弯曲模量，MPa；σ_{f1} 为挠度为 s_1 时的弯曲应力，MPa；σ_{f2} 为挠度为 s_2 时的弯曲应力，MPa。若借助计算机来计算，用两个不同的应力-应变点测定模量 E_f，即把这两点间的曲线经线性回归处理后表示。

3. 试验影响因素

(1) 跨厚比 试样除上、下表面和中间层外，任何一个横截面上都同时既有剪力，也有正应力，且分别与弯矩的大小有关。随着跨厚比的增加，剪应力逐步减小，合理地选择跨厚比可以减小剪力的影响，但当跨厚比过大时，压头在试样上的压痕也较明显，此时由于挠度的增大，支座反力所引起的水平分力的影响将是不可忽略的。因此选择跨厚比时必须综合考虑剪力、支座水平推力以及压头压痕等综合影响因素。

（2）应变速率　试样受力弯曲变形时，横截面上部边缘处有最大的压缩变形，下部边缘处有最大的拉伸变形。应变速率与试样厚度 h、跨度 L 和试验速度 v 有关。在相同的试样厚度下，跨度越大，则应变速率越小；试验速度越大，则应变速率越大。我国标准规定对推荐塑料试样试验速度为 2mm/min。各国标准对试验速度都有统一的规定，且试验速度一般都比较低。因为只有在较低速度下，才能使试样在外力作用下近似地反映其试样材料自身存在的不均匀或其他缺陷的客观真实性。

（3）加载压头圆弧和支座圆弧半径　加载压头圆弧半径对弯曲试验的主要影响在：如果加载压头圆弧半径过小，则容易在试样上产生明显的压痕，造成压头与试样之间不是线接触，而是面接触；若压头半径过大，对于大跨度就会增加剪力的影响，容易产生剪切断裂。因此，塑料弯曲试验中加载压头圆弧半径为（5.0±0.1）mm，橡胶弯曲试验中加载压头圆弧半径为（3.15±0.20）mm。而支座圆弧半径的大小，是保证支座与试样接触为一条线，若表面接触过宽，则不能保证试样跨度的准确。

（4）温度　弯曲强度也与温度有关，试样在弯曲负荷作用下，由于上半部分受压，下半部分受拉，其弯曲强度与温度的关系和拉伸试验一样具有同样的影响。一般地，各种材料的弯曲强度都是随着温度的升高而下降的，但下降的程度各有不同。

（5）操作影响　试样尺寸的测量、试样跨度的调整、压头与试样的线接触和垂直状况以及挠度值零点的调整等，都会对测试结果造成误差。

第三节　压缩性能

压缩性能是描述材料在较低的压缩负载和均匀加载速率下的行为。在实际应用中，压缩负载并不总是瞬间加上的，因此，不考虑塑料的刚度和强度对时间依赖性的标准试验结果，就不能作为设计零件的基础。压缩试验为研究和开发、质量控制，以及是否达到产品规格和满足特殊用途的规范提供了一种标准方法。压缩性能包括弹性模量、屈服应力、屈服点以外的形变、压缩强度、压缩应变和细长比。但是在设计指南中，只有压缩强度和压缩模量是最广泛需要确定的两个值。

当聚合物在压缩发生粉碎性破坏时，其压缩强度有一确定的值。而对于那些不发生粉碎性破坏的聚合物压缩强度是一个任意值，它取决于表征材料完全破坏的变形程度。

一、概念及测试原理

1. 概念

（1）压缩应力　指在压缩试验过程中的任何时刻，单位试样的原始横截面上所承受的压缩负荷，单位 MPa。

（2）压缩变形　指试样在压缩负荷作用下高度的改变量，单位 mm。

（3）压缩应变　每单位原始标距 L_0 的长度减少量，为比值或百分数。

（4）压缩强度　指在压缩试验中试样所承受的最大压缩应力，单位 MPa。

（5）规定应变时的压缩应力　达到规定应变时的压缩应力，单位 MPa。

（6）压缩模量　指在应力-应变曲线的线性范围内应力差与应变差的比值，单位 MPa。

（7）细长比　指试样的高度与试样横截面的最小回转半径之比。

2.测试原理

试验是把试样置于试验机的两压板之间（见图 5-9），并在沿试样两个端部表面的主轴方向，以恒定速率施加一个可以测量的大小相等而方向相反的力，使试样沿轴向方向缩短，而径向方向增大，产生压缩形变，直至试样破裂，屈服或试样变形达到一预先规定的数为止。施加的压缩负荷由试验机上直接读取，并计算其压缩应力。

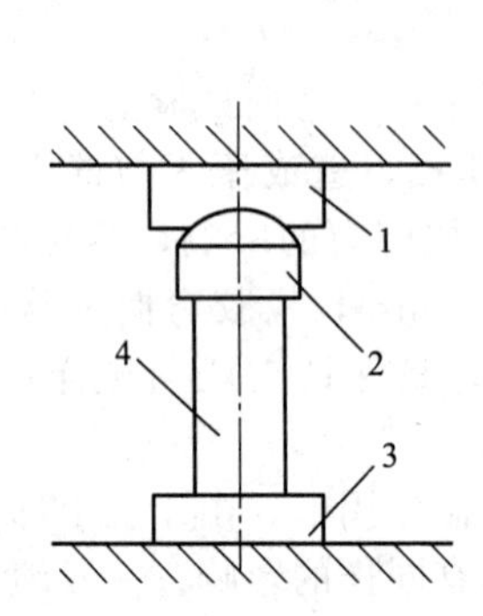

图 5-9 压缩试验装置示意图

1—上压板；2—球座；3—下压板；4—试样

图 5-10 压缩夹具

$$\sigma = F/A \tag{5-9}$$

式中，σ 为压缩应力，MPa；F 为压缩负荷，N；A 为试样原始横截面积，mm^2。

二、测试仪器

试验机应符合 GB/T 17200—2008 的规定，而拉伸和弯曲试验所用的万能试验机也可用来测试各种材料的压缩强度。在拉伸试验一节中已详细叙述了机器设备，只是试验中使用的夹具不同，见图 5-10 所示。用挠度计或压缩形变计在试验中的任意时间内测量试样两固定点距离的任何变化。

三、测试标准和试样

1.测试标准

塑料的压缩试验按 GB/T 1041—2008 标准方法进行。

2.试样

压缩试验的塑料试样可用注塑、模压成型制作或机械加工制备，其形状有棱柱、圆柱或管状。表 5-5 给出优选试样的尺寸。试样的尺寸应满足下面的不等式：

$$\varepsilon_c \leqslant 0.4\frac{x^2}{l^2} \tag{5-10}$$

式中，ε_c 为试验时发生的最大压缩标称应变，以比值表示；x 为取决于试样的形状、圆柱的直径、管的外径或棱柱的厚度（横截面积的最小侧）；l 为平行于压轴力轴测量试样厚度。

通常进行压缩试验时，推荐的比值 $x/l>0.4$，这相应于约 6%的最大压缩应变。为了测量压缩模量，推荐的比值 $x/l>0.08$。

表 5-5 优选类型和试样尺寸　　单位：mm

类型	测量	长度 l	宽度 b	厚度 h
A	模量	50±2	10±0.2	4±0.2
B	强度	10±0.2		

当不够或受试产品集合形状的制约而不能使用优选试样时，可利用小试样，其尺寸见表 5-6。其中 2 型试样仅应用于作压缩模量的测定。用小试样的结果与用标准尺寸试样得到的结果将是不同的。因此小试样的使用应由各方商定，并在试验报告中注明。

表 5-6 小试样尺寸　　单位：mm

项目	1 型	2 型
厚度	3	3
宽度	5	5
高度	6	35

不管何种试样均应无翘曲，表面和边缘无划伤、麻点、缩痕、飞边或其他会影响结果的可见缺陷。朝向压板的两个表面应平行并与纵轴成直角。

四、测试步骤及影响因素

1. 测试步骤

试样应按照该材料的国家标准的要求进行状态调节。当没有这种要求时，除非有关各方另有商定，应按照 GB/T 2918—2018 规定的最合适的条件进行。

① 试样尺寸的测量。塑料试样沿试样的长度测量其宽度、厚度和直径三点，计算平均值。测量每个试样的长度（精确到 1%）。

② 必要时安装变形指示器。

③ 把试样放在试验机两压板的表面之间，并使试样中心线与两压板表面中心线重合，确保试样端面与压板表面相平行。调整试验机，使压板表面恰好与试样端面接触，并把此时定为测定变形的零点。

④ 根据材料的规定调整试验速度。试验机应能保持表 5-7 规定的速度。若采用其他速度，在低于 20mm/min 时，试验机的速度公差应在±20%之内；而速度大于 20mm/min 时，公差应在±10%之内。

表 5-7 推荐试验速度

速度/(mm/min)	允差/%	速度/(mm/min)	允差/%
1	±20	10	±20
2	±20	20	±10①
5	±20		

① 该允差低于 GB/T 17200—2008 的规定。

按照材料规范调整试验速度 v，以 mm/min 表示。当没有材料规范时，调整到由表 5-7 给出的最接近以下关系式的值：a. $v=0.021$mm/min，用于模量测定；b. $v=0.11$mm/min，用于在屈服前破坏的材料强度测定；c. $v=0.51$mm/min，用于有屈服的材料强度的测定。

对于优选试样，试验速度为：①1mm/min（$l=50$mm），用于模量测定；②1mm/min（$l=10$mm），用于在屈服前破坏的材料强度测定；③51mm/min（$l=10$mm），用于有屈服的材料强度的测定。

⑤ 开动试验机进行试验。塑料的压缩试验记录下列各项：a. 记录适当应变间隔时的负荷及相应的压缩应变。b. 试样破裂瞬间所承受的负荷，单位为 N。c. 如试样不破裂，记录在屈服或偏置屈服点及规定应变值为 25％时的压缩负荷，单位为 N。

⑥ 试验结果以每组 5 个试样的算术平均值表示。对于各向异性的材料，每组至少 10 个试样，其中 5 个与各向异性的主轴垂直，另外 5 个与之平行。

2. 结果计算和表示

（1）应力按式(5-11）计算：

$$\sigma=F/A \tag{5-11}$$

式中，σ 为应力参数，MPa；F 为测出的力，N；A 为试样的原始面积，mm^2。

（2）应变（用伸长仪测量）按式(5-12）和式(5-13）计算：

$$\varepsilon=\frac{\Delta L_0}{L_0} \tag{5-12}$$

或

$$\varepsilon(\%)=\frac{\Delta L_0}{L_0}\times 100\% \tag{5-13}$$

式中，ε 为应变参数，为比值或百分数（％）；ΔL_0 为试样标距间长度的减量，mm；L_0 为试样的标距，mm。

（3）压缩模量按式(5-14）计算：

$$E=\frac{\Delta\sigma}{\Delta\varepsilon}=\frac{\sigma_2-\sigma_1}{\varepsilon_2-\varepsilon_1} \tag{5-14}$$

式中，E 为压缩模量，MPa；σ_1 为应变值 $\varepsilon_1=0.0005$ 时测量的应力值，MPa；σ_2 为应变值 $\varepsilon_2=0.025$ 时测量的应力值，MPa。

以上结果均以每组试样的算术平均值表示，并取 3 位有效数字。如果试样破坏发生在有明显缺陷的地方，该试样应作废并补做试验。

3. 影响因素

影响压缩试验结果的因素很多，有来自试样材料自身的因素，例如材料内应力分布、材料结构、试样的成型加工方式等；也有来自试验条件，例如试样形状、试样尺寸、试验机的上下压板的表面粗糙度或摩擦力以及试验速度等。

（1）试样尺寸　对于塑料的压缩试验，随试样高度的增加，总形变值增加，而压缩强度和相对应变值减小。这是由于试样受压时，其上下端面与压机压板之间产生较大的摩擦力，从而阻碍试样上下两端面的横向变形，试样高度越小，其影响就越明显。为了减少这种摩擦力的影响，试样高度应适当高些，但又不宜太高，以避免试样在受压过程中因失稳而出现扭曲。

（2）摩擦力的影响　为了验证试样的端面与试验机上下压板之间的摩擦力对压缩强度的影响，可在试样的端面上涂以润滑剂，并与不涂润滑剂的试样作比较，结果见表 5-8。

表 5-8　有无润滑剂对压缩强度的影响

试验材料	压缩强度/MPa		
	未涂润滑剂	涂 50 号机油	涂滑石粉
PMMA	116.7	115.7	113.7
PVC	81.0	79.4	77.4
酚醛布基层压板	143.2	141.2	138.3
酚醛玻璃钢板	113.7	116.7	99.0

可以看出，涂润滑剂的试样由于减少了试样端面与压机压板间的摩擦力，压缩强度有所降低，此外，试验过程中还发现涂润滑剂的试样在接近破坏负荷时才出现裂纹，而未涂润滑剂的试样在距破坏负荷较远时就已出现裂纹，达到破坏时并有粉末飞出，均可看出这种摩擦力的影响。

（3）试样平行度　当试样两端面不平行时，试验过程中将不能使试样沿轴线均匀受压，形成局部应力过大而使试样过早产生裂纹和破坏，压缩强度必将降低。

（4）试验速度　对于塑料的压缩试验，试验速度的不同对压缩试验的结果影响较大，随着试验速度的增加，压缩强度与压缩应变值均有所增加。其中，试验速度在 1～5mm/min 之间时变化较小；速度在 10mm/min 时变化较大。试验速度对热塑性塑料的影响较热固性塑料的影响更为显著。因此，同一试样必须在同一试验速度下进行，否则会得到不同结果。大多数国家都规定选用较低的试验速度，这是因为高分子材料属黏弹性材料，只有在较低的试验速度下均匀加载，才能更有利于反映材料的真实性能，也有利于提高变形测量的准确性。

第四节　冲 击 性 能

冲击试验是用来评价材料在高速载荷状态下的韧性或对断裂的抵抗能力的试验。在很多情况下，材料或构件常常受到偶然的冲击。塑料材料的冲击强度在工程应用上是一项重要的性能指标，它反映不同材料抵抗高速冲击而致破坏的能力。

冲击试验可分为摆锤式（包括简支梁和悬臂梁式）、落球（落锤）式和高速拉伸冲击试验等。不同材料、不同用途制品可选择不同的试验方法。

一、摆锤式冲击试验

（一）概念及测试原理

1. 概念

简支梁无缺口冲击强度：无缺口试样破坏时所吸收的冲击能量，与试样原始横截面积有关，单位 kJ/m^2。

简支梁缺口冲击强度：缺口试样破坏时所吸收的冲击能量，与试样缺口处的原始横截面积有关，单位 kJ/m^2。

悬臂梁无缺口冲击强度：无缺口试样在悬臂梁冲击强度破坏过程中所吸收的能量与试样原始横截面积之比，单位 kJ/m^2。

悬臂梁缺口冲击强度：缺口试样在悬臂梁冲击强度破坏过程中所吸收的能量与试样原始横截面积之比，单位 kJ/m^2。

2. 测试原理

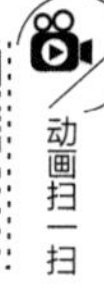

摆锤式冲击试验原理

摆锤式冲击试验包括简支梁型和悬臂梁型。这两种方法都是将试样放在冲击机上规定位置，然后使摆锤自由落下（简支梁冲击试验是摆锤打击简支梁试样的中央；悬臂梁则是用摆锤打击有缺口的悬臂梁的自由端），使试样受到冲击弯曲力而断裂，试样断裂时单位面积或单位宽度所消耗的冲击功即冲击强度。

摆锤式冲击试验所用仪器装置的基本构造有三部分，即机架部分、摆锤部分和指示系统部分，图 5-11 所示为摆锤式冲击试验机工作原理。

试验时把摆锤抬高，置挂于机架的扬臂上。此时扬角为 α，摆锤便获得了一定的能量，当摆锤自由落下，则位能转化为动能打在试样上，试样被冲断成两部分后，摆锤的剩余能量使摆锤又升到某一高度，升角为 β。在整个冲击试验过程中，按照能量守恒原理有如下关系：

$$WL(1-\cos\alpha)=WL(1-\cos\beta)+A+A\alpha+A\beta+\frac{1}{2}mv^2 \tag{5-15}$$

式中，W 为摆锤质量；L 为摆锤摆长；α 为摆锤冲击前的扬角；β 为冲击试样后摆锤的升角；A 为冲断试样所消耗的功；$A\alpha$ 为摆锤在 α 角内克服空气阻力所消耗的功；$A\beta$ 为摆锤在 β 角内克服空气阻力所消耗的功；$1/2mv^2$ 为试样断裂时飞出部分所具有的能量；通常式中后三项可以忽略不计。这样冲断试样所消耗的功为

$$A=WL(\cos\beta-\cos\alpha)$$

在摆锤的摆动过程中，若无能量消耗，则 $\alpha=\beta$。材料的韧性不同，β 角的大小也不同，因此，根据摆锤冲断试样后升角 β 的大小，由读数盘可直接读出冲断试样时消耗功的数值。必须指出，一般由试验机读数盘上读出的数值中，包括试样断裂时由断裂部分飞出的功。对于脆性材料来说，飞出功占很大比例，不能忽略。否则，测试结果的准确性、重复性较差。此外，直接读出的数值，不能反映是脆性断裂还是韧性断裂。

（二）测试仪器

试验机由一个重的底座和测试时夹紧试样的虎钳夹具所组成（见图 5-12）。多数情况下把夹具设计成做简支梁试验时能水平安放试样，做悬臂梁试验时能垂直夹持试样，而无需作任何变动。做试验时采用一个耐磨轴承的摆锤。遇上韧性大的试样可以在摆锤上附加一个重量。摆与一根指针和一个刻度盘相通，指示出试样打断后摆锤剩余的能量。刻度经校准，直接以焦耳为单位，读出冲击值。将一个经淬火处理过的钢制打击头连于摆上。简支梁试验和悬臂梁试验采用不同类型的打击头。

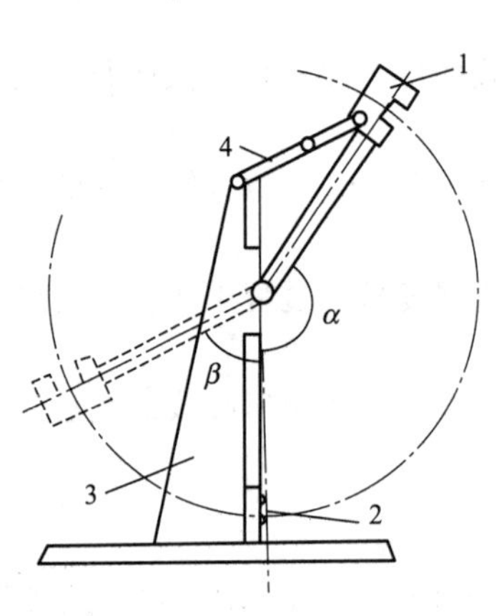

图 5-11 摆锤式冲击试验机工作原理

1—摆锤；2—试样；3—机架；4—扬臂

图 5-12 冲击试验机

（三）塑料简支梁冲击试验

简支梁冲击试验原理

1. 测试标准和试样

（1）测试标准 塑料简支梁冲击试验的标准方法是 GB/T 1043.1—2008

《简支梁冲击性能的测定 第 1 部分：非仪器化冲击试验》和 GB/T 1043.2—2018《简支梁冲击性能的测定 第 2 部分：仪器化冲击试验》。简支梁冲击试验是用简支梁冲击试验机，对硬质塑料试样施加一次冲击弯曲负荷，使试样破坏，并用试样破坏时单位面积所吸收的能量衡量材料的冲击韧性。

(2) 试样 试样可用模具直接经压塑或注塑成型；也可用压塑或注塑成型的板材经机械加工制得。试样为矩形截面的长条形，分无缺口和缺口试样，其中包括 3 种不同的缺口类型。具体形状与尺寸见表 5-9、表 5-10、图 5-13 和图 5-14。试样根据材料的差异分为无层间剪切破坏的材料和有层间剪切破坏的材料（例如长纤维增强的材料）。

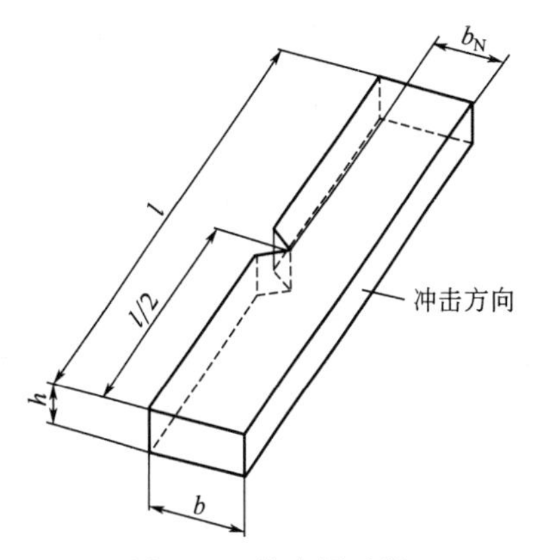

图 5-13 简支梁试样

表 5-9 试样的类型、尺寸和跨距 单位：mm

试样类型	长度①l	宽度①b	厚度①h	跨距
1	80±2	10±0.2	4±0.2	$62^{+0.5}_{\ \ 0.0}$
2②	25h	25h	3④	20h
3②	11h 或 13h			6h 或 8h

① 试样尺寸（厚度 h、宽度 b 和长度 l）应符合 $h \leqslant b < l$ 的规定。
② 2 型和 3 型试样仅用于有层间剪切破坏的材料（例如长纤维增强的材料）。
③ 精细结构的增强材料用 10mm，粗粒结构或不规则结构的增强材料用 15mm。
④ 优选厚度、试样由片材或板材切出时，h 应等于片材或板材的厚度，最大 10.2mm。

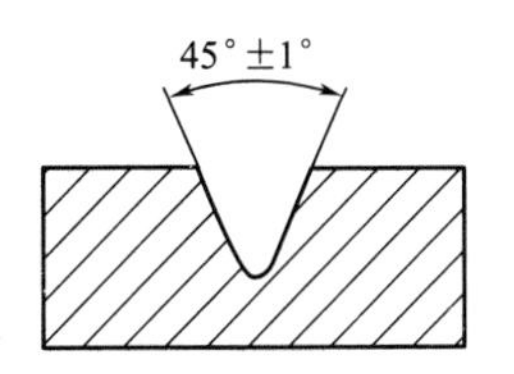

(a) A型缺口
缺口底部半径
r_N=0.25mm±0.05mm

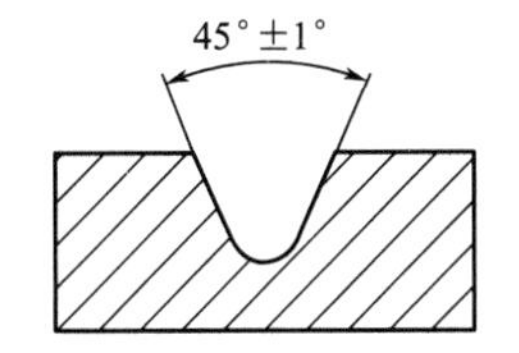

(b) B型缺口
缺口底部半径
r_N=1.00mm±0.05mm

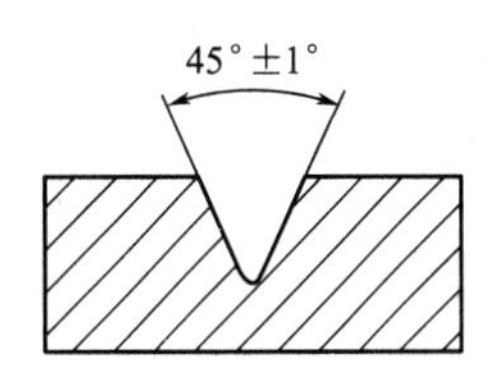

(c) C型缺口
缺口底部半径
r_N=0.10mm±0.02mm

图 5-14 缺口类型

表 5-10 方法名称、试样类型、缺口类型和缺口尺寸无层间剪切破坏的材料

方法名称①	试样类型	冲击方向	缺口类型	缺口底部半径 r_N/mm	缺口底部剩余宽度 b_N/mm
GB/T 1043.1/1eU②	1	侧向	无缺口		
			单缺口		
GB/T 1043.1/1eA②			A	0.25±0.05	8.0±0.2
GB/T 1043.1/1eB			B	1.00±0.05	8.0±0.2
GB/T 1043.1/1eC			C	0.10±0.02	8.0±0.2
GB/T 1043.1/1fU③		贯层	无缺口		

① 如果试样取自片材或成品，其厚度应加载名称中。非增强材料的试样不应以机加工面作为拉伸而进行试验。
② 优选方法。
③ 适用于表面效应的研究。

2. 测试步骤及计算结果

(1) 测试步骤　除受试材料标准另有规定，试样应按 GB/T 2918—2018 的规定在温度 23℃和相对湿度 50%的条件下调节 16h 以上，或按有关各方协商的条件。缺口试样应在缺口加工后计算调节时间。

① 测量试样中部的宽度和厚度，精确至 0.02mm。缺口试样应测量缺口处的剩余厚度，精确至 0.02mm。挤塑试样不一定测量每个试样的尺寸，一般测量一个试样以确保尺寸与表 5-9 相一致就足够了，对多模腔模具，应保证每腔试样的尺寸相同。

② 根据试样破坏时所需的能量选择摆锤，使消耗的能量在摆锤总能量的 10%～80%范围内。

③ 调节能量度盘指针零点，使它处于起始位置时与主动指针接触。进行空击试验，按 GB/T 21189—2007 的规定，测定摩擦损失和修正吸收的能量。

④ 抬起并锁住摆锤，把试样按规定放置在两支撑块上，试样支撑面紧贴在支撑块上，使冲击刀刃对准试样中心，缺口试样刀刃对准缺口背向的中心位置。

⑤ 平稳释放摆锤，从度盘上读取试样吸收的冲击能量。

⑥ 试样无破坏的冲击值应不作取值。试样完全破坏或部分破坏的可以取值。

⑦ 如果同种材料可以观察到一种以上的破坏类型，需在报告中标明每种破坏类型的平均冲击值和试样破坏的百分数。不同破坏类型的结果不能进行比较。

对于模塑和挤塑材料，用下列字母命名四种形式的破坏。

C　完全破坏：试样断裂成两片或多片。

H　铰链破坏：试样未完全断裂成两部分，外部仅靠一薄层以铰链的形式连在一起。

P　部分破坏：不符合铰链定义的不完全断裂。

N　不破坏：试样未断裂，仅弯曲并穿过支座，可能兼有应力发白。

⑧ 所有计算结果的平均值取两位有效数字，每组试验至少包括 10 个试样，如果要在垂直和平行方向试验层压材料，每个方向应测试 10 个试样。

(2) 结果的计算和表示

① 无缺口试样简支梁冲击强度按式(5-16) 计算：

$$a_{cU}=\frac{E_c}{hb}\times 10^3 \tag{5-16}$$

式中，a_{cU} 为无缺口试样冲击强度，kJ/m^2；E_c 为已修正的试样吸收的冲击能量，J；h 为试样厚度，mm；b 为试样宽度，mm。

② 缺口试样简支梁冲击强度按式(5-17) 计算：

$$a_{cN}=\frac{E_c}{hb_N}\times 10^3 \tag{5-17}$$

式中，a_{cN} 为缺口试样的冲击强度，kJ/m^2；E_c 为已修正的试样破坏时吸收的冲击能量，J；h 为试样厚度，mm；b_N 为试样剩余宽度，mm。

(四) 塑料悬臂梁冲击试验

1. 测试标准和试样

悬臂梁冲击试验原理

(1) 测试标准　塑料悬臂梁冲击试验方法的标准有 GB/T 1843—2008。悬臂梁冲击试验由已知能量的摆锤一次冲击支撑成垂直悬臂梁的试样，测量试样破坏时所吸收的能量。冲击线到试样夹具为固定距离，对于缺口试样，冲击线到中心线为固定距离，见图 5-15。

（2）试样　试样不应翘曲、相对表面应互相平行，相邻表面应相互垂直。所有表面和棱应无刮痕、麻点、凹陷和飞边。

试样类型，试样缺口类型和尺寸见表 5-11 和图 5-16。对于模塑和挤塑料，优选的缺口类型是 A 型，如果要获得材料对缺口敏感性的信息，应试验 A 型和 B 型缺口试样。

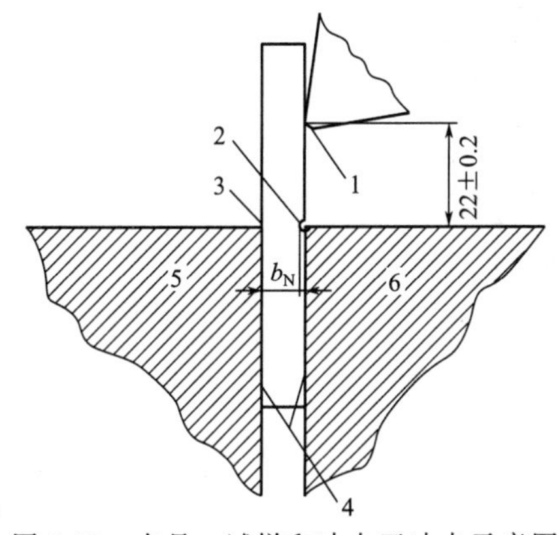

图 5-15　夹具、试样和冲击刃冲击示意图

1—冲击刃；2—缺口；3—夹具棱圆角；4—与试样接触的夹具面；5—固定夹具；6—活动夹具；b_N—缺口底部剩余宽度

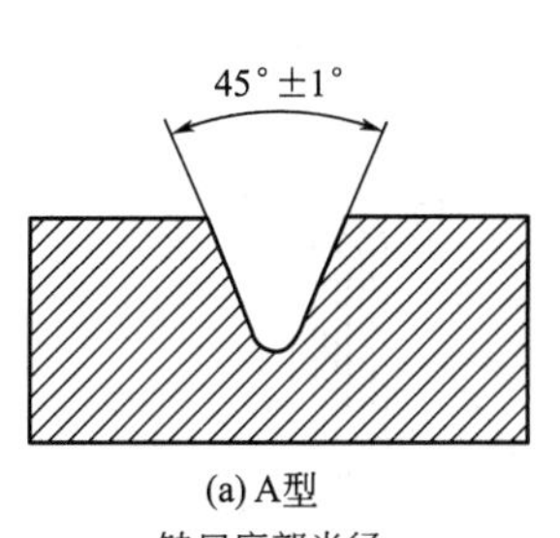

(a) A型

缺口底部半径

r_N=0.25mm±0.05mm

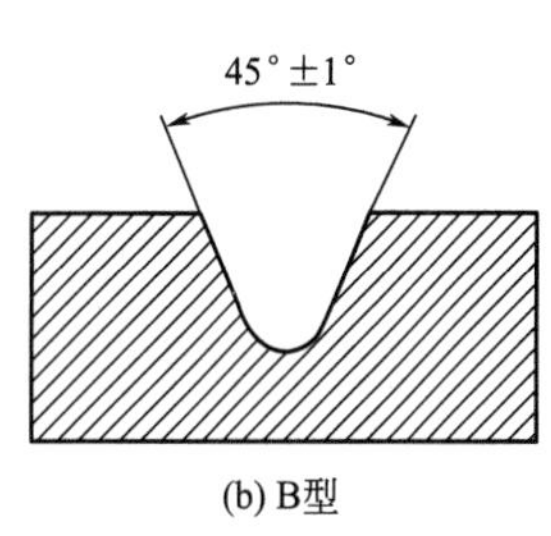

(b) B型

缺口底部半径

r_N=1.00mm±0.05mm

图 5-16　缺口类型

表 5-11　方法名称、试样类型、缺口类型和缺口尺寸　　单位：mm

方法名称①②	试样	缺口类型	缺口底部半径 r_N	缺口的保留宽度 b_N
GB/T 1843/U	长 l＝80±2 宽 b＝10.0±0.2 厚 h＝4.0±0.2	无缺口	—	—
GB/T 1843/A		A	0.25±0.05	8.0±0.2
GB/T 1843/B		B	1.00±0.05	

① 如果试样是由板材或制品上截取的，板材或制品的厚度 h 应该加到命名中。未增强的试样不应使机加工表面处于拉伸状态进行试验。

② 如果板材厚度 h 等于宽度 b，冲击方向（垂直 n，平行 p）应加到名称中。

对于板材（包括长纤维增强塑料）推荐厚度 h 为 4mm，如果试样是从板材或构件中切取的，其厚度应与原板或构件的厚度相同，至多不能超过 10.2mm。当板材的厚度均匀且只有一种规则分布的增强料，当其厚度大于 10.2mm 时，则从板材一面机加工到 10.2mm±0.2mm。如果试验为无缺口试样，为了避免表面的影响，试验过程中应使试样原始表面处于拉伸状态。试验时冲击试样的侧面，冲击方向平行于板平面，只是在 $h=b=10$mm 时，才可平行或垂直于板面进行试验，见图 5-17。

对于各向异性材料，某些板材随板材方向的不同，可能具有不同的冲击性能。对于这种板材应按平行和垂直板材的某一特征方向分别切取一组试样。板材的特征方向可目视观察或由生产方法推断。

2. 测试步骤及计算结果

（1）测试步骤　除受试材料标准另有规定外，试样应按 GB/T 2918—1998 的规定在温度 23℃和相对湿度 50%的条件下调节 16h 以上，或按有关各方协商的条件。缺口试样应在缺口加工后计算调节时间。

① 测量每个试样中部的厚度 h 和宽度 b 或缺口试样的剩余宽度 b_N，精确到 0.02mm。

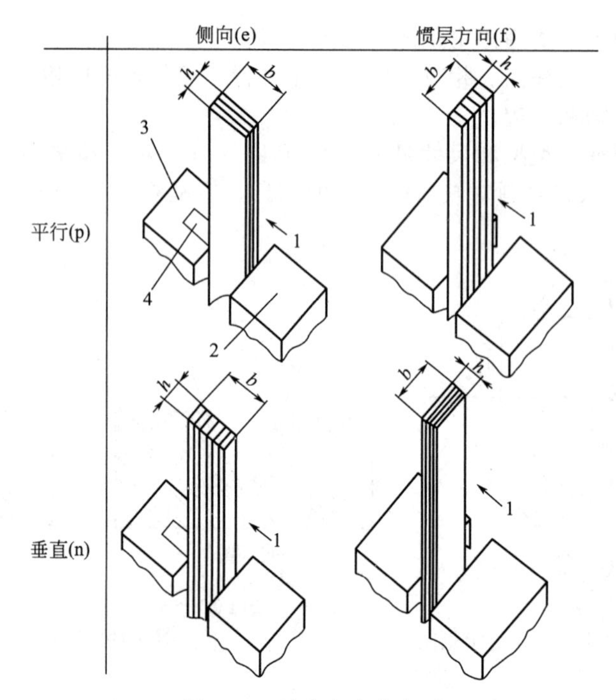

图 5-17 冲击方向命名图

1—冲击方向；2—可移动虎钳钳口；3—固定虎钳钳口；4—附加的导槽

试样是注塑时，不一定测量每个试样的尺寸，一般测量一个试样以确保是表 5-11 所列出的尺寸，一组中只测量一个试样即可。对多模腔模具，应保证每腔试样的尺寸相同。

② 检查试验机是否有规定的冲击速度和正确的能量范围，判断试样吸收的能量在摆锤容量的 10%～80%范围内。若摆锤中有几个都有能满足这些要求时，应选择其中能量最大的摆锤。

③ 进行空白试验，按 GB/T 21189—2007 测定摩擦损失和修正的吸收能量。

④ 抬起并锁住摆锤，把试样放在虎钳中，按图 5-17 的要求夹住试样。测定缺口试样时，缺口应在摆锤冲击刀刃的一边。

⑤ 释放摆锤，记录试样吸收的冲击能，并对其摩擦损失等进行修正。

⑥ 试样可能会有四种破坏类型（完全破坏 C、铰链破坏 H、部分破坏 P、不破坏 N），测得的完全破坏和铰链破坏的值用于计算平均值。在部分破坏时，如果要求部分破坏的值，则以字母 P 表示。完全不破坏时以 N 表示，不报告数值。

⑦ 在同一样品中，如果有部分破坏和完全破坏或铰链破坏时，应报告每种破坏类型的算术平均值。

⑧所有计算结果的平均值取两位有效数字，每组试验至少包括 10 个试样，如果要在垂直和平行方向试验层压材料，每个方向应测试 10 个试样。

（2）结果的计算和表示

① 悬臂梁无缺口冲击强度按式(5-18) 计算：

$$a_{iU}=\frac{E_c}{hb}\times 10^3 \tag{5-18}$$

式中，a_{iU} 为无缺口试样冲击强度，kJ/m^2；E_c 为已修正的试样断裂吸收能量，J；h 为试样厚度，mm；b 为试样宽度，mm。

② 缺口试样简支梁冲击强度按式(5-19) 计算：

$$a_{iN}=\frac{E_c}{hb_N}\times 10^3 \tag{5-19}$$

式中，a_{iN} 为缺口试样的冲击强度，kJ/m^2；E_c 为已修正的试样断裂吸收能量，J；h 为试样厚度，mm；b_N 为试样剩余宽度，mm。

（五）影响因素

1. 试样制备

冲击试验所需的标准试样要求为长方体。制样方式有两种，一种是用原材料制样，另一种是从制品上直接取样。用原材料制样的方法包括模压成型、注塑成型、压延成型等。每种制样过程都要符合相关标准，但不同方法制样的试验结果不具有可比性。同一制样方法，要求工艺参数和工艺过程也要相同，否则塑料在成型过程中的微观结构，如结晶度、分子取向等会有很大变化，直接影响试验结果。待测试样制成片后，需用制样机和标准切刀制成标准样，无毛边或划损等缺陷。

2. 试样尺寸

试样的尺寸规格要一致，在缺口冲击强度的测试中，缺口是影响试验结果的重要因素。缺口的加工方式对冲击强度也有很大影响：一次注塑的缺口试样的冲击强度较高，而经二次加工的缺口试样的冲击强度较低，其中又以经铣床加工的缺口试样冲击强度最低。使用不同加工方式加工的缺口试样，其测得的冲击强度数值不具有可比性（见表 5-12）。

表 5-12　缺口加工方法对材料冲击强度的影响

材料	注塑成型/(kJ/m^2)	注塑试样经机械加工缺口	
		刨床加工/(kJ/m^2)	铣床加工/(kJ/m^2)
PC	52.0	8.02	6.16
PS	8.34	2.14	1.72
PA-1010	27.2	6.97	6.97
ABS	28.2	—	27

3. 试验环境

试验环境的温度和湿度也是影响冲击强度的重要因素。塑料冲击强度强烈地依赖于温度，无论是悬臂梁冲击，还是简支梁冲击，其冲击强度值均随温度的降低而降低。

湿度对某些塑料的缺口冲击强度也有影响。某些吸湿性大的材料，如聚酰胺在干燥状态下和吸湿后状态下测试，其缺口冲击强度有明显的不同：在相同的温度下，吸湿越多，其缺口冲击强度值也越高。

4. 操作过程

试验过程中有一些操作因素也会给试验结果带来影响，如冲击速度，由于仪器使用和维护方面的问题，有可能使速度降低或升高，这对形变速度敏感的材料会产生影响。

冲击摆锤刀口与试样打击面很好吻合是试验的重要条件。如果刀口与试样表面不是线接触而是点接触，则容易产生局部应力集中，使测试值降低。简支梁冲击试验中，如果试样与支架没有贴紧，则容易产生多次冲击，使测试结果不准确。

5. 数据处理

数据处理是整个试验过程的一个重要环节，与试验结果的精确度有着密切关系。现在的冲击试验机的数据处理已经程序化，由计算机完成，但有些数据还要依靠人为测量和计算，如试样的尺寸等。要以测量误差为依据，将测得的数据取所需要的位数，对舍去的位数按“四舍五入”处理。在测试过程中出现的异常情况，如相对于平均值过大或过小的数据应相应地舍去，再补充符合试验要求的试验数据。

二、落锤式冲击试验

与摆锤冲击试验相比，落锤式冲击试验的最大优点是能模拟零件在实际使用中受到的多向冲击应力。它的另一个明显的优点是可采用不同尺寸和形状的试样，包括采用实际零件的可能性。

1. 测试原理

落锤冲击试验如图 5-18 所示。在规定的冲击条件下，从已知高度垂直下落的重锤打击适宜尺寸的试样，测定出占试样数的 50% 试样被破坏时的冲击能 E_{50}。试验时，允许两种调节能量的方法，即在固定高度下改变质量和在固定质量下改变高度。受冲击时试样破坏的判据可以是：①破裂，肉眼能够观察到的不贯穿全厚度的裂缝；②断裂，贯穿材料全厚度的裂缝；③贯穿，重锤完全贯穿试样的破坏；④破碎，试样破裂成两片或更多部分。

落锤式冲击试验原理

此外，经有关双方商定的凹陷的陷坑深度也可作为破坏与否的判据。

另外，对某些成品如异型材、管材、管件常采用“通过法”，即在规定高度和落锤质量的条件下对一组试样进行冲击试验，看其破损率是否在要求范围内。

2. 测试仪器

目前已有许多类型的测试设备，它们的操作基于同一原理。图 5-19 示出了一台这类典型的商品试验机。它是由一个机架、引导杆、锤体、升降机构和自动控制等部分组成。

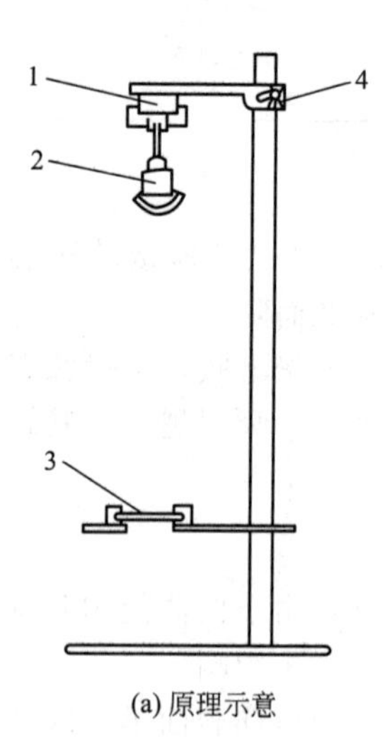

(a) 原理示意

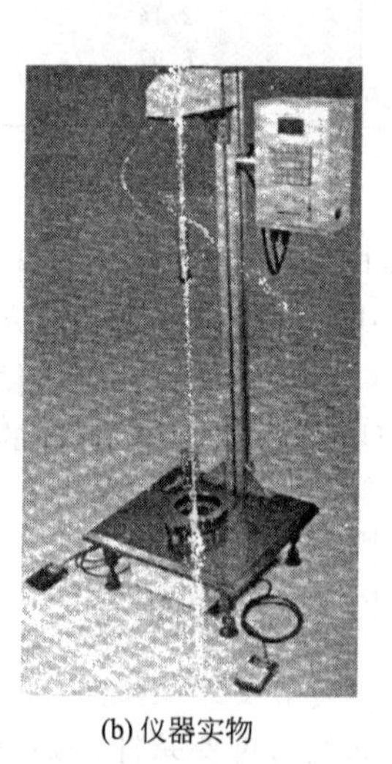

(b) 仪器实物

图 5-18 落锤式冲击试验

1—电磁铁；2—重锤；3—试样；4—高度调节

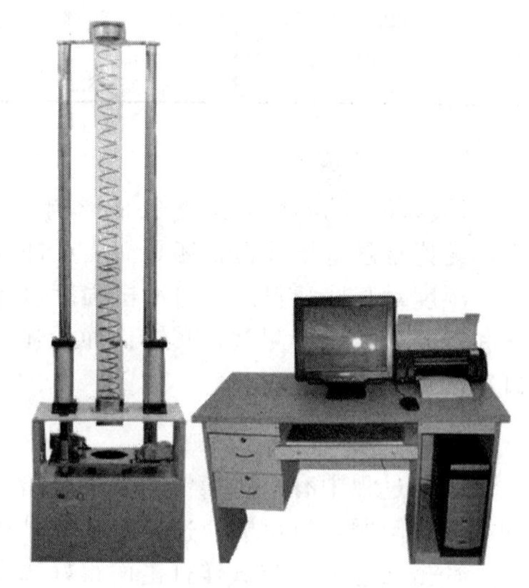

图 5-19 落锤冲击机

3. 测试标准和试样

（1）测试标准 塑料落锤冲击试验方法的标准有 GB/T 14153—1993。

（2）试样 对于不同的制品，其试样尺寸要求不一样，但都要求试样表面光洁，不得有微小的裂纹或划伤等缺陷。

对于管材：管材公称外径小于或等于 75mm 时，从五根管上沿长度方向分别截取 150mm 长的试样。外径大于 75mm 时，从五根管上沿长度方向分别截取 200mm 长的试样。对于板材：从五块板材上距边缘不小于 100mm 处分别截取 200mm×200mm 的正方形试样。厚度为板材原厚。对于异型材：从五根异型材上沿挤出方向各截取 200mm 长的试样。

试样的数量按不同测定方法而异，如果是要求限其破坏能，则至少需 25 个以上，但如果是在某一规定的能量级上测定是否合格的通过法，则只需 10 个试样。

4. 测试步骤及影响因素

测定过程随不同要求而有差别，有些制品如 PVC 管材等，都采用通过法，即用一个规定的高度及规定质量的重锤对 10 个试样进行冲击，而后观察试样破坏情况，如果有 9 个试样未破坏则合格，低于 9 个则不合格。但对于新品的开发研究及不同来源的同一类样品进行判定时，则应求取其冲击破坏能。

落锤式冲击性能测试常用梯度法来进行测试。首先用 10 个试样进行预测试，以估计 50%的冲击破坏能，在预测试的基础上，选择一个接近于使试样冲击破坏的能量，对第一个试样进行冲击，观察试样是否破坏，如已破坏，则降低一个能量增值 ΔE，对第二个试样进行冲击，如果第二个试样未破坏，则又增大一个 ΔE。如此反复测试，并且至少对 20 个试样进行冲击测试。其中能量增值 ΔE，可根据预测试的破坏能的 5%～15%来确定。

（1）结果计算和表示

① 50%冲击破坏高度按式(5-20）计算：

$$H_{50}=H_1+d\left\{\frac{\sum(in_i)}{N}\pm\frac{1}{2}\right\} \tag{5-20}$$

式中，H_{50} 为 50%冲击破坏高度，m；H_1 为试验初始高度（预测的试验破坏高度），m；d 为每次升降的试验高度，m；n_i 为各试验高度已破坏（或未破坏）的试样数；i 为设 H_1 为 0 时，逐个增减的高度水准（$i=\cdots-3,\ -2,\ -1,\ 0,\ 1,\ 2,\ 3\cdots$）；$N$ 为已破坏（或未破坏）试样的总数（$N=\sum n_i$）；±1/2 为使用已破坏的数据时取负号，使用未破坏的数据时取正号。

② 50%冲击破坏能按式(5-21）计算：

$$E_{50}=MgH_{50} \tag{5-21}$$

式中，E_{50} 为 50%试样被破坏时的冲击破坏能，J；H_{50} 为固定的下落高度，m；M 为固定的落锤质量，kg；g 为自由落体加速度，9.81m/s^2。

（2）影响因素 落锤冲击试验是以重锤直接冲击试样，因此除了落锤的下落高度及质量大小外，重锤冲头的形状、尺寸对结果影响很大，一般冲击头都用半球状，冲头直径小则冲击破坏能低，反之则高。因此测试时应按标准的规定选取合适的冲头，注意冲头表面是否光整，如有机械损伤，则应更换。

落锤冲击试验的试样是制品，而制品的表面状况是不同的，因此冲击点的选取对其测试结果有很大的影响，特别是管材，其冲击点需在其管子外径圆周的法向位置上，否则其测试结果数值偏高。

三、其他冲击试验方法

1. 高速拉伸冲击试验

高速拉伸冲击试验是用拉伸设备进行的，不过拉伸速度很高，应大于 2000mm/min。根据试验过程中仪器记录的载荷-时间曲线，试样的尺寸和所选的拉伸速度，得出应力-应变曲线。由于应力-应变曲线下的面积正比于材料断裂所需的能量，因此，若曲线是在足够高的速度下得到的，则曲线下的面积也直接正比于材料的冲击强度。

2. 仪器化冲击试验

普通的冲击试验方法只能给出总冲击能量，不能提供关于延性、动态韧性、断裂和屈服载荷等信息及整个冲击过程中试样的行为，因而不能区分冲击能量中弹性部分和塑性部分，也不能揭示材料在冲击破坏机理上的差异，给正确评价材料冲击性能带来很大困难。若将普通的冲击试验用仪器装备起来，并在撞锤上安装力传感器，即可进行仪器化冲击试验，实现冲击过程中的动态检测。在试验过程中，系统检测并精确地记录了整个冲击情况，即从加速作用开始到开始冲击，塑料开始弯曲，裂纹引发、扩展，一直到完全损坏，并给出在整个破坏过程中作用于试样上的载荷变化，从而得到试样在一个完整历程中的力-时间、力-形变和能量-时间曲线，并通过微处理技术，计算出许多有用的数据，如冲击速率、屈服力和位移、断裂、屈服和损坏能量等。

3. 跌落冲击试验（坠落试验）

跌落试验是直接测定制品实用强度的最好方法之一。它常用于包装袋（如薄膜袋、编织袋）、中空容器（如油罐、塑料桶、塑料瓶）和箱壳类制品（如周转箱、塑料船体、浴缸）等。试验时，在制品中封入与内装材料相当质量的重物（视制品不同，可选用实际盛装物品、水、砂、沙袋或其他重物），从规定的高度坠落在混凝土地板上，检查破损情况，测出导致破坏的最低高度。坠落方向可为各种角度，通常采用水平坠落与角向坠落两种方式。

第五节 硬度试验

一、概念及测试方法

硬度是指材料抵抗其他较硬物体压入其表面的能力。硬度是材料的弹性、塑性、韧性等一系列力学性能组成的综合性指标。通过对硬度的测量可间接了解该材料的其他力学性能，例如磨耗性能、拉伸性能、固化程度等。硬度试验因其具有测量迅速、经济、简便且不破坏试样的特点，因此，在生产过程中对监控产品质量和完善工艺条件等方面有非常重要的作用。也是检测塑料性能最容易的一种方法。

测定硬度的方法主要有三种类型：①测定材料耐顶针压入能力的试验，如邵氏硬度（肖氏硬度）、球压痕硬度试验等；②测定材料对尖头或其他材料的耐划痕性硬度试验，如莫氏硬度（Mobs）等；③测定材料回弹性的硬度试验，如洛氏硬度、邵氏反弹硬度试验等。

常用的测定高分子材料硬度的实验方法有：邵氏硬度（肖氏硬度）、球压痕硬度、洛氏硬度和巴柯尔硬度实验等。邵氏硬度实验分为邵氏 A 型、邵氏 C 型和邵氏 D 型实验。邵氏 A 型适用于软质塑料及橡胶；邵氏 C 型和邵氏 D 型适用于较硬或硬质塑料和硫化橡胶。球压痕硬度实验适用于柔软的弹性体到较硬的塑料。洛氏硬度实验主要用于刚硬的工程塑料的硬度评价。针对给定的高分子材料，选取硬度实验的方法应依据该材料的相关标准或与提供材料者达成的约定而定。

硬度测定值的大小不仅与材料性质有关，还取决于测定条件和方法。不同测定方法测定的硬度值不能相对比较。

二、邵氏硬度

又称为肖氏硬度，是在我国应用最广的硬度测量方法。邵氏硬度仪有三种型号：邵氏 A 型（测量软质橡塑材料）、邵氏 C 型（测量半硬质橡塑材料）、邵氏 D 型（测量硬质橡塑材料），其测得的硬度分别用 H_A、H_C、H_D 表示，我国与 ISO 规定一致，使用邵氏 A 型和 D 型。可参照国家标准 GB/T 531.1—2008《硫化橡胶或热塑性橡胶 压入硬度试验方法 第 1 部分：邵氏硬度计法（邵尔硬度）》和 GB/T 531.2—2009《硫化橡胶或热塑性橡胶 压入硬度试验方法 第 2 部分：便携式橡胶国际硬度计法》。

动画扫一扫
邵氏A硬度测试原理

动画扫一扫
邵氏D硬度测试原理

1. 测试原理

将规定形状的压针，在标准的弹簧压力下和规定的时间内，把压针压入试样的深度转换为硬度值，表示该试样材料的邵氏硬度等级，直接从硬度计的指示表上读取值。指示表为 100 个分度，每一个分度即为一个邵氏硬度值。邵氏压痕硬度实验不适用于泡沫塑料。

2. 测试仪器

邵氏硬度计主要由读数度盘、压针、下压板及对压针施加压力的弹簧组成（见图 5-20）。

（1）读数度盘　为 100 分度，每一个分度为一个邵氏硬度值。当压针端部与下压板处于同一水平面时；即压针无伸出。硬度计度盘应指示“100”。当压针端部距离下压板（25±0.04)mm 时，即压针完全伸出，硬度计度盘应指示“0”。

（2）弹簧　力压力弹簧对压针所施加的力应与压针伸出压板位移量有恒定的线性关系。

（3）下压板　为硬度计与试样接触的平面，它应有直径不小于 12mm 的表面。在进行硬度测量时，该平面对试样施加规定的压力，并与试样均匀接触。

（4）测定架　应备有固定硬度计的支架、试样平台（其表面应平整、光滑）和加载重锤。实验时硬度计垂直安装在支架上，并沿压针轴线方向加上规定质量的重锤，使硬度计下压板对试样有规定的压力。对于邵氏 A 型重锤为 1kg，邵氏 D 型重锤为 5kg。

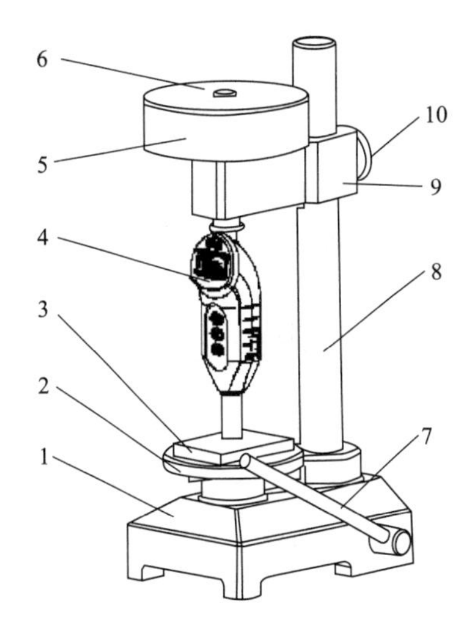

图 5-20　TH210 邵氏硬度计

1—底座；2—工作台；3—试样；4—硬度计；5—砝码；6—砝码固定杆；7—下压手柄；8—立柱；9—升降滑动臂；10—锁紧手轮

硬度计的测定范围为 20～90 之间。当试样用 A 型硬度计测量硬度值大于 90 时，改用邵氏 D 型硬度计测量硬度。用 D 型硬度计测量硬度值低于 20 时，改用 A 型硬度计测量。

3. 测试步骤

① 实验试样　试样大小应保证每个测量点与试样边缘距离不小于 12mm，各测量点之间的距离不小于 6mm。可以加工成 50mm×50mm 的正方形或其他形状的试样。

试样应厚度均匀，用 A 型硬度计测定硬度，试样厚度应不小于 4mm。用 D 型硬度计测定硬度，试样厚度应不小于 3mm。除非产品标准另有规定。当试样厚度太薄时，可以采用两层、最多不应超过三层试样叠合成所需要的厚度。并应保证各层之间接触良好。

试样表面应光滑、平整、无气泡、无机械损伤及杂质等。

每组试样测量点数不少于5个，可在一个或几个试样上进行。

按GB 531—2009规定调节实验环境并检查和处理试样。对于硬度与湿度无关的材料，实验前试样应在实验环境中至少放置1h。

② 将硬度计垂直安装在硬度计支架上。用厚度均匀的玻璃片平放在试样平台上，在相应的重锤作用下使硬度计下压板与玻璃片完全接触，此时读数盘指针应指示“100”。当硬度计下压板完全离开玻璃片时，指针应指示“0”。允许最大偏差为±1个邵氏硬度值。

③ 把待测试样置于测定架的试样平台上，使压针头离试样边缘至少12mm，平稳而无冲击地使硬度计在规定重锤的作用下压在试样上，从下压板与试样完全接触15s后立即读数。如果规定要瞬时读数，则在下压板与试样完全接触后1s内读数。

④ 在试样上相隔6mm以上的不同点处测量硬度五次，取其算术平均值。

⑤ 分别用待测试样重复上述实验步骤。

⑥ 实验结果表示：从读数度盘上读取的分度值即为所测定的邵氏硬度值。用符号H_A或H_D分别表示邵氏A和邵氏D的硬度。例如，用邵氏A硬度计测得硬度值为50，则表示为H_A50。

实验结果以一组试样的算术平均值表示。

4. 影响因素

（1）试样厚度　试样过薄，将使测得的硬度值偏大。

（2）压针　压针端部形状越平坦，测得的硬度值越大。所以要特别注意压针的磨损程度。压针长度若过长，在压向硬玻璃板上时，指示会大于或小于100。必须进行校正，才能进行测试。

（3）温度　不论橡胶还是塑料，测试温度高，测得的硬度值低。

（4）读数时间　大多数材料试样的硬度随读数时间的增加而下降。

（5）测点间距离　测试点间距过小，测试点接近边缘等都会造成测试结果不准。

三、洛氏硬度

1. 试验原理

洛氏硬度试验法是美国人洛克尔在1919年提出的。属于静载压痕法硬度试验。可用于软的弹性体材料到较刚硬塑料的硬度值评价。测试采用规定直径的120°金刚石圆锥或淬火钢球、硬质合金球作为压头，先在试样上施加初始检测力F_0，得到压痕深度h_0，再加上主检测力F_1，在总检测力F作用下，将压头压入试样表面，得到压痕深度h_1，之后卸除主检测力，保留初始检测力F_0，再测得压痕深度h_2，用两次初始力F作用下测量的压入深度差h，计算出洛氏硬度（见图5-21）。

$$洛氏硬度=K-h/C \tag{5-22}$$

式中，K为换算常数，规定为130；C为常数，规定为0.002mm；$h=h_2-h_0$，h_2、h_0的单位为mm。

根据试验材料硬度的不同，洛氏硬度测试可采用不通的负荷和压头。由于塑料材料较金属材料软，塑料洛氏硬度试验需采用较小的负荷、较大的压头和大量程结构的硬度计。GB/T 3398.2—2008《塑料　硬度测定　第2部分：洛氏硬度》规定洛氏硬度标尺有R、L、M和E四种标尺，并规定了初负荷和压头直径。

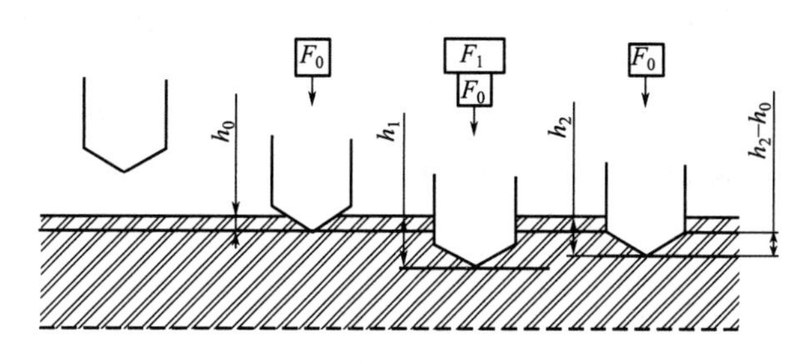

图 5-21 洛氏硬度测试原理示意图

2. 测试仪器

洛氏硬度计主要由机架、压头、加力机构、硬度指示器和计时装置组成。机架为刚性结构。压头为规定直径的 120°金刚石圆锥或淬火钢球或硬质合金球；加力机构的缓冲器能使压头对试样平稳地施加压力，并控制施力时间在 3～10s 以内。硬度指示器能测得压头压入深度（精度达到 0.001mm）、计时装置各加压时间及总试验力的保持时间。

3. 测试步骤

① 试样：试样大小应保证每个试样的同一表面上进行 5 个点的测量。测量点与点之间、测量点与试样边缘距离均不小于 10mm，试样厚度不小于 6mm。可以加工成 50mm×50mm×6mm 的正方形或其他形状的试样。

可以采用两层，最多不应超过三层试样叠合成所需要的厚度，并应保证各层之间接触良好。

试样应厚度均匀，试样表面应光滑、平整、无气泡、无机械损伤及杂质等。

② 根据试样的软硬程度选择合适的标尺，以便使测得的硬度数值处于 50～115 之间，少数材料如不能处于此范围内，也不得超过 125。如果一种材料同时可用两种标尺，且所测值均处于规定范围内，则应选用较小试验力的标尺。相同材料应选用同一标尺。

③ 试样平稳放在硬度计工作台上，旋转加力机构手轮，使压头无冲击地与试样接触，施加初始压力。直至硬度指示器短指针指示零点，长指针垂直指向上方，长针的偏移不得超过±5 分度值。

④ 调节指示器，使长针对准，再于 10s 内平稳施加主压力并保持 15s，然后平稳卸除主压力，经 15s 时读取长指针所指的标尺数据 h。

⑤ 反向旋转加力机构手轮，降低工作台，更换测试点，重复上述操作，每个试样测量 5 个点。

⑥ 根据试验测得的值，按式(5-22) 计算洛氏硬度。测试结果取 5 个数据的平均值。

4. 影响因素

（1）试验仪器的影响　涉及硬度计自身存在的缺陷包括：机架的变形量超过规定标准；主轴倾斜；压头夹持方式不正常，加荷不平稳以及压头轴线偏移等，均可导致测试结果的误差。上述各因素都应在仪器使用前按照规定的要求和方式予以校准和消除。

（2）测试温度的影响　测试温度上升，高分子材料的洛氏硬度都下降，尤其对热塑性塑料的影响更显著。

（3）试样厚度的影响　和前述的邵氏硬度一样，洛氏硬度也存在载物台效应的影响，试样过薄，将使测定的硬度值偏大。

（4）主试验力保持时间的影响　塑料属于黏弹性材料，在试验载荷作用下，试样的压痕深度必定会随加荷时间的增加而增加，因而主试验力保持时间越长，其硬度值越低。并且，主试验力的保持时间对低硬度材料的影响较对高硬度材料的影响要明显得多。

（5）读数时间的影响 主试验力卸除后，试样压痕会产生弹性恢复，其速度是先快后慢，最终趋于稳定。因此卸荷后距读数时间越长，压痕的弹性恢复时间也越长，测得的硬度值应当偏高。

四、其他测试方法

在实际生产中，不同用途的不同材料，有许多不同的硬度测试方法。上述的邵氏硬度和洛氏硬度属于抵抗外物压入能力的测试方法，对于抵抗划痕能力的测定方法有莫氏硬度检测方法；其原理是以材料抵抗刻画的能力作为衡量硬度的依据。莫氏硬度的标度是选定十种不同矿物：滑石、石膏、方解石、萤石、磷灰石、长石、石英、黄玉、刚玉、金刚石，依次从软到硬标定其硬度为1～10。鉴定时，用标号为 n 的矿物在被测物上的平滑面上用力刻划，如果留下刻痕则表示该被测物的硬度小于 n。如果一种材料用硬度为 n 的矿物能刻出划痕，而用标号（$n-1$）的硬度物不能刻出划痕时，它的硬度就在此两种硬度标号之间，即为（$n-0.5$）级。

在涂料、包装行业广泛应用的铅笔划痕硬度法也是一种抵抗划痕能力的测定方法，这里仅作简单介绍。

图 5-22 铅笔硬度计

铅笔划痕法测试涂膜硬度是自 20 世纪 80 年代以来被国际上普遍采用的测试方法。我国也已在涂料的研究和生产中推广这种测试方法。相关的标准有 ASTM D3363—05（2011）；我国国标 GB/T 6739—2006《色漆和清漆铅笔法测定漆膜硬度》；其方法是用一系列已标硬度的铅笔芯以 45°角对材料或涂层表面进行刮划，以恰好不产生划痕的那支铅笔的硬度标号作为被测物的硬度。此测试快速又花费少。图 5-22 为铅笔硬度计示意图。

实验方法如下：

① 准备好一套符合下列硬度表的校准绘图铅笔芯或同等的校准木铅笔芯：

6B-5B-4B-3B-2B-B-HB-F-H-2H-3H-4H-5H-6H

较软 较硬

两邻近的铅笔芯等级之间的差可视为一个硬度单位。

② 符合标准要求的铅笔硬度计。

③ 选一支中等硬度的铅笔，例如：2H，用 400 号磨砂纸打磨铅笔尖成一个 1/32～1/16in 的圆形（0.8～1.6mm）。

④ 将铅笔硬度计放置水平面上，铅笔插入其中，直至笔尖接触水平面拧紧定位螺丝。

⑤ 放置铅笔硬度计于测试表面上并向前推动 1/4～1/2in（6～12mm），划刮表面。

⑥ 将铅笔旋转 90°，移动轨距 1/2in（12mm）至第一次测试的一边，重复第⑤步。共划3 次。

⑦ 检查涂层是否有刮皱或刻痕，如果没有，用硬度更高的铅笔（如 3H）重复测试，反之，则用硬度稍软的铅笔（如 H）重复测试。

⑧ 重复步骤⑦直到找出 2 支铅笔，一支能刮破/刻伤表面涂层，一支则不能。以不会割裂或划伤涂层的最硬的铅笔硬度标号作为该试样的铅笔硬度值。

第六节　其他力学性能测试

一、剪切试验

沿物体平面施以外力，使物体产生剪切形变，当所施剪切力一定时，可以观察到作为时间函数的剪切应变，这种试验称为剪切试验。如使物体产生迅速的剪切变形，并保持应变不变，则可以测量作为时间函数的剪切应力。

剪切强度定义为在剪切应力作用下，使试样移动部分与静止部分呈完全脱离状态所需要的最大负荷。可以由剪切试验中试样破坏时最大剪切载荷与试样原始截面积之比求得，它是承受剪切载荷材料的重要力学性能指标。用来表征高聚物材料抵抗剪切载荷而不破裂的能力。对于脆性材料，即可应用简单的剪切试验来测定其剪切强度，而对于受剪切作用会发生较大塑性形变的材料，可采用扭转试验方法测定。通常以 ASTM D-732 作为试验规范，另外还有 HG/T 3839—2006 规定的“穿孔法”试验方法，GB/T 10007—2008 规定的“硬质泡沫塑料剪切强度试验方法”，ASTM D3846—2008 规定的“增强塑料的平面剪切强度的标准试验方法”等测试剪切强度的方法。

（一）剪切强度试验 ASTM D-732

ASTM D-732 规定的剪切强度试验，是通过一个标准冲头以规定的速度，强迫热塑性塑料试样片完全破坏。剪切强度大小为试样在剪切力作用下破坏时单位面积上所能承受的负荷值。

1. 试验样品和试验装置

剪切强度试验的样品可以模塑或直接从片材上切取。它可以是一个直径为 50.8mm 圆盘或面积为 12.9cm^2 的板。这样的设计是为了防止样品的弯曲变形。样品的厚度介于 0.127～12.7mm 之间，中间有一个直径 11mm 的孔洞。配有冲压式夹具、恒速的通用万能试验机，比如用于拉伸、压缩、弯曲强度试验的万能试验机都可以用于剪切强度试验，见图 5-23。

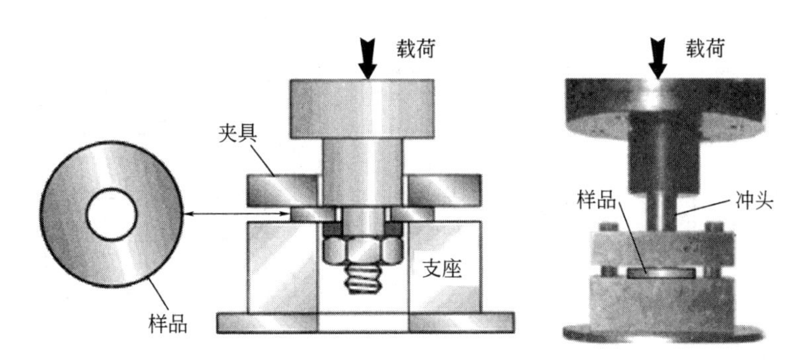

图 5-23　剪切强度试验示意图

2. 测试步骤

测试首先要把样品正确固定在定位夹具上，冲头以 1.27mm/min 的速度剪切压迫试验，直到试样完全破坏，就获得试样的最大剪切负载。

其抗剪强度计算如下：

$$剪切强度(psi)=样品剪切力(lb)/剪切边缘区(in^2)$$
$$剪切边缘区(in^2)=冲头周长(in)/试样厚度(in)$$

3. 意义和局限性

剪切强度试验对于设计薄片型的塑料制品尤其重要，这些制品要承受剪切负荷，而注塑产品设计时，剪切强度载荷一般考虑较少。根据工程实践，通常认为剪切强度基本上等于拉伸强度的一半。

（二）塑料剪切强度试验方法（穿孔法）

HG/T 3839—2006 标准规定了采用圆形穿孔器，以压缩穿孔方式测定塑料剪切强度的试验方法。该标准适用于硬质热塑性塑料和热固性塑料，包括填充塑料和纤维增强复合材料，不适用于泡沫塑料。GB/T 10007—2008 标准规定了硬质泡沫塑料剪切强度试验方法。

1. 试验样品和试验装置

试样是边长为 50mm 的正方形或直径为 50mm 的板，厚度为 1.0～12.5mm，中心有一直径为 11 mm 的孔。试样厚度应均匀，表面光洁、平整、无机械损伤及杂质。可按有关标准或双方协议采用注塑、压制或挤出成型等方法，也可用机械加工方法从成型板材上切取，不同加工方法所测结果不能相互比较，剪切试样和试验装置见图 5-24 和图 5-25。

穿孔法剪切试验原理

2. 测试步骤

按规定调节试验环境，将穿孔器播入试样的回孔中，放上垫圈，用螺帽固定。然后把穿孔器装在夹具中，再将夹具用四个螺栓均匀固定，以使试样在试验过程中不产生弯曲，安装夹具时，应使剪切夹具的中心线与试验机的中心线重合。启动试验机，对穿孔器施加压力，记录最大负荷（或破坏负荷、屈服负荷、定变形率负荷）。

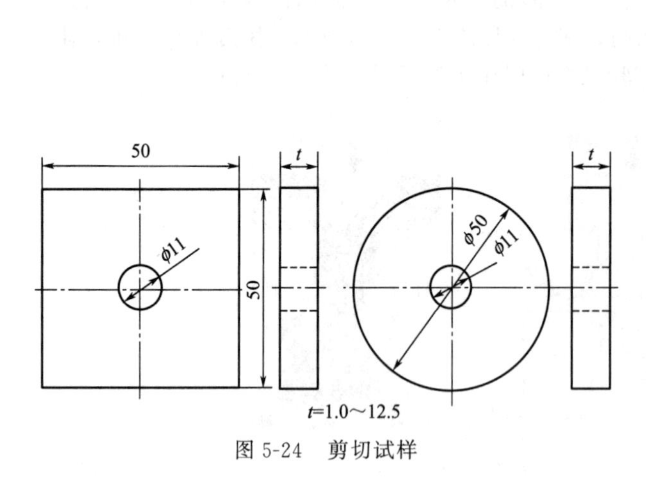

图 5-24 剪切试样

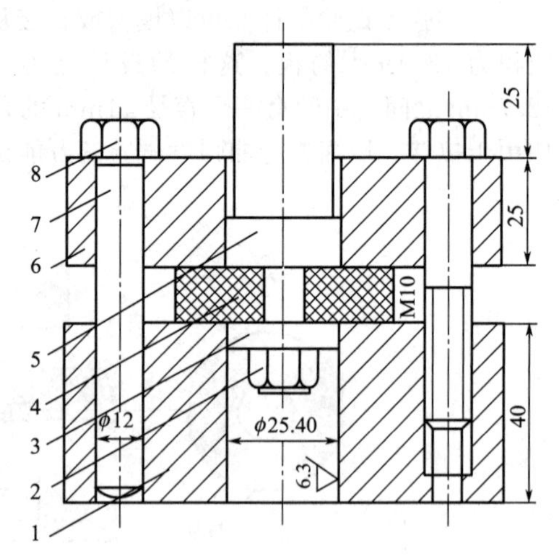

图 5-25 穿孔式剪切夹具和试验装置示意图

1—下压模；2—螺母；3—垫圈；4—试片；5—穿孔器；6—上模；7—模具导柱；8—螺栓

3. 结果表示及影响因素

（1）结果表示 剪切强度按下式计算：

$$\sigma_t = P/(\pi D t) \tag{5-23}$$

式中，σ_t 为剪切强度，MPa；P 为剪切负荷，N；π 为圆周率；D 为穿孔器直径，mm；t 为试样厚度，mm。

测定剪切强度时，P 为最大负荷；测定破坏剪切强度时，P 为破坏负荷；测定屈服剪切强度时，P 为屈服负荷，测定变形率剪切强度时，P 为规定变形率时的剪切负荷。

（2）影响因素

① 剪切速度　不同材料的穿孔式剪切试验速度对剪切强度有影响。同一种材料随着剪切试验速度的增加，其剪切强度也增大，因此在试验时必须在规定的统一试验速度下进行。由于高分子材料属于黏弹性材料，只有在较低试验速度下高分子链段才来得及运动，也只有在较低速度下材料的缺陷才易于暴露，因此试验方法选定的试验速度为 1mm/min。

② 试样厚度　相同材料的试样厚度不同，其剪切强度值也不同。材料在其制造过程中，不可避免地会产生一些气孔、杂质或低分子物质等缺陷，试样越厚，存在缺陷的概率也越高，因此一般试样越厚，其剪切强度值也越低。

③ 环境温度　随着温度的升高，剪切强度明显下降，且热塑性材料较热固性材料的影响更为明显。

二、蠕变及应力松弛试验

在一定温度和远低于该材料断裂强度的恒定外力作用下，材料的形变随时间增加而逐渐增大的现象称为蠕变现象。例如一条已架设的硬聚氯乙烯管线，随着时间的增加它会弯曲变形；长时间挂在墙上的雨衣，由于它本身的自重也会使它沿着悬挂方向变形。这些现象都认为是材料的蠕变现象。导致蠕变的外力可以是拉伸、压缩和剪切，相应的应变为伸长率、压缩率和剪切应变。相应的现象称为拉伸蠕变、压缩和剪切蠕变。蠕变现象又可分为蠕变较大的高聚物类（交联或未交联橡胶、热塑性弹性体等）和蠕变较小的高聚物类（玻璃态或结晶态热塑性塑料或热固性塑料）。

在恒定形变下，物体的应力随时间而逐渐衰减的现象称为应力松弛。例如将一条橡皮拉伸到一定长度并使之固定起来，橡皮同部会产生与所加外力大小相等方向相反的应力（弹力），这种弹力会随着时间的延长而逐渐减小，慢慢地松弛下来，这就是应力松弛。蠕变现象与应力松弛是一个问题的两个方面，一个是在恒定应力下形变随时间的发展过程；一个是在恒定形变下应力随时间的衰减过程。

GB/T 11546.1—2008/ISO 899-1：2003 规定了塑料蠕变性能的测定，适用于硬质和半硬质的非增强、填充和纤维增强的塑料材料，适用于直接模塑的哑铃形试样或从薄片或模塑制品机加工所得的试样；ISO 899-2：2003 规定了塑料三点式加荷弯曲蠕变性能的测定。

（一）蠕变试验

1. 试验样品和试验装置

试验样品使用相关材料标准或 GB/T 1040.2—2006 中规定的测定拉伸性能的试样。

试验装置由夹具、加载系统、伸长测量装置、计时器和测微计组成。其中，夹具应尽可能保证加载轴线与试样纵轴方向一致，确保试样只承受单一应力；加载系统应保证能平稳施加载荷，不产生瞬间过载，并且施加的载荷在所需载荷的 ±1% 以内；伸长测量装置由能够测量载荷下试样标距伸长量或夹具间距伸长量的非接触式或接触式装置构成，此装置不应通过力学效应（如不应有的变形、缺口）、其他物理效应（如加热试样）或化学效应对试样性能产生影响（见图 5-26 和图 5-27）。

蠕变试验原理

图 5-26 测量不同温度下材料的蠕变行为的试验设备

图 5-27 测量不同温度下弯曲蠕变行为的试验设备

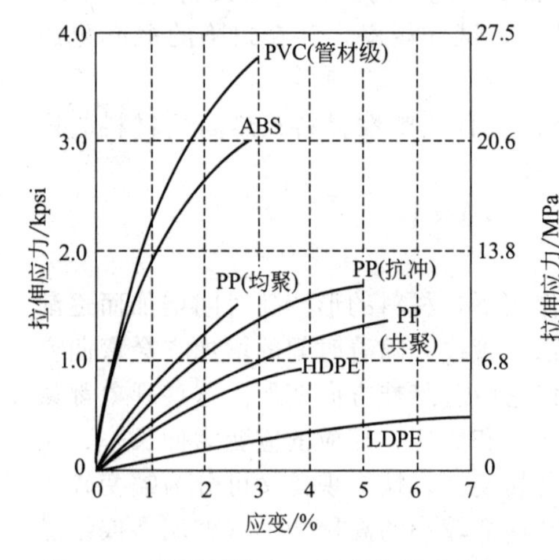

图 5-28 不同树脂在 23℃环境下经过 1000h 一定负荷后的应力应变曲线

2. 测试步骤

蠕变性能不仅受试样的热历史影响，而且受状态调节时温度和湿度的影响。如果试样未达到湿度平衡，蠕变将会受到影响。当试样过于干燥，由于吸水会产生正应变；而当试样过于潮湿，由于脱水会产生负应变。因此，需按照材料标准的规定对试样进行状态调节。

(1) 预加载 夹好试样后，待温度和相对湿度平衡时方可预加载，再测量标距，应保证预加载不对试验结果产生影响。

(2) 加载 向试样平稳加载，加载过程应在 1～5s 内完成。某种材料的一系列试验应使用相同的加载速度，计算总载荷（包括预载荷）作为试验载荷。

(3) 测量伸长 记录试样加满载荷点作为 $t=0$ 点，若伸长测量不是自动和（或）连续记录的，则要求按 1min、3min、6min、12min、30min 时间间隔测量应变（见图 5-28）。

3. 结果表示

(1) 拉伸蠕变模量 E_t：

$$E_t=\frac{\sigma}{\varepsilon_t}=\frac{FL_0}{A(\Delta L)_t} \tag{5-24}$$

式中，F 为载荷，N；L_0 为初始标距，mm；A 为试样初始横截面积，mm^2；$(\Delta L)_t$ 为时间 t 时的伸长，mm。

(2) 标称拉伸幅变模量 E_t^*：

$$E_t^*=\frac{\sigma}{\varepsilon_t^*}=\frac{FL_0^*}{A(\Delta L^*)_t} \tag{5-25}$$

式中，F 为载荷，N；L_0^* 为标称初始标距，mm；A 为试样初始横截面积，mm^2；$(\Delta L^*)_t$ 为时间 t 时的标称伸长，mm。

（二）应力松弛试验

应力松弛试验原理

在恒定形变下，物体的应力随时间而逐渐衰减的现象称为应力松弛。如垫片、密封件、阀座等塑料制品应用的情况，往往要经历应力松弛过程。随时间和温度，变形引起应力损失，从而导致力学性能变化，这种现象会影响制件的密封程度和紧固件的紧密程度。应力松弛是一种理论上类似于蠕变特点的松弛行为，塑料应力松弛程度依赖于应变、时间和温度条件。

下面以“硫化橡胶或热塑性橡胶老化性能的测定拉伸应力松弛试验”（GB/T 9871—2008/ISO6914：2004）介绍应力松弛试验。

1. 试验样品和试验装置

从胶片中裁剪，为两边平行的长条，试样厚度（1.0±0.5）mm，试样的其他尺寸，即宽度和长度，应选择适合于负荷测量装置的灵敏度和用于调节应变的机械的精密度。

试验装置有两种，应力松弛仪（用于方法 A 和 B）和拉力试验机（用于方法 C）。

应力松弛仪有两个夹持器，能夹持处于固定伸长下的试样没有滑动（在±1%以内），以及测量和记录试样上的力装置。对于方法 B，应力松弛仪的装置应使试样在定期的间隔时能拉伸和放松，试验的重复拉伸应恒定在所用伸长的±1%以内。

2. 试验步骤

（1）方法 A　在无应力条件下，将试样安装在已预热的夹持器上进行老化，在（5±0.5)min 之后，拉伸试样在 1min 之内达到 45%～55%的伸长，并保持其在该伸长的±1%以内，也可以用（20±2)%的较小伸长代替（50±5)%，测量初始力（F_0）。

（2）方法 B　在无应力条件下，将试样安装在已预热的夹持器上进行老化，在（5±0.5)min 之后，拉伸试样在 2s 之内达到 45%～55%之间的伸长，并保持其在该伸长的±1%以内（10±1)s，测量初始力（F_0），也可以用（20±2)%的较小伸长代替（50±5)%。

3. 结果表示

拉伸应力松弛 $R(t)$，在试验规定的期间（t）后，表示为初始拉力的百分数：

$$R(t)=\frac{F_0-F_t}{F_0}\times 100\%=\frac{\sigma_0-\sigma_t}{\sigma_0}\times 100\% \tag{5-26}$$

式中，F_0 为初始拉伸力，N；F_t 为试验期间（t）后测量的拉伸力，N；σ_0 为初始应力 MPa；σ_t 为在试验规定的期间（t）后测量的应力，MPa。

（三）蠕变和应力松弛试验的影响因素

1. 温度的影响

不同温度下蠕变和应力松弛的速率也不同，温度越高，蠕变和应力松弛速率越大，蠕变值和应力松弛值也越大。但对硫化橡胶这类交联高聚物，温度升高一定值时，其蠕变和应力松弛速率显著降低，蠕变值和应力松弛值也变化很小。

2. 压力的影响

理论证明，增大压力可以使材料的自由体积减小，降低了分子链段的活动性，即降低了柔量，实验证明当压力达到 34.47MPa 时，某些高聚物的蠕变柔量下降到常压下柔量的 1/10。

3. 聚合物分子量的影响

物理蠕变和物理应力松弛的产生有一部分来自分子链的缠结而产生的黏性和弹性。当这种黏性是蠕变的决定因素时，形变与时间呈线性关系，蠕变速率恒定。这种黏性与高聚物的熔融黏度密切相关，而熔融黏度又与分子量有关。当分子量较小时，熔融黏度与分子量成正比；分子量足够大时，熔融黏度与分子量的 3.4～3.5 次幂成正比。

4. 交联状态的影响

不同的交联网的蠕变和应力松弛就不相同，随着交联度的提高，蠕变速率明显下降。试验还证明，硫黄硫化的天然橡胶比用过氧化物作交联剂硫化的天然橡胶的蠕变和应力松弛速率大 2～3 倍。可能是因为以硫键形成的交联网的应力低于过氧化物形成的交联网的应力。

5. 共聚和增塑作用的影响

共聚和增塑作用改变了高聚物的玻璃化温度，使蠕变和应力松弛曲线在温度轴方向产生平移。极性高聚物的蠕变和应力松弛曲线受环境温度的影响很大，因为水起着类似增塑剂的作用。结晶性高聚物由于增塑和共聚作用，使熔点和结晶度降低，增加了蠕变和应力松弛。

6. 结晶化的影响

试验证明，结晶能减少蠕变或应力松弛。结晶度低于 15%～20% 的共聚物，其性能与交联的橡胶类似。此外，由于结晶度对温度有很强的依赖关系，所以结晶高聚物的松弛时间谱和推迟时间谱比无定形高聚物宽，结晶度越高，应力松弛曲线越平坦，松弛时间谱越宽。

7. 聚合物分子结构的影响

嵌段聚合物和共聚聚合物形成了两相，因此其模量常低于单纯一种高聚物的模量，同样蠕变柔量也相应增大。这类材料受到外力作用时，在屈服点附近将产生严重的裂纹，这时的蠕变速度或应力松弛速度将急剧增大。树脂分子链柔曲性和分子链间作用力大小反映出其蠕变和应力松弛性能，分子链愈柔曲，分子链间作用力愈小，其蠕变和应力松弛就愈明显；相反，刚性分子链及链间作用力大的材料，其蠕变及应力松弛就小。像热固性塑料由于分子链间交链，抗蠕变性和抗应力松弛一般而言就优于热塑性塑料。

三、疲劳试验

疲劳概念最早是根据金属零件断裂失效的一种形式提出的。疲劳概念应用到塑料件时，对是否存在持久极限，与蠕变断裂和力学致热如何区分，直到 20 世纪 80 年代才有结论。

1. 疲劳的起因

疲劳是在较静态极限载荷小的载荷作用下，经过一定的时间周期后，首先在材料中产生很小的疲劳裂纹，然后在裂纹或材料的缺陷处（如杂质、填料、气泡、裂隙、表面擦伤、刻痕等）产生应力集中，使此处的应力比其他地方高数倍，数十倍或数百倍，就使裂纹迅速扩展，而导致材料的力学性能减弱或破坏。这些重复荷载可以是弯曲、拉伸、压缩、冲击或扭曲。

疲劳是材料在周期性的交变载荷作用下发生的破坏。疲劳寿命被定义为试样在给定的交变应力或应变作用下断裂时的循环次数 N。预测疲劳寿命，首先要分析塑料件所受交变应力或应变的类型。

通过高聚物材料疲劳试验，研究频率、应力幅与循环次数关系的结果显示，频率较高或应力幅太大，以致试样在较低的循环寿命下发生热疲劳断裂。在高应力幅时施以低频，在低应力幅时才赋予较高频率，出现较长寿命下疲劳断裂。在高频率和高应力幅的交变载荷作用下，高分子材料的温度上升到热变形温度附近而失效，这种力学致热现象也称作热疲劳。

聚合物及其复合材料具有动态力学阻尼，又有很低的热传导率。负载循环频率和应力或应变幅会使材料温度提高，部分机械功导致不可逆的分子结构演变和变形。主要是形成银纹和剪切带，还有分子链旋转和扭曲等变化。只有在低频和低的应力或应变幅下，存在分子运动的松弛过程，不可逆的分子结构演变才发展缓慢，才有传统的疲劳断裂；才存在持久极限下的无限次循环的疲劳寿命。

银纹化和剪切流变是聚合物疲劳过程中最普遍的分子链变形方式。银纹化一般具有脆性破坏的性质；形成剪切带的过程是塑性变形过程。这两个过程对不同材料、不同分子结构、试样加工方式、载荷频率和应力应变状态、不同复合填料，其生成状态是不同的。银纹和剪切带是疲劳的起因。材料中的细微裂纹初始化后，经长期循环，负载扩展到 mm 级的裂缝才疲劳断裂。

2. 疲劳试验举例

冲击疲劳是指单向的脉冲式循环载荷，使高聚物和增韧聚合物产生疲劳裂纹而断裂。给材料的每次冲击载荷能量取其冲击强度的 30%～95%。经多次的恒定重复冲击，韧性材料失效于屈服和裂纹的扩展，脆性材料是突发的断裂。冲击疲劳的失效形式对齿轮、弹性件和杠杆等塑料件可靠性设计有指导意义。例如，GB/T 35465—2017 规定了聚合物基复合材料在恒定振幅和恒定频率循环加载条件下，拉-拉疲劳性能试验的试验设备、试样、状态调节和试验环境等内容。

《高聚物多孔弹性材料定负荷冲击疲劳的测定》（GB/T 18941—2003）规定了室内装饰中使用的多孔弹性材料的厚度减少值和硬度降低值的测定方法。该试验方法提供了评价用于承载装饰的胶乳型和聚氨酯型多孔弹性材料的使用性能的手段。

（1）试验原理　通过一个面积比试样小一些的压头反复地凹入试样，在保持规定范围内的每一个冲击周期中达到最大负荷。

（2）试验设备　试验设备使用往复式冲击试验机（见图 5-29 和图 5-30），由平台、压头、压头支架、测力装置组成，通过曲辊或其他合适的机械装置，试验机应能使承载试样的台板或压头支架往复运动，压力从垂直方向以每分钟（70±5）次的速率进行冲击，冲击幅度应是可以调节的。

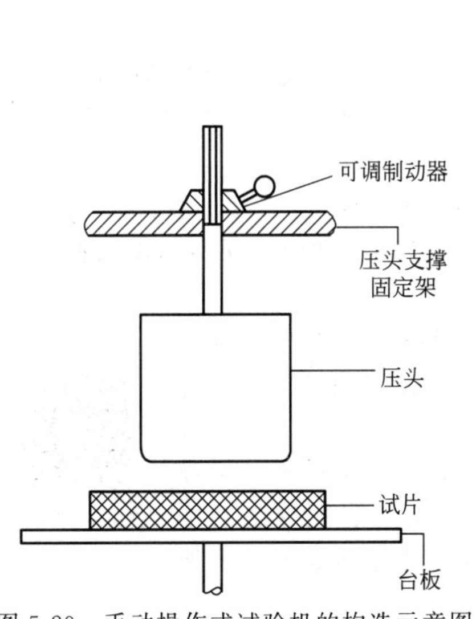

图 5-29　手动操作式试验机的构造示意图

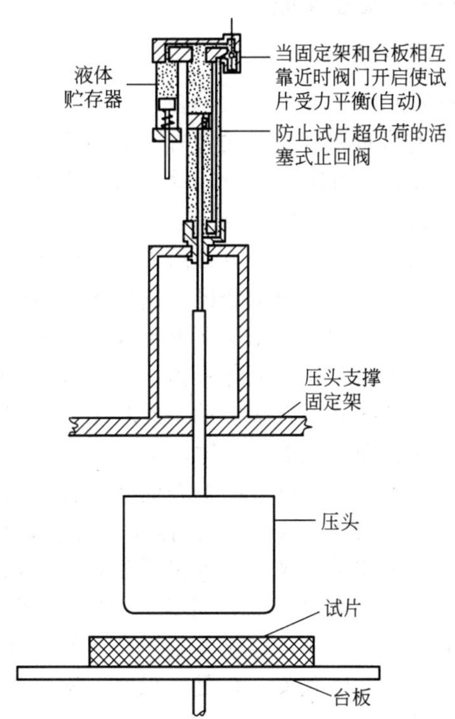

图 5-30　自动调节式试验机的构造示意图

3. 试验方法

把试样放在压头下的中心部位，调节冲击位置至与试样的厚度相当，并调节压头与平台的相对位置，直到可施加 75N±20N 的规定负荷，压头的质量必须进行校准。开动试验机持续 80000 个负荷周期，然后从试验机上取出试样，使它在无应力的状态下调节 10.0min±

0.5min；测量试样的厚度。

4. 结果表示

厚度减少值的百分率 Δd 由式(5-27) 给出：

$$\Delta d=\frac{d_1-d_2}{d_1}\times 100\% \tag{5-27}$$

式中，d_1 为初始厚度，mm；d_2 为最终厚度，mm。

硬度减少值 ΔH 由式(5-28) 求出：

$$\Delta H=H_1-H_2 \tag{5-28}$$

式中，H_1 为初始硬度；H_2 为最终硬度。

四、摩擦及磨耗性能

塑料作为摩擦件材料的优点是它具有优异的减摩耐磨性，抗化学腐蚀性，对异物的包容性、吸声吸振性和自润滑性。所以塑料在机器制造、交通运输，化工和仪表业的摩擦系统中得到日益广泛的应用，它可以代替大量的贵重有色金属，简化加工工序，降低成本，提高劳动生产率，延长机器的使用寿命。

摩擦性能主要是指材料的摩擦系数，磨耗性能主要是指在摩擦过程中，材料的表面不断损失的性能。

(一) 摩擦性能

1. 基本概念

按照 GB/T 17754—2012《摩擦学术语》的定义，摩擦是在力作用下物体相互接触表面之间发生切向相对运动或者有运动趋势时出现阻碍该运动行为并且伴随着机械能量损耗的现象和过程。这种阻碍相对运动的力称为摩擦力，摩擦力的方向总是沿着接触面的切线方向，跟物体相对运动方向相反。

根据两接触面运动方式的不同，摩擦又可分为：滑动摩擦，指一个物体在另一个物体上滑动产生的摩擦；滚动摩擦，指物体在力矩的作用下，沿接触表面滚动时产生的摩擦。

根据润滑状态，摩擦又可分如下几种。

(1) 液体摩擦（或称液体润滑） 两摩擦表面被较厚的润滑剂层（一般大于 5μm）分隔开，物体之间并不直接接触。此时摩擦力完全取决于润滑剂的性质，而与物体的表面性质无关。物体表面亦无磨损发生。

(2) 半液体摩擦 摩擦表面间存在润滑剂层，但有些地方较厚，有些地方较薄（在 1～5μm 范围内）。此时摩擦力与润滑剂和金属表面性质都有关系。通常这类摩擦多发生在低速和高压强时。

摩擦系数测试原理

(3) 境界摩擦（境界润滑） 摩擦表面并不直接接触，其间有一层极薄的润滑剂膜存在，但仅为数千分子层厚度（0.1～1μm）。此时摩擦力不仅与润滑剂性质有关，在更大程度上决定于面层性质。境界润滑破坏后便发生干摩擦。

(4) 干摩擦 两摩擦面直接接触，其间完全无润滑剂存在的摩擦，不过通常所谓的干摩擦其摩擦表面仍存在有气体吸附层等。

摩擦力只和接触材料间的压力有关，而和接触面积无关。如果仔细考察两个材料的接触表面，便会发现，不管材料表面加工得如何平整光滑，经放大来看，表面总是凹凸不平的。两个材料表面接触时，只是那些突起部分互相接触，由于接触面积很小，承受的应力就可能很大。在很低负荷时，突起部分只发生弹性变形，随负荷的增加突起部分发生塑性变形。摩擦力的产生，是由于一种材料表面企图滑过另一材料表面时，接触的突起部分产生的切应力阻碍滑动，阻碍滑动的力。

摩擦力 F_m 和接触面上的法向力 F 有关。

$$F_{max}=\mu_s N \tag{5-29}$$

式中，F_{max} 为最大静摩擦力；μ_s 为静摩擦系数；N 为接触表面上的正压力。

当物体处于相对滑动时的摩擦称为动滑动摩擦，摩擦力称为动摩擦力，动摩擦力与正压力也成正比，表示为：

$$F_{max}=\mu_K N \tag{5-30}$$

式中，F_{max} 为滑动摩擦力；μ_K 为动摩擦系数，$\mu_K<\mu_s$；N 为接触表面上的正压力。

2. 试验设备与试验方法

目前，我国 GB 10006—88 是等同采用 ISO 8295—1986（E）《塑料薄膜和片材摩擦系数的测定方法》测定装置。试验原理是两试验表面平放在一起，在一定的接触压力下，使两表面相对移动，记录所需的力。本法规定滑块为 4000mm^2，质量为 200g，滑动速度为（100±10）mm/min。

测试时，将试样分别用双面黏胶布把薄膜粘贴于测试平台和滑块上，开动机器，滑块以恒定速度移动，其摩擦力由力传感器通过记录仪记录下来，记录摩擦力的第一个峰值，即为最大静摩擦力 F_{max}，通过计算就可以获得摩擦系数（见图 5-31）。

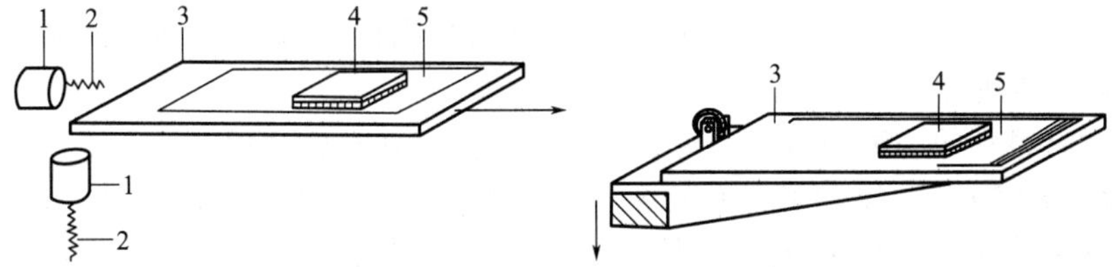

图 5-31　摩擦系数的测定方法示意图

1—测力系统的负荷传感器；2—调节弹性系数的弹簧；3—水平试验台；4—滑块；5—水平试验台上的试样

把测试平台上的塑料薄膜或片材改用金属或其他材料，就可以测定塑料薄膜或片材与金属或其他材料的摩擦系数。在研究塑料的摩擦时发现，只报道塑料的摩擦系数是毫无意义的，应指明某种塑料与某种材料组成的摩擦副的摩擦系数，而且也应说明什么材料滑动，并说明测试条件（温度、湿度、载荷及速度等）。

图 5-32 展示的薄膜摩擦系数测试仪。适用于测量塑料薄膜和薄片、纸张等材料滑动时的静摩擦系数和动摩擦系数。通过测量材料的滑爽性，摩擦系数仪可以控制调节包装袋的开口性、包装机的包装速度等生产质量工艺指标，满足产品使用要求。

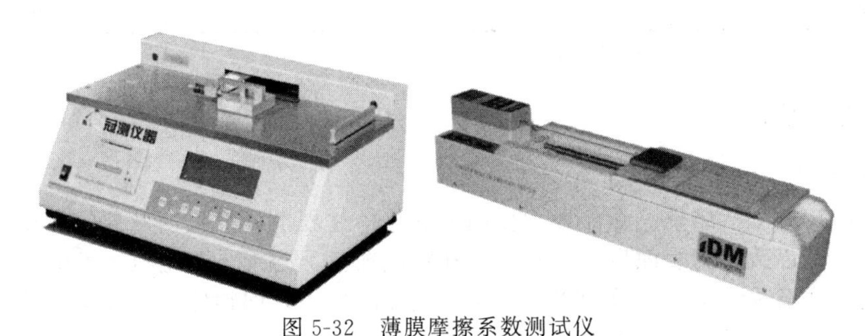

图 5-32　薄膜摩擦系数测试仪

图5-33所示的仪器用于测试大多数包装材料的静摩擦系数。测试时，样品台以一定速率（1.5°/s±0.5°/s）升高，当升高到一定角度后，样品台上的滑块开始下滑，此时仪器感应到下滑动作，样品台停止升高，并显示下滑角度，根据此角度可计算出样品的静摩擦系数。

图5-34所示的是依据HG/T 3780—2005标准（也符合ASTM-F609）而设计静摩擦系数测试仪，适用于鞋类的外底、鞋跟或相关外底材料静态防滑性能的测试。将规定的试样水平放置于标准要求的摩擦面板上，试样待测面朝下，施加一定的负荷，用水平拉动的方法以一定的速度拉动试样，测出其最大拉力，并计算静摩擦系数，以测量试样的静态防滑性能。

图5-33 包装材料的静态摩擦系数测试仪

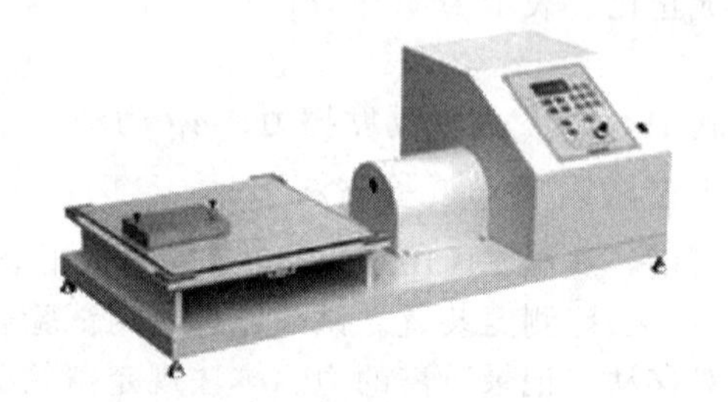

图5-34 鞋类摩擦系数测试仪

3. 影响摩擦系数的因素

(1) 温度 对摩擦系数有一定的影响，但都不太大。

(2) 负荷 在相当大负荷范围内，塑料的摩擦系数随负荷的增大而缓慢下降。

(3) 速度 在室温下，在中、低速度范围内，塑料的摩擦系数随速度的增加而增大，但在高速下，随速度的增加而降低。

(4) 配对材料 同一种塑料，因对摩材料的不同，其摩擦系数有很大差别。

(5) 表面的粗糙度 接触表面愈粗糙，摩擦系数愈大。但聚四氟乙烯-钢的摩擦系数，当钢的粗糙度很低时，却反而增大，只有当钢的粗糙度在适当范围内才降到最小，这可能和聚四氟乙烯在钢表面的黏附有关。

除以上列出的因素外，还有许多因素影响塑料的摩擦系数，如塑料的加工方法、试样的厚度等。几种类型塑料的摩擦系数见表5-13。

表5-13 几种类型塑料的摩擦系数

名称	摩擦系数		
	塑料在塑料上滑动	塑料在钢上滑动	钢在塑料上滑动
PTFE	0.04	0.04	0.1
PE	0.10	0.15	0.2
PS	0.50①	0.30	0.35
PMMA	0.80①	0.50①	0.45

① 已产生爬行，数据是在低速低负荷下测定的。

（二）磨耗性能

1. 基本概念

磨损是摩擦的必然结果。在摩擦力作用下的整个过程中，发生一系列的机械、物理、化学的相互作用，以致材料表面发生尺寸变化和物质损耗，磨损是决定机械寿命的重要因素。

(1) 磨耗或磨损 由于摩擦力引起的材料表面的损失，即物体在相互摩擦的过程中，其接触表面上的物质不断损失的现象。

（2）磨损率　单位时间（或单位行程、圈数等）材料的损失量。

（3）耐磨性　抵抗由于机械作用使材料表面产生磨损的性能，通常用磨损量表示，磨损量愈小，耐磨性愈好。

2. 磨耗试验方法

产生磨耗的主要因素是切割和疲劳。磨耗试验主要分两大类型：一种采用松散的摩擦材料，另一种采用致密的摩擦材料（GB/T 25262—2010）。

松散的粉状摩擦材料适用于注压喷砂机的方式，可以合理地模拟砂粒或类似的摩擦材料对制品使用中的碰撞作用；致密的摩擦材料可由不同材质组成，通常有砂轮（玻璃基质或弹性基质）、砂纸或砂布和金属刀。主要的磨耗类型都是胶料与另一个固体摩擦材料接触运动而产生的磨耗。

依据试样和摩擦材料相互摩擦的主要几何结构，可区分磨耗的类型，图 5-35～图 5-40 是典型的磨耗类型。

另外，还有试样相对于块状摩擦材料作往复直线运动（或者使移动的条状摩擦材料经过一个固定的试样）、可旋转的摩擦材料盘作用于固定的试样等。

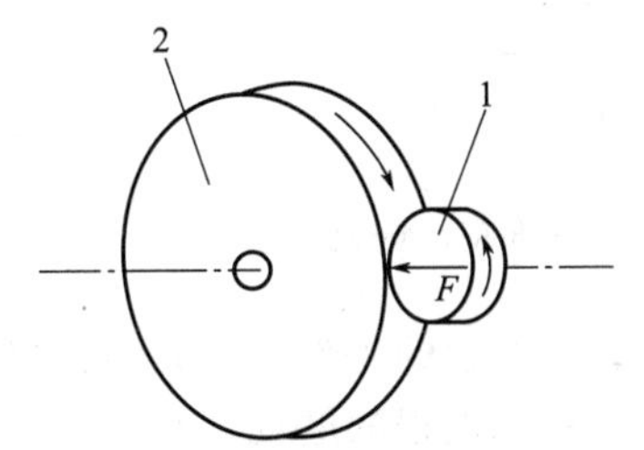

图 5-35　试样和摩擦材料均旋转

1—试样；2—摩擦材料

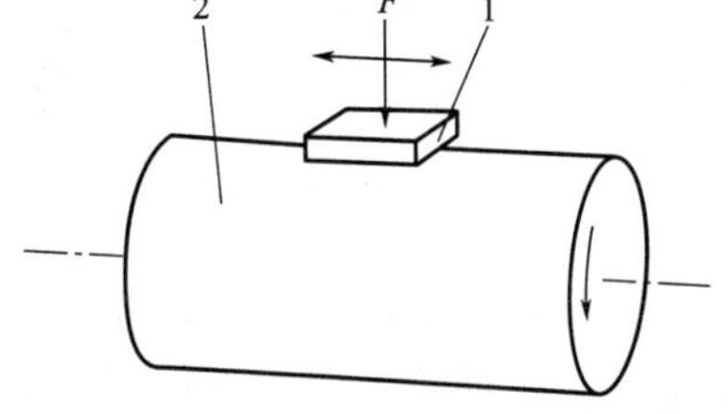

图 5-36　试样紧贴在旋转的摩擦辊筒上

1—试样；2—摩擦材料

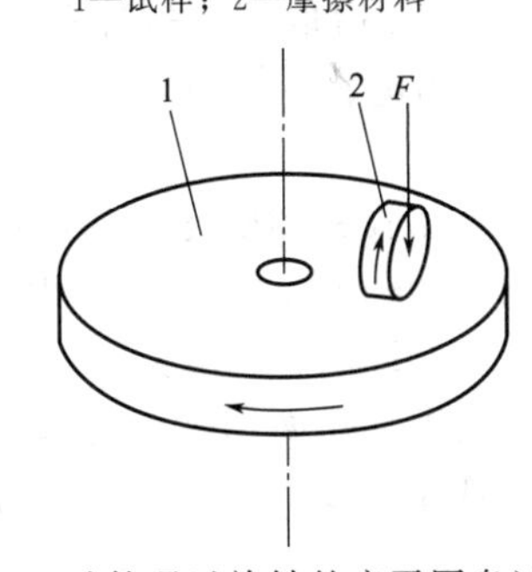

图 5-37　砂轮通过旋转的扁平圆盘试样驱动

1—试样；2—摩擦材料

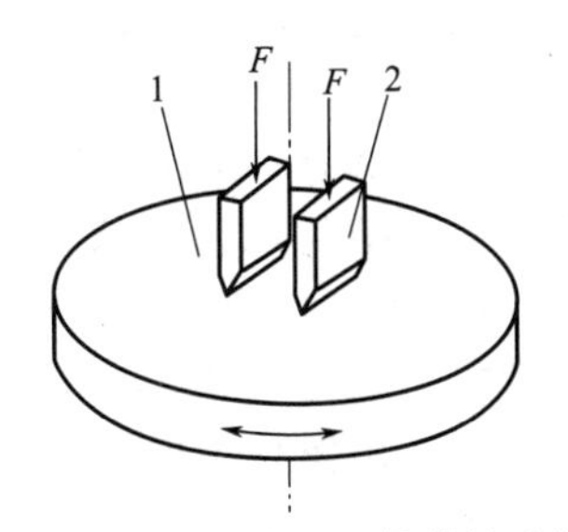

图 5-38　刀具作用于旋转的试样

1—试样；2—摩擦材料

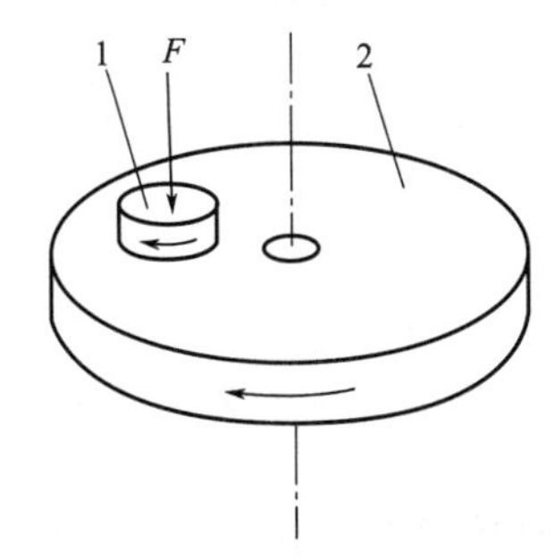

图 5-39　试样和摩擦材料都旋转

1—试样；2—摩擦材料

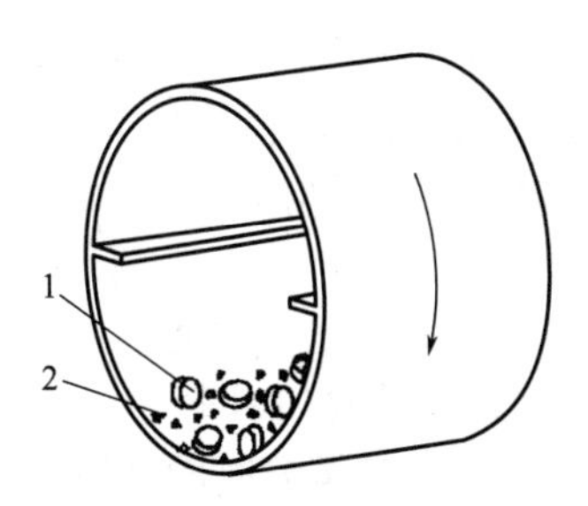

图 5-40　试样和磨料在旋转的空心圆桶中作用

1—试样；2—摩擦材料

3. 阿克隆磨耗试验

目前，在橡胶性能研究中，多使用阿克隆磨耗机进行磨耗试验。GB/T 1689—2014 规定了硫化橡胶用阿克隆磨耗试验机进行耐磨性能测定的方法。图 5-41 为 HG/T 2073—2009 规定的阿克隆磨耗机的结构示意图。阿克隆磨耗机使用的砂轮由氧化铝磨料、陶土黏合剂等材料组成，砂轮尺寸一般为直径 150mm，厚度 25mm，中心孔直径 32mm；胶轮轴与砂轮轴之间的夹角一般为 15°±0.5°、25°±0.5°；试样的行驶里程为 1.61km。

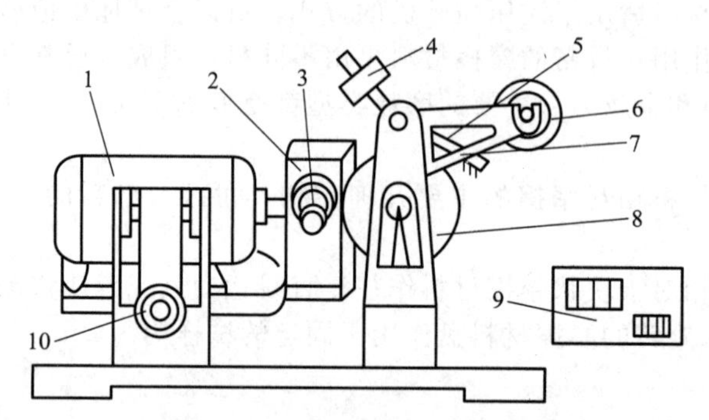

图 5-41 阿克隆磨耗机的结构示意图

1—电机；2—减速器；3—胶轮轴；4—压力微调块；5—刷子；6—砝码；7—砝码支承架；8—砂轮；9—计数器；10—角度调节螺栓

(1) 阿克隆磨耗试验的工作原理与方法 阿克隆磨耗试验的工作原理是将试样与砂轮在一定倾斜角度和一定的负荷作用下进行摩擦，测定试样一定里程的磨耗体积。试验时将试样轮夹在胶轮轴上，电机通过减速系统带动试样轮在胶轮轴上作顺时针方向旋转，负荷托架上的试验用重砣使砂轮紧贴在试样轮上，试样预磨 15～20min 后取下，刷净胶屑，称量其质量，用预磨后的试样进行试验，试样行驶 1.61km 后，关闭电机，取下试样，刷掉胶屑，在 1h 内称量。

(2) 阿克隆磨耗试验的试样 试样有两种类型，半成品胶料和硫化完的试样。半成品胶料的试样用专用模具硫化，为条状，长度为 $(D+h)\pi+0\sim5$mm（注：D 为胶轮直径，h 为试样厚度），宽度为 (12.7±0.2)mm，厚度为 (3.2±0.2)mm，其表面应平整，不应有裂痕、杂质等现象。硫化完的试样，按规定时间停放后，将其一面用砂轮打磨出均匀的粗糙面之后，清除胶屑，用橡胶水粘贴于砂轮上（粘贴时试样不应受到张力）。适当放置一段时间，使之粘贴牢固。

(3) 磨耗试验结果计算 试样磨耗体积 V 按下式计算：

$$V=(m_1-m_2)/\rho \tag{5-31}$$

式中，V 为试样的磨耗体积，cm^3；m_1 为试样预磨后的质量，g；m_2 为试样试验后的质量，g；ρ 为试样的密度，g/cm^3。

磨耗指数按下式计算：

$$\text{磨耗指数}=(V_s/V_t)\times100\% \tag{5-32}$$

式中，V_s 为标准配方的磨耗体积；V_t 为试验配方在相同里程中的磨耗体积。

(4) 影响磨耗试验的因素

① 砂轮 砂轮是试验时的磨料，其切割力的大小，直接影响试验结果。在使用过程中，随着时间的延长，在其表面会附着一层发黏的胶沫，甚至染上油污，这些对试验结果都有影响。阿克隆磨耗机上使用的砂轮是必须经过严格筛选、多次试验后的标定砂轮。因为即使是

同一配方、同一生产工艺生产出来的砂轮，每片砂轮摩擦面间的切割力也存在着较大的差异。使用标定砂轮，可以减少试验误差，提高各试验室间试验结果的可比性。

② 角度 砂轮轴与胶轮轴之间的滑动角度对试验结果的影响很大。角度增大，其滑动率也随之增大，磨耗量呈直线剧烈增加。

③ 负荷 负荷增加使得试样轮承受的作用力增大，磨耗量随负荷的增加而逐渐增大。

④ 试样 试样长度越短磨耗量越大，试样越长磨耗量越小；试样厚度增加，磨耗量逐渐增大；试样夹板的大小，试样打滑的情况对磨耗量都有影响，但转速的影响不太明显。

（三）塑料磨损试验

磨耗性能测试原理

1. 基本概念

磨损是物体相对运动时相互接触表面的物质不断损失或产生残余变形的现象。磨损是摩擦的必然结果，是决定材料寿命的重要因素。

磨损是多种因素相互影响的复杂过程。根据摩擦面损伤和破坏的形式，大致可分为：黏着磨损、磨料磨损、接触疲劳磨损（接触疲劳）、微动磨损及腐蚀磨损、气蚀、液体冲蚀等。

磨损类型在不同的条件下，可以发生转化，由一种损伤机制变成另一种损伤机制。随着滑动速度的加快，磨损类型由氧化磨损转化为黏着磨损，又从黏着磨损转化为氧化磨损，最终恢复为黏着磨损，磨损量也由小增大直至材料失效。故解决实际磨损问题时，要分析参与磨损过程的条件特性，确定磨损类型，才能采取有效的措施，减少磨损。

在磨损过程中，由于磨屑的形成也是材料发生变形和断裂的结果，所以静强度的基本理论也基本适用于磨损过程的分析。所不同的是，磨损是发生在材料表面的局部变形与断裂，这种变形与断裂是反复进行的，具有动态特征，一旦磨屑形成，该过程就转入下一循环。这种动态特征的另一标志是材料表层组织经过每次循环后总要变到新的状态。塑料材料的磨损除主要由力学因素引起外，在整个过程中材料还将发生一系列物理、化学状态的变化。

2. 塑料滑动摩擦磨损试验

所谓滑动摩擦是指两接触物体接触点具有不同速度时的摩擦。GB/T 3960—2016 规定了塑料及其复合材料滑动摩擦磨损性能的试验方法。基本原理是将试样安装至试验机，试样安装于试验环上方，并加载负荷，试样保持静止，试验圆环以一定转速运动。试验环材料一般为 45 号钢，要求淬火，热处理 HRC40-45，其外形尺寸：外径为（40±0.5）mm，内径为 16mm，宽度 10mm，外圆需倒角，倒角处均为 10.5×45°，外圆表面与内圆同轴度偏差小于 0.01mm；外圆表面粗糙度 Ra 不大于 0.4。试验示意图见图 5-42。

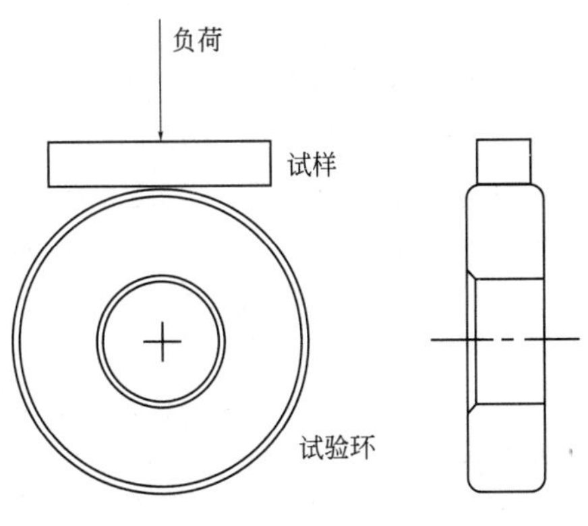

图 5-42 试验示意图

3. 塑料滚动磨损试验方法

GB/T 5478—2008 规定了塑料滚动磨损试验方法，其原理是在两个磨轮上施加定量的负荷，并使其与试样接触，试样经过规定次数的摩擦后，产生磨损，再以适宜的方法进行评价（例如：质量磨损、体积磨损、光学性能的变化等），试验设备示意图见图 5-43 和图 5-44。

塑料滚动磨损试验要求试样的表面光滑、平整，无气泡，无机械损伤及杂质，直径为 100mm 的圆形，当不使用环形夹具时，可以用边长 100mm 的正方形制成八边形试样。

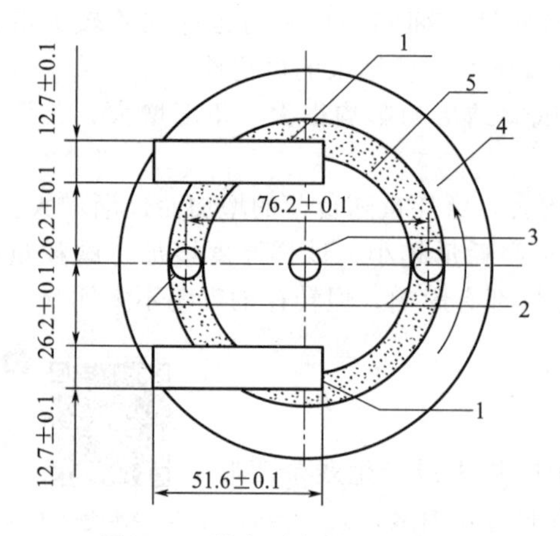

图 5-43 设备示意图（顶视图）
1—磨轮；2—真空嘴；3—孔；4—试样；5—磨耗区

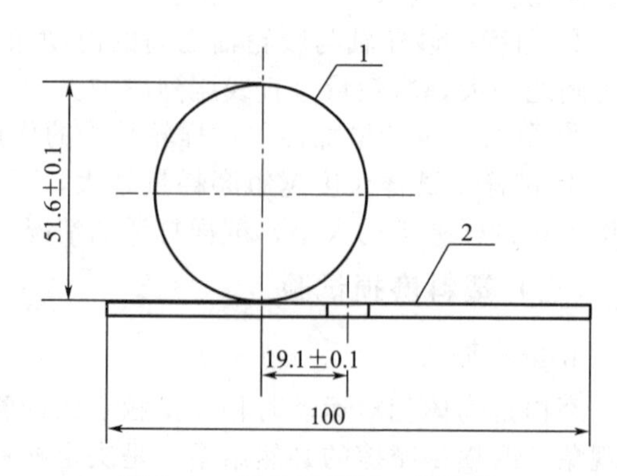

图 5-44 设备示意图（侧视图）
1—磨轮；2—试样

塑料滚动磨损试验结果应用下列方式的一种来表示：

① 当达到规定转数后，以试样一种性能的变化来表示，例如厚度的变化，质量的变化，光泽度的变化，在这种情况下，应计算试样的平均值；

② 达到特定表面损坏的转数，试验旋转量以 25r 最接近的倍数来表示；

③ 在特定的条件下测试密度相近的材料时，以质量损失表示，单位以 kg/1000r 表示；

④ 当比较不同密度的材料时，可以用体积损失表示，单位以 mm^3/1000r 表示。

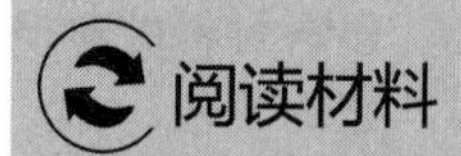

我国著名高分子材料应用科学家、中国工程院院士——蹇锡高

蹇锡高院士，1946 年 1 月生，重庆市江津区人，1969 年毕业于大连理工大学高分子化工专业并留校任教，2013 年当选为中国工程院院士。

他先后主持完成国家重点科技攻关项目、“863”“973”项目子课题等项目 30 余项，主要从事聚合改性和耐热高分子材料。从分子结构、设计结构出发，研制新单体和新聚合物，研究合成反应路线、合成工艺、反应动力学和机理，研究聚合物的结构/性能关系，开发综合性能优异的新型耐热高分子材料，并开展新型高分子材料的加工、应用研究。承担了国家“八五”重点科技攻关项目、军工配套项目、国家自然科学基金项目、国防合作研究项目等。他曾荣获“国家技术发明二等奖”、国家“八五”科技攻关重大科技成果奖、国际经济评价（香港）中心世界华人重大科技成果、教育部科技发明奖、中国高校科技发明奖等荣誉。2012 年，蹇锡高教授主持完成的“杂萘联苯聚醚腈砜系列高性能树脂及其应用新技术”再次获得国家技术发明二等奖。

他先后在国内外重要刊物发表论文 258 篇，其中被 SCI 收录 121 篇，EI 收录 127 篇，64 篇论文被国际著名刊物引用 477 次，引起了高分子科学界和工业界的广泛关注。

高分子材料中有一类特殊的材料——工程塑料，它是指可用于做工业零件的塑料，是强度、耐冲击性、耐热性、硬度及抗老化性均优的塑料。中国工程塑料业刚刚起步时，生产能力与需求相比严重滞后，原料树脂 85%以上依靠进口，一半以上的改性树脂材料使用国外产品。特别是新型高性能工程塑料对国民经济和国防建设具有重大影响，如此重要的材料怎可严重依赖进口？学材料出身的蹇锡高看到了这一领域发展的必要以及必然，于是他把高性能工程塑料及其应用技术开发确定为自己毕生的研究领域，从而演绎出他创新报国的精彩学术人生。

针对传统高聚物不能兼具耐高温和可溶解的技术问题，蹇锡高院士从分子设计出发，首创性地研制出结构全新的二氮杂萘酮联苯酚单体，进而研制出含二氮杂萘酮联苯结构聚醚砜、聚醚酮、聚醚砜酮、聚醚腈酮、聚醚酮酮等系列新型高性能树脂，既耐高温又可溶解，高强度、高绝缘、抗辐射，综合性能优于英国ICI、德国BASF、美国GE等公司开发并长期垄断的PES、PEEK、PEK、PEKK、PEI等产品，其玻璃化转变温度达250～375℃，是目前耐热等级最高的可溶性聚芳醚新品种。

在上述基础上，蹇锡高院士还创造性地总结出“全芳环非共平面扭曲的分子链结构可赋予高聚物既耐高温又可溶解的优异综合性能”的分子设计思想。以此为指导，研制成功含二氮杂萘酮联苯结构二胺、二酸和二酐等系列新单体，进而研制成功含二氮杂萘酮联苯结构的新型聚芳酰胺、聚酰亚胺、聚酰胺酰亚胺、聚芳酯等系列高性能树脂。它们均耐高温可溶解、综合性能优异、成本低，应用领域大大扩展，形成了一个独具特色的高聚物体系。

系列新型材料的工程应用新技术开发，可拉动众多相关产业技术更新及产品升级换代，对发展国民经济及国防军工建设都具有重要意义。蹇锡高院士针对膜分离过程通量与截留率呈反向变化规律及传统分离膜不耐高温的问题，提出了耐高温高效分离膜的概念。他用自主开发的新聚合物研制成功了可在较高温度下运行、兼具高通量和高截留率的分离膜，可广泛用于工业废水处理、气体分离、燃料电池用质子交换膜、储能电池离子膜、海水淡化等领域。

蹇锡高院士开发成功350℃以上长期使用的新型高性能热塑性树脂基复合材料，其中耐高温自润滑耐磨复合材料的摩擦系数与聚四氟乙烯相当，磨损系数降低一个数量级，广泛应用于各种密封件、摩擦件。纤维增强复合材料可制备航空航天、精密机械、汽车、高铁、舰船、采油等领域的结构件。

另外，他还研制成功PPESK、PPENSK耐高温特种绝缘漆和涂料。在250℃长期使用的PPESK浸渍漆，1996年通过国家教委和核工业总公司联合主持的鉴定，属国际首创，处于国际先进水平；其后又完成可在350℃长期使用的PPENSK特种绝缘漆及漆包线的研制工作，已推广应用到油田用加热电缆、大功率电机、干式变压器等。

“发明专利只有走入市场，才能真正实现其价值。”任何一项原始创新的技术发明，都是难能可贵的，创新的技术发明必须通过工程技术转化，真正实现产业化才能造福人类。为此，蹇锡高院士先后亲自主持设计建立了一套10吨/年树脂合成的扩试装置、一套100吨/年规模的中试装置，系统地开展工程化研究，并通过教育部组织的由五位同行院士组成的专家鉴定验收，被评价为国际首创、原始创新、处于国际领先水平。作为技术发明人和工程建设总负责人，又主持设计建设一套500吨/年规模的工业示范装置，并先后建立了高性能工程塑料成型加工示范基地和模具设计加工中心，深入开展高性能树脂深加工应用工程技术研究，迅速扩展应用领域和市场。从技术发明到设计，再到生产、深加工、销售，全部实现一条龙服务，环环相扣，相互推进，大大提高了产品质量和降低了产品成本。生产出来的产品不仅具有耐高温、高强度、高绝缘、耐辐照等优异综合性能，还有国外同类产品不可比的可溶性，从而降低成本、扩大应用领域。所开发成功的新型杂环聚芳醚砜酮高性能工程塑料不仅可以满足高端领域应用的要求，还可广泛推广到众多的民用领域。

蹇锡高院士说："科研和生产是相互作用的，科研能够促进生产，而生产也能带动科研。一名优秀的科研工作者，不应该只满足于纸面到纸面的研究，也不应该单纯地追求填补空白，而更应该注重科研成果的转化，使其真正成为为国家建设服务的研究成果。"秉承着这种理念，他始终坚持从实践中来到实践中去，通过与各方客户的交流、合作，了解更广阔的市场需求，同时也为自己梳理出新的研究方向和目标。

"业精于勤，荒于嬉；行成于思，毁于随"，蹇锡高院士用自己勤勉的治学态度和敢为人先的创新精神践行着这句话，也鼓舞着他身边的每一个人，激励着大家在科技创新及其产业化的道路上继续前进。

资料参考：

聂尊誉，陈浩华. 我国著名高分子材料应用科学家、大连理工大学教授、博士生导师、中国工程院院士——蹇锡高 [J]. 功能材料信息，2014，11 (4)：3-5.

思考题

1. 塑料拉伸试验用的试样有几种类型？
2. 影响拉伸强度的因素有哪些？如何影响？
3. 做弯曲试验时试验跨度和试验速度如何选择？
4. 影响弯曲强度的因素有哪些？如何影响？
5. 影响压缩强度的因素有哪些？如何影响？
6. 冲击试验可分为哪几类？摆锤式冲击试验又分为哪两种？
7. 影响冲击强度的因素有哪些？如何影响？
8. 硬度测试的实验过程中哪些操作因素会影响测定结果的精确度？
9. 邵氏硬度有几种类型？如何根据你的材料选用邵氏硬度计？影响材料邵氏硬度大小的材料本性有哪些？

第六章

热性能测试

学习目标

- **知识目标**

1. 掌握塑料玻璃化转变温度、塑料熔体流动速率（MFR）的测试原理。
2. 理解塑料收缩率、线胀系数、软化温度和热导率的测试原理。
3. 了解塑料闪点、燃点和自燃点的测定原理。
4. 了解塑料脆化温度、热稳定性的测定原理。

- **技能目标**

1. 熟悉塑料水平、垂直燃烧性能的测定。
2. 会测定塑料的氧指数。

- **素质目标**

1. 激发爱国热情，增强社会责任感和历史使命感。
2. 培养追求卓越、勇于奉献、敢于创新的职业素养。
3. 培养尊重自然、顺应自然的绿色发展理念。

第一节 热稳定性

一、尺寸稳定性

尺寸稳定性指材料在受机械力、热、水分及其他外界条件作用下，其外形尺寸不发生变化的性质。对于塑料和纤维等高分子材料的应用十分重要。由于聚合物具有蠕变特性，即在一定温度和较小的恒定外力（包括自身的质量）作用下，材料的形变随时间而逐渐增加，故作为受力作用的结构材料（如工程塑料），要求具有较小的蠕变性能，以保持制品的尺寸稳定性。

一般来说，链刚性越大，分子作用力越大，聚合物抗蠕变性能越好，其制品尺寸越稳定。对于纤维来说，为了提高其强度，往往在抽丝工艺中要进行牵伸取向，聚合物中的高分子链沿外力作用方向取向排列，然而这一状态并非热力学的稳定体系，在加热等外界条件作用下，也可解取向，因而影响纤维的尺寸稳定性，研究纤维尺寸稳定性对于纤维材料的选用以及纤维制品的编织、染色、定型等工艺条件的制定均有指导意义。同样，对塑料材料，尺寸稳定性也是经常考察的性能指标。GB/T 8811—2008 规定了硬质泡沫塑料尺寸稳定性试验方法、GB/T 6342—1996 规定了泡沫塑料与橡胶线性尺寸的测定。

下面以 GB/T 12027—2004 规定的薄膜和薄片加热尺寸变化率试验方法为例，介绍塑料尺寸稳定性的测试方法。该标准规定了塑料薄膜和薄片加热时纵向和横向尺寸变化测定的试验方法，适用于厚度小于 1mm 的热收缩或非热收缩的塑料薄片尺寸变化的测定。

1. 试验原理

通过分别测定各试样纵向和横向上两个规定长度标记间的初始长度；试样放在烘箱内高岭土床上按规定温度和时间加热；试样冷却后再次测量纵向和横向的标记间长度并计算尺寸变化，计算尺寸变化，了解尺寸稳定性。

2. 试验装置

试验装置主要有：空气循环烘箱（容量应能使试验组总体积不超过其 10%，循环空气通过速率每小时至少换气 6 次，温度控制±20℃）、金属容器（包括厚度约 20mm 的高岭土床）、测温装置、量具（精度 0.5mm）、秒表。

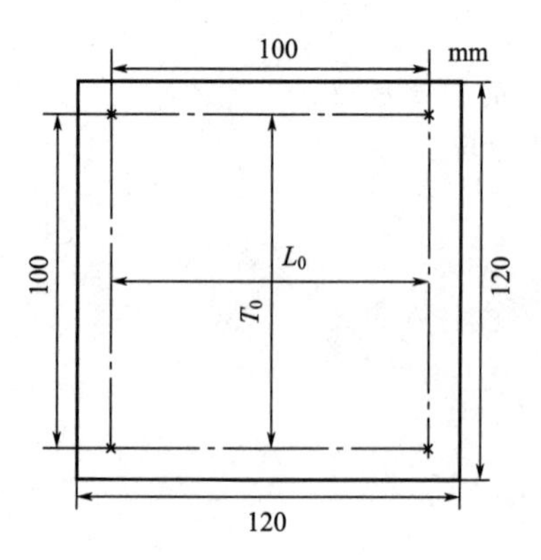

图 6-1 试样尺寸和标记长度

3. 试样

制备 3 块试样，从薄膜或薄片的中部和两边各取一块约 120mm×120mm 的试样，裁取试样时应距薄膜或片边缘至少 50mm（见图 6-1）。

4. 试验步骤

将包括高岭土床的金属容器放入烘箱中，控制温度使高岭土床达到规定温度。试验加热时间：预计不在高温下加工的非热收缩薄膜或薄片加热时间为 5min，热收缩或热成型薄膜或薄片加热时间为 30min。

标记试样的纵向（机械的）和横向，在试样中间标记纵向和横向的初始长度（L_0 和 T_0）。用量具分别测量，精确至 0.5mm。

试样平展放在高岭土床上，上面用薄薄一层高岭土盖上，在材料所要求的时间内保持规定的温度。

加热结束后从高岭土床中取出试样，在与试样状态调节同样的环境下保持至少 30min，再次测量标记间长度（L 和 T）。

5. 结果表述

计算每块试样纵向和横向标记间长度的变化值与初始长度的百分比。

$$\Delta L=\frac{L-L_0}{L_0}\times 100\% \tag{6-1}$$

$$\Delta T=\frac{T-T_0}{T_0}\times 100\% \tag{6-2}$$

式中，L_0、T_0 为初始标记间长度，mm；L、T 为加热后标记间长度，mm；ΔL 和 ΔT 可能为正或负，正值和负值分别表示薄膜或片的伸长或缩短。

二、收缩率的测定

高分子材料制品的体积缩小的现象称为收缩。这种收缩如发生在成型时为成型收缩；若发生在成型后，则为后收缩。用长度的变化表示收缩率。成型收缩率用金属模的尺寸与同一温度下冷却成型制品的尺寸差除以金属模的尺寸来表示。

在热塑性塑料材料注塑时，模塑件与相应的型腔尺寸间的差异随模具设计和模具使用的不同而变化。这种差异可能与注塑机的大小，受收缩干

扰作用的模塑件的形状和尺寸，材料在模具内流动或移动的程度和方向，喷嘴、主流道、流道及浇口的尺寸，注塑机的操作循环，熔体温度和模具温度，保压压力的大小和保压时间等因素有关。

模塑收缩率和模塑后收缩率是由于材料的结晶、材料的松弛（如解取向）以及热塑性塑料和模具的热收缩而产生的。另外，模塑后收缩率也可能受所处环境湿度的影响。模塑收缩率和模塑后收缩率的测定有助于热塑性塑料间的比较及检查生产的均一性。在生产具有精确尺寸的制品时，收缩率的信息对选择适用的模塑材料是重要的。

GB/T 17037.4—2003 规定了热塑性塑料材料注塑试样，在平行和垂直于熔体流动方向上的模塑收缩率和模塑后收缩率的测定方法。HG/T 2625—1994 规定了环氧浇铸树脂线性收缩率的测定方法。下面介绍热塑性材料注塑试样收缩率的测定方法。

1. 术语和定义

（1）模塑收缩率（S_M） 试验室温度下测量的干燥的试样和模塑的模具型腔之间的尺寸差异。S_M 用相关型腔尺寸的百分数表示：平行于熔体流动方向的模塑收缩率 S_{Mp} 在试样宽度的中间测定；垂直于熔体流动方向的模塑收缩率 S_{Mn} 在试样长度的中间测定。

（2）模塑后收缩率（S_p） 试验室温度下测量的模塑收缩率，测定后又经后处理的试样在后处理前后的尺寸差异。S_p 用百分数表示：平行于熔体流动方向的模塑后收缩率 S_{pp} 和垂直于熔体流动方向的模塑后收缩率 S_{pn}，与模塑收缩率 S_{Mp}、S_{Mn} 类似的方式定义。

（3）总收缩率（S_T） 试验室温度下测量的模塑后处理之后的试样与模塑的模具型腔之间的尺寸差异。S_T 用百分数表示：平行于熔体流动方向的总收缩率 S_{Tp} 和垂直于熔体流动方向的总收缩率 S_{Tn}，按与 S_{Mp}、S_{Mn} 类似的方式定义。

2. 模塑收缩率的测定步骤

① 在 23℃±2℃温度下，测量模具对边的参考点处型腔的长度 l_0 和宽度 b_0，精确到 0.02mm。这些点可以是对边中点、浇口末端与对边中点、边棱中点或模具型腔内的参考标记，记录这些数据，用于收缩率的计算。比较试片厚度和型腔高度，特别是接近浇口中间位置，检验模具型腔板是否有足够硬度。

② 在 23℃±2℃温度下，在与型腔尺寸测量相对应的位置测量试样长度 l_1 和宽度 b_1，精确到 0.02mm。在尺寸测量中，试样的任何变形应小于 1mm。在测量试样尺寸之前，将试样放在一个平面上或靠在一个直边上，以检查试样是否有变形，任何试样，变形高度（超出平面的变形量）超过 2mm 时，均应废弃。

③ 模塑收缩率测定后试样的处理，试样模塑收缩率测定后至模塑后收缩率测定前试样的处理条件（温度、湿度或其他环境）应采用相关材料标准的规定或按有关双方商定的条件。另外，模塑后处理的条件也可以作为贮存或使用时的条件。

④ 模塑后收缩率的测定，在 23℃±2℃的温度下再次测量试样，结果精确至 0.02mm。长度记为 l_2，宽度记为 b_2。

3. 测试结果

（1）模塑收缩率 平行和垂直于熔体流动方向的模塑收缩率 S_{Mp} 和 S_{Mn}，分别按式(6-3) 和式(6-4) 计算，以百分数表示。

$$S_{Mp}=\frac{l_0-l_1}{l_0}\times 100\% \tag{6-3}$$

$$S_{Mn}=\frac{b_0-b_1}{b_0}\times 100\% \tag{6-4}$$

式中，l_0 为型腔长度，mm；l_1 为试样长度，mm；b_0 为型腔宽度，mm；b_1 为试样宽度，mm。

(2) 模塑后收缩率　平行和垂直于熔体流动方向的模塑后收缩率 S_{Pp} 和 S_{Pn}，分别按式(6-5) 和式(6-6) 计算，以百分数表示。

$$S_{Pp}=\frac{l_1-l_2}{l_1}\times 100\% \tag{6-5}$$

$$S_{Pn}=\frac{b_1-b_2}{b_1}\times 100\% \tag{6-6}$$

式中，l_1 为试样长度，mm；l_2 为试样经模塑后处理后的长度，mm；b_1 为试样宽度，mm；b_2 为试样经模塑后处理后的宽度，mm。

(3) 总收缩率　平行和垂直于熔体流动方向的总收缩率 S_{Tp} 和 S_{Tn}，分别按式(6-7) 和式(6-8) 计算，以百分数表示。

$$S_{Tp}=\frac{l_0-l_2}{l_0}\times 100\% \tag{6-7}$$

$$S_{Tn}=\frac{b_0-b_2}{b_0}\times 100\% \tag{6-8}$$

式中，参数物理意义同上。

模塑收缩率、模塑后收缩率和总收缩率之间的关系见式(6-9)。

$$S_T=S_M+S_P-S_PS_M/100 \tag{6-9}$$

模塑收缩率和模塑后收缩率表示的百分数不是用相同的起始尺寸，总收缩率并不是二者之和。

三、线胀系数测定

线胀系数指固体长度随温度变化时的相对变化率，是温度每变化 1℃ 材料长度变化的百分率。平均线胀系数表示材料在某一温度区间的线膨胀特性。高聚物的线胀系数一般为 10^{-4}(℃$)^{-1}$ 数量级。GB/T 1036—2008 规定了用石英膨胀计法测定 −30～30℃ 塑料线膨胀系数的方法，GB/T 36800.2—2018 第 2 部分规定了用热机械分析法（TMA）测定塑料线性热膨胀系数的方法。

下面介绍使用石英膨胀计对线胀系数大于 1×10^{-6}℃$^{-1}$ 的塑料材料线胀系数的测定方法（GB/T 1036—2008）。线胀系数很低（小于 1×10^{-6}℃$^{-1}$）的材料建议使用干涉计或电容技术。

1. 测试原理

线胀系数测定的原理是将已测量原始长度的试样装入石英膨胀计中，然后将膨胀计先后插入不同温度的恒温浴内，在试样温度与恒温浴温度平衡时，测量长度变化的仪器指示值稳定后，记录读数，由试样膨胀值和收缩值即可计算试样的线胀系数。

标准所规定的 −30～+30℃ 为通用测定温度。若材料在规定的测定温度范围内存在相转变点，或玻璃化转变点，则应在转变点以上和以下分别测定其线胀系数，以免引起过大的测试误差。

2. 测试仪器

测试仪器主要由石英膨胀计（见图 6-2）、测量长度变化的仪器、卡尺、可控温环境、温度计或热电偶组成。

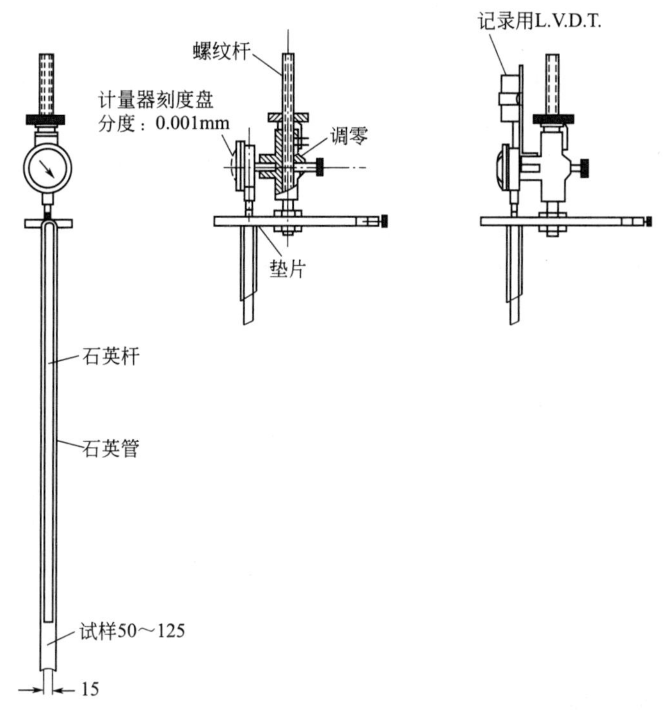

图 6-2 石英膨胀计

(1) 石英膨胀计 石英膨胀计的内管与外管之间距离大约在 1mm 内。

(2) 测量长度变化的仪器 它固定在夹具上，其位置能够随所安装的试样长度的变化而变化，它需要一定的精确度，以保证误差在±1.0μm 范围内。内石英管的质量加上测量反映仪的质量，总共在试样上施加的压力不应超过 70kPa，以确保试样不扭曲或者有明显的收缩。

(3) 卡尺 能够测量试样的初始长度，精度为±0.5%。

(4) 可控温环境 为测试样品提供恒温环境，温度控制在±0.2℃，如果使用流动性液体浴更佳，应避免液体浴和试验样品的接触。如果这类接触不能避免，注意选择液体浴，使得其不影响材料的物理性能。

(5) 温度计或热电偶 以温度计或热电偶对液体浴的温度进行测量，精度在±0.1℃以内。

3. 测试用的试样

试验样品的制备，应使其应力以及各向异性最小，例如通过机加工、模塑或浇铸等方法制备。试样截面应为圆形、正方形或矩形；试样长度在 50～125mm 之间，如果样品长度小于 50mm，灵敏度会降低。如果长度超过 125mm，试样温度梯度就很难控制在要求的范围内。一般来讲，如果温度很好控制，试样越长，测试设备的灵敏度越高，测量结果精度越高。

试样还应在温度 23℃±2℃，相对湿度 50%±5%的环境下进行状态调节。

4. 测试方法

① 用卡尺测量两个状态调节后的试样，精确到 0.02mm。

② 将铁片粘在试样底端，以防止收缩，并重新测量试样的长度。

③ 每个试样均使用同一个膨胀计，小心放入－30℃的环境中，如果使用液体浴，应确

保试样高度在液面以下至少 50mm。保持液体浴温度在（−32～28℃）±0.2℃之间，待试样温度与恒温浴温度平衡时，测量仪读数稳定 5～10min 后，记录实测温度和测量仪读数。

④ 在不引起震动和晃动的条件下，小心将石英膨胀计放入 30℃的环境中，如果使用液体浴，需确保试样高度至少在液面以下 50mm，保持液体浴温度在（28～32℃）±0.2℃的恒温浴中，待试样温度与恒温浴温度平衡，测量仪读数稳定 5～10min 后，记录实测温度和测量仪读数。

⑤ 测量试样在室温下的最终长度。如果试样每摄氏度的膨胀值与收缩值的绝对值之差超过其平均值的 10%，则应查明原因，如果可能予以消除。重新进行试验，直到符合要求为止。

5. 线胀系数的计算

试样的平均每摄氏度的线胀系数按下式计算：

$$\alpha = \Delta L / (L_0 \Delta T) \tag{6-10}$$

式中，α 为平均每摄氏度的线胀系数，$℃^{-1}$；ΔL 为加热或冷却时试样的膨胀和收缩值，m；L_0 为试样在室温下原始长度，m；ΔT 为测试样品的两个恒温浴的差值，℃。

另外，对于硬质泡沫塑料在低于环境温度线胀系数的测定，可以参考 GB/T 20673—2006 的测试方法；对纤维增强塑料平均线胀系数试验方法可以参考 GB/T 2572—2005 规定的测试方法。

四、软化温度测定

软化温度是指高聚物试样达到一定的形变数值时的温度。此时材料开始变形，力学性能降低。高聚物材料多数没有敏锐的熔点，而是在某一温度范围内开始慢慢软化。软化温度测定的方法都是在某一指定的应力及条件下（如一定试样大小、一定的升温速度和施力方式等）进行的。通常以维卡软化温度、弯曲负荷热变形温度（简称热变形温度）来表示。

1. 维卡软化温度

用面积为 $1mm^2$ 的圆柱形压针，垂直插入试样中（试样厚度大于 3mm，长、宽度大于 10mm），在液体传热介质中，以（5±0.5）℃/6min 或（12±1）℃/6min 的速度等速升温，并在压入负荷为 5kg 或 1kg 的条件下，当圆柱形针压入试样 1mm 时的温度，称为该材料的维卡软化点（以摄氏度表示）。下面介绍 GB/T 1633—2000 规定的热塑性塑料维卡软化温度（VST）的测定方法。

维卡软化温度测试原理

（1）试验仪器 维卡软化试验仪外形如图 6-3 所示。如图 6-4 所示，试验仪器主要包括如下部分。

① 负载杆 装有负荷板，固定在刚性金属架上，能在垂直方向上自由移动，金属架底座用于支撑负载杆末端压针头下的试样。负载杆和金属架构件应具有相同的膨胀系数，部件长度的不同变化，会引起试样表观变形读数的误差。

② 压针头 最好是硬质钢制成的长为 3mm、横截面积为（1.000±0.015）mm^2 的圆柱体。固定在负载杆的底部，压针头的下表面应平整，垂直于负载杆的轴线，并且无毛刺。

③ 千分表（或其他适宜的测量仪器） 能够测量压针头刺入试样（1±0.01）mm 的针入度，并能将千分表的推力记为试样所受推力的一部分。

④ 负荷板 装在负载杆上，中央加有适合的砝码，负载杆、压针头、负荷板千分表弹簧组合向下的推力应不超过 1N。

图 6-3 维卡软化试验仪

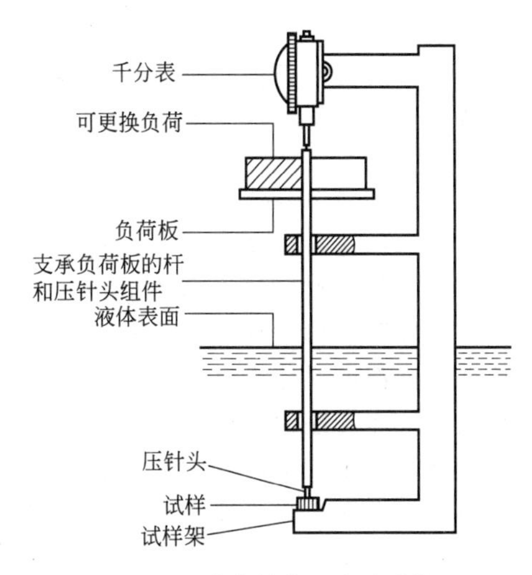

图 6-4 维卡软化温度试验仪

⑤ 加热设备 盛有液体的加热浴或带有强制鼓风式氮气循环烘箱。加热设备应装有控制器，能按要求以 50℃/h±5℃/h 或 120℃/h±10℃/h 匀速升温。在试验期间，每隔 6min 温度变化分别为 5℃±0.5℃或 12℃±1℃。

加热浴，试样浸入深度至少为 35mm；在使用温度下稳定，对受试材料没有影响（例如膨胀或开裂等现象）。

（2）试验方法 将试样水平放在未加负荷的压针头下，将组合件放入加热装置中，启动搅拌器，在每项试验开始时，加热装置的温度应为 20～23℃；5min 后，压针头处于静止位置，将足量砝码加到负荷板上，记录千分表的读数（或其他测量压痕仪器）或将仪器调零；以 50℃/h±5℃/h 或 120℃/h±10℃/h 的速度匀速升高加热装置的温度，对某些材料，用较高升温速率（120℃/h）时，测得值可能高出维卡软化温度达 10℃；当压针头刺入试样的深度超过规定的起始位置 1mm±0.01mm 时，记下传感器测得的油浴温度，即为试样的维卡软化温度。

另外，GB/T 8802—2001 对热塑性塑料管材、管件维卡软化温度的测定做了规定。

2. 弯曲负荷热变形温度（即热变形温度）

即随着试验温度的增加，试样挠度达到标准挠度值时的温度。

通用试验方法 GB/T 1634.1—2004 规定了测定塑料负荷（三点加荷下的弯曲应力）变形温度的方法。其中第 1 部分规定了通用试验方法，第 2 部分对塑料、硬橡胶和长纤维增强复合材料规定了具体要求，第 3 部分对高强度热固性层压材料规定了具体要求。

负荷下热变形温度测试原理

（1）基本术语

① 弯曲应变（ε_f） 试样跨度中点外表面单位长度的微小的用分数表示的变化量，以量纲为 1 的比值或百分量（%）表示。

② 弯曲应变增量（$\Delta\varepsilon_f$） 在加热过程中产生的所规定的弯曲应变增价量，以百分量（%）表示。

③ 挠度（s） 在弯曲过程中，试样跨度中心的顶面或底面偏离其原始位置的距离，以 mm 为单位。

④ 负荷变形温度（T_f） 随着试验温度的增加，试样挠度达到标准挠度值时的温度，

以℃为单位。

(2) 测试设备 弯曲负荷热变形温度的测试设备如图6-5所示，主要由以下几部分组成。

① 产生弯曲应力的装置 该装置由一个刚性金属框架构成，框架内有一可在竖直方向自由移动的加荷杆，杆上装有砝码承载盘和加压头底板同试样支座相连，这些部件及框架垂直部分都由线胀系数与加荷杆相同的合金制成。试样支座由两个金属条构成，与试样的接触面为圆柱面，与试样的两条接触线位于同一水平面，将支座安装在框架底板上，使加荷压头施加到试样上的垂直力位于两支座的中央。支座接触头和加荷压头圆角半径为(3.0±0.2)mm。

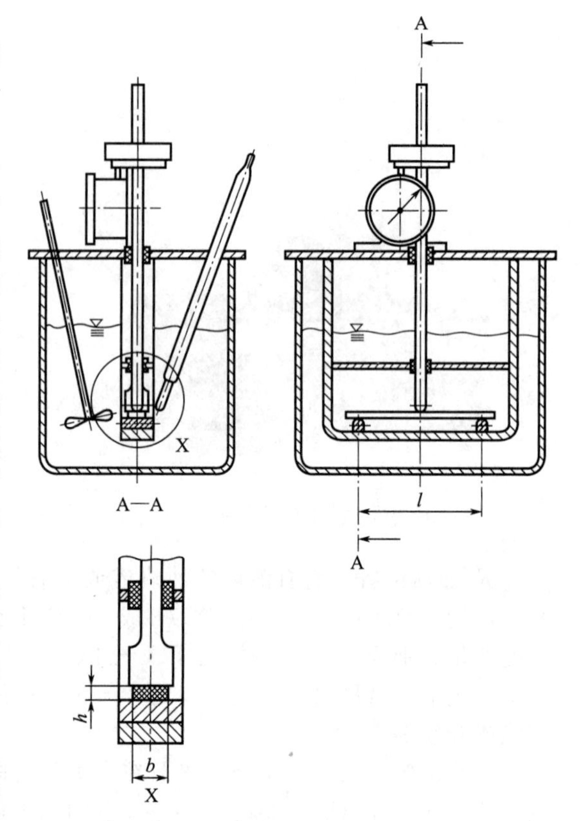

图6-5 弯曲负荷热变形温度测试设备

② 加热装置 加热装置应为热浴，热浴内装有适宜的液体传热介质，试样在其中应至少浸没50mm，装有搅拌装置。所选用的液体传热介质在整个温度范围内是稳定的，并应对受试材料没有影响，例如液体石蜡、变压器油、甘油和硅油都是合适的液体传热介质，也可以使用其他液体。

③ 砝码 应备有一组砝码，以使试样加荷达到所需的弯曲应力。

④ 温度测量仪器 经过校准的温度测量仪器，应能读到0.5℃。

⑤ 挠度测量仪器 可以是已校正过的直读式测微计或其他合适的仪器。在支座中点测得的挠曲应精确到0.01mm以内。

⑥ 测微计和量规 用于测量试样的宽度和厚度，精确到0.01mm。

(3) 试样形状和尺寸 试样应是横截面为矩形的样条，其长度 l、宽度 b、厚度 h 应满足 $l>b>h$，尺寸80mm×10mm×4mm。每个试样中间部分（占长度的1/3）的厚度和宽度，任何地方都不能偏离平均值的2%以上。试样应无扭曲，其相邻表面应互相垂直，所有表面和棱边均应无划痕。

(4) 试验步骤 至少应进行两次试验，每个试样只应使用一次。

将试样放在支座上，使长轴垂直于支座。将加荷装置放入热浴中，对试样加压；让力作用5min后，记录挠曲测量装置读数。以(120±10)℃/h的均匀速率升高热浴的温度，记下样条初始挠度净增加量达到标准挠度时的温度，即为有关部分规定的弯曲应力下的负荷变形温度。

五、热导率的测定

热传导是由物质内部分子、原子和自由电子等微观粒子的热运动而产生的热量传递现象。热传导的机理非常复杂，固体是通过晶格振动和自由电子迁移传导热量的，自由电子传递的能量比晶格振动传递的能量大得多。金属固体的导热主要通过自由电子的迁移传递热量；对于非金属固体内部的热传导，是通过相邻分子在碰撞时传递振动能实现的。

热传导是工程热物理、材料科学、固体物理及能源、环保等各个研究领域的课题。

热导率（又称导热系数）是反映材料热性能的重要物理量，热导率大、导热性能好的材料称为良导体；热导率小、导热性能差的材料称为不良导体。材料的热导率不仅随温度、压力变化，而且材料的杂质含量、结构变化都会明显影响热导率的数值，所以在科学实验和工程设计中，所用材料的热导率都需要用实验的方法精确测定。

测量热导率的实验方法一般分为稳态法和动态法两类。在稳态法中，先利用热源对样品加热，样品内部的温差使热量从高温向低温处传导，样品内部各点的温度将随加热快慢和传热快慢的影响而变动；当适当控制实验条件和实验参数使加热和传热的过程达到平衡状态，则待测样品内部可能形成稳定的温度分布，根据这一温度分布就可以计算出热导率。而在动态法中，最终在样品内部所形成的温度分布是随时间变化的，如呈周期性的变化，变化的周期和幅度亦受实验条件和加热快慢的影响，与热导率的大小有关。

GB/T 3399—1982 规定了利用护热平板法进行塑料热导率试验的方法。另外，GB/T 3139—2005《纤维增强塑料导热系数试验方法》规定了纤维增强塑料热导率试验方法。

热导率测试原理

1. 测试原理

GB/T 3399—1982 规定的热导率测定方法是基于单向稳定导热原理。当试样上、下两表面处于不同的稳定温度下，测量通过试样有效传热面积的热流及试样两表面间温差和厚度，计算热导率。

2. 基本术语

（1）热流（Φ） 单位时间通过某一表面的热量，以 W 计。

（2）热流密度（q） 单位时间通过某一表面单位面积的热量，以 W/mm^2 计。

（3）热导率（λ） 在稳定条件下，垂直于单位面积方向的每单位温度梯度通过单位面积上的热流，以 W/(m・K) 计。

3. 测试仪器

GB/T 3399—1982 规定测定仪器由加热板（包括主加热板和护加热板）、冷板、测温仪表、量热仪表组成。热板与冷板具有大于 0.8 的辐射系数。GB/T 3139—2005《纤维增强塑料导热系数测量方法》规定的试验仪器如图 6-6 所示。

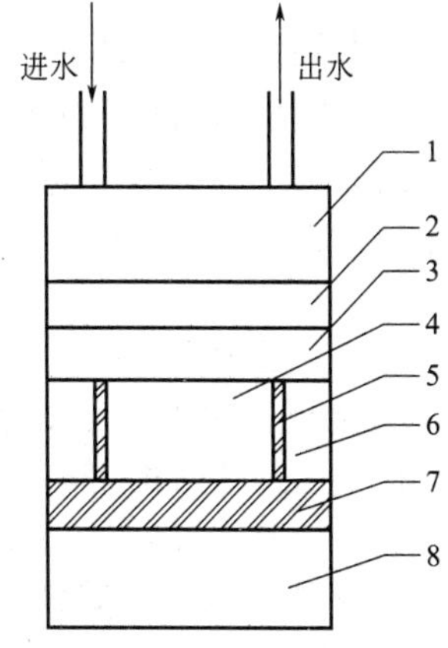

图 6-6 试验设备示意图
1—冷却水套；2—冷板；3—试样；4—主加热板；5，7—绝热材料；6—护加热板；8—底加热板

4. 测试方法

采用精度不小于 0.05mm 的厚度测量工具，沿试样四周至少测量四处的厚度，取其算术平均值，作为试验前试样厚度；将状态调节过的试样，放入仪器冷热板之间，使试样与冷热板紧密接触；使冷热板维持恒定的温度，保持所选定的温度差，温度的读数应精确至 0.1K；主加热板和护加热板温差小于±0.1K 时，认为温度达到平衡；当在加热功率不变的条件下，主加热板温度波动每小时不超过±0.1K 时，认为达到稳态；每隔 30min 连续三次测量通过有效传热面的热流、试样两面温差，算出热导率。各次测定值与平均值之差小于 1%时，结束试验。试验完毕再测定试验后试样厚度。取试验前、后试样厚度的平均值为试样厚度。

5.结果计算

（1）对单平板法 热导率 λ 按式(6-11) 计算：

$$\lambda = Qd/(A\Delta Z\Delta t) \quad 或 \quad \lambda = qd/\Delta t \tag{6-11}$$

式中，ΔZ 为测量时间间隔，s；Q 为稳态时通过试样有效传热面积的热量，J；Δt 为试样热面温度 t 和冷面温度 t' 之差，即 $\Delta t = t - t'$，K；d 为试样厚度，m；q 为通过试样有效传热面积的热流密度，W/m^2；A 为试样有效传热面积（以主、护加热板缝隙中心的距离计算），m^2。

（2）对双平板法 热导率 λ 按式(6-12) 计算：

$$\lambda = Qd_m/(2A\Delta Z\Delta t_m) \tag{6-12}$$

式中，d_m 为试样 1 与 2 的厚度 d_1 和 d_2 的平均厚度，即 $d_m = (d_1 + d_2)/2$，m；Δt_m 为试样 1 与 2 的两面的平均温度差。

第二节 特征温度测定

一、熔点测定

广义的熔点是指物质从晶态转变为液态的温度。对于低分子物质的单组分体系，理论上认为转变温度与保持平衡的两相的相对数量无关，即转变发生在非常窄的温度范围内（约 0.2K）。这一温度就称为熔点，常用 T_m 表示，并定义为熔化焓与熔化熵的比值，即

$$T_m = \Delta H/\Delta S \tag{6-13}$$

结晶高聚物的熔化，在通常的升温速率下不呈现明确的熔点，而出现一个覆盖一小段温度范围的熔程。因此有人规定把晶体完全熔化了的温度作为该高聚物的熔点，又有人把温度-比体积图中 S 形曲线拐点所对应的温度作为熔点。在极缓慢的升温速率下，高聚物的熔化过程出现类似于低分子结晶熔化的跃变，在这种条件下测出的熔点称为该聚合物的平衡熔点，即理论的、客观的完全晶体的熔点。

影响高聚物熔点的结构因素有：分子间力、链的柔性以及几何因素等。

测定结晶态聚合物熔点的方法很多，常用的有以下几种。

1.毛细管法和偏光显微镜法

GB/T 16582—2008 标准规定用毛细管法和偏光显微镜法测定部分结晶聚合物的熔融行为的方法。方法 A（毛细管法）适用于所有部分结晶聚合物及它们的配混物。方法 B（偏光显微镜法）适用于有双折射结晶相的聚合物。因为会影响聚合物结晶区的双折射，所以不适用于含有颜料和（或）添加剂的配混物。

（1）毛细管法

① 测试原理 测试原理是以可控的速率加热样品，测定开始出现明显形状变化及结晶相完全消失时的温度。以形状变化时的温度作为样品的熔融温度，上述两个温度间的范围即为熔融范围。

毛细管法测试原理

② 测试设备 熔融设备由以下各部件组成：圆柱形金属块，上部是中空的并形成一个小腔；金属塞，带有两个或多个孔，允许温度计和一个或多个毛细管装入金属块；加热系统；小腔内壁上的四个耐热玻璃窗，其布置是两两相对互成直角的。一个视窗前面装一个目镜，以便观察毛细管。其他三个视窗，借助灯照明封闭的内

部（见图 6-7）。

③ 测试试样　应用粒度不超过 100μm 的粉末或厚度为 10～20μm 的薄膜切成的小片。对比试验时，应用相同粒径和（或）相同厚度膜层的试样进行试验。

④ 测试方法　把温度计和含有试样的毛细管插入金属块中并开始加热。调整控制器以不高于 10℃/min 的速率加热试样，直到比预期熔融温度约低 20℃时，调整升温速率为 2℃/min±0.5℃/min。记录试样形状开始改变的温度，以同样的速率继续加热，记录结晶相完全消失时的温度。

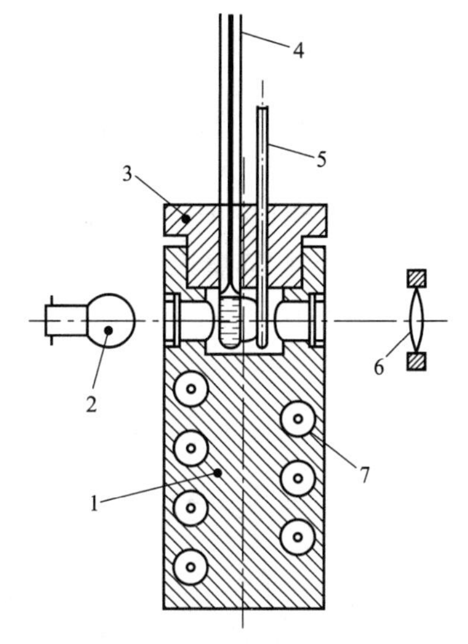

图 6-7　毛细管法的设备
1—金属加热块；2—灯；3—金属塞；4—温度计；5—毛细管；6—目镜；7—电阻丝

（2）偏光显微镜法

① 测试原理　将结晶态聚合物置于正交偏光场下，由于结晶态聚合物的双折射，故视野明亮，随着温度上升至熔融前，视野开始逐渐变暗，至完全熔融时呈完全黑暗场，此温度即为熔点。测试时，把试样置于显微镜的圆形偏振片和罩式检偏振器之间，以可控的升温速率加热，测量在聚合物结晶相光学各向异性消失时的温度。

在高聚物中，如尼龙、聚乙烯、聚丙烯、聚合物、聚甲醛等材料，是部分结晶聚合物，其结构是晶相与非晶相共同存在，晶相被非晶相所包围的聚合物，它们不像低分子晶相物质一样有一个明显的熔点，而是一个熔融范围，对于这类高聚物，利用偏光显微镜法测定其熔点比较合适及准确。

② 测试设备　由显微镜、微型加热台和温度计组成。其中显微镜带有圆形起偏振器和罩式检偏振器，即内置检偏振器的偏光显微镜，其放大率为×50～×100；微型加热台，由略高于显微镜载物台上的绝缘金属块组成（该金属块具有一个透光孔，有可适当控制加热和冷却速率的电加热系统，有护热作用的玻璃罩）。

③ 测试试样　测试试样可以是粉末状材料、模塑料和颗粒料、薄膜和片材。

其中，粉末状材料制样方法为：把 2～3mg 粒度不超过 100μm 的粉末样品放在透明的载玻片上，并用盖玻片将其盖住，在热台上加热试样组件（试样、载玻片和盖玻片），直到略高于聚合物的熔融温度。对盖玻片稍稍加压，形成厚度 0.01～0.04mm 的薄膜，同时关闭加热使组件慢慢冷却。

模塑料和颗粒料制样方法为：使用切片机将样品切成厚度近似 0.02mm 的薄膜，把它放在洁净的载玻片上并用盖玻片将其盖住，按规定加热并使其熔融。

薄膜和片材制样方法为：切出 2～3mg 的薄膜或片材试样，把它放在洁净的载玻片上并用盖玻片将其盖住，按规定加热并使其熔融。对载玻片和盖玻片间的试样进行预熔，可消除由于定向或内应力而产生的双折射，也减小了试验期间氧化的危险。如果有关各方协商一致，可不预熔，直接对粉末或薄膜或片材进行试验。

④ 测试方法　把试样组件放在微型加热台上，调整光源至最大光强，聚焦显微镜；旋转偏振器以获得暗场，结晶材料在暗场上显示光亮。

调节温度控制器使加热台逐渐升温（以不高于 10℃/min 的加热速率），直至低于熔融温度 T_m 以下的某一温度，以作为初步试验所测定的一个近似值，所得的温度值为下述之一：T_m<150℃时，应低10℃；150℃<T_m<200℃时，应低15℃；T_m>200℃时，应低20℃。调整温度控制器以1～2℃/min的速率升温。

观察双折射消失并仅剩下一个完整的暗场时的温度，记下该温度，作为试样的熔融温度。以另外一个试样重复该步骤，如果同一操作对同样的样品获得的两次结果之差大于1℃，要用两个新的试样重复上述步骤。

2. 差示扫描量热法

GB/T 19466.3—2004《塑料 差示扫描量热法（DSC）第3部分：熔融和结晶温度及热焓的测定》。

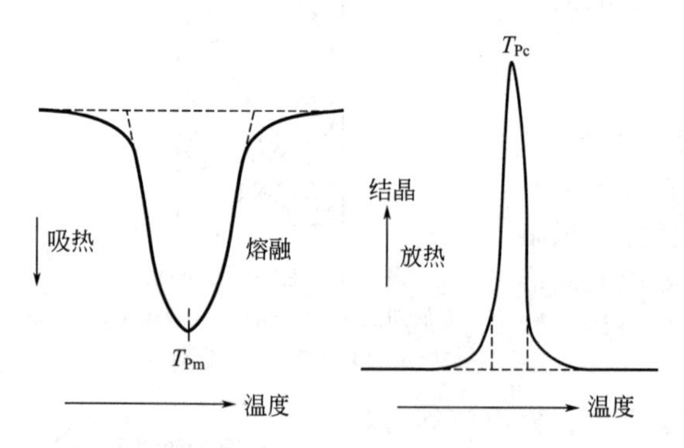

图6-8 特征温度测定示例
下标“m”注明与熔融现象有关的温度，
下标“c”注明与结晶现象有关的温度

（1）测试原理 在规定的气氛及程序温度控制下，测量输入试样和参比样的热流速率差随温度和（或）时间变化的关系。可使用功率补偿型和热流型两种类型的DSC仪进行试验（见图6-8）。

（2）测试设备 差示扫描量热仪，仪器能够自动记录DSC曲线，并能对曲线和基准线间的面积进行积分，偏差小于2%。

（3）测试试样 除非材料的标准另有规定，试样量采用5～10mg。称量试样，精确到0.1mg。样品皿的底部应平整，且皿和试样支持器之间接触良好。这对获得好的数据是至关重要的。

试样的质量及粒度的大小对测定结果有明显的影响。量多或粒度大，都使试样的吸热过程加长，因此使吸热峰前一边斜率变小，峰温度变高。对于要对同一类样品的多个试样进行对比测定时，一定要使其试样质量相同且其粒度、形状都近似。

（4）测试方法 在开始升温操作之前，用氮气预先清洁5min；以20℃/min的速率开始升温并记录。升温速率的大小对测定结果也有影响，当升温速率大时，所测得的值就偏高，反之则偏低，因此，每次测定一定要选用标准中规定的升温速率。

将试样皿加热到足够高的温度，以消除试验材料以前的热历史。通常高于熔融外推终止温度约30℃。样品和试样的热历史及形态对聚合物的DSC测试结果有较大影响。

进行预热循环并进行第二次升温扫描测量是非常重要的。若材料是反应性的或希望评定预处理前试样的性能时，可取第一次热循环时的数据。

二、玻璃化转变温度的测定

无定形物质的玻璃态和液态之间的转变，对高聚物来说是非结晶高聚物的玻璃态与高弹态之间的转变。玻璃化转变也发生于结晶高聚物的非晶区中。发生玻璃化转变的温度称为玻璃化温度，记为T_g。

在T_g处热容和膨胀系数等发生不连续变化，但玻璃化转变不是二级相转变，它是与分子链段运动能力变化相联系的转变。在T_g以上可以实现较长链段的运动。玻璃化转变通常定为α-转变，而把次级转变依相应温度下降顺序命名为β-转变、γ-转变和δ-转变。玻璃化转变时高聚物性能尤其是力学性能变化很大，非晶高聚物的模量可有3～4个数量级的变化。

表征高聚物特性的一些物理量，如比容、热焓、比热容、膨胀系数、折射率、热导率、介电常数、介电损耗、力学损耗、核磁共振吸收等，在高聚物玻璃化转变的温度范围内，都发生突变或不连续变化。从原则上说，所有在玻璃化转变过程中发生突变或不连续变化的物理性质，都可用来测量玻璃化转变温度。但其中较常用的方法是温度-形变法、差示扫描量热法、膨胀计法、波谱法以及力学损耗和介电损耗的测量等。必须注意，不同方法测定的玻璃化温度其含义不同，不同方法测定的值往往相差很大，所以只有用相同方法测定的数据才能进行比较。

1. 温度-形变法

（1）测试原理　温度-形变法测量聚合物玻璃化温度的原理是，聚合物试样在一定的外力作用下，经过一定时间后测定不同温度下聚合物受力作用时的形变情况，而得到温度-形变曲线，曲线的转折处即为玻璃化温度 T_g。是利用加在不等臂杠杆上的砝码对试样加以一定的外力，形变量由差动变压器变成电信号，送到记录仪中，用等速升温仪控制升温速度，用热电偶测定试样的温度，并用记录仪记录下来。

（2）测试仪器　GB/T 36800.2—2018 第 2 部分规定了使用热机械分析法（TMA）测定塑料线性热膨胀系数和玻璃化转变温度的方法。所用仪器原理如图 6-9 所示，主要由程序控温加热炉、位移传感器、测试探头、加载装置、冷却装置、惰性或氧化气体供给装置等组成。

（3）试样　试样表面应平整，受检的两端面应平行，并与轴线相垂直，可采用机加工制备。

试样尺寸：圆柱形试样 $\Phi \times L$，$(4.5 \pm 0.5)\text{mm} \times (6.0 \pm 1.0)\text{mm}$；正方柱形试样 $a \times b \times L$，$(4.5 \times 0.5)\text{mm} \times (4.5 \pm 0.5)\text{mm} \times (6.0 \pm 1.0)\text{mm}$。

（4）试验结果　玻璃化温度（T_g）由温度-形变曲线作切线求得（见图 6-10）。

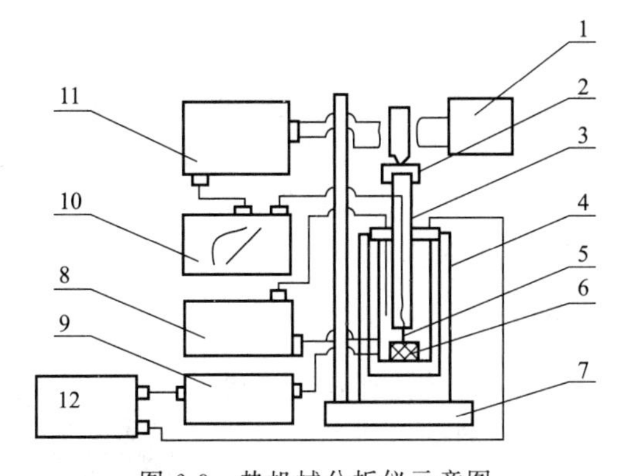

图 6-9　热机械分析仪示意图

1—音频信号源；2—负荷；3—压杆；4—炉子；5—压头；6—试样；7—机架；8—高温程序温度控制器；9—低温程序温度控制器；10—记录仪；11—形变量转换放大器；12—低温制冷器

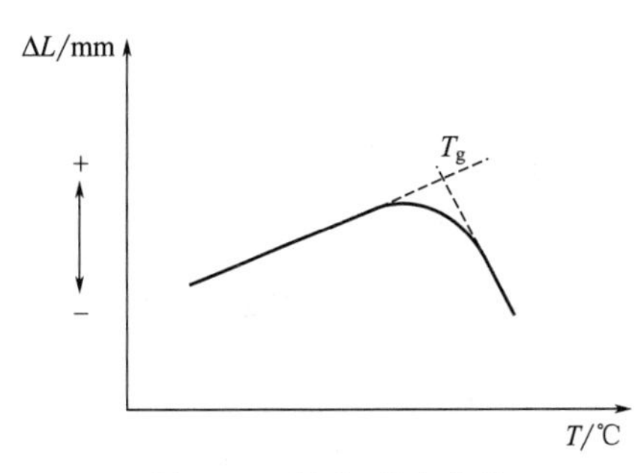

图 6-10　温度-形变曲线

2. 差示扫描量热法

其测试原理是通过测量材料的比热容随温度的变化，并由所得的曲线确定玻璃化转变特征温度。通过在规定的气氛及程序温度控制下，测量输入试样和参比样的热流速率差随温度和（或）时间变化的关系。下面介绍用差示扫描量热法（DSC）测定玻璃化转变温度的方法（详细步骤参考 GB/T 19466.2—2004）。

（1）试验仪器　可使用功率补偿型和热流型两种类型的 DSC 仪进行试验。这两种方法所使用的测量仪器设计区分如下。

① 功率补偿型 DSC　保持试样和参比样的温度相同，当试样的温度改变时，测量输入

试样和参比样之间的热流速率差随温度或时间的变化。

② 热流型 DSC 按控制程序改变试样的温度时，测量由试样和参比样之间的温度差而产生的热流速率差随温度或时间的变化。这种测量，试样和参比样之间的温度差与热流速率差成比例。

（2）试样 可以是固态或液态。固态试样可为粉末、颗粒、细粒或从样品上切成的碎片状。试样应能代表受试样品，并小心制备和处理。如果是从样片上切取试样时应小心，以防止聚合物受热重新取向或其他可能改变其性能的现象发生。应避免研磨等类似操作，以防止受热或重新取向和改变试样的热历史。对粒料或粉料样品，应取两个或更多的试样。

试样称量精确到 0.1mg。试样量一般采用 5～20mg，对于半结晶材料，使用接近上限的试样量。样品皿的底部应平整，且皿和试样支持器之间接触良好。

（3）试验方法 打开仪器，使用与校准仪器相同的清洁气体及流速。气体和流速有任何变化，都需要重新校准。一般采用氮气（分析级），流速 50mL/min(1±10%)，调节灵敏度。

在开始升温操作之前，一般用氮气预先清洁 5min，以 20℃/min 的速率开始升温并记录。将试样皿加热到足够高的温度，以消除试验材料以前的热历史，样品和试样的热历史及形态对聚合物的 DSC 测试结果有较大影响。

进行预热循环并进行第二次升温扫描测量是非常重要的，若材料是反应性的或希望评定预处理前试样的性能时，取第一次热循环时的数据。如有任何质量损失，应怀疑发生了化学变化，打开皿并检查试样，如果试样已降解，舍弃此试验结果，选择较低的上限温度重新试验。

3. 膨胀计法

膨胀计如图 6-11 所示。试样先装入安瓿瓶内，然后抽真空，将水银或与高聚物不相溶的高沸点液体装满安瓿瓶，并使液面升到毛细管的一定高度，用热浴以 1～2℃/min 的升温速度加热安瓿瓶，同时记录温度和毛细管内液面的高度。因为液面高度的变化反映了高聚物体积的变化，作液面高度与温度的关系图，曲线转折处的温度即为 T_g 值。

三、塑料熔体流动速率（MFR）的测定

（1）概念 熔体流动速率（melt flow rate，MFR）常称熔体指数，俗称熔融指数（melt index，MI），定义为热塑性高分子材料的熔体在特定温度和负荷下，每 10min 通过标准口模的质量，其单位为 g/10min。对同一种材料，MFR 越大，表示其流动性越好。这是一种表征热塑性高分子材料熔体流动速率的方法，但不同材料的 MFR 常采用不同的温度或负荷测量，故不同材料之间的熔体流动指数是不可比的。但在比较填充和非填充热塑性塑料时，熔体体积流动速率是很有用的。如果知道试验温度下的熔体密度，则可以用自动测量装置测定熔体流动速率。

塑料熔体流动速率测试原理

GB/T 3682.1—2018 规定了热塑性塑料熔体质量流动速率（MFR）和熔体体积流动速率（MVR）的测定方法。

（2）仪器与试样 塑料熔体流动速率（MFR）测定的仪器是一台挤出式塑化仪，结构如图 6-12 所示。仪器由料筒、钢制活塞、口模、切断工具和温度控制系统组成，并配有装料杆、清洁装置、校准温度计等通用附件。

料筒固定在垂直位置，由能够在加热体系达到最高温度下抗磨损和抗腐蚀的材料制成。为了保证仪器运转良好，料筒和活塞应采用不同硬度的材料制成，为方便维修和更换，料筒

宜用较活塞更硬的材料制成。

活塞可以中空，也可以实心。在使用小负荷试验时，活塞应该是空心的，否则可能达不到规定的最小负荷。当使用较大负荷试验时，空心活塞是不适合的，因为较大负荷可能使其变形，应使用实心活塞，或使用具有活塞导承的空心活塞。如果使用后者，由于这种活塞杆比通常的活塞杆长，应确保沿活塞的热损失不会改变材料的试验温度。

口模由碳化钨或高硬度钢制成，长 8.000mm±0.025mm，内孔应圆而直，内径为 2.095mm 且均匀。内孔硬度应不小于维氏硬度 500（HV5～HV100），表面粗糙度 R_a 应小于 0.25μm。口模不能突出于料筒底部，其内孔必须安装得与料筒内孔同轴。

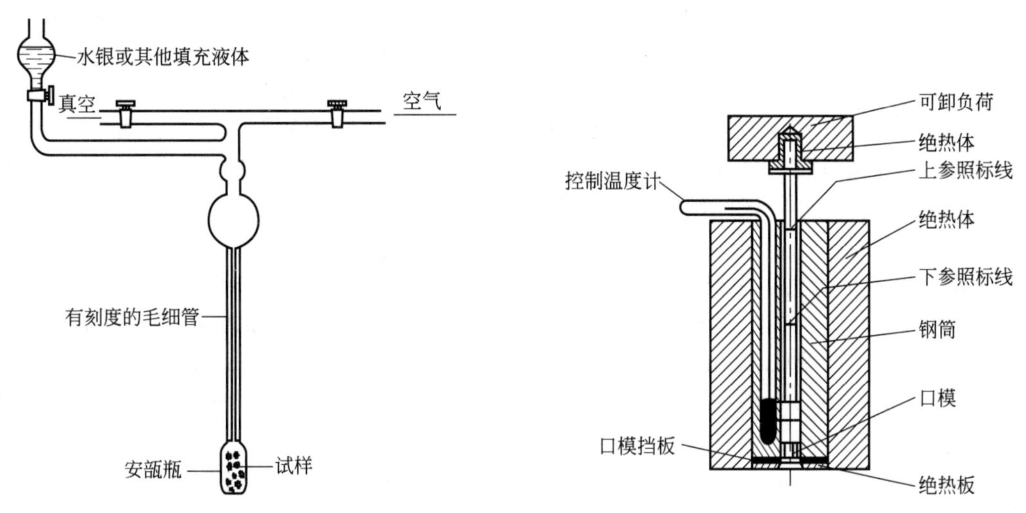

图 6-11 膨胀计法测 T_g 的装置

图 6-12 测定熔体流动速率的典型装置

试样可为任何形状，例如：粉料、粒料或薄膜碎片，只要能够装入料筒内膛。但有些粉状材料若不经预先压制，试验时将不能得到无气泡的小条，影响试验结果。

（3）试验方法

① 清洗 每次测试前后，都要把仪器彻底清洗，料筒可用布片擦净，活塞应趁热用布擦净，口模可以用紧配合的黄铜绞刀或木钉清理。也可以在约 550℃的氮气环境下用热裂解的方法清洗。但不能使用磨料及可能会损伤料筒、活塞和口模表面的类似材料。必须注意，所用的清洗程序不能影响口模尺寸和表面粗糙度。

② 恒温 在开始做一组试验前，要保证料筒在选定温度下恒温不少于 15min。

③ 装料 将 3～8g 样品装入料筒，装料时，用手持装料杆压实样料，对于氧化降解敏感的材料，装料时应尽可能避免接触空气，并在 1min 内完成装料过程。如果材料的熔体流动速率高于 10g/10min，在预热过程中试样的损失就不能忽略。在这种情况下，预热时就要用不加负荷或只加小负荷的活塞，直到 4min 预热期结束再把负荷改变为所需要的负荷。当熔体流动速率非常高时，则需要使用口模塞。

④ 逐一收集按一定时间间隔的挤出物切段，切段时间取决于熔体流动速率，从装料到切断最后一个样条的时间不应超过 25min。

⑤ 用公式计算熔体质量流动速率（MFR）值：

$$\mathrm{MFR}(\theta, m_{\mathrm{nom}}) = t_{\mathrm{ref}} m / t \tag{6-14}$$

式中，θ 为试验温度，℃；m_{nom} 为标称负荷，kg；m 为切段的平均质量，g；t_{ref} 为参比时间，600s；t 为切段的时间间隔，s。

四、脆化温度测定

塑料的刚性随所处的环境温度的变化而变化。在标准环境的温度下表现为软性或非刚性的塑料，当环境温度向低温方向变化而达到某一低温区域时，就表现出呈刚性，继而变成脆性。

脆化温度又称脆折点或脆点。当温度降低至聚合物不能发生强迫高弹性而像玻璃一样呈脆性破坏的临界温度（T_b）时，该温度表征了塑料的耐寒性。

T_b 常用低温冲击压缩试验法测定，即在低温下，用一定能量、速度的冲锤冲击压缩试样，GB/T 5470—2008 定义其破损率为 50％时的温度为脆化温度（T_b）。该标准规定测定标准环境温度下非硬质塑料在特定冲击条件下出现脆化破损时温度的方法，对同一塑料材料，使用缺口试样的方法比使用无缺口试样的方法所获得的脆化温度高。

（1）试验原理　将在夹具中呈悬臂梁固定的试样浸没于精确控温的传热介质中，按规定的时间进行状态调节后，以规定速度单次摆动冲头冲击试样。测试足够多的试样，用统计理论来计算脆化温度。50％试样破损时的温度即为脆化温度。

（2）试验仪器

① 脆化温度试验机　主要由试样夹具、冲锤、恒温容器及一套能保证冲锤以恒定速度打击试样的机械装置组成。脆化温度试验机有两种类型，分别定义为 A 型、B 型。

A 型：冲头半径为 1.6mm±0.1mm；钳口半径为 4.0mm±0.1mm；冲头中心线与夹具间隙为 3.6mm±0.1mm；冲头的外侧与夹具间隙为 2.0mm±0.1mm。冲击时试验速度应达到 200cm/s±20cm/s，冲头行程至少达 5.0mm。

B 型：冲头半径为 1.6mm±0.1mm；冲头中心线与夹具间隙为 7.87mm±0.25mm；冲头外侧与夹具间隙为 6.35mm±0.25mm。冲击时试验速度应达到 200cm/s±20cm/s，冲头行程至少达 6.4mm。

② 温度测试系统　要求范围校准且精确至±0.5℃，测温装置应尽可能靠近试样。

③ 液体或气体导热介质　在试验温度下，能够保证流动性并对试样没有影响的液体都可以使用，传热介质的温度控制在试验温度的±0.5℃内。

液体介质与塑料试样的接触时间短且温度低，对大多数塑料材料，乙醇和干冰的混合物都适用。此混合物可使温度降至－76℃，低于此温度则需要其他传热介质，如硅油、二氯二氟甲烷/液氮或空气浴槽。

（3）试验试样　对许多聚合物，试验结果在很大程度上取决于样片制备和试样制备的条件和方法。特别对于聚烯烃，试样制备过程中的冷却或退火条件的不同就导致试样结晶度的不一样，这样也就使脆化温度有变化。因此，必须按标准规定的条件制备试样。当用刀片切取试样时，应保证被切割的两侧面光滑，试样表面有微小的划伤或不光滑，都使脆化温度提高。试样厚度较厚时，也会使脆化温度提高。试验试样的尺寸如下。

① A 型试样：长 20.00mm±0.25mm，宽 2.50mm±0.05mm，厚 2.0mm±0.10mm。

② B 型试样：长 31.75mm±6.35mm，宽 6.35mm±0.51mm，厚 1.91mm±0.13mm。

（4）试验方法　预定一种材料的脆化温度时，推荐在预期能达到 50％破损率的温度条件下进行试验。在该温度下至少用 10 个试样进行试验。如果试样全部破损，把浴槽的温度升高 10℃，用新试样重新进行试验；如果试样全部不破损，把浴槽的温度降低 10℃，用新试样重新进行试验；如果不知道大致的脆化温度，起始温度可以任意选择。

（5）结果表示

① 图解法　在概率图纸上标出任一温度下试验温度与对应破损百分数的点，并通过这

些点画出一条最理想的直线。线上与50%概率相交的点所指示的温度即为脆化温度（见图6-13）。

② 计算法　按下式计算材料的脆化温度：

$$T_{50}=T_h+\Delta T(S/100-1/2) \qquad (6\text{-}15)$$

式中，T_{50} 为脆化温度，℃；T_h 为所有试样全部破损时的温度（用正确的代数符号），℃；ΔT 为两次试验间相同的适当温度增量，℃；S 为每个温度点破损百分率的总和（从没有发生断裂现象的温度开始下降直至包括 T_h）。

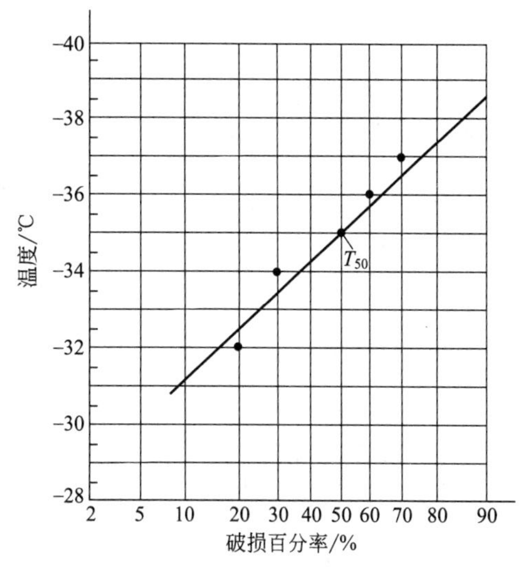

图6-13　图解法测定脆化温度示例

从上述的过程可以看出，要求取试样50%破坏时的温度时，需要大量的试样及反复多次测试，这种测试过程费时、费力、费财。因此只有当开发新品种或对不同来源的样品进行对比评价时才进行。而对于产品质量控制或检验时，可采用通过法，即按产品标准要求，在规定的温度点以上测试，如果试样破坏的情况符合要求则合格，否则不合格。

五、热稳定性测定

许多成型加工的过程，将固态聚合物加热形成黏流的熔融态时，往往是在封闭氧或氧气极少的螺杆中进行的，热引起聚合物降解的程度，就和产品的质量密切有关，必须充分重视热降解研究。

有关热稳定的测试方法很多，各种标准也很多，主要集中在聚氯乙烯树脂等热稳定性比较差的塑料树脂方面。如GB/T 13464—2008规定了用差热分析仪和（或）差示扫描量热仪，测量物质热稳定性的试验方法，适用于在一定压力（包括常压）下的惰性或反应性气氛中，在−50～1500℃的温度范围内有焓变的固体、液体和浆状物质热稳定性的评价；GB/T 15595—2008规定了用白度法表征聚氯乙烯树脂热稳定性的测试方法，适用于粉末状聚氯乙烯树脂热稳定性的测定。另外一些方法侧重于制品的热稳定性能测试，如GB/T 17391—1998规定了用测定氧化诱导期来判定聚乙烯管材与管件热稳定性的试验方法；GB/T 2951.32—2008规定了用失重试验测试聚氯乙烯混合料热稳定性试验方法。

下面介绍氯化氢水吸收法测定聚氯乙烯树脂的热稳定性的方法（HG/T 3311—2009）。

1. 测试原理

PVC树脂于规定温度下受热，释放的氯化氢用蒸馏水吸收，吸收液用氢氧化钠标准滴定溶液滴定，通过氢氧化钠标准滴定溶液的体积消耗计算单位质量PVC树脂所释放的氯化氢的量，以此值评估受试PVC树脂的热稳定性。

2. 测试仪器

一般测试仪器由氯化氢吸收管、U形玻璃反应管、油浴槽组成，其结构如图6-14和图6-15所示。

3. 试验方法

在（180±1)℃试验温度下，称取约3g试样，仔细地倒入干燥洁净且底部塞有干净中性玻璃棉的U形玻璃反应管中，试样上部塞少许玻璃棉，并将管壁所附的树脂推入下部，用玻璃塞塞好管口。开启氮气，于氯化氢吸收管中装入高度约20cm的蒸馏水，记录加入的体积。

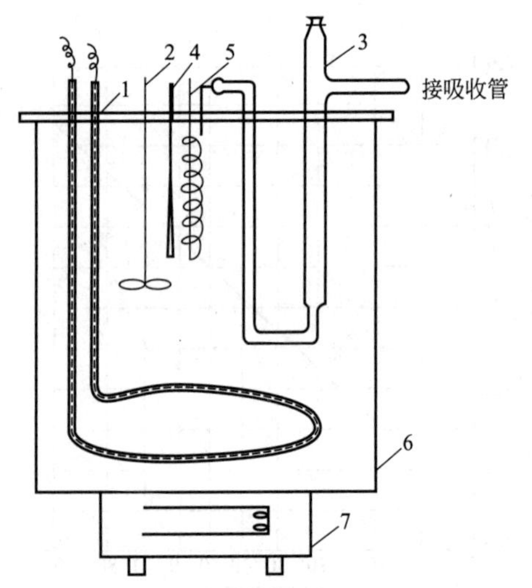

图 6-14 脱氯化氢装置示意图

1—加热管；2—搅拌器；3—U 形玻璃反应管；4—温度计；5—氮气预热管；6—油浴槽；7—电炉

将装有试样的 U 形玻璃反应管置于已恒温的油浴中，使试样上界面浸入油浴液面下约 5cm 处，同时计时，并立即接通氮气预热管、U 形玻璃反应管和氯化氢吸收管（氮气预热管和 U 形玻璃反应管以硅胶管连接，两管间连接长度不应超过 5cm）。试验达到 60min±10s 时，立即将 U 形玻璃反应管上部的塞子打开，并关闭氮气。

取下氯化氢吸收管，将吸收管内的吸收液移入碘量瓶中，吸收管及导管部分用适量的蒸馏水洗涤后全部移入碘量瓶中。以酚酞为指示剂，用氢氧化钠标准滴定溶液滴定至溶液由无色变为微红色为终点，记录所消耗的氢氧化钠标准滴定溶液的体积。以等体积的蒸馏水做空白试验，记录所消耗的氢氧化钠标准滴定溶液的体积。

4. 结果表示

单位质量的试样分解放出氯化氢的质量 x（mg）按下式计算：

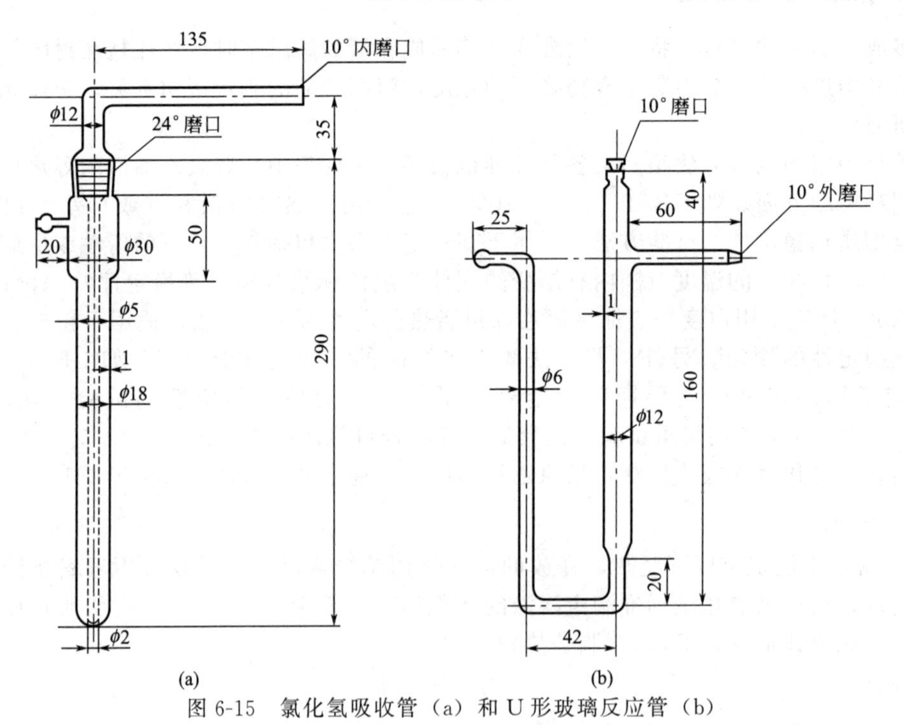

图 6-15 氯化氢吸收管（a）和 U 形玻璃反应管（b）

$$x=c(V-V_0)M/m \tag{6-16}$$

式中，V 为吸收液消耗的氢氧化钠标准滴定溶液的体积，mL；V_0 为空白消耗的氢气化钠标准滴定溶液的体积，mL；c 为氢氧化钠标准滴定溶液浓度的准确值，mol/L；m 为试样的质量，g；M 为氯化氢的摩尔质量，g/mol。

以两次平行试验测定值的算术平均值为测试结果，相对偏差应不大于 10%。

第三节 燃烧性能

聚合物在一定温度下被加热分解，产生可燃气体，并在着火温度和存在氧气的条件下开始燃烧，然后在能充分供给可燃气体、氧气和热能的情况下，保持继续燃烧。即物质燃烧的过程大致可分为5个阶段，即加热阶段、热分解阶段、着火阶段、燃烧阶段和传播阶段。显然着火的难易程度和燃烧传播的速度是评价材料燃烧性能的两个重要参数，此外，作为间接的影响，还要考虑燃烧时的发烟、发热及毒性和腐蚀性的影响。

测试材料燃烧性能的方法很多，各试验方法总是以燃烧进行的其中某一因素为主进行测定。由于现有方法大多是为塑料建立的，因而本节主要介绍塑料的燃烧性能测定，橡胶的燃烧性能评价可以此作参考。

评估塑料的燃烧性能最广泛采用的测试方法有闪点测试、燃点测试、水平-垂直燃烧测试、氧指数测试、烟密度测试等。

一、塑料的闪点、燃点和自燃点测定

塑料材料的着火，既是燃烧过程中的一个重要阶段，又是反映材料火灾危险性的一个重要因素。着火受材料的如下性质决定：闪燃温度（简称闪点）、自燃温度（简称自燃点）、极限氧浓度。

1. 闪点、燃点的定义

（1）闪点　在规定的试验条件下，液体或固体被加热到它们的蒸气与空气的混合气刚刚能被外界小的火焰点着，发生闪火时的最低温度。

物质的闪点越低，发生燃烧的危险性越大。所以闪点在实际生产中具有重要的意义，表现为：①闪点是保证安全的指标，物质预热时温度不许达到闪点，一般不超过闪点的2/3；②闪点是生产厂房、储存物品仓库的火灾危险性分类的重要依据；依据闪点高低对着火危险品进行分类（甲、乙、丙等类）；并以此分类为依据规定了厂房和库房的耐火等级、层数、占地面积、安全疏散、防火间距、防爆设置等；③以甲、乙、丙类液体的分类为依据规定了液体储罐、可燃和助燃气体储罐、堆场的布置和防火间距等。

（2）燃点　是指在规定的试验条件下，液体或固体能被外界小的火焰点着，发生持续燃烧时的最低温度。

（3）自燃点　指在规定的条件下，材料受热达到一定温度后，不用外界点火源点燃，材料自行发生爆炸、有焰燃烧或无焰燃烧时的最低温度。

2. 试验原理与试验装置

GB/T 4610—2008规定了热空气炉法测定塑料闪燃温度和自燃温度的试验方法，是评价塑料着火性能的方法之一。

（1）试验原理　在热空气炉的加热室中，用不同的温度加热试样，用一小的火焰在炉上方开口处直接点着逸出的气体，以测定闪燃温度。自燃温度按照闪燃温度相同的方法测试，但没有施加火焰。

（2）试验装置　试验装置为图6-16所示的热空气试验炉。主要由炉体、试样盘、加热控温装置及测温热电偶、气源及点火装置组成。

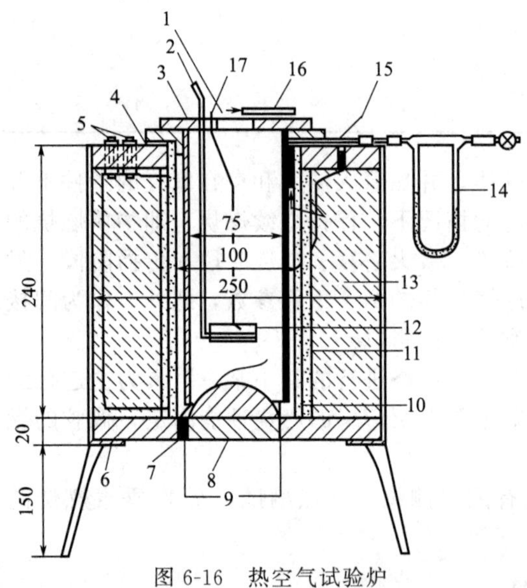

图 6-16 热空气试验炉

1—开口（直径 25mm）；2—支架；3—耐热盖；4—石棉垫；5—接线柱；6—固定圈；7—热电偶；8—塞头；9—固定螺钉；10—三个挡块；11—电热丝；12—实验盘；13—石棉毛；14—空气流量计；15—热电偶 T_2；16—引发火焰；17—热电偶 T_1

3. 测试步骤

热塑性塑料以通常的块状、粒状和粉状进行试验，热固性材料以 20mm×20mm 的片状或膜状试样进行试验。试样质量为（3±0.5）g。若单片试样的质量不足（3±0.5）g，可将若干片或薄膜用金属丝扎在一起进行试验。

试验前，试样按国标的规定，在温度(23±2)℃、相对湿度 50%±5%的条件下，状态调节 40h，或按供需双方商定的条件进行。

（1）闪点的测定步骤　把试样盘提到炉膛外，装入试样，将热电偶 T_1 安放在试样中心，然后放入炉膛内。打开空气进气阀，将流速调节到 25mm/s。接通加热电源，开动温度控制仪，将炉管温度 T_2 的升温速率控制在 600℃/h（±10%）的范围内。打开燃气阀，点燃点火器。将火焰置于炉盖试样分解气出口上方，距出口端面约 6.5mm。观察试样分解放出的气体被点火源点着时 T_2 指示的空气温度及 T_1 指示的试样温度，若试样温度迅速升高，此时 T_2 指示的就是闪点的第一近似值。改变空气流速为 50mm/s 和 100mm/s，重复上述操作，分别测出另外两个闪点近似值。

选用上述三个测定的闪点近似值中得到最低值时所采用的空气流速，控制空气温度的升温速率为 300℃/h（±10%），重复上述测定操作，测出的 T_2 指示值就是闪点的第二近似值。以此温度值作为温度控制仪 T_2 的设定值，恒定 15min。把试样放入试验炉，点燃点火器，观察试样释放出的可燃气是否着火。

如果着火，把 T_2 指示值调低 10℃重复测定，直至 30min 内不着火。当在 T_2 指示的温度下不发生着火时，在此温度下重复一次试验。重复试验时若着火，则把 T_2 指示值再调低 10℃重复测定。把 T_2 指示的发生着火的最低空气温度作为闪点。

（2）自燃点的测定步骤　按照测定闪点所规定的试验步骤操作，但不使用点火器点燃。把观察到的试样放出的分解气体着火时 T_2 指示的最低温度作为该材料的自燃点。

4. 测试结果的影响因素

（1）空气流速　固定升温速度为 14.5℃/min，改变通入炉内的空气流速，如测定聚丙烯的闪点和自燃点，其结果见表 6-1。

表 6-1　空气流速对聚丙烯闪点和自燃点的影响

空气流速/(mm/s)	闪点/℃	自燃点/℃	空气流速/(mm/s)	闪点/℃	自燃点/℃
60	405	—	17	387	—
50	402	409	8	—	425(闪燃几次)
25	355	401	5	—	425(闪燃一次)

（2）升温速率　升温速率对闪点和自燃点的影响表现为随升温速率的增大，闪点和自燃点均升高。

（3）试样质量　固定空气流速为 25mm/s，在恒温条件下改变试样质量，如测定聚氯乙烯的闪点和自燃点，其结果见表 6-2。可以看出，当聚氯乙烯的试样质量小于 2.0g 时，闪点和自燃点测试值升高。

表 6-2 试样质量对聚氯乙烯闪点和自燃点的影响

试样质量/g	闪点/℃	自燃点/℃	试样质量/g	闪点/℃	自燃点/℃
2.0	>425	>450	3.5	425	450
2.5	425	450	4.0	425	450
3.0	425	450			

(4) 状态调节　在 (23±2)℃、50%±5%相对湿度下，对聚丙烯、聚氯乙烯和玻璃纤维增强不饱和聚酯进行状态调节 40h，与未进行状态调节处理的试样进行对比试验，测定结果列于表 6-3。

表 6-3 试样状态调节与否对闪点和自燃点的影响

试样名称	状态调节		未进行状态调节	
	闪点/℃	自燃点/℃	闪点/℃	自燃点/℃
聚丙烯	330	370	330	370
聚氯乙烯	425	450	420	450
玻璃纤维增强不饱和聚酯	370	470	360	470

二、塑料水平、垂直燃烧性能的测定

在众多的塑料燃烧性能试验方法中，最具代表性、历史最悠久、应用最广泛的方法为水平、垂直燃烧法。不同国家和组织有关塑料水平、垂直燃烧试验的方法标准很多，按热源不同，可分为炽热棒法和本生灯法两类。GB/T 2408—2008 规定了塑料燃烧性能的水平法和垂直法测定的方法。标准规定了塑料和非金属材料试样处于 50W 火焰条件下，水平或垂直方向燃烧性能的实验室测定方法。

(一) 定义

(1) 有焰燃烧　在规定的试验条件下，移开点火源后，材料火焰（即发光的气相燃烧）持续的燃烧。

(2) 有焰燃烧时间　在规定的试验条件下，移开点火源后，材料持续有焰燃烧的时间。

(3) 无焰燃烧　在规定的试验条件下，移开点火源后，当有焰燃烧终止或无火焰产生时，材料保持辉光的燃烧。

(4) 无焰燃烧时间　在规定的试验条件下，当有焰燃烧终止或移开点火源后，材料持续无焰燃烧的时间。

(5) 线性燃烧速度　在规定的试验条件下，单位时间内，燃烧前沿在试样表面长度方向上传播（蔓延）的距离。

(6) 自撑材料　在规定的试验条件下，具有一定刚性、当水平地夹持住试样一端时，其自由端基本不下垂的材料。

(7) 非自撑材料　即柔软性材料，在规定的试验条件下，水平地夹持住试样一端时，其自由端下垂，甚至碰到试样下方 10mm 处水平放置的金属网的材料。

(二) 方法原理

将长方形条状试样的一段固定在水平或者垂直夹具上，其另一端暴露于规定的试验火焰中，通过测量线性燃烧速率，评价试样的水平燃烧行为；通过测量其余焰和余辉时间，燃烧的范围和燃烧颗粒滴落情况，评价试样的垂直燃烧行为（见图 6-17 和图 6-18）。

动画扫一扫

塑料水平燃烧测试原理

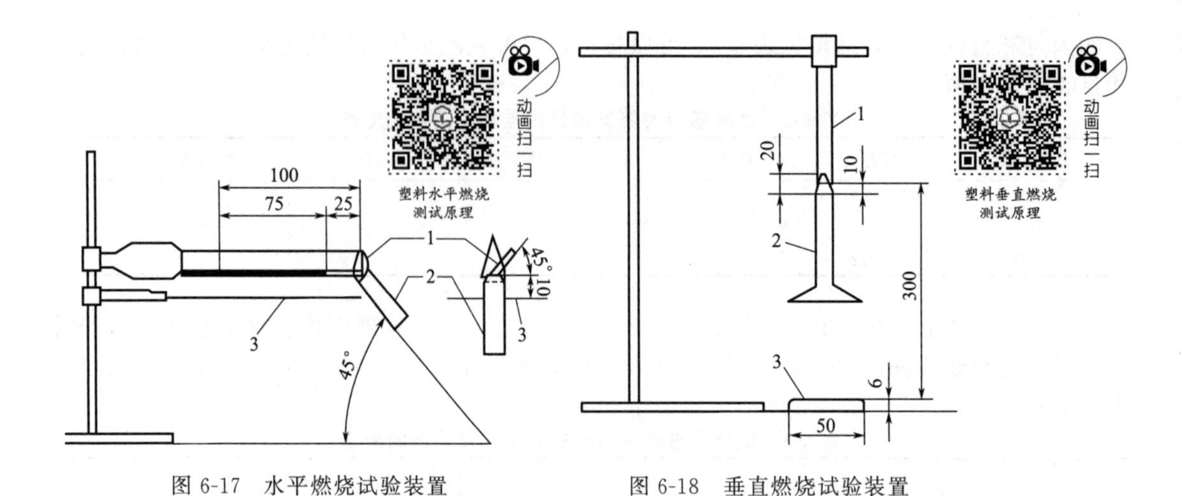

图 6-17 水平燃烧试验装置

1—试样；2—本生灯；3—金属网

动画扫一扫

塑料垂直燃烧测试原理

图 6-18 垂直燃烧试验装置

1—试样；2—本生灯；3—脱脂棉

（三）方法要点

1. 试样

试样尺寸为：长 125mm±5mm；宽 13.0mm±0.3mm；厚 3.0mm±0.2mm。在特殊情况下，经有关各方协商同意，也可使用其他厚度，但最大厚度不应超过 13mm。

不同厚度的试样，以及密度、各向异性材料的方向、颜料、填料及阻燃剂的种类和含量不同的试样，其试验结果不能相互比较。

水平法每组三根试样，垂直法每组五根试样。如有特殊要求时，应按需要增加试样数量。

试样可由板材或最终产品切割而成，也可经压制、模塑、注塑等方法制成。试样表面应清洁、平整、光滑，并应没有影响其燃烧行为的缺陷，如气泡、裂纹、飞边和毛刺等。试样还应根据标准要求进行状态调节或老化处理。

2. 设备和材料

为了安全和方便，试验应在密闭且装有排风系统的通风橱或通风柜中进行，以排除燃烧时产生的有毒烟气。试验过程中应把排风系统关闭，试验完毕再立即启动排烟。

试验热源所用的燃料气体为工业级甲烷气，也可采用天然气、液化石油气等可燃气体；所用的本生灯、计时装置、测量尺、测厚仪及状态调节设备等，也都应符合标准规定。

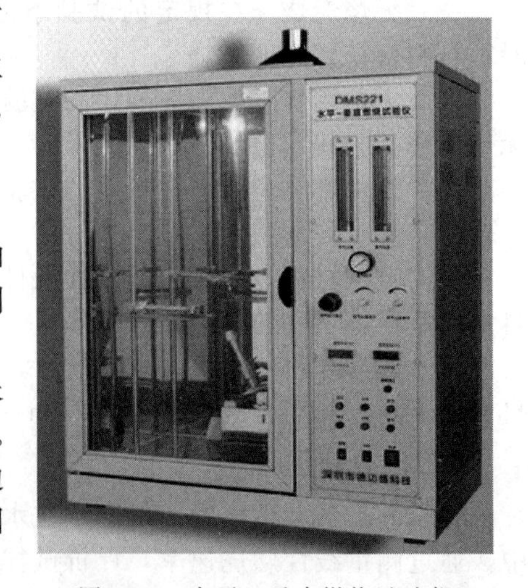

图 6-19 水平、垂直燃烧试验仪

3. 水平法试验步骤

（1）试样安装　在距试样点燃端 25mm 和 100mm 处，与试样长轴垂直，各划一条标线（分别称为第一标线、第二标线）。

用夹具夹紧试样远离第一标线的一端，使试样长轴呈水平方向，其横截面轴线与水平方向成 45°角。将金属网水平地固定在试样下面，与试样最低的棱边相距 10mm，金属网前缘与试样自由端对齐（见图 6-19）。

安装试样时，如发现试样自由端下垂，则将金属支承架支撑在试样下面，并使试样自由端长出支承架20mm。支承架能沿试样长轴方向朝两边自由移动，随着火焰沿试样向夹持端方向蔓延，支承架应以同样速度后撤。

（2）点燃本生灯　将燃料气体的气源与本生灯接通，在离试样约150mm的地方点燃本生灯，通过调节燃气流量和空气进口阀，使本生灯在灯管为竖直位置时产生20mm±2mm高的蓝色火焰。

（3）点燃试样并进行测定　将本生灯移到试样自由端较低的边上，并按图6-17所示，向试样端部倾斜，与水平方向约成45°角。调整本生灯位置，使试样自由端的6mm±1mm长度承受火焰，共施焰30s，撤去本生灯。若施焰时间不足30s，火焰前沿已达到第一标线，则应立即移开本生灯，停止施焰。停止施焰后，若试样继续燃烧（包括有焰燃烧和无焰燃烧），则记录燃烧前沿从第一标线到燃烧终止时的燃烧时间 t 和从第一标线到燃烧终止端的烧损长度 L。若燃烧前沿越过第二标线，则记录从第一标线至第二标线间的燃烧所需时间 t，此时烧损长度 L 记为75mm。重复上述操作，共试验三根试样。

（4）结果计算及分级规定　每根试样的线性燃烧速度 u（单位：mm/min）由式(6-17)计算：

$$u=60L/t \tag{6-17}$$

式中，L 为烧损长度，mm；t 为燃烧时间，s。

材料的燃烧性能，按点燃后的燃烧行为，可分为下列四级（符号中的FH表示水平燃烧）：

① FH-1，移开点火源后，火焰即灭或燃烧前沿未达到25mm标线。

② FH-2，移开点火源后，燃烧前沿越过25mm标线，但未达到100mm标线。应把烧损长度写进分级标志中。如当 $L=70$mm时，记为FH-2-70mm。

③ FH-3，移开点火源后，燃烧前沿越过100mm标线，对于厚度为3～13mm的试样，$v\leqslant 40$mm/min；对于厚度小于3mm的试样，$v\leqslant 75$mm/min。应把燃烧速度写进分级标志中，例如FH-3-30mm/min。

④ FH-4，与FH-3级相同，且线性燃烧速度 u 大于上述FH-3规定值。也应把燃烧速度写进分级标志中，例如FH-4-60mm/min。

如果被试材料三根试样的分级级数不完全一致，则应报告其中数字最高的等级，作为该材料的分级标志。

4. 垂直法试验步骤

（1）试样安装　用支架上的夹具夹住试样上端6mm，使试样长轴保持垂直，并使试样下端距水平铺置的干燥医用脱脂棉层距离约为300mm。撕薄的脱脂棉层尺寸为50mm×50mm，其最大未压缩厚度为6mm，示意图见图6-18。

（2）点燃本生灯　方法与水平法相同。

（3）点燃试样并进行测定　将本生灯火焰对准试样下端面中心，并使本生灯管顶面中心与试样下端面距离保持为10mm，点燃试样10s。如果在点燃过程中试样长度或位置发生变化，应随之移动本生灯，使上述距离仍保持为10mm。

如果在施加火焰的过程中，试样有熔融物或燃烧物滴落，则应将本生灯在试样宽度方向一侧倾斜45°角，并从试样下方后退足够距离，以防止滴落物落入灯管中，同时保持试样剩余部分与本生灯管顶面中心距离仍为10mm。但对呈线状的熔丝可以忽略不计。

对试样施加火焰10s后，应立即把本生灯撤到离试样至少150mm处，同时用秒表或其他计时装置测定试样的有焰燃烧时间 t_1。

当试样的有焰燃烧停止后，立即按上述方法再次对试样施焰10s，并需保持试样余下部分与本生灯口相距10mm。施焰完毕，立即撤离本生灯，同时测定试样的有焰燃烧时间 t_2 和无焰燃烧时间 t_3。此外，还要记录是否有滴落物，是否引燃了脱脂棉，以及有无燃烧蔓延到夹具现象。

重复上述步骤，共测试五根试样。

(4) 结果计算及分级规定 每组五根试样有焰燃烧时间总和 t_f 按式(6-18) 计算：

$$t_f=\sum_{i=1}^{5}(t_{1i}+t_{2i}) \tag{6-18}$$

式中，t_{1i} 为第 i 根试样第一次施焰后的有焰燃烧时间，s；t_{2i} 为第 i 根试样第二次施焰后的有焰燃烧时间，s；i 为试样编号。

按试样点燃后的燃烧行为，把材料的燃烧性能分成 FV-0、FV-1、FV-2 三级（FV 表示垂直燃烧）。具体规定见表 6-4。

表 6-4 FV 分级表

序号	判据	级别			
		FV-0	FV-1	FV-2	—①
1	每根试样的有焰燃烧时间(t_1+t_2)	≤10	≤30	≤30	>30
2	对于任何状态调节条件，每组五根试样有焰燃烧时间总和 t_f	≤50	≤250	≤250	>250
3	每根试样第二次施焰后有焰加上无焰燃烧时间(t_2+t_3)	≤30	≤60	≤60	>60
4	每根试样有焰或无焰燃烧蔓延到夹具现象	无	无	无	有
5	滴落物引燃脱脂棉现象	无	无	有	有或无

①如果出现这一栏情况，则说明该材料不能用垂直法进行分级，而应采取水平燃烧法进行分级。

注：1. 一组试样的级号，是根据表中五个判据得出的 5 个独立要素，选择数字最高的级号作为该材料的级号。例如，某组试样，按 1～4 判据都符合 FV-1 级，只有按判据 5 判为 FV-2 级，则该材料的级号为 FV-2 级。

2. 如果一组五根试样中，只有一根不符合某级的要求，则可采用另外一组经过同样预处理的试样进行试验。第二组所有五根试样，都应满足该级的要求。

3. 如果材料达到 FV-0、FV-1、FV-2 中的任何一级，则应在分级标志中写进试样的最小厚度，精确至 0.1mm。例如，PV-1-3.02mm。

（四）影响测试结果的主要因素

1. 试样厚度

试样厚度对其燃烧速度有明显影响。当试样厚度小于 3mm 时，其燃烧速度随厚度的增加而急剧减小；当试样厚度达到 3mm 以后，燃烧速度随厚度的变化就比较小了。一方面是由于在加热阶段，把试样加热至分解温度所需的时间与其质量（或厚度）基本成正比；另一方面，试样的着火、燃烧和传播主要发生在表面上，厚度越小的试样，单位质量具有的表面积就越大。

同样的厚度变化，对不同材料燃烧速度的影响程度也有很大差别。对于比热容和热导率较小、又没有熔滴行为的材料，如 PMMA，影响较小；反之，对比热容和热导率较大又有熔滴的 PE，影响就较大。

试样厚度对垂直燃烧试验结果也有很大影响。在同样条件下，试样越薄，其总的有焰燃烧时间越长；当试样厚度相差较大时，其试验结果甚至相差一、两个级别。厚度小于 3mm 的试样，燃烧时易出现卷曲和崩断现象，从而影响了试验的稳定性与重复性。

由于上述原因，标准中对试样厚度做了严格规定，指出厚度不同的试样，其试验结果不能相互比较。

2. 试样密度

从前述的材料燃烧过程分析可知，在相同的试验条件下，水平燃烧试验试样的燃烧速度随其密度的增大而减小；对垂直燃烧试验来说，试样的燃烧时间也受到其密度的很大影响。

因此，标准规定，密度不同的试样，其试验结果不能相互比较。

3. 各向异性材料

由于材料在成型过程中受力及取向不同而产生各向异性。各向异性材料的不同方向对试样的水平、垂直燃烧性能有一定的影响。因此标准规定，方向不同的试样，其试验结果不可相互比较，并要求在试验报告中对与试样尺寸有关的各向异性的方向加以说明。

4. 试样放置形式

在水平法中，试样的长轴是呈水平方向放置的。而其横截面轴线与水平方向夹角不同时也会影响同样尺寸试样的试验结果。为了避免放置形式不同对试验结果的影响，在标准中规定采用横截面轴线与水平成45°角的放置形式。除了由于这种形式的受热条件最佳、燃烧速度最快外，还由于这种形式测量燃烧长度和时间较为准确和方便。

5. 试样状态调节条件

试样的状态调节条件对材料的水平和垂直燃烧性能有不同程度的影响。一般来说，温度高些、湿度小些，其平均燃烧速度（水平法）或总的有焰燃烧时间（垂直法）相对要大一些。这与前面提到的高聚物燃烧过程分析是一致的。对于不同类型的材料，状态调节条件对“纯”塑料试样，影响较小；而对层压材料和泡沫材料影响程度则相对大些。

在标准中还规定了另外一种状态调节条件，即把试样在70℃±1℃温度下老化处理168h±2h，然后放在干燥器中，在室温下至少冷却4h。这是由于有些材料，如泡沫塑料、层压材料等，其燃烧性能会随存放时间而变化的缘故。

6. 燃料气体种类

燃料气体种类不同，其所含热值也不相同。一般情况下，无论使用天然气、液化石油气、煤气或其他燃料气体，只要本生灯的规格、火焰高度与颜色以及点火时间都符合标准规定，试验结果都基本相同。我国标准规定也可采用天然气、液化石油气、煤气等可燃气体，但仲裁试验必须采用工业级甲烷气。

7. 火焰高度和火焰颜色

火焰高度不同对材料的水平和垂直燃烧试验结果有较大影响。对于不同的材料，其影响程度也有一定差别。从理论上讲，火焰颜色不同，其温度有一定差别：蓝色火焰时燃烧完全，温度较高；反之，带有黄色顶部的火焰，温度要相对低些。但从试验结果来看，火焰颜色不同对水平和垂直燃烧试验结果的影响并不明显。为避免不必要的争议并与国际标准统一，国标中也同样规定火焰颜色应调成蓝色。

8. 点火时间长短

水平法中多数试样的着火时间为3～5s，最多的为10s左右，施焰时间为30s和60s的试验结果基本一致。对垂直法，点火时间太短，试样不易点燃；而点火时间长了，对多数材料的测试结果有很大影响。因此标准对两次施焰的都严格地规定为10s。

9. 熔融或燃烧着的滴落物

实践证明，材料燃烧时熔融滴落物与燃烧着的碎块常常是火灾蔓延和扩大的重要原因。为了试验结果更加符合材料的燃烧性能，修订后的国家标准在水平法的试验装置中，在试样最低边下面10mm处，水平地放置了规定尺寸和网孔的金属网。试样如有带火的滴落物落下，就会在金属网上继续燃烧，使试样再次受到加热和点燃。对于垂直燃烧法，则在试样下方约300mm处铺放了干燥的医用脱脂棉薄层，只要试样有滴落物引燃脱脂棉，尽管其有焰或无焰燃烧时间只达到FV-1级，甚至FV-0级，也要被判定为FV-2级。

10. 设备、仪器

进行燃烧试验，维持燃烧的氧气充足与否十分重要。为避免氧不足或通风不当对试验结果的影响，标准对通风柜或通风橱的尺寸、结构及排风装置的使用方法都做了细致的规定。另外，本生灯的结构和灯管口径、各种量具特别是计时装置的精度对试验结果当然有很大影响，标准对此也做了严格规定。

11. 操作人员主观因素

水平和垂直燃烧试验被认为是主观性很强的试验。只要稍不留意，用同样设备，对相同试样相同操作，也会产生一定偏差，甚至会得到不同的可燃性级别。因此，试验时严格按操作规定操作，观察要特别认真仔细是十分必要的。

三、塑料氧指数的测定

1970年，美国材料与试验协会以美国通用电气公司的氧指数测试方法为基础，制订了第一个有关氧指数测定方法的标准，即ASTM D2863—1970（现已修订为ASTM D2863—2006）。由于该方法判断材料在空气中与火焰接触时燃烧的难易程度非常有效，且具有很好的重现性，并可用来给材料的燃烧性进行分级，因此得到了世界各国的重视。许多国家都制订了相关的标准。GB/T 2406—2009的第2部分和第3部分，分别规定了室温和高温试验条件下，用氧指数法测定塑料燃烧行为的方法。标准定义在氧、氮混合气流中，刚好维持试样燃烧所需的最低氧浓度的数值为氧指数。标准适用于评定均质固体材料、层压材料、泡沫材料、软片和薄膜材料等在规定试验条件下的燃烧性能。

氧指数测定结果不能用于评定材料在实际使用条件下着火的危险性，也不适用于评定受热后呈高收缩率的材料。

（一）定义

氧指数指在规定的试验条件下，刚好能维持材料燃烧的通入的（23±2）℃氧氮混合气中以体积分数表示的最低氧浓度。

（二）方法原理

将试样直接固定在燃烧筒中，使氧氮混合气流由下向上流过，点燃试样顶端，同时计时和观察试样燃烧长度，与所规定的依据相比较。在不同的氧浓度中试验一组试样，测定塑料刚维持平稳燃烧时的最低氧浓度，用混合气中氧含量的体积分数表示。

塑料氧指数测定原理

（三）试验设备

试验设备为氧指数仪，如图6-20所示。

（1）燃烧筒　耐热玻璃管，其最小内径75mm，高450mm，顶部出口内径为40mm，直接固定在可通过氧氮混合气流的基座上。底部用直径为3～5mm的玻璃珠充填，充填高度为80～100mm。在玻璃珠上方装有金属网，防止燃烧杂物堵住气体入口和配气通路。

（2）试样夹　试样夹有自撑材料的试样夹和非自撑材料的试样夹。

（3）流量测量和控制系统　能测量进入燃烧筒的气体流量，控制精度在±5%（体积分数）之内。流量测量和控制系统至少每2年校准一次。

（4）气源　用标准规定的氧、氮及所需的氧、氮气钢瓶和调节装置，气体使用的压力不低于1MPa。

（5）点火器　由一根金属管制成，尾端有内径为（2±1)mm 的喷嘴，能插入燃烧筒内点燃试样。通以混有空气的丙烷，或丁烷、石油液化气、煤气、天然气等可燃气体。点燃后，当喷嘴向下时，火焰的长度为 16mm± 4mm（注：仲裁试验时，需以混有空气的丙烷作为点燃气体）。

（6）排烟系统　能排除试验过程产生的烟尘和灰粒，但不应影响燃烧筒中温度和气体流速。

（7）计时装置　具有±0.25s 精度的计时器。

（四）试样

按产品标准的有关规定或按有关标准，模塑或切割尺寸规定要求的试样（注：不同型式、不同厚度的试样，测试结果不可比）。每组试样至少 15 条。试样表面清洁，无影响燃烧行为的缺陷，如气泡裂纹、飞边毛刺等。在制备好的试样上需按点燃方法的要求画出标线。试样的状态调节按规定的常温常湿下进行，即环境温度为 10～35℃，相对湿度为 45%～75%。如有特殊要求，按产品标准中的规定（见表 6-5）。

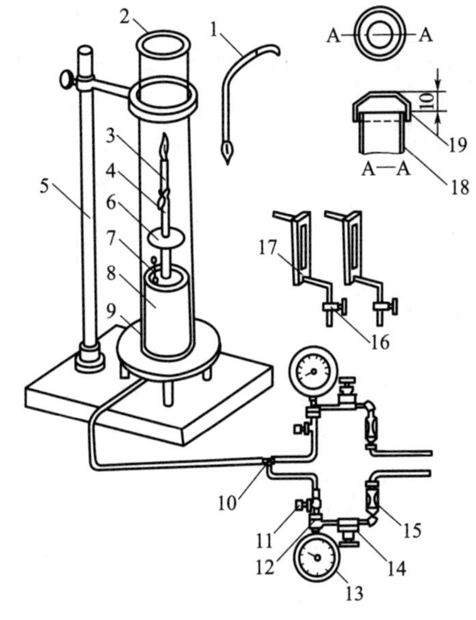

图 6-20　氧指数测定仪示意图

1—点火器；2—玻璃燃烧筒；3—燃烧着的试样；4—试样夹；5—燃烧筒支架；6—金属网；7—测温装置；8—装有玻璃珠的支座；9—基座架；10—气体预混合结点；11—截止阀；12—接头；13—压力表；14—精密压力控制器；15—过滤器；16—针阀；17—气体流量计；18—玻璃燃烧筒；19—限流盖

表 6-5　氧指数测试试样尺寸　　单位：mm

类型	型式	长		宽		厚		用途
		基本尺寸	极限偏差	基本尺寸	极限偏差	基本尺寸	极限偏差	
自撑材料	Ⅰ	80～150	—	10	±0.5	4	±0.25	用于模塑材料
	Ⅱ					10	±0.5	用于泡沫材料
	Ⅲ					<10.5	—	用于原厚的片材
	Ⅳ	70～150	—	6.5	±0.5	3	±0.25	用于电器用模塑料或片材
非自撑材料	Ⅴ	140	−5	52	±0.5	≤10.5	—	用于软片或薄膜等

（五）试验程序

氧指数的测定程序相对繁复。可以分为三个步骤进行试验，最后再根据试验记录数据计算出氧指数。三个步骤分别为：初始氧浓度的确定、窄范围氧浓度的确定（N_L 系列数据获取)、重复性试验（N_T 系列数据获取)。在此之前需要做调节仪器，选择开始试验的氧浓度、学会判断试验结果等试验准备工作。

1. 试验准备

（1）开始试验时氧浓度的确定　假如没有相关经验，可以在空气中点燃试件做试验，燃烧迅速者开始试验时氧浓度可选 18%左右；如燃烧困难或点不着火，则估计为 25%或更高。

（2）安装试样和调整仪器　将试样夹在夹具上，垂直安装在燃烧筒中轴处，试件上端到筒顶的距离至少 100mm，试件下端高于底部配气装置顶端至少 100mm。

（3）调整仪器　开启氧指数测试仪，调节气体控制装置，使混合气中的氧浓度为上述开始设定的氧浓度，并以（40±10)mm/s 的速度洗涤燃烧筒至少 30s。

A法点燃原理

B法点燃原理

（4）点燃试样　点燃点火器，调整好火焰高度。有两种方法点燃试样，可根据情况选择其一。

① 方法 A：顶端点燃法　在试件上距点燃端 50mm 处划标记线。火焰覆盖顶端整个表面，不能碰到棱边/侧面。火焰最长作用时间 30s，若不能点燃，则增大氧浓度，直至 30s 内点燃。

试件的顶部全部点燃后，立即移走点火器，开始计时或观察试样烧掉的长度。

② 方法 B：扩散点燃法　在试件上距点燃端 10mm 和 60mm 处划两条参考标记线。点燃试件时，火焰施加顶端整个表面和直、侧表面约 6mm 长。火焰最长作用时间 30s，每隔 5s 稍移开点火器观察，直至直、侧表面稳定燃烧或可见燃烧部分前锋到达上标线，立即移走点火器，开始计时或观察试样燃烧长度。若 30s 内不能点燃试样，则增加氧浓度，再次点燃，直至 30s 内点燃止。

（5）燃烧行为的评价（见表 6-6）　点燃试样后，立即开始计时，观察试样燃烧长度及燃烧行为。若燃烧中止，但在 1s 以内自发再燃，则继续观察和计时。如果试样的燃烧时间或燃烧长度均不超过表 6-6 的规定，则这次试验记录为“○”反应，并记下燃烧长度或时间。如果二者之一超过表 6-6 的规定，扑灭火焰，记录这次试验为“×”反应。还要记下材料燃烧特性，例如：熔滴烟灰结炭，漂游性燃烧灼烧余辉或其他需要记录的特性。如果有无焰燃烧，应根据需要，报告无焰燃烧情况或包括无焰燃烧时的氧指数。

表 6-6　燃烧行为的评价

试样型式	点燃方式	评价准则（两者取一）	
		燃烧时间/s	燃烧长度
Ⅰ、Ⅱ、Ⅲ、Ⅳ	A 法	≥180	燃烧前锋超过上标线
	B 法		燃烧前锋超过下标线
Ⅴ	C 法		燃烧前锋超过下标线

取出试样，擦净燃烧筒和点火器表面的污物，使燃烧筒的温度恢复至常温或另换一个为常温的燃烧筒，换上另一试样进行下一步试验。如果试样足够长，可以将试样倒过来或剪掉燃烧过的部分再用，但不能用于计算氧浓度。

2. 第一阶段——初始氧浓度范围的确定

采用任意浓度改变量（即步长，下同），选取不同氧浓度，重复燃烧实验，若前一实验的结果为不燃即○，则需升高氧浓度；若前一实验的结果为燃烧即×，则需降低氧浓度（下列所有实验与此同），直到得到两个实验结果分别为○和×，且氧浓度相差≤1.0%。将这结果为○反应的氧浓度值记作初始氧浓度值 C_0。应注意，这两个相差≤1.0%且得到相反反应的氧浓度不一定要得自相继试验的两个试样。另外，○反应的氧浓度不一定要小于×反应的氧浓度。

3. 第二阶段——窄范围氧浓度确定（即 N_L 系列数据获取）

再用初始氧浓度 C_0 重复试验操作一次，记录此次 C_0 值及所对应的反应。此值即为 N_L 和 N_T 系列的第一个值。根据此次结果，用 0.2%为浓度改变量（步长）d，改变氧浓度（○反应的增加，×反应的降低），重复试验操作，直至得到不同于 C_0 所得的燃烧反应为止。测得一组氧浓度值及所对应的反应，记下这些氧浓度值及其对应的反应，即为 N_L 系列数据。

4. 第三阶段——重复性试验（N_T 系列数据获取）

根据上次测试结果，以步长 d=0.2%改变氧浓度（○反应的增加，×反应的降低），再测四根试样，记下各次的氧浓度及对应的反应，最后一根试样所用的氧浓度，用 C_f 表示。这 4 个结果加上第二阶段反应不同于 C_0 结果的那个一起，构成 N_T 系列的数据。

（六）结果的计算

1. 氧指数的计算

以体积分数表示的氧指数，按式(6-19) 计算：

$$OI=C_f+Kd \tag{6-19}$$

式中，OI 为氧指数，%；C_f 为 N_T 系列最后一个氧浓度，%；d 为试验的氧浓度之差，即步长，标准方法中为 0.2%；K 为查 K 值表所得的系数。

2. K 值的确定

K 的数值和符号取决于 N_T 系列的反应形式，可按表 6-7 确定。

① 如果初始氧浓度 C_0 再次试验的结果为"○"反应，则第一个相反的反应便是"×"反应。从表 6-7 第一列中找出与 N_T 系列最后 5 次试验结果一致的那一行，再根据 N_L 系列的前几个反应中"O"反应的数目，在表的上部查出所对应的栏，即得到所需的 K 值，其正负号与表 6-7 中符号相同。

② 如 C_0 的试验结果为"×"反应，则第一个相反的反应便是"○"反应。从表 6-7 最后一列找出与 N_T 系列最后 5 次结果一致的一行，再按 N_L 系列的前几个反应（即得到"×"反应的数目），在表的下部查出所对应的栏，得到所需的 K 值，但此 K 的正负号与表中符号相反。

表 6-7 计算氧指数时所需 K 值的确定表

1	2	3	4	5	6
最后 5 次试验的反应	a. N_L 前几次测试反应如下时的 K 值				
	0	00	000	0000	
×○○○○	−0.55	−0.55	−0.55	−0.55	○××××
×○○○×	−1.25	−1.25	−1.25	−1.25	○×××○
×○○×○	0.37	0.38	0.38	0.38	○××○×
×○○××	−0.17	−0.14	−0.14	−0.14	○××○○
×○×○○	0.02	0.04	0.04	0.04	○×○××
×○×○×	−0.50	−0.46	−0.45	−0.45	○×○×○
×○××○	1.17	1.24	1.25	1.25	○×○○×
×○×××	0.61	0.73	0.76	0.76	○×○○○
××○○○	−0.30	−0.27	−0.26	−0.26	○○×××
××○○×	−0.83	−0.76	−0.75	−0.75	○○××○
××○×○	0.83	0.94	0.95	0.95	○○×○×
××○××	0.30	0.46	0.50	0.50	○○×○○
×××○○	0.50	0.65	0.68	0.68	○○○××
×××○×	−0.04	0.19	0.24	0.25	○○○×○
××××○	1.60	1.92	2.00	2.01	○○○○×
×××××	0.89	1.33	1.47	1.50	○○○○○
	b. N_L 前几次测试反应如下时的 K 值				最后 5 次试验的反应
	×	××	×××	××××	

表 6-8 列举了层压板材料氧指数测试时的数据记录，并具体进行了数据处理。此表可作为氧指数测试时的数据记录格式。

表 6-8 氧指数测定实验记录

材料	酚醛层压板
试样型式	Ⅱ(厚度 4mm)
点燃方法	A
点燃气体	丙烷
状态调节	按 GB 2918 进行
	试验日期： 年 月 日

第一部分 初始氧浓度的确定

氧浓度/%	25.0	35.5	30.0	32.0	31.0	
燃烧时间/s	10	>180	140	>180	>180	
燃烧长度/mm						
反应比(“○”或“×”)	○	×	○	×	×	

第二部分 N_L 系列数据测定

氧浓度/%	30.0	29.8	29.6	29.4 ⟶	N_T 系列
燃烧时间/s	>180	>180	>180	150	
燃烧长度/mm					
反应比（“○”或“×”）	×	×	×	○	

第三部分 N 系列数据测定

氧浓度/%	由N_L ⟶	29.4	29.6	29.4	29.6	29.8 ⟵	C_f
燃烧时间/s	系列	150	>180	140	165	>180	
燃烧长度/mm	测得						
反应比（“○”或“×”）		○	×	○	○	×	

根据此实验数据，N_L 系列测试的反应排序为×××，N_T 系列测试的反应排序为○×○○×。在表 6-7 中查 K 值，表中最底行对应的×××和最右列对应的○×○○×交点数据为 1.25，按规则计算时应取 K 值为－1.25。代入氧指数计算公式：

$$OI=C_f+Kd=29.8\%+(-1.25)\times0.2\%=29.55\%\approx29.6\%$$

该层压板材料的氧指数测试结果为 29.6%。

（七）影响因素

影响氧指数试验结果的因素很多，除了材料自身的组成、结构及各种添加剂，如填料、增塑剂、阻燃剂等的种类和含量对其氧指数有极大影响外，还受到试样尺寸、气流速度、气体纯度、环境温度、燃烧筒筒体温度、燃气种类、点火方式等测试条件的很大影响。现就试验条件的影响分述如下。

1. 混合气流流速

燃烧筒中混合气流的流速在一定范围内改变时对试验结果没有明显的影响，但当混合气体中的氧浓度低于空气中的氧浓度时，混合气流速大小对氧指数测试结果还是有一些影响的。为了防止上述影响，有些标准规定，应在燃烧筒出口处加一个限流盖，以防止外界空气倒入。因此，我国标准规定燃烧筒内混合气体流速为（40±10)mm/s，并且应加限流盖。

2. 氧气、氮气纯度

由于混合气流中的氧浓度是通过测量氧、氮两种气体的流量并将其纯度当作 100%，而实际实验时用的气体都是工业用气体，实验有一定的误差。纯度越低，误差越大，另外钢瓶内压力下降对氧浓度也有影响。因此测试时最好使用高纯度的氧气和氮气作为气源，并且使用压力不低于 1MPa。若需准确计算混合气体中的氧浓度，则应用式(6-20）计算。

$$C_0=\frac{x_1V_0+x_2V_N}{V_0+V_N} \tag{6-20}$$

式中，C_0 为混合气体中的氧浓度，%；x_1 为氧气纯度，%（体积分数）；V_0 为单位混合气体中氧气的体积；x_2 为氮气纯度，%（体积分数）；V_N 为单位混合气体中氮气体积。

3. 点燃气体种类

不同点燃气体测得的氧指数基本相同，我国标准规定除了可用丙烷外，也可使用丁烷、石油液化气、煤气、天然气等可燃气体，但仲裁试验时，点燃气体必须使用未混有空气的丙烷。

4. 点火器火焰方向和高度

（1）火焰方向的影响　不同方向时的火焰高度是不同的，尤其是丁烷打火机气罐，差别极大。考虑到实际应用中是在火焰向下情况下对试样点火的，因此规定在火焰垂直向下时测量其高度。

（2）火焰高度的影响　当火焰高度在一定正常范围内时，其对氧指数值没有影响。但当火焰高度太低时，不易点燃试样，尤其是在氧浓度较低时更为显著；当火焰高度较高时，对薄膜材料、壁纸及泡沫材料的点燃不易控制。因此国标中规定火焰高度为（16±4)mm。

5. 点燃方式

对不同试样，国标中规定了两种点燃方法。顶端法适用于Ⅰ、Ⅱ、Ⅲ、Ⅳ试样，而扩散法适合于任何型式的试样。因此报告中应注明何种点燃方式，而对比试验时则应在同一点燃方式下进行。

6. 无焰燃烧对测试结果的影响

试样的燃烧包括有焰燃烧和无焰燃烧。有些材料，尤其是填充材料、层压材料，在有焰燃烧过后，在相当一段时间内维持无焰燃烧。在判断试样的燃烧时间或燃烧长度时，包括不包括无焰燃烧对测试结果影响很大。国标中对氧指数的测试应当为有焰燃烧。但由于无焰燃烧在引起火灾方面有很大影响，因而应根据需要报告无焰燃烧情况或包括无焰燃烧时的氧指数。

7. 环境温度对测试结果的影响

温度对测试结果有相当大的影响。随着周围环境温度的增加，大多数材料的氧指数值都会下降。因此，国标中规定了要在室温条件下进行，但对环境比较敏感的材料，则应在产品标准中规定其状态调节条件和试验环境要求。

8. 燃烧筒温度对试验结果的影响

燃烧筒温度直接影响试样周围的温度，对于维持燃烧，保持热量平衡影响较大，因而会影响实验结果。当燃烧筒温度升到 75℃时，可引起测定值明显降低。因此标准中规定燃烧筒应在常温下使用，并在实验时最好用两个燃烧筒交换着使用。

9. 试样的尺寸、外观和制备方法对结果的影响

（1）试样厚度的影响　与水平、垂直法相似，试样越薄，就越容易燃烧，测得的氧指数越低；反之，试样越厚，测得的氧指数越高。因此标准中规定，不同厚度的试样，其所测得的结果没有可比性。

（2）试样长度的影响　试样太长时，其顶端离燃烧筒顶部太近，容易受外界大气成分的影响，产生测量误差；试样太短时，又不便于划标线和观察。标准中规定试样长度在 70～150mm（Ⅳ型），并规定安装试样时，应保证试样顶端低于燃烧筒顶端至少 100mm。一般来说，试样长度在允许范围，即 70～150mm 之间变化，不会影响试验结果。

（3）试样外观缺陷的影响　试样如带有影响其燃烧性能的缺陷，如气泡、裂纹、溶胀、飞边、毛刺等，对试样的点燃及燃烧行为均有影响，因此加工时应引起注意。

（4）试样制备方法的影响　不同的制备方法，条件各不相同，对材料的结晶度、固化程度等有一定的影响，以致影响材料的热分解条件和燃烧试验结果。因此在进行结果比较时试样应采用相同的制备方法。

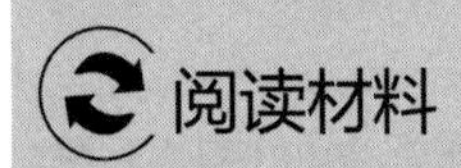

高分子化学家、中国科学院院士——沈之荃

沈之荃教授，1931 年出生于上海，1952 年毕业于上海沪江大学化学系，先后在苏州大学、长春应用化学研究所、浙江大学、中国化学会、国务院学位委学科评议组、国家自然科学基金委学科评议组及浙江省科协等任教或任职。

沈之荃教授长期从事高分子化学和材料科学方面的基础和应用基础研究工作，主攻过渡金属和稀土配合催化聚合。20 世纪 60 年代，首先研究三元镍系顺丁橡胶，并为成功建立我国万吨级顺丁橡胶工厂做出突出贡献。六七十年代，开展并组织领导了稀土配合催化聚合学科及其橡胶的研究工作，1982 年获国家自然科学二等奖，八九十年代将稀土配合催化聚合研究推进到炔烃、环氧烷烃、环硫烷烃、内酯、环碳酸酯等聚合及固定 CO_2 制备聚碳酸酯等新领域，取得一系列创新成果，获 1993 年国家自然科学三等奖和多项省部级奖，1994 年获光华科技一等奖，2001 年获何梁何利科技进步奖，2002 年获浙江大学竺可桢奖。沈之荃教授发表论文 400 余篇，出版多部专著，已培养毕业博士和硕士研究生 40 余名。

沈之荃教授 1988 年被评为浙江省首届先进女科技工作者，1993 年获全国先进女职工称号，1995 年获浙江省“十大杰出女性”和“浙江省劳动模范”称号，全国教育系统劳动模范称号和人民教师奖章，1998 年被评为第二届中国“十大女杰”“全国三八红旗手”，2001 年被评为全国师德先进个人。在 20 世纪 60 年代初期，国外对中国实行经济和技术封锁，沈之荃教授在高分子合成研究室主任欧阳均教授的领导下工作，该研究室开展了合成顺丁橡胶多种催化体系的研究，在大家的努力工作下，研制出了以钛、钴或钴含微量镍体系的丁 1、丁 2、丁 3 和丁 4 顺丁橡胶。她探索研究环烷酸镍-三氟化硼乙醚-三烷基铝-烷烃溶剂组成的三元镍催化体系制备顺丁橡胶，成功研制出镍系顺丁橡胶。在遴选出三元镍系顺丁橡胶进行工业化试验后，终于在中国建立起三元镍系顺丁橡胶工业生产基地。其后，又建起了北京燕山橡胶厂、岳阳合成橡胶厂、山东合成橡胶厂和上海合成橡胶厂等万吨级顺丁橡胶生产厂。

1962 年，沈之荃教授突破传统的 Ziegler-Natta 催化剂，首次尝试采用稀土化合物作催化剂，研究发现 9 种无水稀土（钇、镧、铈、镨、钕、钐、钆、铒及镱）氯化物与三乙基铝组成的非均相体系都可以催化丁二烯聚合，其中氯化镱-三乙基铝体系具有较大的活性，能制得顺式 1,4-结构含量高于 94%、分子量为 30 万～60 万的聚丁二烯橡胶。这项创新研究是国际上第一篇报道稀土化合物在丁二烯定向聚合中催化活性的学术成果。随即她研究了不同稀土元素的 β-二酮类螯合物与三烷基铝组成的均相体系对丁二烯的定向聚合，意外发现它们的催化活性比非均相体系的高，而其中镨和钕体系的活性比其他体系更高，有些体系可得到顺式含量高达 96% 的聚丁二烯，此研究结果是他们在国际上报道稀土螯合物在定向聚合中催化活性的第一篇学术成果。

用稀土催化剂使丁二烯和异戊二烯共聚合时，可以制得两种单体微观结构都是高顺式的共聚物。这是过去常用作合成橡胶催化剂的钛、钴、镍、锂等体系所达不到的。这些结果的意义是用同一种稀土催化剂体系、同一套聚合装置和相似的流程，既可生产出高顺式的顺丁橡胶，又可以生产出高顺式异戊橡胶，还可以制备出高顺式的丁二烯-异戊二烯共聚橡胶。这在合成橡胶工业上尚无先例，这些研究在国际上引起了极大反响。

沈之荃教授在应化所工作18年期间，勤奋努力，在应化精神激励下，与同事们一起开展了镍系顺丁橡胶和稀土顺丁橡胶及异戊橡胶从小试到实现工业化的系统研究工作，获得了国家级多项大奖。1973年，她参加中国科学院高分子访日代表团，与日本合成橡胶专家交谈中，他们提到“一个人一辈子能合成一种橡胶并使之生产已不简单，若能使几种橡胶合成并生产出来，那更是不容易!”沈之荃教授确实很高兴自己有幸参与了这几项国家橡胶工业建设中的大事件。

1981年，沈之荃教授、杨慕杰教授等首创应用稀土催化剂使乙炔在室温下顺式聚合，制得热稳定性和抗氧化性好的稀土聚乙炔薄膜。聚乙炔经电子给体或受体掺杂后成为P型或N型半导体，甚至达到金属导电性，被誉为“合成金属”；沈之荃教授等又发现乙酰基丙酮稀土-三异丁基铝-水体系也是优良的环氧氯丙烷（ECH）开环聚合催化剂，聚合速度快、聚合物分子量高达100万，且其结晶度（10%～20%）低于其他催化体系所得聚环氧氯丙烷，这是优良橡胶材料所期望的；1990年沈之荃和张一峰教授等率先发现稀土膦酸酯盐 [$Ln(P_2O_4)_3$]、三异丁基铝与甘油（第三组分）组成的催化剂是一类新的能使CO_2和环氧丙烷共聚合的催化剂，其中$Y(P_2O_4)_3$-$Al(i\text{-}Bu)_3$甘油体系活性最高，生成聚碳酸酯的分子量高达47万，其热分解温度在300℃以上，具有优良的热稳定性。

2000年以后，沈之荃教授课题组继续开拓研究稀土催化剂的合成及其催化聚合性能等，取得了多项创新性成果。一方面继续开拓多组分稀土催化剂在高分子合成中的新应用，研究稀土化合物催化的异氰酸酯、联烯等新型单体的均聚合和共聚合；将稀土催化剂用于缩合聚合，制备性能优良的可降解脂肪族共聚酯。另一方面，探索合成具有新型结构的稀土配合物，用作单组分催化剂；采用量子计算方法模拟技术，研究了稀土催化开环聚合反应机理，利用稀土催化剂结合新的高分子合成技术，合成了具有新型拓扑结构的高分子，如多臂星形、杂臂星形两亲性聚合物；以联烯聚合物为骨架的接枝共聚物等。研究成果使得我国开创的稀土催化合成高分子研究更上了一层楼。

沈之荃教授已经为国家和人民勤奋工作六十多年，对我国教育和科研事业做出很大贡献。她在科学事业上勤奋刻苦、不怕困难、百折不挠的进取精神，以及谦虚诚恳、助人为乐的高尚风格，给人们留下了深刻的印象，她严于律己、宽以待人，热心培养年轻一代，深受广大师生和化学界同仁的爱戴。

资料参考：

杨柏，高长有，张先正. 庆祝沈家骢、沈之荃和卓仁禧院士80华诞专刊 [J]. 中国科学：化学，2011，41（2）：176-178.

思考题

1. 请阐述闪点和燃点的意义。
2. 阻燃材料评价时所说的FV-0级的标准有哪些？
3. 对于给定的材料，如何确定采用水平燃烧试验还是垂直燃烧试验？
4. 请说明氧指数的定义和测定原理。如何根据氧指数进行材料的分类？
5. 影响材料氧指数的因素有哪些？
6. 氧指数测试能否替代其他燃烧性能测试？

第七章
老化性能测试

 学习目标

• 知识目标

1. 掌握塑料老化的特征和机理。
2. 理解塑料老化性能测试的基本原理。
3. 了解影响塑料老化的主要原因和评价方法。

• 技能目标

1. 熟悉塑料常压法热老化试验。
2. 会进行塑料的自然老化、人工气候老化试验。
3. 了解塑料的恒定湿热条件的暴露试验。

• 素质目标

1. 树立认真、务实、乐观、进取的人生观。
2. 培养自主学习和终身学习的能力，增强科学思维的素质。
3. 培养绿色生产生活方式，培养人与自然和谐共生的现代意识。

第一节　概　　述

一、塑料老化的特征

塑料在加工、储存和使用过程中受环境长期影响，在热、光、高能辐射、机械应力、超声波、化学药品及微生物等作用下，引起化学结构的破坏，致使其物理、化学性质和机械性能变坏的现象称为“老化”。

通俗地说塑料老化就是塑料性能由好变坏的一个过程，由于塑料品种繁多，使用环境及使用条件相差很大，因此老化现象和特征也不相同。塑料老化归纳起来有以下四种变化情况。

（1）外观变化　发黏、变硬、脆裂、变形、变色、失光、起泡、龟裂甚至粉化等变化。

（2）物理性质变化　溶解、溶胀、流变性、耐寒、耐热、透气透水等性能的变化。

（3）力学性能变化　拉伸强度、弯曲强度、硬度和弹性、相对伸长率、应力松弛等性能的变化。

（4）电性能变化　如表面电阻、介电常数、电击穿强度等性能的变化。

二、塑料老化的机理

老化主要有化学老化和物理老化。聚合物的化学老化是聚合物分子结构变化的结果，所谓化学老化是一种不可逆的化学反应，是高分子材料分子结构变化的结果，如塑料的脆化、橡胶的龟裂。而物理老化是玻璃态高分子材料通过小区域链段的布朗运动使其凝聚态结构从

非平衡态向平衡态过渡，从而使得材料的物理、力学性能发生变化的现象。在塑料使用过程中，因为外界因素的影响发生使塑料性能变坏的降解反应，是塑料发生老化的一大原因。

1. 热降解

含有活泼侧基的高聚物在热的作用下，易发生侧基脱离主链的反应，并引起主链结构变化，这类反应称为侧基脱除反应，聚氯乙烯、聚乙烯醇、聚醋酸乙烯酯等高聚物的热降解反应，都易发生侧基脱除反应，使大分子链出现不饱和键。如：

$$R\cdot + \sim CH_2-\underset{Cl}{CH}-CH_2-\underset{Cl}{CH}\sim \longrightarrow \sim\dot{C}H_2-\underset{Cl}{CH}-CH_2-\underset{Cl}{CH}\sim + RH$$

$$\sim CH=CH-CH_2-\underset{Cl}{CH}\sim + Cl\cdot \longrightarrow \sim CH=CH-CH-\dot{C}H\sim + HCl$$

$$\longrightarrow \sim CH=CH-CH=CH\sim + Cl\cdot$$

$$\sim C-C-C\sim \; > \; \sim C-\underset{C}{C}-C\sim \; > \; \sim C-\overset{C}{\underset{C}{C}}-C\sim$$

并且高聚物的碳链结构不同，其相对强度与热稳定性也不同。

高聚物在热的作用下大分子主链也可断裂，发生热降解反应。如甲基丙烯酸甲酯在270℃氮气中热裂解，工业上采用此方法回收废旧有机玻璃单体。

$$\sim CH_2-\overset{CH_3}{\underset{COOCH_3}{C}}-CH_2-\overset{CH_3}{\underset{COOCH_3}{C}}\cdot \longrightarrow \sim CH-\overset{CH_3}{\underset{COOCH_3}{C}}\cdot + CH_2=\overset{CH_3}{C}-COO-CH_3$$

聚乙烯在300～500℃也可发生热降解：

$$\sim CH_2-CH_2-CH_2-CH_2\sim \xrightarrow{\text{加热}} \sim CH_2-CH\cdot + \cdot CH_2-CH_2\sim$$

$$\longrightarrow \sim CH=CH_2 + CH_3-CH_2\sim$$

2. 氧化降解

当高聚物在生产、储存、使用过程中，会与空气中的氧发生反应，发生高聚物的氧化降解，这是高聚物发生老化的主要原因。聚合物的氧化降解是按自由基化学反应机理进行的，是一个自动氧化反应过程，包括以下三个阶段：

链引发：$RH \longrightarrow R\cdot + H\cdot$

链增长：$R\cdot + O_2 \longrightarrow ROO\cdot$

$RH + O_2 \longrightarrow R\cdot + HOO\cdot$

链终止：$2R\cdot \longrightarrow R-R$

$ROO\cdot + R\cdot \longrightarrow ROOR$

……

$2RO_2\cdot \longrightarrow$非活性化合物，其中R代表高分子基团。

氧化降解过程使塑料的分子量降低，并产生醛、酮、酸等氧化产物，对氧化作用较稳定的高聚物有聚苯乙烯、聚甲基丙烯酸甲酯等，对氧化作用不稳定的高聚物有聚乙烯醇、天然橡胶等。

3. 光降解

紫外光老化是最常见的致老化因素之一，太阳光中的紫外线（280～400nm）是引起高分子材料老化的主要原因，聚合物被光辐照时，由于聚合物内的吸收官能团被激化，于是产生自由基和氢过氧化物，进而引发链降解。在一般情况下，光氧化降解总是与热氧化降解重叠的，高聚物在光的作用下发生降解及交联反应，280～320nm 的紫外线可以导致含醛、酮和羰基的高分子降解或交联而老化。大分子链结构中含有羟基或双键时最容易引起光降解反应，而饱和烃类高聚物由于在热加工和长期存放、使用过程中容易形成羟基、过氧化氢或双键，因而其光稳定性较差。

如涤纶（PET）光降解产物为 CO、H_2、CH_4。波长小于 330nm 时，PP 比 LDPE 敏感；但波长大于 330nm 时，LDPE 比 PP 敏感。由于 PP 对紫外辐射特别敏感，因此 PP 的应用必须考虑到这一问题，用于室内或室外的 PP 制品，均必须考虑光稳定化。未经光稳定化的 PP 在室外曝光时，很容易失去光泽，表面开裂，颜色不再鲜艳，且力学性能下降。当然，即使经光稳定化的 PP，使用较长一段时间后也会产生上述现象。

三、影响塑料老化的主要原因

引起塑料老化的原因主要有两大类，一是外在因素，主要包括热、光、高能辐射、机械应力等物理因素，氧、臭氧、水、酸、碱等化学因素及生物因素。二是内在因素，内在因素是根本要素。

1. 内在因素

（1）聚合物的化学结构　聚合物发生老化与本身的化学结构有密切关系，化学结构的弱键部位容易受到外界因素的影响发生断裂，成为自由基。这种自由基是引发自由基反应的起始点。

（2）物理形态及立体规整性　聚合物的形态并不是均匀的，很多是半结晶状态，既有晶区也有非晶区，老化反应首先从非晶区开始。聚合物的立体规整性与它的结晶度有密切关系。一般地，规整的聚合物比无规聚合物耐老化。

（3）分子量及其分布　一般情况下，聚合物的分子量与老化关系不大，而分子量的分布对聚合物的老化性能影响很大，分子量分布越宽，越容易引起老化。

2. 外在因素

（1）辐射　引起塑料老化的辐射，包括直接的阳光（太阳辐射）和散射光（空间辐射）两部分，光波越短，能量越大。对橡胶、塑料起破坏作用的是能量较高的紫外线。研究发现，尽管在阴天，太阳的直接辐射由于被云层吸收而减少，但总辐射中的紫外部分则有可能由于易于达到地球表面的短波长散射的增加而增加。据有关研究，引起高聚物降解的辐射能量仅为总辐射的 6%。紫外线除了能直接引起橡胶分子链的断裂和交联外，橡胶、塑料因吸收光能而产生自由基，引发并加速氧化链反应过程。

（2）氧　氧在塑料、橡胶中同塑料、橡胶分子发生自由基连锁反应，分子链发生断裂或过度交联，引起塑料、橡胶性能的改变。氧化作用是塑料、橡胶老化的重要原因之一。

（3）臭氧　臭氧的化学活性比氧高得多，破坏性更大，它同样是使分子链发生断裂，但臭氧对塑料、橡胶的作用情况随塑料、橡胶变形与否而不同。当作用于变形的橡胶（主要是不饱和橡胶）时，出现与应力作用方向直的裂纹，即所谓“臭氧龟裂”；作用于不变形的橡胶时，仅表面生成氧化膜而不龟裂。

（4）热　提高温度可引起橡胶的热裂解或热交联。但热的基本作用还是活化作用。提高氧扩散速度和活化氧化反应，从而加速橡胶、塑料氧化反应的速率，即热氧老化。

（5）水分　主链中含有 C—N、C—O、C—S 等键的杂链高聚物，可与水等低分子化合物作用而产生链降解，塑料、橡胶在潮湿空气淋雨或浸泡在水中时，容易破坏，这是由于橡胶中的水溶性物质和亲水基团等成分被水抽提溶解，水解或吸收等原因引起的。特别是在水浸泡和大气暴露的交替作用下，会加速橡胶、塑料的破坏。但在某种情况下水分对橡胶、塑料则不起破坏作用，甚至有延缓老化的作用。

聚乳酸纤维由于极易发生水解，作为外科缝合线，伤口愈合后不必拆线，乳酸纤维自行水解成为乳酸后，能参与人体正常的代谢循环而被排出体外。

（6）机械应力　塑料、橡胶材料在粉碎、塑炼、挤出等过程中，在机械应力反复作用下，会导致高分子链断裂，引发氧化链反应，形成力化学过程。此外，在应力作用下容易引起臭氧龟裂。

（7）其他　对橡胶、塑料的老化作用因素还有化学介质、生物、电和高能辐射等。

四、老化性能测试基本原理和评价方法

1. 自然暴露试验方法

自然大气老化测试是研究塑料受自然气候条件作用的老化试验方法，它是将试样暴露于户外气候环境中受各种气候因素综合作用的老化实验方法，通过测试暴露前后性能的变化以评定材料的耐老化性能。

自然贮存老化是在贮存室或仓库内，经自然气候、介质或模拟实际条件作用下进行的老化实验方法，通过测试暴露前后性能的变化以评定材料的耐老化性能。

海水暴露试验就是把试样暴露于不同的海洋环境区带中，通过测试暴露前后性能的变化以评定材料的耐老化性能。

2. 人工老化测试方法

热老化测试是评定材料对高温的适应性的一种简便的人工模拟试验方法，是将材料放在高于相对使用温度的较高温度中，使其受热作用，通过测试暴露前后性能的变化以评定材料的耐热性能。

在湿热条件下的暴露老化试验是将材料放在规定的潮湿的热空气环境中，受湿热作用，通过暴露前后的性能或外观变化，来评价材料的耐湿热性能。

高压氧和高压空气热老化测试是将材料在高温和高压环境中进行加速老化的试验方法，通过暴露前后的性能或外观变化，来评价材料的耐候性能。

人工耐候老化测试是将材料暴露于规定的环境条件下，模拟自然界的光、热、氧、湿度、雨水等条件，通过测试试样表面的辐照度或辐射量与试样的性能的变化，以评定材料的耐候性。

3. 熔体流动速率法

其原理是：在一定的温度和负荷下，测定材料在熔体流动速率仪中进行老化后经不同停留时间的熔体流动速率变化，并进行定量的评价。老化停留时间越长，熔体流动速率越小。

自然老化试验周期长，试验结果适用于特定的暴露实验场；人工老化具有试验周期短，与场地、季节和地区气候无关，以及测定的数据有很好的重复性等优点。

第二节　自然老化试验

一、大气老化试验

自然大气老化（暴露）试验是研究塑料及橡胶受自然气候作用的老化试验方法。它是将

试样暴露于户外气候环境中受各种气候因素综合作用的老化试验，目的是评价试样经过规定的暴露阶段后所产生的变化。它适用于各种塑料橡胶材料、产品和自产品取样的试验。大气老化试验比较近似于材料的实际使用环境情况，对材料的耐候性评价是较为可靠的。另外，人工气候试验的结果也要通过大气老化试验加以对比验证。因而塑料、橡胶自然气候暴露试验方法是一个基础的老化试验方法。许多国家都有自然老化的标准方法，我国标准 GB /T 3681—2011 为塑料自然日光气候老化、玻璃过滤后日光气候老化和菲涅耳加速日光气候老化的暴露试验方法，GB/T 3511—2018 硫化橡胶或热塑性橡胶耐候性实验也可用直接自然气候老化试验方法。下面重点介绍塑料自然气候暴露试验方法。

（一）定义

① 塑料自然大气老化测试是将塑料材料安装在固定角度或随季节变化角度的试验架上，在自然环境中长期暴露，这种暴露通常用来评定环境因素对材料各种性能的作用。

② 直接太阳光辐射：从以太阳为中心的一个小的立体角投射到与该立体角的轴线相垂直的平面上的太阳光通量，通常规定直接辐射的平面角约为 6°。

③ 直射日射表：用于测量投射到与日光垂直平面上的（光束）太阳光辐射的辐射计。

（二）测试原理与要点

将试样或能够由其切取试样的片材或其他形状的材料作为样品，按规定暴露于自然环境中，在经规定暴露阶段后，将试样从暴露架上取下，测定其光学、机械及其他有效性能的变化。暴露阶段可以用时间间隔表示，也可用太阳辐射量或太阳紫外辐射量表示，当暴露的主要目的是测定耐光老化性能时，用辐射量表示较好。

1. 试验装置

暴露所用的设备：由一个适当的试样架组成。框架、支持架和其他夹持装置，应用不影响试验结果的惰性材料制成，如耐腐蚀的铝合金、不锈钢或陶瓷是较合适的，还可使用防腐蚀剂浸渍过的木材或那些已证明不影响暴露试验的木材。在装配时使用的框架应能安装成所规定的倾斜角，并且试样的任何部分离地面或其他任何障碍物的距离都不小于 0.5m。应尽可能使试样处于小的应力状态，并让试样能自由收缩、翘曲和扩张（见图 7-1）。

图 7-1 自然大气老化测试

测量气象因素的仪器如下。

（1）总日射表 应达到世界气象组织（WMO）规定的二级仪器的要求。

（2）直射日射表 应达到 WMO 规定的一级仪器的要求。

（3）紫外总日射表 应有一光谱通带，该通带的最大吸收位于 300～400mm 波段区域的辐射，并应作余弦校正，以包括紫外天空辐射。

（4）日晒牢度蓝色羊毛标准 当用于确定暴露阶段时，应按照 GB/T 8426 的规定使用。

2. 试样

可用一块薄片或其他形状的样品进行暴露，在暴露后从样品上切取试样，试样的尺寸应符合所用试验方法的规定或暴露后所要测定的一种或多种性能规范的规定，所用的制样方法应与所测材料的加工方法接近，试样的制备要符合 GB/T 9352、GB/T 11997、GB/T 17037 和 ISO 2557-1 的规定，还应根据要求做状态调节。

试样数量的确定应根据达到暴露后作相应的试验方法所规定的数量。

3. 试验条件

（1）暴露方法　暴露方向应面向正南固定，并且根据暴露试验的目的按下列条件选择与水平面形成的倾斜角。

① 为得到最大年总太阳辐射，在我国北方中纬度地区，与水平面形成的倾斜角应比纬度角小 10°。

② 为得到最大年紫外太阳辐射的暴露，在北纬 40°以南地区，与水平面形成的倾斜角应为 5°～10°。

③ 与水平面成 10°～90°之间的任何其他特定的角度。

（2）暴露地点　应在远离树木和建筑物的空地上，用朝南 45°暴露时，暴露面的东、南及西方应无仰角大于 20°，而北方应无仰角大于 45°的障碍物，保持自然土壤覆盖，有植物生长的应经常将植物割短。

此外，对于某些应用，可能需要暴露于包括丛林或森林的阴暗地区，以评价生物生长、白蚁和腐烂草木的影响，选择时要注意确保：阴暗地点真实代表了整个试验环境；暴露设施和通道不会显著影响或改变暴露地点环境。

（3）暴露阶段　试验期限应根据试验目的、要求和结果而定，通常在暴露前应预先估计试样的老化寿命而预定试验周期，一般暴露阶段应从下面选择暴露期：按月，1、3、6、9；按年，1、1.5、2、3、4、6。

（三）试验步骤

（1）试样安放：用惰性材料的夹持装置，把试样装在框架上，确保连接件之间和样品板条之间有足够的空间，为暴露后的光学测试和机械测试留出一个足够尺寸的未遮盖的测试区，确保用于机械测试的试样按其形状的不同加以固定，确保不会因固定方法而对试样施加应力。在每个试样的背面作不易消除的记号以示区别，但要避免记号画在可能影响机械测试结果的部位。

（2）辐射仪和标准材料安装：应安置在样品暴露试验架的附近，蓝色羊毛标准要靠近试样。

（3）气象观察：记录所有的气象条件和会影响试验结果的变化。

（4）试样的暴露：除非应用规范有要求，在暴露期间不应清洗试样，如需清洗要用蒸馏水。应定期检查和保养暴露地点，以便记录试样的一般状态。

（5）性能变化的测定：试样经过一个或多个暴露阶段后，取下，按适当的测试方法测定外观、颜色、光泽和机械性能的变化，测试时要按照状态调节要求的期间尽快进行测试，并记录暴露终止和测试开始之间的时间间隔。

（四）试验结果的表示

（1）性能变化的测定　按国家标准的程序和试验方法测定所需的性能变化。

（2）气候条件　根据表 7-1 确定测试地的气候类型。

表 7-1 我国的主要气候类型

气候类型	特 征	地 区
热带气候	气候炎热,湿度大 年太阳辐射总量 5400～5800MJ/m^2 年积温≥8000℃,年降水量>1500mm	雷州半岛以南 海南岛 台湾南部等地
亚热带气候	湿热程度亚于热带,阴雨天多 年太阳辐射总量 3300～5000MJ/m^2 年积温 4500～8000℃,年降水量 1000～1500mm	长江流域以南 四川盆地 台湾北部等地
温带气候	气候温和,没有湿热月 年太阳辐射总量 4600～5800MJ/m^2 年积温 4500～1600℃,年降水量 600～700mm	秦岭、淮河以北 黄河流域 东北南部等地
寒温带气候	气候寒冷,冬季长 年太阳辐射总量 4600～5800MJ/m^2 年积温<1600℃,年降水量 400～600mm	东北北部 内蒙古北部 新疆北部部分地区
高原气候	气候变化大,气压低,紫外辐射强烈 年太阳辐射总量 6700～9200MJ/m^2 年积温<2000℃,年降水量<400mm	青海、西藏等地
沙漠气候	气候极端干燥,风沙大,夏热冬冷,温差大 年太阳辐射总量 6300～6700MJ/m^2 年积温<4000℃,年降水量<100mm	新疆南部塔里木盆地 内蒙古西部等沙漠地区

① 温度：日最高温度的月平均值、日最低温度的月平均值、月最高温度和最低温度。

② 相对湿度：日最大相对湿度的月平均值、日最小相对湿度的月平均值、月变化范围。

③ 暴露阶段程度：经过时间、太阳辐射总暴露量。

④ 雨量：月总降雨量、凝露而成的月总潮湿时间、降雨而成的月总潮湿时间。

⑤ 潮湿时间：日潮湿时间百分率的月平均值、日潮湿时间百分率的月变化范围。

（五）影响因素

1. 暴露场地、气候区域的影响

不同的气候类型，暴露场地的纬度、经度、高度的不同，其测试结果是不同的。为了得到可靠的数据、自然老化试验应尽可能选与使用条件接近的场地进行，需要时应在各种不同的气候环境地区的场地进行。

2. 开始暴露季节与暴露角的影响

季节不同，气候有明显区别，少于一年的暴露实验，其结果取决于这一年进行暴露的季节，较长的暴露阶段，季节的影响被均化了，但试验结果仍取决于开始暴露的季节。在暴露时采用的角度不同，所受的太阳辐射的量也会有所不同。

3. 使用的蓝色羊毛标准测量光能量的影响

蓝色羊毛标准由纺织物试验发展而来，由于它的有效性，也应用于塑料，但塑料比常规的纺织物光加速试验需更长暴露时间及蓝色羊毛标准和塑料对光敏感性存在差异，因此蓝色羊毛标准在塑料测试上就有相对误差，然而它们现成的有效性和根据它们的数据积累证明这依然是应用于塑料暴露试验的一种需要。

4. 测试性能

测试性能不同，所测出的耐候性结果对同一品种塑料也是不同的，因此要按选定的每项

性能指标和每一个暴露角来确定耐候性。选择老化试验的测试性能项目，不仅应当选择那些老化过程中变化比较灵敏的性能，而且应根据不同塑料的老化机理及老化特征对不同材料、制品结合其使用场合，选择能真实反映其老化过程的相关测试性能，依据所得到的全部结果，可以做出较为准确的综合评价。

另外，样品的制备方式及暴露时间也对测试结果有影响。

橡胶在自然气候下的测试方法与塑料的基本相同，只是在测试结果的表示上有差异。硫化橡胶或热塑性橡胶测试结果表示有以下几点。

（1）颜色变化　色差评级按 GB/T 8424 表示。

（2）其他外观变化　未拉伸试样外观变化、拉伸试样裂纹评定等级按表 7-2 进行评级。

表 7-2　未拉伸试样外观变化和拉伸试样裂纹评定等级

未拉伸试样外观变化		拉伸试样裂纹评定等级	
等级	外观变化程度	等级	裂纹变化程度
0	没有变化	0	没有
1	几乎没有变化	1	几乎没有裂纹
2	中等变化	2	中等裂纹
3	显著变化	3	显著裂纹

（3）物理性能变化　原始值的变化百分率：

$$P=\frac{A-O}{O}\times 100\% \tag{7-1}$$

原始值的百分率：

$$P'=\frac{A}{O}\times 100\% \tag{7-2}$$

性能变化为：

$$C=O-A \tag{7-3}$$

式中，O 为原始试样性能测定值；A 为原始试样老化后性能测定值；P 为原始值的变化百分率；P'为原始值的百分率；C 为性能变化值。

二、海水暴露试验

海水是一种非常复杂的多组分水溶液，海水中各种元素都以一定的物理化学形态存在，海水中的溶解有机物也十分复杂，并含有悬浮泥沙、气体、生物及腐败有机物等。海水处于无休止的运动中，有海浪冲击和潮流涌动。海洋气候条件也变幻莫测。这些化学的、物理的、生物的以及气象的因素都影响材料和产品的环境适应性。这些影响在不同海域、不同地区，其综合作用又各不相同。这样一个复杂的环境要在实验室中模拟是难以实现的。

海水暴露试验就是把试样暴露于不同的海洋环境区带中，一定时间后，通过测定材料暴露前后性能的变化确定材料的耐候性。海水暴露试验是一种很有价值的试验方法。对研究环境条件对材料和产品的影响、考核和评价材料和产品的环境适应性，推算其使用寿命，尤其是在发展我国军事工程中更具有突出的现实意义。但由于环境复杂多变，试验结果难以重现。不过其总体趋势和规律仍有很大价值。

1. 试验环境的选择

试验环境应选在代表性的地区海域，其海水环境因素应能代表该海域的环境条件。试验地点应满足如下基本要求。

① 水质干净，无明显污染，符合 GB 3097—1997《海水水质标准》的要求，能代表试验海域的天然状况。

② 防止大浪冲击，中潮位波高小于 0.5m。有潮汐引起的自然海流，一般流速在 1m/s 以下。

③ 附近无大的河口，防止大量淡水注入。

④ 随季节有一定温差，海生生物生长有变化，无冰冻期。

⑤ 具有进行各种海水试验的良好环境条件。

目前，海水暴露试验场地多建在海湾或海岛海边，一般无特殊目的不要建在易受污染的港口码头附近。

2. 试验分类

按环境区带的不同特点，可将海水暴露试验分为：①海面大气暴露试验；②海洋飞溅区暴露试验；③海洋潮差区暴露试验；④海水（深海、浅海）全浸区暴露试验；⑤海泥区暴露试验；⑥长尺试验。

目前我国已经开展了海面大气、飞溅、潮差和全浸暴露试验，也开展了少量长尺试验研究。美国用深潜装置在加利福尼亚附近太平洋海域开展了深达 1800m 的深海环境试验，但我国至今还没有深海试验场所。

3. 试验场地

试验场地有海面平台、码头、栈桥等。浮动式试验场地有舰船、浮筏、浮筒等。试验场地应有足够的空间放置暴露、贮存试验装置和环境因素监测装置。

4. 试验设施

（1）试验暴露架　海面大气区推荐使用户外固定式大气暴露架；在飞溅和潮差区，对于平板试样，推荐使用栅栏式挂片架；全浸区使用吊笼式试验装置。

大气区固定方式，可以直接牢固安装在试验场所内，飞溅区的试验架可采用升降式或挂式固定在试验场地上，升降式固定灵活，可以调节以满足不同潮位、不同海浪的要求，保证架上的试样能受到浪花飞溅的作用，潮差试验必须采用固定式场地，也可专设潮差平台、潮差架来固定试验框架，全浸区试验可将吊笼挂在试验场上，也可直接吊在浮筒上。

试验暴露架安放位置如下：

① 大气，保证在海面大气区内，试样离地支撑面不低于 0.5m；

② 飞溅区，平均高潮位以上 0.2～0.8m；

③ 潮差区，平均中潮位±0.3m；

④ 全浸区，浮动场地，在水面下 0.2～2.0m；

⑤ 固定场地，在最低低潮位以下 0.2～2.0m，同时试样距海底不小于 0.8m。

（2）环境因素监测设备和仪器　气象因素的测定仪器、海水温度测试仪、测定大气成分和海水性能的取样器及海水环境因素检测设备和仪器等。

（3）其他　对于有条件的场所，如大型海面平台、舰船，可在上面仿照陆地环境建造棚库工船舱、集装箱进行贮存试验或棚、库暴露试验及其相关研究。

5. 试样固定方式

试样有两种固定方式，即串挂法和单挂法。串挂法是用物全浸、潮差试样，而单挂法用于飞溅区和长尺连接试样。

试样用螺栓固定在试验架上，试样之间以及试样与框架之间用塑料隔套绝缘。螺栓固定用垫片，可以是平垫片，也可以是3点垫片。前者有意制造缝隙腐蚀条件，后者可避免该类腐蚀，可根据试验目的选择。试样固定时，主要试验面之间距离不小于100mm。主要试验面与框架之间距离不小于50mm，严禁铝、铜试样放在一起，两类试样应相距5m以上，海面大气暴露试样主要受试面应迎主风方向，与水平面成45°角，其他海水暴露试样应垂直于海面，与水流方向平行。也可根据试验目的选择其他朝向和角度，试验框架采用耐海水腐蚀材料制造。且不会对试样产生影响，同时尽量避免试验中更换框架。

三、土壤现场埋设试验

土壤现场试验是在室外的土壤中埋设各种不同尺寸、不同材料试件，根据试验目的和规定，按试验周期进行土壤环境因素测量、材料试件的性能测试和研究。

1. 试验目的

该类试验主要针对材料和地下工程设施在土壤中的腐蚀进行考核和研究。目的是：结合地下工程发展的实际需要，了解和研究各类土壤的腐蚀性，为工程实施提供防护依据；研究材料及地下设施在土壤中的性能变化规律性；研究土壤腐蚀的主要环境因素及其规律；研究土壤环境试验技术；为实验室模拟试验方法提供对比数据。

2. 试验场地的选择

场地选在能代表土壤类型的环境和地区，根据土壤分类的土壤类型、理化性质、地区气候条件、地下建筑物的发展状况、交通及管理的方便条件等选择。

3. 试验

① 在试验场地内开挖埋藏试样坑，坑的大小也随试样大小、数量而定；例如金属、电缆等埋设样坑为长方形，坑长3.0m，宽1.5m，深1.5～1.8m。

② 挖出来的土按土壤层次放置，回填时按原层次回填，力求回填土的厚度与密度和原地相同。

③ 根据试样的类别、种类、数量，把试样有序地投放在坑内。管状试样一般水平放置，板状试样垂直放置，所有试样埋在同一个土层上，电位序相差大的金属试样，相距尽量足够大，避免因为产生电位差而引起腐蚀。

④ 回填前必须绘出试样位置图或照相，投试完成后，应在试坑四周设立永久性标志，绘制出现所在地区的方位。

4. 试样的开挖

根据试验目的，确定的试验取样周期，对试样进行开挖。

首先，确定开挖的坑号无误后再进行开挖。开挖时当然接近试样时应小心把试样上部土壤除去，同时测量氧化还原电位。接着，按要求进行取样、记录，并采集土样用于理化和微生物分析。然后，对试样外观状况初步观察、记录，并包装试样，运到指定地点进行性能测试和分析。运输距离较远时，包装应符合有关规定要求，以防运输过程中试样受损。

5. 试样性能测试和分析

首先仔细清除试件表面的泥土，再进行外观检查后，分别进行各项参数和性能测试。

对于电缆和光缆试样，一般进行外护层吸水率、拉伸强度、体积电阻系数、介质损耗正切值和介电系数及力学性能的测试。并进行外护层试样工频击穿强度和耐电压试验。

第三节 热老化试验

一、常压法热老化试验

常压法热老化试验又称为热空气暴露试验，是用于评定材料耐热老化性能的一种简便的人工模拟加速环境试验方法，能在较短时间内评定材料对高温的适应性。以下介绍 GB/T 7141—2008 塑料热老化试验方法。

（一）原理与方法要点

将塑料试样置于给定条件（温度、风速、换气率等）的热老化试验箱中，使其经受热和氧的加速老化作用。通过检测暴露前后性能的变化，评定塑料的耐热老化性能。

1. 试验装置

在 GB/T 7141—2008 中规定了两种老化箱，A 法是重力对流式热老化试验箱（不带强制空气循环），推荐使用标称不大于 0.25mm 的试样；B 法是强制通风式热老化试验箱（带强制空气循环），推荐使用标称大于 0.25mm 的试样，采用（50±10)次/h。热老化试验箱（见图 7-2）应满足以下技术要求：

① 工作温度，40～200℃或 40～300℃。

② 温度波动度±1℃，应备有防超温装置。

③ 温度均匀性，温度分布的偏差应≤1%。

④ 平均风速，0.5～1.0m/s，允许偏差±20%。

⑤ 换气速率，$N=\dfrac{3.59\ (P_2-P_1)}{V\rho\Delta T}$。

式中，N 为换气速率；P_1 为不排气时平均电能消耗量，W，它是从电表上的读数测得的电能消耗除以试验时间（h）得到的；P_2 为排气时平均电能消耗量，W，计算方法同上；ρ 为试验期间，试验室内的空气密度，在一个大气压 20℃下为 1.025×10^{-3}kg/L；ΔT 为烘箱和试验室内空气间的温差，K。

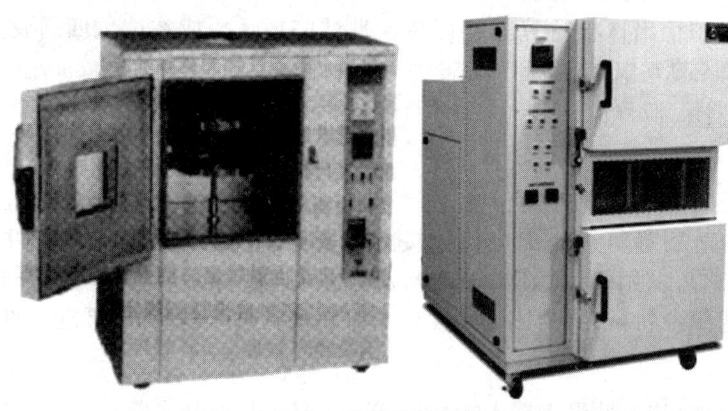

图 7-2 热老化试验箱

⑥ 工作容积，0.1～0.3m^3，室内备有安置试样的网板或旋转架。

⑦ 旋转架转速，单轴式为 10～12r/min，双轴式的水平轴和垂直轴均为 1～3r/min，两

轴的转速比应不成整数或整数分之一。

⑧ 双轴式试样架的旋转方式，一边以水平轴作中心，同时水平轴又绕垂直轴旋转。

2. 试样

试样的形状与尺寸应符合有关塑料性能检测方法的规定。试样按有关制样方法制备，所需数量由有关塑料检测项目和试验周期决定。所选的每个周期和温度下每种材料至少暴露三个平行试样，除非另有规定或双方商定。所有的试验试样应为同一批次。

3. 试验条件

① 试样在标准环境（正常偏差范围）中进行状态调节（48h 以上）；

② 试验温度根据材料的使用要求和试验目的确定；

③ 温度均匀性要求温度分布的偏差≤1%（试验温度）；

④ 平均风速在 0.5～1.0m/s 内选取，允许偏差为±20%；

⑤ 换气率根据试样的特性和数量在 1～100 次/h 内选取；

⑥ 试验周期及期限按预定目的确定取样周期数及时间间隔，也可根据性能变化加以调整。

（二）试验步骤

1. 选择试验箱

根据要求选择合适的试验箱。

2. 调节试验箱

（1）试验箱温度　温度测量点共 9 个点，其中 1～8 点分别置于箱内的 8 个角上，每点离内壁 70mm，第 9 点在工作室的几何中心处。

从试验箱的温度计插入孔放入热电偶，热电偶的各条引线放在工作室内的长度应不少于 30cm。打开通风孔，启动鼓风机，箱内不挂试样。

将温度升到试验温度，恒温 1h 以上，至温度达到稳定状态后，开始测定。每隔 5min 记录温度读数，共 5 次。计算这 45 个读数的平均值，作为箱温。从 45 个读数中选择两个最高读数各自减去箱温，同样用箱温减去两个最低读数，然后选其中两个最大差值求平均值，此平均值对于箱温的百分数应符合温度均匀性的规定。

如果上述所测温度均匀性不符合要求，可以缩小测定区域，使工作空间符合要求。

（2）试验箱风速　在距离工作室顶部 70mm 处的水平面、中央高度的水平面及距离底部 70mm 处的水平面上各取 9 个点，共 27 个点。以测定风速时的室温作为测定温度，测定各点风速后，计算 27 个点测定位置的风速平均值，作为试验箱的平均风速。此值应符合风速试验条件的要求。

（3）试验箱换气率　调节进出气门的位置，到换气率达成所需要求。

3. 试验温度

当在单一温度下进行，所有材料应在同一装置中同时暴露。

当进行一系列温度下的测试时，为了确定规定的性能变化和温度间的关系，应最少使用 4 个温度，推荐按以下方法选择暴露温度。

① 最低温度应能在六个月内使性能变化或使产品失效达到预期水平，第二个温度较高，应能在大约一个月内使性能变化或使产品失效达到相同的水平。

② 第三和第四个温度应能够分别在大约一周和一天内达到预期水平。

③ 如有可能，可从表 7-3 中选择暴露温度。

表 7-3 测试可氧化降解塑料热老化性能时推荐的暴露温度和预估的失效时间

推荐的暴露温度/℃	温度的对数/℃	90℃时估计的失效时间/h				
		1～10	11～24	25～48	49～96	97～192
30	1.477	A				
40	1.602	B	A			
50	1.699	C	B	A		
60	1.778	D	C	B	A	
70	1.845	E	D	C	B	A
80	1.903		E	D	C	B
90	1.954			E	D	C
100	2.000				E	D
110	2.041					E

注：推荐的暴露周期为：A——2 周，4 周，8 周，16 周，24 周，32 周；B——3d，6d，12d，24d，36d，48d；C——1d，2d，4d，8d，12d，16d；D——8h，16h，32h，64h，96h，128h；E——2h，4h，8h，16h，24h，32h。

4. 暴露前测试

选择试样进行状态调节，进行性能测试。

5. 安置试样

试验前，试样需统一编号、测量尺寸，将清洁的试样用包有惰性材料的金属夹或金属丝挂置于试验箱的网板或试样架上。试样与工作室内壁之间距离不小于 70mm，试样间距不小于 10mm。

6. 升温计时

将试样置于常温的试验箱中，逐渐升温到规定温度后开始计时，若已知温度突变对试样无有害影响及对试验结果无明显影响者，亦可将试样放置于达到试验温度的箱中，温度恢复到规定值时开始计时。

7. 周期取样

按规定或预定的试验周期依次从试验箱中取样，直至结束。取样要快，并暂停通风，尽可能减少箱内温度变化。

8. 性能测试

根据所选定的项目，按有关塑料性能试验方法，检测暴露前后试样性能的变化。

（三）结果计算

1. 单一温度下结果计算

当材料在单一温度下进行比较时，应使用方差分析比较每种材料在每个暴露时间被测性能数据的平均值，使用每一种被比较材料的每组平行测定结果进行方差分析。推荐使用置信度为 95％的 F 统计量确定方差分析结果的有效性。

2. 多温度下老化结果计算

当材料在一系列不同的温度下进行比较时，应采用以下方法分析数据，并估算在更低温度下达到预定性能变化水平所需要的暴露时间。该时间能够用于材料温度稳定性的基本评定，或用作在选定温度下的最大预期使用寿命的估计。

① 绘制所有采用温度下暴露时间对被测性能的函数曲线，曲线应按图 7-3 绘制，横坐标为时间的对数，纵坐标为被测性能值。

② 使用回归分析确定暴露时间的对数与被测性能的关系，使用回归方程确定达到性能变化预定水平所需要的暴露时间。一个可接受的回归方程应满足 $r^2 \geqslant 80\%$。与老化时间相对的残差（利用回归方程预测的性能保留值减去实测值）曲线应是随机分布。不推荐使用图解法来估算达到性能变化预定水平所需要的暴露时间。

③ 以达到性能变化预定水平所需时间（通过可接受的回归方程确定）的对数与每次暴露所用绝对温度倒数（$1/T$，温度单位 K）的函数绘制曲线。其典型曲线（众所周知的阿累尼乌斯曲线）如图 7-4 所示。用回归分析来确定时间的对数与绝对温度倒数关系的方程，一个可接受的回归方程应满足②中描述的要求。

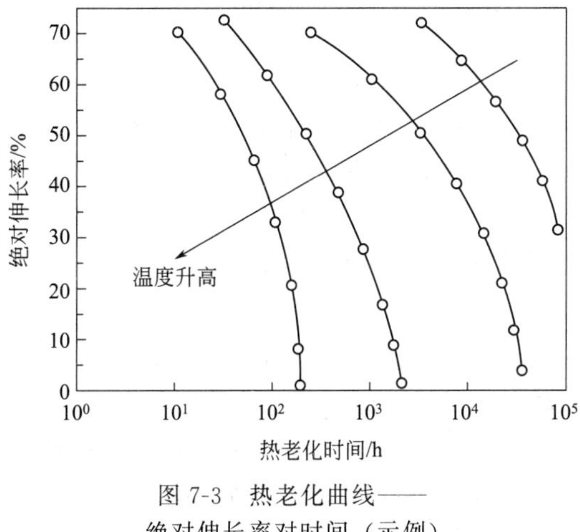

图 7-3 热老化曲线——
绝对伸长率对时间（示例）

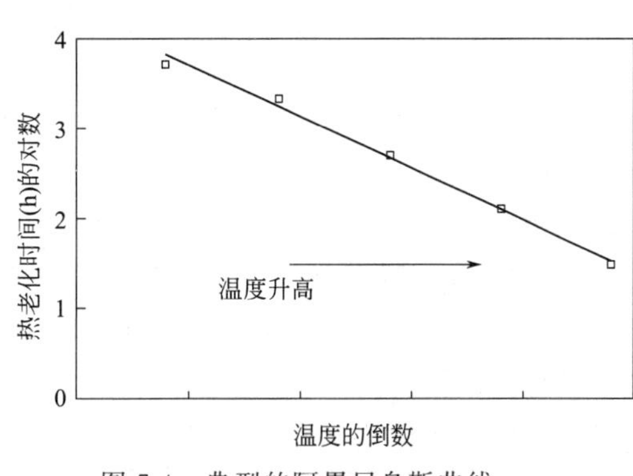

图 7-4 典型的阿累尼乌斯曲线——
老化时间的对数对温度的倒数

④ 使用达到规定性能变化水平所需时间的对数与绝对温度倒数的函数方程，来确定在所有相关方商定的预选温度下达到此性能变化的时间。

⑤ 作用时间为 95%置信区间来计算特定性能的变化量，标准误差通过对某一温度下的估算时间进行回归分析获得，回归分析在大多数应用软件包中可获得，95%的置个区间可由时间±(2×估计时间的标准误差）确定。

（四）结果表示

1. 性能评定

应选择对塑料材料应用最适宜或反映老化变化较敏感的下列一种或几种性能的变化来评定其热老化性能：

① 通过目测，试样发生局部粉化、龟裂、斑点、起泡、变形等外观的变化；

② 质量（重量）的变化；

③ 拉伸强度、断裂伸长率、弯曲强度、冲击强度等力学性能的变化；

④ 变色、褪色及透光率等光学性能变化；

⑤ 电阻率、耐电压强度及介电常数等电性能变化；

⑥ 其他性能变化。

2. 结果表示

方差分析的结果，在单一温度下每种材料每个暴露周期的结果比较。

当在一系列温度下进行暴露时，应在报告中记录每种材料的以下内容：

① 根据图 7-3、图 7-4 绘制的图表；

② 所用每个温度下性能对暴露时间函数的回归方程；

③ 达到规定性能变化的时间对绝对温度倒数函数的回归方程；

④ 每种被测材料在选定温度下达到性能变化的估算时间；

⑤ 对于每种被测材料在选定温度下达到特定性能的变化时间，取时间的 95%置信区间来计算特定性能的变化量。

（五）影响因素

1. 试验温度的选择

塑料热老化试验温度多依据材料的品种和使用性能及其试验目的而定。塑料试验温度选择的原则应是：在不造成严重变形、不改变老化反应历程的前提下，尽可能提高试验温度，以期在较短的时间内获得可靠的结果。通常选取的温度上限：对热塑性塑料应低于软化点，热固性塑料应低于其热变形温度；易分解的塑料应低于其分解温度。温度下限：采用比实际使用温度高 20～40℃。温度高时老化速度快，试验时间可缩短，但温度过高则可能引起试样严重变形（弯曲、收缩、膨胀、开裂、分解变色），导致反应过程与实际不符，试验得不到正确的结果。

所用的温度指示计，应为分度不大于 1℃的水银温度计或其他测温仪表。

2. 试验箱温度变动、风速、换气率的影响

① 温度的变动是影响热老化结果最重要的因素，有试验表明，软 PVC 在试验温度 110℃时的失重变化率（老化率）与 112℃时（温差 2℃）的相差达 10%～20%，因此箱内温度变动要尽可能小，要达到这一要求，在测定过程中，室温变化不得超过 10℃，试验箱线电压变化不得超过 5%。对达不到要求的试验箱，可缩小试验空间，使“工作空间”符合要求。

② 风速对热交换率影响明显，风速大，热交换率高，老化速率快，因此，选择适当的、一致的风速是保证获得正确结果的一个重要条件。

③ 原则是在保证氧化反应充分的前提下，尽可能用小的换气率。换气量过大，耗电量大，温度分布亦不易均匀，换气量过小则氧化反应不充分，影响老化速度。

3. 试样放置

试验箱内，试样间距不小于 10mm，与箱内壁间距不小于 70mm，工作室容积与试样总体积之比不小于 5∶1。如试样过密过多，影响空气流动，挥发物不易排除，造成温度分布不均。为了减少箱内各部分温度及风速不均的影响，采用旋转试样或周期性互换试样位置的办法予以改善。

4. 评定指标的选择

老化程度的表示，是以性能指标保持率或变化百分率表示，评定指标的选择要以能快速获得结果并结合使用实际的原则来考虑。同一材料经受热氧作用后的各性能指标并不是以相同的速度变化，如 HDPE，老化过程中断裂伸长率变化最快，其次是缺口冲击强度，拉伸强度则最慢；酚醛模塑料老化时则是缺口冲击强度下降最快，拉伸次之，弯曲变化很小。由此可见，正确选择评定指标（可选一种或几种综合评定）是快速获得可靠结果的关键。

二、高压氧和高压空气热老化试验

本节中通过硫化橡胶热氧老化试验方法——管式仪法（GB/T 13939—2014），介绍高压氧和高压空气热老化试验方法。

1. 原理及试验要点

将试样暴露在高温和高压氧气的环境中，老化后测定其性能，并与未老化试样的性能做比较。

（1）试验装置　管式仪由氧气压力容器、加热介质和恒温控制器等组成。

氧气压力容器是试样进行热氧老化试验的空间，是用不锈钢制成的试管式容器，能保持加压氧气环境，设有放置试样的吊架。容器的尺寸一般长约 300mm、内径不小于 40mm，外径不大于 50mm。也可酌情任选，但应使试样的总体积不超过容器容积的 10%。氧气压力容器装有可靠的安全阀，保证安全表压为 3.45MPa。铜或铜制的零件不能暴露于试验环境中。恒温器是由加热装置（例如铝浴）、恒温控制系统和超温报警器组成。在放置氧气压力容器附近设有测量温度装置。在通入氧气管道上装有测量试验容器内氧气压力的压力表。热源任选，但应置于氧气压力器外。加热介质可选用如水、空气或铝，油或者可燃液体不应作为加热介质使用。

（2）试样　试样的制备应符合 GB/T 13939—2014 的有关规定。只有规格相同的试样才能做比较。测定老化前和老化后性能的试样都不应少于 3 个。试样在测试前应按有关规定进行状态调节。

（3）试验条件　试验温度一般用（70±1)℃。根据材料的特性和应用场合，也可用(80±1)℃或其他温度；试验压力，氧气压力容器中氧气的压力应为（2.1±0.1)MPa；试验时间根据橡胶的老化速率加以选择，一般规定为 24h 或 24h 的倍数。

2. 试验步骤

（1）安装试样　将试样按自由状态垂直挂在氧气压力容器内，试样不要过分拥挤和相互接触，或碰到容器壁。为了防止橡胶配合剂的迁移污染，应避免不同配方的试样在同一容器内进行试验。

（2）仪器预热、进行测试　接通电源，使加热恒温控制系统运转，当介质预热到工作温度后，将装有试样的容器放进加热介质中，当试验温度恒定时，用加压氧气将容器中的空气排出，按此重复两次。然后再充入氧气，当氧气压力达到 2.1MPa 时，开始计算老化时间。

试验达到规定时间，从容器中取出试样之前，要求至少用 5min 时间缓慢地、均匀地把容器压力降至常压，以避免试样可能产生气孔。从容器中取出的试样不要再做机械的、化学的或热的处理。

（3）状态调节　老化后的试样在测试性能前，应按有关规定进行状态调节至少 16h，但不得超过 96h。

（4）性能测试　试样进行性能测试，除非另有规定，一般测定拉伸强度、定伸应力、扯断伸长率和硬度等性能。试样拉伸性能和硬度测定应分别按有关规定进行。

3. 试验结果表示

试验结果以试样性能的百分率表示，按式(7-4）计算：

$$P=\frac{A-O}{O}\times 100\% \tag{7-4}$$

式中，P 为试样性能变化百分率，%；O 为未老化试样的性能初始值；A 为老化后试样的性能测定值。

硬度变化差值计算：

$$H_{\mathrm{P}}=H_{\mathrm{A}}-H_{\mathrm{O}} \tag{7-5}$$

式中，H_{P} 为老化后的试样硬度变化差值；H_{O} 为未老化试样的硬度初始值；H_{A} 为老化后试样的硬度测定值。

三、恒定湿热条件的暴露试验

湿热暴露试验是一种塑料或橡胶加速老化试验方法。在某些特定的环境中，如地下工厂、高湿热厂房、通风不良的仓库等，材料的湿热老化更明显。因此用湿热暴露试验以加速塑料或橡胶的老化并测定其暴露前后的性能或外观变化，用于评价塑料或橡胶的耐湿热老化性能是具有重要意义的。我国目前湿热老化试验方法有 GB/T 15905—1995 硫化橡胶湿热老化试验方法。

1. 试验原理与方法要点

原理：将材料暴露于潮湿的热空气环境中，经受湿热作用一般会发生性能变化，通过测定在规定环境条件下暴露前后的一些性能或外观变化，可评价材料的耐湿热性能。

（1）试验装置　主要设备为湿热试验箱，应具有以下技术条件。

① 设有温度、湿度调节和指示仪表，超温电源断相、缺水保护和报警系统；并设有照明灯和观察门（窗）；

② 温度可调范围为 40～70℃，温度均匀度小于（等于）1℃，波动度，相对湿度可调范围为 80%～95%；

③ 温度容许偏差为±2.0℃，相对湿度容许偏差－3%～2%；

④ 有效空间内任何一点均要保持空气流通，但风速不能超过 1m/s；冷凝水不允许滴落在工作空间内。

（2）试验条件

① 试验温度一般为（40±2)℃（为加速可适当提高，但不得超过 70℃），相对湿度为 $93\%^{+2}_{-3}\%$，也可按有关技术规范及各方面协议规定；

② 试验周期根据材料的用途确定选取，也可预定出性能终止值再选取周期，一般周期数不少于 5 个，周期划分有 2 类，第一类为 24h、48h、96h、144h、168h，第二类为 1 周、2 周、4 周、8 周、16 周、26 周、52 周、78 周；

③ 试验用水应为去离子水或蒸馏水；

④ 试验状态调节，温度（23±2)℃、相对湿度 50%±5%和气压为 86～106kPa 的条件下处理至少 86h。

（3）试样　试样应是边长（50±1)mm、厚（3±0.2)mm 的正方体，也可用相同表面积的矩形试样。而对于板材或片材，试样应是边长（50±1)mm 的正方体，也可用相同表面积的矩形试样，厚度小于或等于 25mm；若厚度大于 25mm，应从一面机械加工成 25mm 厚的板。也可直接用成品或半成品，但尺寸应符合模塑或挤塑材料的要求。试样数量由有关性能测试方法和测试周期数等决定。

2. 试验步骤

（1）调节试验箱　按试验条件的要求调节湿热试验箱温度及湿度。

（2）投放试样　为免试样放入湿热箱时表面产生凝露，试样投放前先放在有空气对流的烘箱中，在试验温度下放置 1h，然后立即投入湿热箱中。试样悬挂或放在试样架上，但不能超出工作空间，在垂直于主导风向的任意截面上，试样截面积之和不大于该工作室截面的 1/3，试样之间间距不得小于 5mm，不能互相接触。

（3）周期取样　按规定试验周期依时取样，直至试验结束，取样要快，尽可能不影响试验箱的温度与湿度。

（4）暴露后的处理　暴露后的试样放入（23±2)℃的密闭容器中，以尽可能保持试样原有的水分含量，通常4h后可进行性能测定。为了测定暴露前后性能变化，应将试样经干燥或恢复到暴露前状态调节，如进行干燥处理，把试样放入（50±2)℃烘箱干燥24h后，放入干燥器中冷却到（23±2)℃。

（5）性能测定

① 质量变化　测试前试样经状态调节后，测其质量得 m_1；经暴露处理后，测其质量得 m_2；将经暴露处理后的试样干燥处理后，测其质量得 m_3；测定值准确到0.001g。

② 尺寸变化　将暴露前的试样经状态调节后，对每个试样测出4个标记点的厚度，计算平均值 $\overline{d}_1$；测定正方体或矩形的四条边，计算出长和宽的平均值（长 $\overline{L}_1$ 和宽 $\overline{b}_1$）。暴露后的试样同样测出以上数值（$\overline{L}_2$、$\overline{b}_2$、$\overline{d}_2$），经干燥后同样测出 $\overline{L}_3$、$\overline{b}_3$、$\overline{d}_3$。

③ 目测外观变化　包括翘边、卷曲、分层、颜色变化、色泽变化、龟裂、开裂、起泡、增塑剂胶黏剂渗出、固态组分超霜以及金属组分侵蚀等。

④ 物理性能的变化　包括机械性能、光学性能和电性能，按有关物性测试方法进行。

3. 结果表示

以单位面积上的质量变化来表示：

$$S_1=\frac{m_2-m_1}{s} \tag{7-6}$$

$$S_2=\frac{m_3-m_1}{s} \tag{7-7}$$

式中，m_1 为暴露前试样的质量，g；m_2 为暴露后试样的质量，g；m_3 为暴露后经干燥的试样质量，g；s 为试样暴露前的总面积（包括试样的侧面），m^2；S_1 为干燥前的单位面积上的质量变化值；S_2 为干燥后的单位面积上的质量变化值。

以质量变化百分率表示：

$$M_1'=\frac{m_2-m_1}{m_1}\times 100\% \tag{7-8}$$

$$M_2'=\frac{m_3-m_1}{m_1}\times 100\% \tag{7-9}$$

式中，m_1 为暴露前试样的质量，g；m_2 为暴露后试样的质量，g；m_3 为暴露后经干燥的试样质量，g；M_1'为干燥前的质量变化百分率，%；M_2'为干燥后的质量变化百分率，%。

以尺寸变化百分率表示，用下面合适的公式计算：

$$B_1=\frac{\overline{b}_2-\overline{b}_1}{\overline{b}_1}\times 100\% \tag{7-10}$$

$$B_2=\frac{\overline{b}_3-\overline{b}_1}{\overline{b}_1}\times 100\% \tag{7-11}$$

$$L_1'=\frac{\overline{L}_2-\overline{L}_1}{\overline{L}_1}\times 100\% \tag{7-12}$$

$$L_2'=\frac{\overline{L}_3-\overline{L}_1}{\overline{L}_1}\times 100\% \tag{7-13}$$

$$D_1=\frac{\overline{d}_2-\overline{d}_1}{\overline{d}_1}\times 100\% \tag{7-14}$$

$$D_2=\frac{\overline{d}_3-\overline{d}_1}{\overline{d}_1}\times100\% \tag{7-15}$$

式中，$\overline{b}_1$ 为暴露前试样的宽度，mm；$\overline{b}_2$ 为暴露后试样的宽度，mm；$\overline{b}_3$ 为暴露后经干燥的试样的宽度，mm；B_1 为干燥前的宽度变化百分率，%；B_2 为干燥后的宽度变化百分率，%；$\overline{L}_1$ 为暴露前试样的长度，mm；$\overline{L}_2$ 为暴露后试样的长度，mm；$\overline{L}_3$ 为暴露后经干燥的试样的长度，mm；L_1'为干燥前的长度变化百分率，%；L_2'为干燥后的长度变化百分率，%；$\overline{d}_1$ 为暴露前试样的厚度，mm；$\overline{d}_2$ 为暴露后试样的厚度，mm；$\overline{d}_3$ 为暴露后经干燥的试样的厚度，mm；D_1 为干燥前的厚度变化百分率，%；D_2 为干燥后的厚度变化百分率，%。

4. 影响因素

（1）试验装置　试验装置恒定湿热的技术要求是保证试验结果的重要条件，操作时要保持温度、湿度相对稳定，不超过允许偏差；对均匀度及波动度也要严格控制。

（2）环境温度　湿热老化的环境试验温度对老化是有明显影响的。当温度升高时，水分子的活动能量将增大，同时高分子链热运动亦加剧，造成分子间隙增大，有利于水渗入，材料湿热老化将加速。因此为加速试验，可适当提高环境温度（一般不超过 70℃）。

（3）试样　该实验的试样可直接用模塑的方法取得，也可用机械加工的方法获得，但试样表面的平滑程度对测试结果有较大影响，如表面较粗糙，试样的表面积加大，会造成单位面积上质量的变化减小，同时吸湿量加大。因此，此方法不适用于多孔材料。

（4）测试性能的选择　不同材料、不同性能的指标变化对湿热敏感度不同，例如 PC 试样，经湿热暴露后的质量及尺寸变化均不明显，但样品颜色明显变深。而 PS 试样则产生气泡，聚酯试样则伸长率变化较大。因此试验时要根据不同材料选择适当的性能或尺寸、外观变化结果来评价其耐湿热性能。

第四节　人工气候及其他老化试验

一、人工气候老化试验

实验室光源暴露试验方法，是采用模拟和强化大气环境的主要因素的一种人工气候加速老化试验方法。它是在自然气候暴露试验方法的基础上，为克服自然气候暴露试验周期长的缺点而发展起来的，可以在较短的时间内获得近似于常规大气暴露结果。

在自然气候暴露中，到达地面的阳光，其辐射特性和能量随气候、地点和时间而变化，影响老化进程的因素除太阳辐射外，还有许多因素，如温度、温度的周期性变化及湿度等。而人工气候老化测试是试样暴露于规定的环境条件和实验室光源下，通过测定试样表面的辐照度或辐照量与试样性能的变化，以评定受试材料的耐候性。因此实验室光源与特定地点的大气暴露试验结果之间的相关性只适用于特定种类和配方的材料及特定的性能。

根据光源的不同，实验室光源暴露试验方法又分为三种：开放式碳弧灯法、氙弧灯法及荧光紫外灯。

（一）试验原理及试验要点

1. 原理

试样暴露于规定的环境条件和实验室光源下，通过测定试样表面的辐照度或辐照量与试样性能的变化，以评定材料的耐候性。

进行试验时，建议将被试材料与已知性能的类似材料同时暴露。暴露于不同装置的试验结果之间不宜进行比较，除非是被试材料在这些装置上的试验重现性已被确定。

2.试验装置

由试验箱和辐射测量仪组成。

（1）试验箱 也称人工气候箱，虽有不同类型，但均应包括以下规定的几个要素。

① 光源 光源是暴露试验的辐射能量源，它是决定模拟性的关键因素，光源应使试样表面得到的辐照度符合各种光源暴露试验方法的要求，并保持稳定。

② 试样架 用于安放试样及规定的传感装置；试样架与光源的距离应能使试样表面所受到的光谱辐照均匀和在允许偏差以内。规定的传感装置可用于监控辐照功率和调节发光，使辐照度波动最小。

③ 润湿装置 给试样暴露面提供均匀的喷水或凝露，可使用喷水管或冷凝水蒸气的方法来实现喷水或凝露。

④ 控湿装置 控制和测量箱内的相对湿度，它由放置在试验箱空气流中，但又避免直接辐射和喷水的传感器来控制。

⑤ 温度传感器 测量及控制箱内空气温度，并可感测和控制黑板传感器的温度。使用的温度计应为黑标准温度计或黑板温度计。温度计应安装在试样架上，使它接受的辐射和冷却条件与试样架上试样表面所接受的相同。

黑标准温度计与试样在相同位置接受辐射时，近似于导热性差的深色试样的温度。黑板温度计则由一块近似于“黑体”吸收特性的涂黑吸收金属板组成，板的温度由热接触良好的温度计或热电偶指示。相同操作时所示温度低于黑标准温度。

⑥ 程控装置 设备应有控制试样湿润或非湿润时间程序及非辐射时间程序的装置。

（2）辐射测量仪 是一种用光电传感器来测量试样表面辐照度与辐照量；光电传感器的安装必须使它接受的辐射与试样表面接受的相同。如果光电传感器与试样表面不处于同一位置，应必须有一个足够大的观测范围，并校正它处于试样表面相同距离时的辐照度。辐射仪必须在使用的光源辐射区域内校正。

当进行辐照度测量时，必须报告有关双方商定的波长范围。通常使用 300～400nm 或 300～800nm 范围内的辐照度。

（二）试验条件

人工气候暴露试验条件的选择主要包括：光源、温度、相对湿度及降雨（喷水）或凝露周期等，现简介它们的选择依据及一般确定方法。

1.光源

选择原则是要求人工光源的光谱特性与导致材料老化破坏最敏感的波长相近，并结合试验目的和材料的使用环境来考虑。

2.温度

空气温度的选择，以材料使用环境最高气温为依据，比其稍微高一些，常选 50℃左右，黑板温度的选择，是以材料在使用环境中材料表面最高温度为依据，比其稍微高一些，多选(63±3)℃。

3.相对湿度

相对湿度对材料老化的影响因材料品种不同而异，以材料在使用环境所在地年平均相对湿度为依据，通常在50%～70%范围选择。

4.降雨（喷水）或凝露周期

降雨（喷水）条件的选择，以自然气候的降雨数据为依据。国际上降雨（喷水）周期［降雨（喷水）时间/不降雨（喷水）时间］多选18min/102min或12min/48min，也有选3min/17min及5min/25min的。

人工老化降雨（喷水）采用蒸馏水或去离子水。

5.试样

（1）形状与制备　试样的尺寸是根据暴露后测试性能有关试验方法要求确定的。某些试验，试样可以片状或其他形式暴露，然后按试验要求裁样。对粒状、粉片状、粉状或其他原料状态的聚合物树脂等，则应拟用于加工该材料的方法制样。如果受试材料是挤塑件、模塑件、片材等，试样可以从暴露后的制品上裁取。

（2）试样数量　试样数量对每个试验条件或暴露阶段而言，由暴露后测试性能的试验方法确定。以此乘以暴露阶段数并加上测定初始值的需要量，可确定所需试样总数。如果有关试验方法没有规定暴露试样数量，则每个暴露阶段的每种材料至少准备三个重复试验的试样，每个暴露试验应包括一个已知耐候性的参照试样。

（3）贮存和状态调节　试样在测试前要进行适当的状态调节。对比试样应贮存在正常实验条件下的黑暗处，温度为23℃、相对湿度为50%、气压为86～106kPa，不低于88h，对贮存于黑暗中改变颜色的试样，暴露后要尽快目测颜色变化。

（三）测试步骤

1.固定试样

将试样以不受应力的状态固定于试样架上，在非测试面作标记，如果必须进行试样的颜色和外观变化试验时，为了便于检查试验的进展情况，可用不透明物盖住每个试样的一部分，以比较盖面与暴露面之间的变化差异。

2.暴露

在试样放入试验箱前，应将设备调整并稳定在选定的试验条件下，并在试验过程中保持恒定。在暴露中应以一定次序变换试样在垂直方向位置，使每个试样面尽可能受到均匀的辐射。在试验中，要用干净、无磨损作用的布定时清洗滤光片，如出现变色、模糊、破裂时，应立即更换。

3.辐照量测定

使用仪器法测量辐照量，辐射仪的安装位置应使它能显示试样面的辐射。在选定的波段范围内，暴露阶段最好用单位面积的入射光能量（J/m^2）表示。

4.试样暴露后的测定

颜色及外观变化用目测或仪器检测来评定暴露前后试样表面的龟裂、斑点、颜色变化及尺寸稳定性。按有关测试标准或有关协议，在相同条件下测定暴露前后的试样力学性能变化。

5.试验的终止

以某一规定的暴露时间或辐射量，或以性能变化至某一规定值时停止试验。

（四）影响因素

1.光源及滤光片的影响

氙弧灯在近红外区氙弧辐射很高，发热明显，易造成试样过热。氙灯与碳弧灯的玻璃滤光套（片）在使用过程中也会老化变质或积垢，应经常清洗保洁，并使用2000h后立即更换。

为了保证试验数据可靠，再现性好，光源发射的光谱强度应稳定。氙灯及荧光灯的使用过程中随点燃时间的增长而逐步老化、变质，使辐照度衰减。因此，应按有关试验方法规定定期更换新灯。光源电流或电压的变化会引起光源辐照度的波动，辐照度随电功率的增大而升高，因此要求光源的电流、电压保持稳定。

2. 受试温度

试样的辐照温度不可选得过高，特别是对易于被单纯热效应引起变化的材料。因为在此种情况下，试验表示的结果可能不是光谱暴露的效应而是热效应。选用氙弧灯要注意防止试样过热，必须有冷却装置，选用开放式碳弧灯，要加强空气流动，以免温升过分。

正确选择光源的光谱能量分布及试验温度，既能产生加速作用，又可避免由于异常主辐照度或高温而导致的反常结果。另外由于选择的试样架不同，特别是在有背板的暴露形式，对透明性的试样，试验结果会有较大影响。

二、其他方法简介

1. 塑料在玻璃板过滤后的阳光下间接暴露试验方法

标准GB/T 14519—93即为塑料在玻璃板过滤后的阳光下间接暴露试验方法，除暴露装置与直接自然气候老化法有所不同外，其暴露方位、场地条件、试样、气象观察等均与直接自然气候老化法要求相同。其原理是：日光的近紫外区（300～400nm）辐射是引起老化的主要因素，经玻璃过滤后的日光从370～830nm波长范围内的透过率大约还有90%，仍能使塑料发生老化。塑料的耐老化性能可以用塑料在玻璃板过滤后的日光下经过一定暴露阶段后的性能变化来表示。

它与直接自然气候老化法不同的地方是：直接自然气候老化法的暴露架是无底无盖的直接暴露试验架，而它是一个有玻璃罩顶盖于支撑屏上。暴露箱的上侧面开有通风孔，并用耐腐蚀金属网罩住。暴露箱安装在支架上，然后再放置在暴露场，支架最低点高出地面约760mm。顶盖所用玻璃应是平直、均匀透明无缺陷的材料。作为建筑用窗玻璃的间接暴露试验，顶盖推荐用2～3mm厚的单向玻璃，它在370～380nm波长的可见光谱范围内透过率应约为90%，在310nm以下的透过率应小于1%。一般顶盖玻璃应两年更换一次，以保持其透过性能。

2. 塑料长期受热作用后的时间-温度极限的测定

（1）基本术语

① 测定失效时间　在选定温度下，测定所选性能的数值变化，作为时间的函数。继续该步骤直至达到相应性能临界值。得出特定温度下的失效时间。

② 测定温度指数TI　温度指数是由耐热关系推导得到的某个指定时间下的相应摄氏温度值。它是以失效时间对暴露温度值的倒数作图，该曲线与选定时间极限（通常为2000h）的交点，即为寻求的温度指数。

③ 测定相对湿度指数RTI　相对湿度指数是在对比试验中，将参比材料与被试材料进行相同的老化和检测步骤，在对应参比材料的已知温度指数的时间获得的被试材料的温度指数。参比塑料的类型应该与试验塑料相同，并有满意的使用历史。它应该有一个已知的温度指数，并且该指数所采用的性质和临界值与RTI试验所采用的相同或至少相当类似。

（2）方法要点

① 试验设备　热老化箱应在技术条件上满足：放样空间温度均匀性100℃以下为±1℃，

100℃以上不大于1%，有强制循环式风机，换气率可调，自动控温及防超温装置能适用于空气或其他环境的要求。

② 试样 试样的尺寸和制备方法应符合有关选定性能的测试标准。实际试样数量还应考虑保险备用量。

③ 操作要点 除了在热老化温度下暴露试样外，应另保存适量试样作备用，以用于因精确度高而增加热老化温度的情况下，或作为参比材料。

在实验前对试样作状态调节，并按有关标准先测试试样的初始性能。

将试样（按所需数）放入恒定于选定温度的老化箱中，其间应保持足够的间隔。不同材质试样若可能发生污染时，则不能同时放入同一老化箱。进行试验时要适当鼓风保持一定的换气率。

按预先确定的试验周期，依时从热老化箱中取出试样按标准测试性能。继续试验直至所选性能达到或稍小于相应的临界值为止。

④ 结果说明 以选定的性能值对受热时间的对数作图，得到性能-时间曲线，可以确定各温度下的临界时间。

3. 高聚物多孔弹性材料加速老化试验

（1）试验装置

① 热老化烘箱 有强制循环，并能保持所需的温度在±1℃；最好是能连续记录温度。

② 湿气老化仪 应使试样的总体积不超过其自由空间的10%，且试样无拉伸变形，试样的各边自由暴露在老化空气中且无光照。

③ 蒸汽硫化罐或类似的容器 能保持所需的温度在内±1℃，且能承受300kPa的绝对压力。

④ 玻璃容器 带有一合适的密封罩和用于容器加热的水浴和烘箱，具有保持所需温度在±1℃内的能力。

⑤ 各种物理性能测试的仪器。

（2）试样 试样的数量、规格和形状应根据评价指标和相应的检测标准的要求来选取。如评价拉伸性能变化的试样，宜用规定的哑铃形试样。除非能证明试验材料在制造后16h或48h平均结果与72h后所获得的平均结果差异不会超过±10%，否则在制造后72h内，材料不得用于试验。如果在规定的时间内达到了以上要求，则试验条件在制造后16h或48h时允许进行试验。

在试验前试样应在以下环境条件之一至少调节16h，且试样不得弯曲、变形：①（23±2)℃，相对湿度（50±5)%；②（27±2)℃，相对湿度（65±5)%。

（3）试验步骤 热空气老化温度根据材料有所区别，聚烯烃老化温度为70℃；胶乳老化温度为70℃或100℃；聚氨酯老化温度为125℃或140℃；老化时间为16h、22h、72h、96h、168h、240h或为16h的倍数，允许其误差为±5%，但不能超过4h。

使用100%的相对湿度或饱和蒸汽进行湿气老化时，老化的时间和温度见表7-4。

表7-4 老化温度和时间

材料	条件
聚氨酯(所有类型)	85℃时老化20h或105℃时老化3h
聚氨酯(聚醚型)	120℃时老化5h

温度公差±2℃；老化时间公差±5%，但不得超过±2h，老化时间是从容器内的空气被水蒸气（或蒸汽）取代时的时间算起。

老化试验后，进行湿气老化的试样每25mm厚度应在70℃±2℃时至少干燥3h，然后在（23±2)℃、相对湿度（50±5)%或（27±2)℃、相对湿度（65±5)%的环境下每25mm厚度重新停放3h，重新停放以后，测量老化试样的性能。

三、应用举例

在GB/T 24137—2009木塑装饰板的国家标准中，其理化指标为见表7-5。

表7-5 国标GB/T 24137—2009木塑装饰板的理化指标

项目		性能要求		备注
		室外用	室内用	
含水率/%		≤2.0		
弯曲强度/MPa		平均值≥20.0;最小值≥20.0		
抗弯弹性模量/MPa		≥1800		
尺寸稳定性/%		≤1.5		
板面握螺钉力/N		≥800		对厚度不大于12mm和采用外连接方式的木塑装饰板不作要求
邵氏硬度(DH)		≥55		
吸水厚度膨胀率/%		≤0.5		
剥离力/N		≥40		仅对PVC薄膜饰面的木塑装饰板进行检测
表面胶合强度/MPa		≥0.60		仅对浸渍胶模纸饰面的木塑装饰板进行检测
漆膜附着力/级		≤3		仅对表面涂饰的木塑装饰板进行检测
抗冻融性能	抗弯强度保留率/%	≥80	—	
	表面质量	无龟裂、鼓泡	—	
表面耐污染腐蚀		无污染、腐蚀	—	仅对PVC薄膜饰面的木塑装饰板进行检测
抗人工气候老化	抗弯强度保留率	≥80	—	Ⅰ级木塑装饰板老化1000h Ⅱ级木塑装饰板老化500h Ⅲ级木塑装饰板老化300h
	耐光色牢度(灰色样卡)/级	≥3	—	

在此标准中规定将5个试样放入试样箱中进行氙弧灯曝晒，另一试样避光保存。老化箱中的黑板温度为（63±3)℃，相对湿度为（65±5)%，每次喷水时间为（8±0.5)min，两次喷水之间的无水时间为（102±0.5)min。

阅读材料

高分子化学家、中国超分子化学的开拓者之一、中国科学院院士——沈家骢

沈家骢教授，1931年10月出生于浙江绍兴，1952年毕业于浙江大学化学系。多年来，他教书育人，潜心科研，硕果累累。

20世纪60年代，沈家骢教授师从陶慰荪先生学习有机化学与高分子化学，后期师从唐敖庆先生研究聚合反应统计理论与微观动力学。他根据加聚反应机理，通过引入时间参量的概率构建了引发、增长、终止概率函数，建立了反应机理与分子量分布的关联；以分子模型来处理链段结构，通过顺磁共振（ESR）对高勃度体系加聚反应的反应速率常数做了系统分析，讨论了自由基活性、自由基构象及微区勃度等参数的关联，提出了本体聚合过程自由基浓度扩散图像，为聚合反应工程学提供了一定的理论依据；配合分子量的测定，研制了JU型高效凝胶色谱填料，在凝胶色谱法中填补了标样与高效填料的国内空白。

20世纪80年代，他组织开展了高分子光学材料的研究，开发了高折光指数的光学树脂、聚合物复合光功能材料。20世纪80年代中后期，国际上超分子化学的研究刚刚起步，沈家骢教授意识到，超分子化学是创造新物质、新器件的重要渠道之一，是创新思想的重要源头。1994年，他在《科技导报》上发表文章“超分子科学——21世纪新概念与高技术的一个重要源头”，阐述了超分子科学研究对于创造新物质和新器件的重要性，著名科学家钱学森看完此文后来信对超分子科学研究的重要意义给予积极评价。从1994年起，沈家骢教授与诺贝尔奖得主、超分子化学奠基人、法国科学院院士Jean-Marie Lehn，德国科学院院士Helmut Ringsdorf以及美国科学院院士、哈佛大学George M. hitesides等持续深入研讨了超分子科学发展动向，促进了国内学者与国外学者的广泛交流与合作，推动了中国超分子化学研究的快速发展。

沈家骢教授以复合膜为切入点，深入开展了超分子化学的研究。他率先以液/固界面的静电交替沉积技术，结合构筑基元中介晶基团的引入，构筑了有机/有机、有机/聚合物、低聚物/无机纳米微粒、低聚物/酶、低聚物/核酸等多层膜。近些年，他认识到，相比超薄膜、厚度在微米的层层组装膜将能保证高容量的药物的负载与控释，也更容易实现膜表面微纳拓扑结构的调控。因此，他系统地提出并发展了层层组装的快速构筑方法，获得了无界面快速生长的微米厚度的层层组装膜，制备了功能不依赖于基底的智能响应支持膜，并实现了层层组装膜的自修复功能。

随着研究的深入，人们越来越关注超分子科学与生命科学的内在联系。沈家骢教授认识到超分子化学的发展必然与生物学走在一起，酶实质上就是高效的超分子催化剂。他与合作者运用超分子的理念，通过改造或构建酶的活性部位，实现模拟酶的高活性。他们提出了分子识别与催化协同仿酶的研究新思路，系统地开展了仿硒酶研究，发展了多种仿酶新技术和新方法，建立起多种高效抗氧化硒酶仿生体系，并将多种仿酶体系的催化能力提高到天然酶水平，此研究在国际上处于领先地位。

20世纪90年代初期，光电信息产业迅速发展，沈家骢教授敏锐地意识到有机光电功能材料在未来信息产业应用中的巨大潜力，在国内率先开展相关研究。他以有机聚合物发光材料及电致发光器件为突破口，建议并组织实施了国家自然科学基金“有机/聚合物光电信息功能材料与器件”重大研究项目，对推动中国有机光电领域的发展、研究团队与人才队伍建设起到了重要的作用。

他领导的研究团队在新材料的设计与开发中的科学贡献包括：提出并论述了利用磷光材料提高电致发光器件效率的原理，发展了多种电致磷光新材料；将超分子科学的理念引入发光材料的设计与合成，系统研究了分子间弱相互作用以及它们在发光分子聚集态结构形成过程中的导向作用，发现了被命名为X-聚集的发光效率最高的分子排布方式，发光分子处于X-聚集态时表现出的高发光效率与色度稳定性，解决了长期困扰发光材料领域的聚集碎灭荧光的问题；发展了兼具高效率发光与载流子迁移平衡特性的材料体系，实现了单发光层、高效率器件，开拓了降低器件制备成本的新途径。

从1995年起，沈家骢教授在浙江大学高分子系兼职，开展生物医用材料的研究，他领导浙江大学的研究团队，以组织修复与再生医学材料为背景，开展了以生物相容性界面与生物功能性支架两个方面相辅相成的基础研究，开展了层层组装构建宏观和微粒界面生物医用功能涂层材料的研究，发展了聚电解质微胶囊的生物模拟及生物应用功能，建立和发展了通过生物大分子层层组装构建抗凝血、抗菌、细胞诱导生长和基因原位转染功能界面的新方法，成功建立和完善了包括新型皮肤、软骨组织再生修复支架、新型药物洗脱和内皮原位心血管支架、壳聚糖组织隔离和骨内固定材料的关键核心技术。

沈家骢教授之所以成为受人尊敬的学术带头人，不仅因为他突出的科研业绩，更因为他教书育人、为人师表、甘为人梯的奉献精神。多年来，他除了奋斗在教学、科研和管理工作第一线，不断开拓新的研究领域，还特别关注和重视对青年学生的培养和教育。他常常把青年人带到学科发展的前沿，调动他们的积极性和主动性，让他们在国际学术大环境中放手拼搏。

翻开沈家骢教授厚重的人生履历，聚合反应微观动力学、超分子化学、有机高分子膜的组装与功能、有机高分子光电信息材料、生物医用材料等都是他不断开拓的研究领域，无不体现了他高瞻远瞩的战略眼光和紧跟科学前沿的进取精神，让他的每一步都在中国化学史上留下扎实的印记。他严于律己，宽以待人，热心培养年轻一代和提携晚辈，深受广大师生和化学界同仁的爱戴。

资料参考：

杨柏，高长有，张先正．庆祝沈家骢、沈之荃和卓仁禧院士80华诞专刊[J]．中国科学：化学，2011，41（2）：173-175.

思考题

1.影响塑料老化的主要原因是什么？
2.塑料老化的机理是什么？
3.影响塑料自然气候老化的主要影响因素是什么？
4.为什么自然老化的重现性较差？
5.在海水暴露试验中，试样的安放位置有何要求？
6.在海水暴露试验中，试验环境有何要求？
7.土壤现场埋设试验的场所有何要求？
8.热老化的实验条件是什么？
9.人工老化测试的条件是什么？
10.热老化测试的要点是什么？
11.高压氧和高压空气热老化的原理及要点是什么？
12.人工气候老化性能测试的主要影响因素是什么？

第八章

其他性能测试

学习目标

- 知识目标

1. 掌握塑料折光性能、透光性能的概念及其测试原理。
2. 理解塑料电阻率、介电常数和介质损耗、介电强度、耐电弧试验的概念和测试原理。
3. 了解塑料生物性能的试验原理。

- 技能目标

1. 能测试通用塑料的折光性能和透光性能。
2. 会测定塑料的电阻率和介电常数。

- 素质目标

1. 树立有理想、敢担当、能吃苦、肯奋斗的积极人生观。
2. 培养具体问题具体分析、理论联系实际的科学辩证思维能力。
3. 培养自信自立、终身学习的人才发展意识。

第一节　光 学 性 能

材料的光学性质包括材料对光的透过性、折射率等性能的评价。聚合物材料多数不透明。少数高分子材料透明或半透明。具有优良透明度的高分子材料，可用来代替玻璃用于光学系统，如有机玻璃用于飞机座舱、仪表板面，环氧树脂、有机硅胶用于新型光源 LED 的透明封装；人们佩戴的眼镜片也越来越多地使用聚酯类的光学树脂。

许多透明的塑料都是无定形结构，结晶聚合物通常是半透明或不透明的。透明度的损失源于材料内部折射率不均匀性产生的光散射。即高分子的结晶体之间混杂非晶体，二者的密度有差异，折射率不同，光在材料中通过时在每个晶体界面上都有折射和反射的损失，所以一般来讲，高分子材料的结晶度越大，透明度越差。但结晶塑料的透明度可以通过淬火或无规共聚的方法加以改善。

折射现象

用于光学系统的塑料都要求对其透光率、雾度及折射率进行测定。同时为了控制树脂的质量，对于一些树脂要求测其白度、色泽，而对于透明材料还需要测量其黄色指数。本节介绍折射率、透光度和雾度等参数的测定方法。

一、折光性能及其测试方法

材料的折光性能主要以折射率来表示，折射率也称为折光率或折光指数，是表明透明物质折光性能的重要光学性能常数。

1. 定义

光在不同介质中的传播速率不同，当光由第1介质进入第2介质的分界面时，即产生反射及折射现象，如图8-1所示。入射光夹角正弦与折射角的正弦之比，称为折射率（相对折射率）见式(8-1)：

$$n=\sin i/\sin r \tag{8-1}$$

式中，n 为介质1与2的相对折射率；i、r 为光线入射角和折射角。

当光线从真空入射到介质分界面时，入射光与法线夹角（入射角 i）的正弦与折射光线与法线夹角（折射角 r）的正弦的比值称为该介质的绝对折射率，即

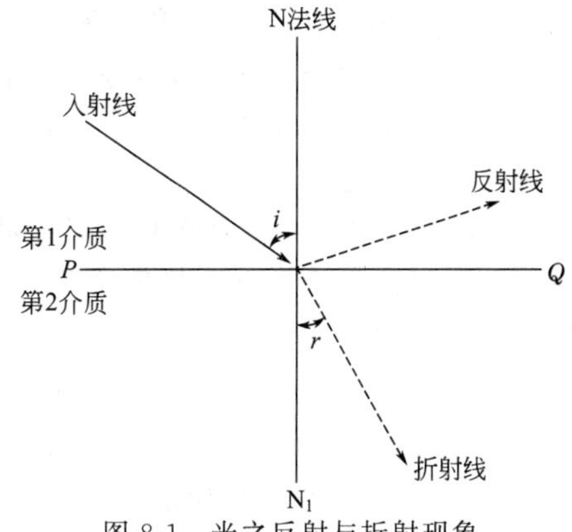

图8-1 光之反射与折射现象
PQ 线为两种介质间的界面；i 为入射角；r 为折射角

$$n=\sin i/\sin r \tag{8-2}$$

对于光线从介质1中入射到介质2中的相对折射率，有下式存在：

$$n_{21}=n_2/n_1=v_1/v_2=\sin i/\sin r \tag{8-3}$$

式中，n_1、n_2 分别为介质1与2的绝对折射率；v_1、v_2 分别为光在介质1与2中的传播速度；i、r 分别为光线的入射角和折射角。

实际应用中，一般不用绝对折射率，而采用相对于空气的折射率。通常所指的折射率定义是：在20℃的条件下，钠光谱的D线（$\lambda=589.3\text{nm}$）光自空气中通过被测物质时的入射角的正弦与折射角的正弦之比，以 n_D^{20} 记之。

空气的绝对折射率为1.00029，常取值为1。由于光在空气中的传播速度最快，因此，任何物质的折射率都大于1；水的折射率 $n_D^{20}=1.3330$。

折射率是有机化合物的重要物理常数之一，作为液体化合物纯度的标志，比沸点更可靠。通过测定溶液的折射率，还可定量分析溶液的浓度。

2. 折射率的测试方法

折射率的测定有两种方法：一种是折光仪法，另一种是显微镜法，折光仪法精确度较高。参考GB/T 614—2006化学试剂折光率测定通用方法。

折射率测试原理

（1）测试原理 光线从介质1射入介质2在交界处发生折射，并遵循折光定律，参见图8-1。当光从光密介质射入光疏介质时，则入射角小于折射角，调整入射角，可使折射角为90°，此时的入射角称为临界角。用阿贝折光仪测定折射率就是测定临界角，从而测出被测物的折射率。

（2）测试仪器 最常用的阿贝折光仪，主要结构由光学系统和机械系统两部分组成。

光学系统，有望远镜系统和读数系统；机械系统，如底座、棱镜转动手轮等。附属部分还必须有光源系统和恒温系统。用阿贝折光仪通常可测定浅色、透明、折射率在1.3000～1.7000范围内的物质的折射率。除了阿贝折光仪外，还有其他类型仪器如V形棱镜折射仪等。

（3）测试步骤

① 试样制备 测试固体试样必须先制好样，试样可以采用任何尺寸，但试样与折光仪棱镜接触的表面必须平整并经过抛光。塑料片至少与棱镜接触的一面必须平整经抛光。

② 恒温 开启仪器光源，调整入射光反光镜使目镜和读数镜的视场明亮，使光源稳定；将恒温水浴与棱镜组相连，调节水浴温度，使棱镜温度保持在（20.0±0.1)℃或规定温度。

③ 折光仪校准 通常用蒸馏水来进行校正，当测量折射率读数较高的物质时，通常用具有精确折射率的标准玻璃块加上溴代萘作接触剂来校正。

④ 试样测定 校准完毕后，拭净镜身各机件、棱镜表面，并用乙醚或无水乙醇清洗，将透明试样在抛光面涂一点 α-溴萘，使之贴在上棱镜表面，旋转棱镜，锁紧手柄。使试样恒温 15min。如果是液体试样，直接滴一滴在棱镜表面，恒温 15min。分别调节补偿旋钮和棱镜旋钮，使目镜视野内明暗分界线在十字交叉点上。在读数镜刻度尺上读数，数值即为试样的折射率值。

⑤ 清除试样 用脱脂棉蘸乙醚或无水乙醇清洗棱镜表面，整理仪器结束试验。

3. 折射率测试的主要影响因素

① 随温度升高，物质的折射率下降。因此在测量中，一定要恒温。并且一定要在报告中标识测量的温度条件。

② 由于固体与棱镜表面接触不好，需要加接触液，要求接触液对试样和棱镜无腐蚀和影响，通常接触液的折射率大小介于试样与棱镜的折射率之间。

③ 光源对折射率有影响，所以测定折射率都是用单色光。国标中使用钠光源 D 线。

二、透光性能及其测试方法

材料的透光性能主要是以透光率和雾度来表示的。透光率和雾度是两个独立的指标，是透明材料两项十分重要的光学性能指标。一般来说，透光率高的材料，雾度值低，反之亦然，但不完全如此。例如，窗玻璃材料透光性应该高，也不应有浑浊。有些材料透光率高，雾度值却很大，如毛玻璃。用作光学仪器罩的材料要求屏蔽亮光源，应有最大的漫反射和最小的透明度。

（一）定义

1. 透光率

透光率表示材料透过光线的程度，以透过材料的光通量与入射的光通量之比的百分数表示。通常是指标准“c”光源一束平行光垂直照射薄膜、片状、板状透明或半透明材料时，透过材料的光通量 T_2 与照射到透明材料入射光通量 T_1 之比的百分率。

$$T_t=\frac{T_2}{T_1}\times 100\% \tag{8-4}$$

2. 雾度

雾度又称浊度，表示透明或半透明材料不清晰的程度。以散射光通量与透过材料的光通量之比的百分率表示。用标准“c”光源的一束平行光垂直照射到透明或半透明薄膜、片材、板材上，由于材料内部和表面造成散射，使部分平行光偏离入射光方向大于 2.5°的散射光通量 T_d 与透过材料的光通量 T_2 之比的百分率，即

$$H=\frac{T_d}{T_2}\times 100\% \tag{8-5}$$

（二）透光率和雾度测试方法

高分子材料透光率和雾度是利用雾度计或分光光度计来测定的。GB/T 2410—2008 规定了透明塑料透光率和雾度的两种测定方法，方法 A 是雾度计法，方法 B 是分光光度计法，测试方法适用于测定板状、片状、薄膜状透明塑料的透光率和雾度。下面介绍常用的积分球式雾度计。

1. 测试原理

积分球式雾度计的测试光路示意图见图 8-2。开启仪器，测试入射光量、通过试样的总透光量、仪器引起的光散射量以及仪器和试样共同引起的光散射量，计算出通过试样的总的透射率 T_t、漫散透射率 T_d 和雾度（T_d/T_2）。

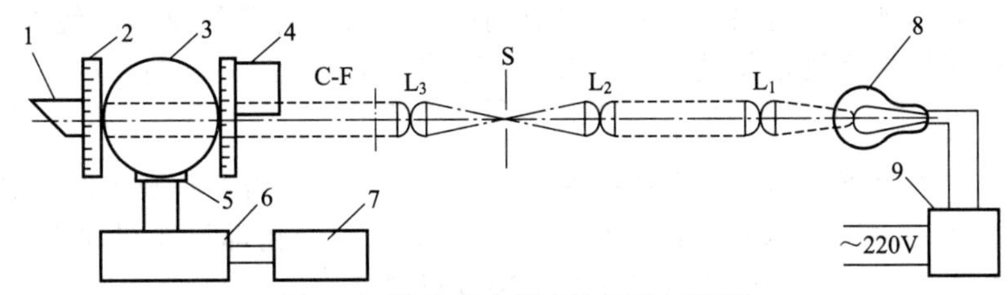

图 8-2 积分球式雾度计原理示意图

1—光陷阱；2—标准板；3—积分球；4—试样架；5—光电池；6—控制线路；7—检流计；8—光源；9—稳压器；L_1、L_2、L_3—透镜；S—光孔；C-F—滤光器

当无入射光时，接收光通量为 0，当无试样时，入射光全部透过，接收的光通量为 100，即为 T_1；此时用将平行光吸收掉，接收到的光通量为仪器的散射光通量 T_3；然后除去光陷阱，放置试样，仪器接收透过的光通量为 T_2；此时若再将平行光用光陷阱吸收掉，则仪器接收到的光通量为试样与仪器的散射光通量之和，T_4。根据测得的 T_1、T_2、T_3、T_4 的值可计算透光率和雾度值。雾度的计算公式为

$$H(\%)=[(T_4/T_2)-(T_3/T_1)]\times 100\% \tag{8-6}$$

2. 测试试样

高分子材料如聚苯乙烯、聚碳酸酯、聚甲基丙烯酸酯等的薄膜、片材和板材。试样表面状态（如光滑平整度、缺陷、划痕、污染）影响测试结果；厚度尺寸不同的试样之间的测定结果不能相互比较。

3. 测试方法要点

① 开启仪器，预热至少 20min。

② 校准仪器，放置标准板（或不放置任何遮挡物），光路畅通，调检流计为 100 刻度；放置遮挡板完全挡住入射光，调检流计为零。反复调 100 和 0 直至稳定，即 T_1 为 100。

③ 放置试样　此时透过的光通量在检流计上的刻度为 T_2。

④ 去掉标准板，置上陷阱，在检流计上所测出的光通量为试样与仪器的散射光通量 T_4。再去掉试样，此时检流计所测出的光通量为仪器的散射光通量 T_3。重复测定 5 片试样。

⑤ 结果计算　按照式(8-4)、式(8-6) 计算试样的透光率及雾度；取 5 片试样的算术平均值作为结果，取到小数点后一位。

（三）折射率测试的主要影响因素

1. 光源

光源对材料的透光率及雾度测试结果有较大影响。光源不同，它的相对光谱能量分布就不同，由于各种透明塑料有它自己的光谱选择性，对不同波长的光，透光率是不相同的。因此同一透明材料用不同的光源测量，所得到的透光率与雾度值不同。为了消除光源的影响，国际照明学会规定了三种标准光源 A、B、C，本节介绍的方法采用了“C”光源。

2. 试样厚度

试样的厚度越大，透光率越小，雾度越大；这是因为厚度增加，对光吸收增多，因此透

光率下降，同时引起光散射就增加，所以雾度增加。

3. 试样表面状态

试样的表面平整度、沾污等都严重影响测试结果，尤其对雾度影响较大。表面擦伤和污染均使雾度值增加，对透光率来说，通常使之下降。但有些塑料如 PC、PS，轻微擦伤和污染表面反使之略有增加。这是因为入射光照射到试样上有一部分被反射，轻度擦伤和污染，使反射减少，透过增加之故，如进一步加重，则透光率下降。

4. 仪器

不同实验室同类仪器，测试结果稍有差别。这主要由仪器误差和操作误差引起的。从仪器方面，光源的变化，积分球内表面，标准板及光电池的变化都可能引起误差；从操作方面，主要是读数误差。所以要求严格操作和定期校正仪器。

（四）黄色指数

黄色指数描述的是无色透明、半透明或近白色的材料试样偏离白色的程度，或发黄的程度。它表征外观色泽的深浅（原料纯度、加工条件），常用于评价一种材料在真实或模拟的日照下的颜色变化。

现行的测试方法为 HG/T 3862—2006《塑料黄色指数试验方法》，标准规定了无色透明、半透明和近白色不透明塑料的黄色指数试验方法，适用于板状、片状、薄膜状和粉状、粒状试样，不适用于含荧光物质的塑料。

黄色指数一般是塑料对国际照明委员会（CIE）标准 C 光源，以氧化镁为基准的黄色值。黄色指数用 YI 表示 [$YI=100(1.28X-1.06Z)/Y$]，其中，X、Y、Z 分别为所测得的三刺激值。

用这个方法测得的黄色指数和在日光照射下观察到的黄色程度能较好地吻合，因而能用于评价塑料质量和老化程度。用本方法测得的黄色指数，如果正值表示材料呈黄色，负值则表示材料呈蓝色。另外，透明塑料的透射黄色指数是厚度的函数，只有在相同厚度的情况下，才能进行比较。

第二节 电 性 能

聚合物材料具有优良的电性能，可作为理想的电传输、电器及电子材料。大多数聚合物材料具有以下几方面的特点：具有优良的绝缘性能；具有足够的介电强度，能经受住导体之间的电场作用；具有良好的耐电弧性；在恶劣的工作环境中，如湿气、温度和辐射条件下能保持良好的使用性能；具有一定的强度和韧性，能够耐振动冲击和其他机械力作用。

聚合物材料在电子电器领域应用广泛，除了可以作为绝缘材料使用外，还可在基体材料中添加适当的添加剂使其成为半导体（例如抗静电包装材料）、导电体（例如导电胶黏剂）等。

评价高聚物的电性能指标主要有：体积电阻率、表面电阻率（代表导电性）；介电强度（代表击穿现象）；介电常数（代表极性）；损耗因子（代表松弛现象）和耐电弧性（代表导电性）等。

一、电阻率的测定

一切材料没有绝对不导电的。材料的导电性用电导率来表征；而为了表征材料的非导电能力，引用了电阻率这个概念；某一材料的电阻率是其电导率的倒数。

电阻率（未特别注明时指体积电阻率）是材料最重要的电学性质之一。导体的电阻率低于 $10^6\Omega\cdot cm$，半导体在 $10^6\sim10^9\Omega\cdot cm$ 之间，电阻率高于 $10^9\Omega\cdot cm$ 的称为绝缘体。

聚合物的体积电阻率一般为 $10^8\sim10^{18}\Omega\cdot cm$，属于绝缘体，其测试方法与导体及半导体有很大不同。

（一）定义

（1）体积电阻　在试样的相对两表面上放置的两电极间所加直流电压与流过两电极之间的稳态电流之比。该电流不包括沿材料表面的电流。在两电极间可能形成的极化忽略不计。

（2）体积电阻率　在材料试样的相对两表面上放置正、负两电极，在电流方向上的电位梯度与电流密度之比定义为体积电阻率，以 ρ_V 表示，单位是 $\Omega\cdot cm$。体积电阻率的物理意义是单位长度（1cm）、单位横截面积（$1cm^2$）的某种导体材料的体积电阻值。

（3）表面电阻　在试样的某一表面上两电极间所加电压与经过一定时间后流过两电极间的电流之比。该电流主要为流过试样表层的电流，也包括一部分流过试样体积的电流成分。在两电极间可能形成的极化忽略不计。

（4）表面电阻率　平行于材料表面上电流方向的电位梯度与表面单位宽度上的电流之比（如果电流是稳定的，表面电阻率在数值上即等于正方形材料两边的两个电极间的表面电阻，且与该正方形大小无关），即单位面积内的表面电阻。以 ρ_S 表示，单位是 Ω。

（二）电阻率的测试方法

电阻率的电特性具有很宽域值，从大部分导电金属到较好的绝缘材料，超过 30 个数量级。在电导体（金属、炭等）以欧姆定律为基础，适用于直流电流或交变电流的瞬时值进行测量。在不同频率上，用交流电流进行的测量可能会受到电容或电感阻抗的影响。因此，现有的国家或国际标准通常采用直流电流来进行测量固体的电阻。

体积电阻率
测定原理

大部分非金属材料都归类到聚合物和离子导体里。在测量中，电荷的流动是靠施加一定场强的电场来实现的。除了测量电流，还存在一种充电电流，它是由极化材料和（或）静电电荷材料形成的，随着时间的变化，测量电流逐渐变小，电阻会产生显著改变。如果可以观察到这个效应，在一定的充电时间后，通过用相反的极性来测量电流，然后平均两次获得的值的方法来重复测量。

1. 测试原理

绝缘体的电阻测量基本上与导体的电阻测量相同，其电阻一般都用电压与电流之比得到。现有的方法可分为三大类：直接法、比较法及时间常数法。

本节介绍直接法中的直流放大法，也称高阻计法。该方法采用直流放大器，对通过试样的微弱电流经过放大后，推动指示仪表，测量出绝缘电阻，再根据试样尺寸计算出材料的电阻率。不同仪器有不同的测试电极连接方式，对应的测试结果计算公式有所不同；见图 8-3 和图 8-4。

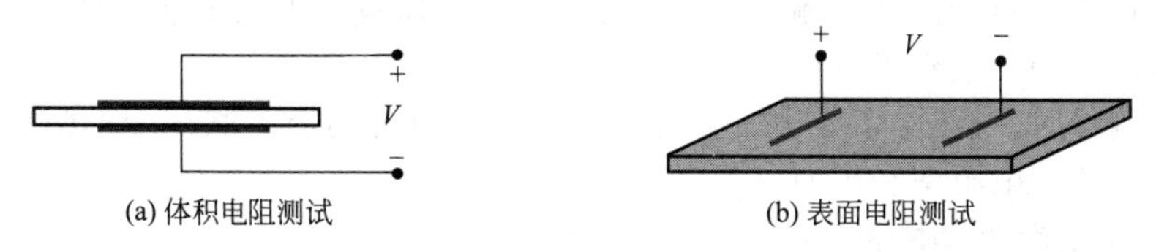

图 8-3　片状电极测定方式

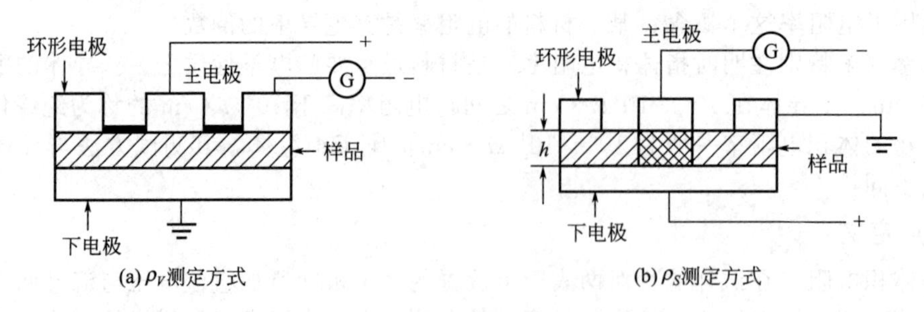

图 8-4 电阻测量的环状电极连接方式

测得结果的计算公式为

$$\rho_V = R_V \frac{S}{d} \ (\Omega \cdot \mathrm{cm}) \tag{8-7}$$

$$\rho_S = R_S \frac{l}{d} \ (\Omega) \tag{8-8}$$

式中，S 为电极面积，cm^2；d 为试样厚度，cm；l 为电极长度，cm；R_V 为体积电阻，Ω；R_S 为表面电阻，Ω。

对于板状试样，环状电极连接方式的测试结果计算公式为

$$\rho_V = R_V \frac{S}{d} \ (\Omega \cdot \mathrm{cm}) \tag{8-9}$$

$$\rho_S = R_S \frac{2\pi}{\ln \frac{D_2}{D_1}} \ (\Omega) \tag{8-10}$$

式中，ρ_V 为体积电阻率，Ω·cm；R_V 为体积电阻，Ω；ρ_S 为表面电阻率，Ω；R_S 为表面电阻，Ω；S 为试样测量电极有效面积，cm^2；d 为试样厚度，cm；D_2 为环形电极直径，cm；D_1 为测量主电极直径，cm。

2. 电阻率测试方法要点

（1）试样准备　GB/T 37977.23—2019 要求试样根据材料的规范要求进行采集。在进行测量的区域，不应对试样进行处理和标记。如果样品和电极接触的区域被重新处理过，应在测量报告中加以表述。测量表面电阻时，不应对表面进行清洁。样品的几何形状应该是薄片状，尺寸至少为 80mm×120mm，或者 ϕ110mm，一般应至少配备 3 个试验样品。试样应平整、均匀。无裂纹和机械杂质等缺陷。把干净的试样放在温度 23℃和相对湿度 65%的条件处理 24h 进行环境平衡测试。

（2）测试仪器　测量绝缘材料电阻的仪器又常称为高阻仪。一般地，应配有电极箱，试样在电极箱内电极上进行测试。测体积电阻和表面电阻的电极线路连接方式不同。

（3）测试过程　将测量好尺寸的样品，与电极连接好，开启高阻仪，进行仪器的校准。再将仪器调整到测量挡。一般地，需对试样进行静电荷释放处理（放电过程）。然后选择合适的测试电压挡位，对样品进行测试。记录读数，并按照仪器上的测试信号放大倍率进行计算，测得的电阻值为读数乘以倍率。

表面电阻测量时，按 ρ_S 测定方式接好线路，测试方法同上。测得的电阻值，再按照相应的公式计算出体积电阻率和表面电阻率。

3. 电阻率测量的影响因素

GB/T 37977.23—2019《静电学　第 2-3 部分：防静电固体平面材料电阻和电阻率的测

试方法》，规定了用于避免静电电荷积累的固体平面材料的电阻和电阻率的测试方法，测试电阻的适用范围从 $10^4\Omega$ 到 $10^{12}\Omega$。其他的标准，例如 GB/T 3048.3—2007 规定了半导电橡塑材料体积电阻率的试验方法，GB/T 10581—2006 规定了绝缘材料在高温下电阻和电阻率的试验方法；GB/T 15662—1995 和 GB/T 15738—2008 规定了导电、防静电塑料电阻率的测试方法，GB/T 1692—2008 和 GB/T 2439—2001 规定了硫化橡胶或热塑性橡胶电阻率的测定方法。

（1）测定时间　流经试样的电流，随时间的增加而迅速衰减。这是由于流经试样的电流不像导体那样仅是传导电流，而是由瞬时充电电流、吸收电流和漏导电流三种电流组成的。很显然，各种材料的电流随时间的变化情况不一样，因而在比较时要选取相同的读取电流时间。

（2）温度　温度升高会使得测试时得到的电流值增大，即体积电阻率和表面电阻率随温度升高而减小。因此必须记录测试温度。常规下都采用标准温度进行测量。

（3）湿度　对于极性材料及强极性材料，因吸水性强而降低其体积电阻。又因水汽附着于试样表面，在空气中二氧化碳的作用下，使表面形成一层导电物，造成表面电阻降低。对于非极性和弱极性材料影响就很小，聚乙烯、聚苯乙烯和聚四氟乙烯等甚至在水中浸泡24h，其体积电阻率都没有明显的变化。要对试样进行状态调节，通常是在标准湿度下不少于16h。

（4）电极材料　电极材料的要求是：与试样接触良好；材料本身电导率大，耐腐蚀，不污染试样；使用方便，造价低廉。目前适宜测量电阻率的接触电极材料有：水银、铝铂、铝箔垫片、导电橡皮、石墨涂料电极、真空喷镀、黄铜。对于管状试样，它的接触电极常用油粘铝箔电极，对较细的管可以用石墨粉或银粉，软管可用直径相当的铜棒；对于板状试样，除在试样上贴附相应的接触电极材料外，还应加辅助电极。

（5）测试电压　在所施加的电压远低于试样的击穿电压时，测试电压对电阻率完全无影响。对板状试样一般选 100～1000V 的直流电压。薄膜试样的体积电阻率一般随测试场强的增加而略有减小，一般测试电压低于 500V。

（6）间隙宽度　间隙宽度 g 是指测量电极和环电极之间的间隙。在测试表面电阻时，由环电极流向测量电极的电流，并非仅仅是沿试样表面理想层流动的电流，试样本身的厚度造成有一部分体积电流流向测量电极。因此，国标中规定 g 为一定值，同时规定试样厚 1mm 或 2mm 其原因就在于此。

（7）测试回路中标准电阻的选择　一个加入回路中的标准电阻 R_0 会对测试结果产生影响，R_0 选得越小，则在短时间内测量误差也越小，但 R_0 过小使仪器偏转过小，很难测准相应电流值。

（8）其他因素　由于成型、摩擦及其他各种原因都导致材料带有强烈的静电，由于它的存在造成很大测量误差。ρ_V 低于 $10^{13}\Omega\cdot cm$ 时，通常放电 1min 便可进行满意的重复测量。但对于 ρ_V 高于 $10^{16}\Omega\cdot cm$ 的材料，放电 30min 甚至更长都难以做到重复测量，对这些材料应进行静电荷的测量。另外，对于油粘铝箔电极进行清洁处理时，目前多数使用无水乙醇。近来研究表明，无水乙醇难以将凡士林完全溶解，反而形成乳胶膜，其具有很强的吸水性，因而使间隙间电导增大造成误差，因此要用四氯化碳进行间隙的清洁处理。

（9）薄膜试样　薄膜试样使用的接触电极材料与板状试样有所不同，不能用油粘铝箔电极，因为用它测出的 ρ_V 偏低一个多数量级。薄膜很薄往往存在疵点，厚度不均极易使膜测量误差变大，采用多层试样可以减小这种误差，当总厚度大于 30μm 后，其变化就缓慢了。因此，在薄膜测量中都规定了不同厚度下层数的要求。

二、介电常数和介质损耗的测定

在电场作用下，能产生极化的一切物质又称为电介质。如果将一块电介质放入一平行电场中，则可发现在介质表面感应出了电荷，即正极板附近的电介质感应出了负电荷，负极板附近的介质表面感应出正电荷。这种电介质在电场作用下产生感生电荷的现象，称为电介质的极化。电介质的极化积蓄了静电能。产生感生电荷的量常用电容表征，如图 8-5 所示。

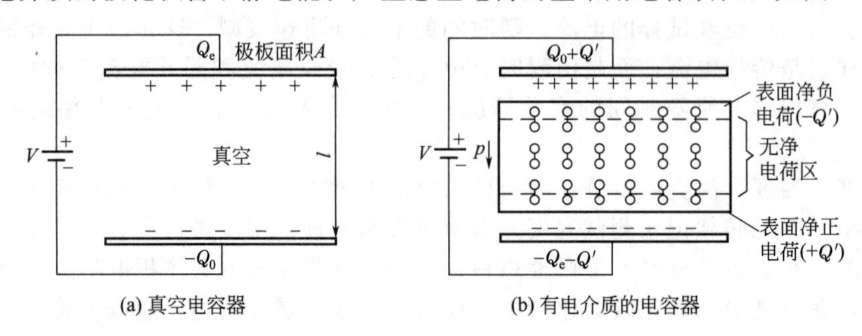

图 8-5 材料在电场中的极化

在电场中介质的极化使得物质发生一定程度的电运动。在交变电场中，介质内极化电荷不断追随电场运动，需要消耗能量，常以介质损耗来表征介质在变化的电场中的行为。

(一) 定义

(1) 介电常数 以绝缘材料为介质与以真空为介质制成同尺寸电容器的电容量的比值，称为该材料的介电常数，用 ε 表示。介电常数表示在单位电场中，单位体积内积蓄的静电能量的大小，是表征电介质极化及储存电荷能力的宏观物理量。

$$\varepsilon = C/C_0 \tag{8-11}$$

式中，ε 为介电系数；C 为充满绝缘材料的电容器的电容量；C_0 为以真空为电介质的同样尺寸的电容器的电容量。

(2) 介质损耗 置于交流电场中的介质，以内部发热形式表现出来的能量损耗。

(3) 介质损耗角 对电介质施加交流电压，介质内部流过的电流相量与电压相量之间的夹角的余角。

(4) 介质损耗角正切 对电介质施以正弦波电压，外施电压与相同频率的电流之间相角的余角 δ 的正切值称为介质损耗角正切，表示为 tanδ。介质损耗角正切 tanδ 是表征绝缘材料在交流电场下能量损耗的一个参数。

$$\tan\delta = \text{每个周期内介质损耗的能量}/\text{每个周期内介质储存的能量} \tag{8-12}$$

高分子材料的 ε 和 tanδ 由主链结构中键的性能和排列所决定。分子结构极性越强，ε 和 tanδ 越大。非极性材料的极化程度小，ε 和 tanδ 都较小。极性取代基团影响更大，其数目越多，ε 和 tanδ 越大。tanδ 大，损耗大，材料在交流电场中易发热。所以高频电缆用 PE（非极性），而不用 PVC（极性）。而需要通过高频加热进行干燥，模塑或对塑料进行高频焊接时，要求高聚物的介电损耗越大越好。

(二) 测试方法

可以测试聚合物的 ε 和 tanδ 方法有：工频高压电桥法、变电纳法、谐振升高法、变压器电桥法。可以参照 GB/T 1409—2006［测量电气绝缘材料在工频、音频、高频（包括米波波长在内）下电容率和介质损耗因数］所推荐的方法。

（三）测试影响因素

（1）湿度的影响　材料的极性越强，受湿度的影响越明显，主要是水分子使材料的极性增加，同时潮湿的空气作用于材料的表面增加了表面电导，由此使材料的 ε 与 $\tan\delta$ 都会增加。因此，必须对试样进行状态调节，并在标准湿度环境下测试。

（2）温度的影响　在同一频率下，其介电性能随温度变化很大，特别是在松弛区变化剧烈。因此必须标注测量时的温度。一般应在标准试验条件－23℃。

（3）杂散电容　许多高频下的测试，杂散电容都会影响整个系统的电容，为消除杂散电容，对板状试样通常采用测微电极系统并从测量值中减去边缘电容，若不用测微电极还需减去对地电容。

（4）测试电压　对板状试样，电压高至 2kV 对结果影响不大，但电压过大，会使周围空气电离，而增加附加损耗。对薄膜材料，当测试的平均强度超过 10～20kV/mm 时，$\tan\delta$ 值都有明显增大，一般测试薄膜，电压要低于 500V 为宜。

（5）接触电极材料　在工频和音频下，无论是板状试样、管状试样还是薄膜，凡是体积电阻率测量时所用的电极系统及电极材料皆可使用。在高频下，由于频率的提高，使电极的附加损耗变大。因而要求接触电极材料本身的电阻一定小。

（6）薄膜试样层数　对于极薄的薄膜，在测试时不能像板状试样那样采用单片，而往往采用多层。随着层数增加，介电常数略有上升趋势，介质损耗角正切值略有下降，且分散性变小。因此，一般 5～10μm 的膜选 4 层，10～15μm 的膜选 3 层，15～30μm 的膜选 1 层，大于 30μm 的膜选单层。

三、介电强度、耐电弧试验

（一）介电强度的测定

高分子材料在一定电压范围内是绝缘体，但是随着施加电压的升高，性能会逐渐下降。电压升到一定值变成局部导电，此时称为材料的击穿。介电强度就是表征材料耐受电气击穿的物理量。高分子材料发生电气击穿机理是个复杂问题，试验表明这种击穿与温度有关。在低于某一温度时，其介电强度与温度无关，但当高于这一温度时，随温度增加而介电强度迅速降低。

1. 定义

（1）介电强度　聚合物材料的介电强度亦称击穿强度，是指造成聚合物材料介电破坏时所需的最大电压，一般以单位厚度的试样被击穿时的电压数表示。通常介电强度越高，材料的绝缘质量越好。击穿强度按下式计算：

$$E_{\mathrm{d}}=U_{\mathrm{b}}/d \tag{8-13}$$

式中，E_{d} 为击穿强度，kV/mm；U_{b} 为击穿电压，kV；d 为试样厚度，mm。

E_{d} 表征了材料所能承受的最大电场强度，是高聚物绝缘材料的一项重要指标。聚合物绝缘材料的 E_{d} 一般约为 10^7 V/cm。

（2）耐电压　在规定试验条件下，对试验施加规定的电压及时间，试样不被击穿所能承受的最高电压。在实际生产中，广泛应用“耐电压”指标来表征材料的耐高压性能。

2. 测试方法

介电强度测试原理

介电强度试验采用的基本装置是一个可调变压器和一对电极。试验方法有两种，一种叫作短时法，是将电压以均匀速率逐渐增加到材料发生介电破坏；另一种叫低速升压法，是将预测击穿电压值的一半作为起始电压，然后以均匀速率增加电压直到发生击穿。试验中使用的试样厚度一般为 1.59mm。

具体的参照标准有：ASTM D3755 在直流电压作用下固体电绝缘材料介电击穿电压及介电强度标准试验方法；GB/T 1408—2016 绝缘材料电气强度试验方法。

3. 影响因素

（1）电压波形　当波形失真大时，一般会有高次谐波出现，这样会使电压频率增加，U_b 下降，因此必须限制这个量。

（2）电压作用时间的影响　随电压作用时间增加，热量积累越多，从而使击穿电压值下降。因此，一般规定试样击穿电压低于 20kV 时升压速度为 1.0kV/s，大于或等于 20kV 时，升压速度为 2.0kV/s。

（3）温度的影响　测试温度越高，击穿电压越低，其降低的程度与材料的性质有关。

（4）试样厚度的影响　介电强度 E_d 与试样厚度 d 间的关系符合以下经验关系式：

$$E_d = Ad^{-(1-n)} \tag{8-14}$$

式中，A、n 是与材料、电极和升压方式有关的常数，一般 n 在 0.3～1.0 之间。

（5）湿度　因为水分浸入材料而导致其电阻降低，必然降低击穿电压值。

（6）电极倒角 r 的影响　电极边缘处的电场强度远高于其内部，要消除这种边缘效应很困难。为避免电极边缘处成一直角，需要采用一定倒角，国标中规定了电极倒角 $r=2.50$mm。

（7）媒质电性能影响　高压击穿试验往往把样品放在一定媒质（如变压器油）中，其目的是缩小试样尺寸，防止飞弧。但媒质本身的电性是对结果有影响的。一般来说，媒质的电性能对属于电击穿为主的材料有明显影响，而以热击穿为主的材料影响极小。造成这种结果的原因是在电场作用下，油中杂质会集聚在电极边缘，击穿点在电极边缘易先出现。净油无此作用。故标准中对油的击穿电压有一定要求，即油的 $U_d \geqslant 25$kV/2.5mm。

（二）耐电弧试验

1. 定义

耐电弧性能是指聚合物材料抵抗由高压电弧作用引起变质的能力，通常用电弧焰在材料表面引起炭化至表面导电所需的时间来表示。

2. 测试方法原理

借助高压小电流或低压大电流在两电极间产生的电弧，作用于材料表面使其产生导电层。其测试时样品与电极安装的方式如图 8-6 所示。线路最大可产生 40mA 的连续电流。塑料等高分子材料用得较多的是高压小电流。

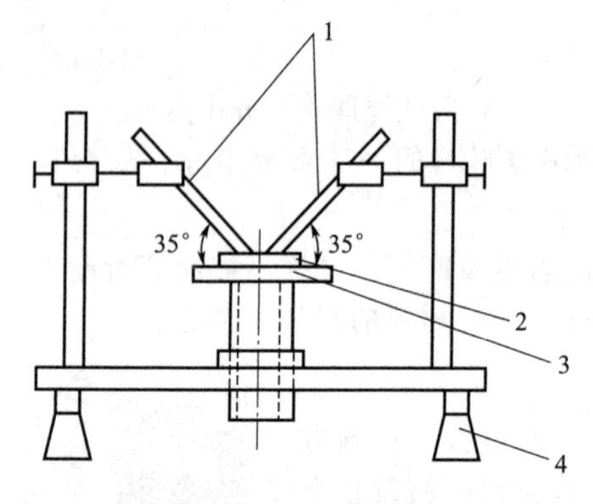

图 8-6　电弧实验示意图

1—电极；2—试样；3—支架托盘；4—绝缘支柱

3. 测试要点

（1）试样　板状试样厚度 2～4mm，长宽皆为 100mm；测漆膜时，应将漆膜涂在 3240 环氧酚醛玻璃布板上，漆膜厚 0.10～0.12mm。

（2）操作要点　将试样与电极接于线路，将工频高压小电流接于两电极间产生电弧，起初间歇作用于材料表面。通过电弧间歇时间逐步缩短电流逐渐加大的方式，使材料经受逐渐严酷的燃烧条件，直至试样破坏，从而分辨出材料的耐电弧性能。记录自电弧产生直至材料破坏所经过的时间。

（3）破坏的判定原则　高分子材料被高压电弧破

坏的特征是产生表面电弧径迹、局部灼热、炭化或燃烧。

第三节 生物性能试验

高分子材料现已在食品包装、药用材料、医用器械、人工脏器等诸多领域得到越来越广泛的应用。这些涉及卫生安全，与人体生命、身体健康有关的材料及其制品，各国药典、有关法规、标准以及ISO、OECD国际组织对其性能及试验方法均作了严格、具体、详细的规定。例如刺激与致敏试验（ISO10993-10：1995），全身毒性试验（GB/T 16886.11—2011；ISO10993-11：1993），遗传毒性、致癌性和生殖毒性试验（GB/T 16886.3—2019；ISO10993-3：1992），降解产物与可溶物的毒物动力学研究设计（ISO10993-16：1997）等。

对于具体的材料，要区分是否与人体直接接触，与血液接触还是与组织接触，是表皮接触还是体内接触，长期接触还是短期接触，依据不同情况，按实际用途，合理选择试验项目，并通常由有条件的医疗卫生或防疫部门进行试验。表8-1列出了不同接触条件下材料应进行的生物学评价试验。从中可以看出，对于大多数塑料材料，必须进行细胞毒性、致敏性、刺激和皮内反应等试验，再进一步做急性毒性、亚急性毒性及血液相容性试验。

在进行生物学评价试验时，应尽量采用材料最终产品或有代表性部分作为试验样品；当无法采用材料本身时，才采用材料浸提液作为试验样品。用浸提液作为试验样品可测定材料中可浸出物质对生物体的生物反应，从而进一步预测生物材料对于人体的潜在危害。但应认识到用浸提液作为试验样品所得结果是有一定局限性的。

本节介绍常用的几项生物性能试验方法。

一、热原试验

1. 方法原理

将一定剂量的供试液，静脉注入家兔体内，在规定的时间内，观察家兔体温升高情况，以确定供试液中是否含有热原及其限度。

2. 方法要点

（1）家兔挑选　供试用家兔应健康无伤，毛色光滑，肛门正常，体重1.7～3.0kg，雌兔应无孕。测温前7日应用同一饲料饲养。在此期间，体重应不减轻，精神、食欲、排泄等不得有异常现象。

表8-1　生物材料生物学评价试验指南

项目				基本评价的生物学试验							补充评价的生物学试验			
接触部位		A，一时接触（<24h）；B，短、中期接触（1～30日）；C，长期接触、（>30日）	细胞毒性	致敏	刺激或皮内反应	全身急性毒性	亚慢性亚急性毒性	遗传毒性	植入	血液相容性	慢性毒性	致癌性	生殖与发育毒性	生物降解
表面接触	皮肤	A	×	×	×									
		B	×	×	×									
		C	×	×	×									

续表

项目			基本评价的生物学试验								补充评价的生物学试验			
接触部位		A,一时接触（<24h）；B,短、中期接触（1～30日）；C,长期接触、（>30日）	细胞毒性	致敏	刺激或皮内反应	全身急性毒性	亚慢性亚急性毒性	遗传毒性	植入	血液相容性	慢性毒性	致癌性	生殖与发育毒性	生物降解
表面接触	黏膜	A	×	×	×									
		B	×	×	×									
		C	×	×	×		×	×						
	损伤表面	A	×	×	×									
		B	×	×	×									
		C	×	×	×		×	×						
由体外与体内接触	血路间接	A	×	×	×	×				×				
		B	×	×	×	×				×				
		C	×	×		×	×	×		×	×	×		
	组织/骨/牙	A	×	×	×									
		B	×	×				×	×					
		C	×	×				×	×			×		
	循环血液	A	×	×	×	×				×				
		B	×	×	×	×		×		×				
		C	×	×	×	×	×	×		×	×	×		
体内植入	组织/骨	A	×	×	×									
		B	×	×			×	×						
		C	×	×			×	×			×			
	血液	A	×	×	×	×			×	×				
		B	×	×	×	×		×	×	×				
		C	×	×	×	×	×	×	×	×	×	×		

① 未经用于热原试验的新兔，应在试验前 7 日内预测体温，试验条件与供试品检查相同，但不注射药液。每隔 1h 测量体温 1 次，共测 4 次，符合规定，方可供试验用。

② 已用于热原试验的家兔，如供试品判定为合格，至少应休息 48h，方可供第二次试验。否则应重新测量体温，合格后方可使用。

③ 两次使用的时间间隔超过 3 周，则应按新兔测量体温。

(2) 试验准备　供试用的器具进行灭菌和除热原；肛门体温计应进行检定。

(3) 供试液准备　应按无菌操作法进行；按管类、器具、容器类、配件和实体不同情况，加入规定量的浸提介质，在不同温度下浸泡一定时间，并按要求灭菌；制备后 2h 内使用。

(4) 家兔准备　取 3～8 只家兔，试验前 2h 停止喂食。2h 后预测体温 2 次，间隔时间 30～60min，得到家兔的正常体温；按规定要求，测得家兔的肛门部位温度。

(5) 注射及测温度　在家兔体温符合要求后 15min 内，自兔耳静脉注射 38℃ 供试液，剂量为 10mL/kg；每隔 1h 测体温一次，共测 3 次，以最高一次减去正常体温即为家兔体温的升高值。

（6）降温处理　若出现降温，应分不同情况确定试验结果或重试。

（7）注意事项　试验室内保持安静，避免强烈直射阳光、灯光等刺激；试验过程中避免家兔骚动，保持体温稳定；试验室、饲养室温度及其变化应符合要求；试验过程中不得随意更换肛门体温计。

3. 结果判定

① 初试 3 只家兔中，体温升温均在 0.6℃以下，且 3 只家兔体温升高总数在 1.4℃以下；或复试 5 只家兔升温 0.6℃或 0.6℃以上的兔数不超过 1 只，且初试、复试合并 8 只家兔升温总数不超过 3.5℃，均应认为供试品符合热原检查规定。

② 初试 3 只家兔中，若有 1 只升温 0.6℃或 0.6℃以上；或 3 只升温均低于 0.6℃，但 3 只升温总数达 1.4℃或 1.4℃以上时，应取 5 只家兔复试。

③ 初试 3 只家兔，升温 0.6℃或 0.6℃以上兔数超过 1 只；或在复试 5 只家兔中升温 0.6℃或 0.6℃以上兔数超过 1 只，或初试、复试合并 8 只家兔升温总数超过 3.5℃，均认为供试品不符合热源检查规定。

二、皮肤致敏试验

适用于检测化学品对皮肤的变态反应性。采用 GB/T 21608—2008 化学品皮肤致敏试验方法。本标准修改采用联合国经济合作与发展组织（OECD）化学品测试方法 No.406《皮肤致敏试验》（1992.7）。

1. 方法原理

将一定量的供试液与豚鼠皮肤接触，检测供试品是否引起皮肤变态反应。

2. 方法要点

（1）试验前准备　所有器具应进行灭菌。

（2）实验动物准备　白色豚鼠，体重 300～500g，雌、雄均可，每组至少 10 只；试验前 24h，剃除肩背部 4cm×6cm 区域毛。

（3）弗氏完全佐剂（CFA）制备　将无水羊毛脂加热溶解后取 40mL 置研钵中，稍冷却后，边研磨边加液体石蜡，共加 60mL 液体石蜡。灭菌后制成弗氏不完全佐剂（IFA），4℃保存备用；在 IFA 中按 4～5mg/mL 加入死的或消毒的分枝杆菌，即得完全佐剂。

（4）供试液准备　将干净、清洁的供试品切成 0.5cm×2cm 的条状，放入玻璃器皿内，加适量浸提介质，在 121℃浸提 1h 得供试液，不加供试品，在同样条件下制得阴性对照液；将供试液、阴、阳性对照液与 CFA 等体积混合，用力搅拌至完全乳化。

（5）诱导

① 用 75％乙醇清洁豚鼠背部去毛区，在每只鼠的去毛区内作 6 点对称的皮内注射，各点相距 1～2cm，注射位置如图 8-7 所示。

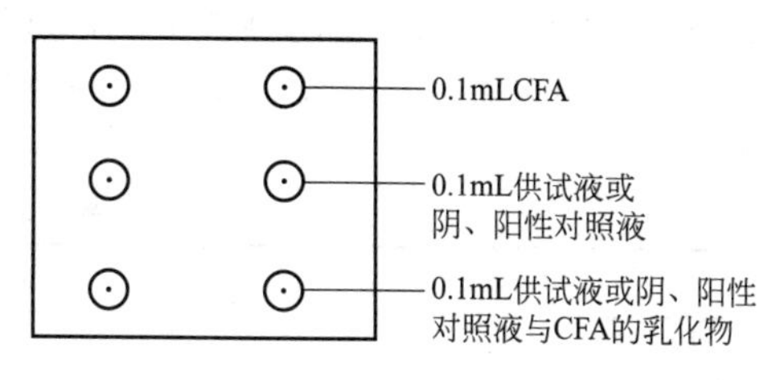

图 8-7　注射位置

② 皮内注射后 7 日，在注射部位再次剃毛，用 75％乙醇清洁。若未出现刺激反应，每一试验区用 10％十二烷基硫酸钠石蜡液处理，在局部斑贴前 24h 涂抹、按摩试验区皮肤，24h 后将 2cm×4cm 滤纸浸入供试液或阴、阳性对照液中至饱和，将其贴敷于注射部位，封闭固定 48h。

（6）激发　于诱导完成后 14 日，在豚鼠左右腹侧未试验过处剃毛，用 75％乙醇清洁，将 2cm×4cm 滤纸浸入供试液或阴、阳对照液中至饱和，贴敷于剃毛区，封闭固定 24h。

(7) 结果观察 将贴敷物取下后 1h、24h、48h，分别观察红斑和水肿情况，按表 8-2 和表 8-3 记分、分级。

表 8-2 致敏反应记分

红斑	记分	水肿	记分
无红斑现象	0	无水肿现象	0
轻度红斑(勉强可见)	1	轻度水肿(勉强皮肤增厚)	1
明显红斑(淡红色)	2	明显水肿(隆起而轮廓清楚)	2
中度红斑(鲜红色)	3	中度水肿(隆起近 1mm)	3
重度红斑(紫红色,伴有轻微焦痂形成)	4	重度水肿(隆起大于 1mm,边界超过接触区)	4

表 8-3 致敏反应率分级

致敏率/%	分级	致敏程度
0～8	Ⅰ	与阴性对照无差别
9～28	Ⅱ	轻微反应
29～64	Ⅲ	中度反应
65～80	Ⅳ	强烈反应
81～100	Ⅴ	极强反应

注：致敏率指过敏动物所占实验动物的百分比。

3. 结果判定

按 1h、24h、48h 观察情况列表，如激发部位记分为 2 或大于 2，则认为过敏；如阴性对照组或供试品组中超过 50%的实验动物记分为 1，或 60%的阳性对照动物反应记分小于 2 时，应重复试验。

三、皮内刺激试验

1. 方法原理

将一定量的供试液注入家兔皮内，观察局部皮肤反应，评价试样对组织的潜在刺激性。

2. 试验要点

(1) 动物准备 用健康的体重 2.0～2.5kg 新西兰兔，无皮肤疾病及损失，未做过任何实验，初试用兔 2 只，复试用 3 只。试验前 24h，在兔脊柱两侧各剪剃 5cm×15cm 区域兔毛，避免损失皮肤。

(2) 供试液准备 供试液由清洁的待试材料切成 0.5cm×2cm 条状，置于玻璃容器中，加适量 0.9%氯化钠注射液浸提，在 121℃下浸提 1h。以 0.9%氯化钠注射液做空白对照液。

(3) 注射 用 75%乙醇清洁皮肤，在兔脊柱一侧选 10 个点，点间隔 2cm，各点注射 0.2mL 供试液；另一侧选择 5 个点，点间隔 2cm，各点注射 0.2mL 空白对照液。

(4) 结果观察 注射后 24h、48h 和 72h 观察注射局部及周围皮肤组织反应。记分标准见表 8-4。

表 8-4 皮肤反应记分标准

红斑	记分	水肿	记分
无红斑	0	无水肿	0
轻微的红斑(勉强可见)	1	轻度水肿(刚可察出)	1
明显红斑(淡红色)	2	明显水肿(隆起轮廓清楚)	2
中度红斑(鲜红色)	3	中度水肿(隆起近 1mm)	3
重度红斑(紫红色,有焦痂形成)	4	严重水肿(隆起大于 1mm)	4

（5）结果评价　按表 8-4 所述记分标准，在移去斑贴物后 24h、48h 和 72h 对实验部位的红斑和水肿反应记分。0～0.4 分为无刺激，0.5～1.9 分为轻度刺激，2.0～4.9 分为中等刺激，5.0～8.0 分为强刺激。

试验侧皮肤反应不超过对照侧皮肤反应，表明供试液对皮肤无刺激作用。试验侧皮肤有 2 处以上明显超过对照侧反应，表明有刺激作用。试验侧仅有 1 处明显或严重反应，应另选 3 只兔进行复试。

四、细胞毒性试验

1. 方法原理

将一定量的供试液，加入细胞培养液中，培养 L-929 细胞，通过对 L-929 细胞生成和增殖影响的观察，评价供试品对细胞的潜在毒性作用。

2. 方法要点

（1）供试液准备

① 将供试品洗净除去油污，切成条状，灭菌消毒。

② 用适量培养液，在 37℃下将供试品浸泡 24h。

（2）细胞培养

① 按无菌操作法进行。

② 将已培养 48～72h、生产旺盛的 L-929 细胞，用消化液消化 5～10min、Hanks 液洗涤 2～3 次，加入细胞培养液，混匀后取 0.9mL 加 0.4%台盼蓝溶液 0.1mL 混合，4min 后用血球计数板在显微镜下计数。

用式(8-15) 计算细胞浓度，单位为每毫升原液中的细胞数。

$$细胞浓度=\frac{中央和四角5大格内细胞总数}{5}\times 10000 \tag{8-15}$$

根据实测细胞浓度，将适量细胞液加入培养瓶，配制成 40000/mL 的细胞悬浮液备用。

③ 取培养瓶 33 只，分别加入细胞液 4mL、细胞培养液 4mL、细胞悬液 1mL，置 37℃培养 24h。

④ 培养 24h 后，弃去原培养液，阴性对照组 13 只培养瓶加入新鲜 Eagle 细胞培养液，阳性对照组 10 只培养瓶加入含 6.3%苯酚的细胞培养液，供试品组 10 只培养瓶加入含 50%供试液的细胞培养液，在 37℃继续培养。

（3）细胞形态学观察与计数

① 在更换培养液的当天，阴性对照组取 3 瓶，以后 2 天、4 天、7 天每组取 3 瓶，进行观察和计数。

② 用显微镜观察细胞形态，并摄影对比。

③ 加入适量消化液消化，在显微镜下计数。

（4）毒性评定

① 按表 8-5 规定，分析细胞形态。

表 8-5　细胞毒性及细胞形态

程度	细胞形态
无毒	形态正常，贴壁生长良好
轻微毒	贴壁生长良好，但可见少数细胞圆缩，偶见悬浮死细胞

续表

程度	细胞形态
中等毒	贴壁生长不佳，细胞圆缩较多，达1/3，见悬浮死细胞
严重毒	基本不贴壁，90%以上呈悬浮死细胞

② 细胞相对增殖度（RGR）按式(8-16)计算：

$$\text{RGR}=\frac{\text{供试品组(或阳性对照组)细胞浓度平均值}}{\text{阴性对照组细胞浓度平均值}}\times 100 \tag{8-16}$$

③ 细胞相对增殖度分级按表8-6规定。

表8-6 细胞相对增殖度分级

分级	相对增殖度	分级	相对增殖度
0	≥100	3	25～49
1	75～99	4	1～24
2	50～74	5	0

3. 结果评定

① 相对增殖度为0或1级，判为合格。

② 相对增殖度为2级，应结合形态分析，综合评价。

③ 相对增殖度为3～5级，判为不合格。

五、溶血试验

血液相容性试验是通过材料与血液相接触（体外、半体内或体内），评价其对血栓形成、血浆蛋白、血液有形成分和补体系统的作用。其中溶血试验是最常用的粗筛试验。

1. 方法原理

将供试品与血液直接接触，测定红细胞释放的血红蛋白量，以检测供试品体外溶血程度的一种方法。

2. 方法要点

（1）供试品准备　称取供试品15g，切成0.5cm的小段或0.5cm×2cm的条状、块状。

（2）兔血准备　由健康家兔心脏采血20mL，加2%草酸钾1mL制成新鲜抗凝兔血；取上述兔血8mL，加0.9%氯化钠注射液10mL稀释。

（3）溶血操作　供试品组3支试管，每管加入供试品5g及0.9%氯化钠注射液10mL；阴性对照组3支试管，每管加入0.9%氯化钠注射液10mL；阳性对照组3支试管，每管加入蒸馏水10mL。全部试管在37℃水浴中恒温30min后，分别加入0.2mL稀释兔血。继续在37℃保温60min，倒出管内液体，离心5min。

（4）测吸光度　取上层清液，在545nm波长处测定吸光度。

3. 结果计算

溶血率按式(8-17)计算：

$$\text{溶血率}(\%)=(A-B)/(C-B)\times 100\% \tag{8-17}$$

式中，A为供试品组吸光度；B为阴性对照组吸光度；C为阳性对照组吸光度。

4. 结果判定

溶血率小于5%判定供试品合格。

六、急性毒性评价

急性毒性是指实验动物一次接触或24h内多次接触某一化学物所引起的毒效应，甚至死亡。急性毒性试验直至目前为止依然是评价物质毒性的最重要的手段，通过试验，可以达到以下目的。

① 评价化学物对机体的急性毒性的大小、毒效应的特征和剂量-反应（效应）关系，并根据LD50值进行急性毒性分级。

② 为亚慢性、慢性毒性研究及其他毒理试验接触剂量的设计和观察指标的选择提供依据。

③ 为毒作用机制研究提供线索。

通过急性毒性试验，可以得到一系列的毒性参数，包括：绝对致死剂量或浓度（LD_{100}或LC_{100}）；半数致死剂量或浓度（LD_{50}或LC_{50}）；最小致死剂量或浓度（MLD，LD_{01}或MLC，LC_{01}）；最大耐受剂量或浓度（MTD，LD_0或MTC，LC_0），或称为最大非致死剂量（MNLD），以上4种参数是外源化学物急性毒性上限参数，以死亡为终点。此外，还可以得到急性毒性下限参数，即：急性毒性LOAEL（观察到有害作用的最低剂量）；急性毒性NOAEL（未观察到有害作用的剂量）。这两个参数则是以非致死性急性毒性作用为终点。因此，急性毒性试验可以分为两类。一类是以死亡为终点，以检测受试物急性毒性上限指标为目的的试验，这类试验主要是求得受试物的LD_{50}值。另一类急性毒性试验检测非致死性指标参见表8-7。

表8-7　急性毒性试验参数

急性毒性参数		代号或英文缩写	试验终止效应
毒性上限参数	半数致死剂量或浓度	LD_{50}或LC_{50}	死亡
	最大致死剂量或浓度	LD_{100}或LC_{100}	死亡
	最小致死剂量或浓度	LMD，LD_0或LMC，LC_0	死亡
可替代LD_{50}的参数	半数效应剂量或浓度	ED_{50}或EC_{50}	非死亡
	最大耐受剂量或浓度或最大非致死剂量	MTD，LD_0或MTC，LC_0 MNLD	不完全以死亡为终点
	急性毒性估计值（LD_{50}估计值或范围）	ATE	动物用量少，不完全以死亡为终点
毒性下限参数	观察到有害作用的最低剂量	LOAEL	非死亡
	未观察到有害作用的剂量	NOAEL	非死亡

试验获得的LD_{50}或LC_{50}值等数据是表征急性毒性的所有参数中最为重要的数据，是物质毒性危害分类的主要参照指标。LD_{50}（LC_{50}）数值越小，表示外源化学物的毒性越强；反之，则毒性越弱。表8-8和表8-9是世界卫生组织（WHO）、经济合作与发展组织（OECD）及其制订的“全球化学品同一分类和标签制度（GHS）”对于物质毒性的分类依据。

表8-8　外源化学物急性毒性分级（WHO）

毒性分级	大鼠一次经口LD_{50}/(mg/kg)	6只大鼠吸入4h，死亡2～4只的浓度/(mg/kg)	兔经皮LD_{50}/(mg/kg)	对人可能致死的估计量	
				g/kg	总量/(g/60kg)
剧毒	＜1	＜10	＜5	＜0.05	0.1
高毒	≥1	≥10	≥5	≥0.05	3

续表

毒性分级	大鼠一次经口 LD_{50}/(mg/kg)	6只大鼠吸入4h，死亡2～4只的浓度/(mg/kg)	兔经皮 LD_{50}/(mg/kg)	对人可能致死的估计量	
				g/kg	总量/(g/60kg)
中等毒	≥50	≥100	≥44	≥0.5	30
低毒	≥500	≥1000	≥350	≥5	250
微毒	≥5000	≥10000	≥2180	>15	>1000

表 8-9　OECD、WHO 化学品急性毒性危害类别和近似 LD50 或 LC50 或急性毒性估计值（ATE）

分级(类)	经口 LD_{50}/(mg/kg)	经皮肤 LD_{50}/(mg/kg)	吸入 LC_{50}(4h)		
			气体/(mg/L)	蒸汽/(mg/L)	粉尘和雾/(mg/L)
第一类Ⅰ	5	50	100	0.5	0.05
第二类Ⅱ	50	200	200	2.0	0.5
第三类Ⅲ	300	1000	2500	10-	1.0
第四类Ⅳ	2000	2000	5000	20	5
第五类Ⅴ	5000	>5000			

注：引自 OECD Series On Testing And Assessment Number 33，原注释很长，从略。

经典急性致死性毒性试验是多年来广泛应用的方法。OECD（1987年）关于经典急性毒性试验规定如下：设足够的剂量组，至少3组，组间有适当的剂量间距，通过试验产生一系列毒性和死亡率，以得到剂量-反应关系，用霍恩氏（Horn）法、简化寇氏（Karber）法、直接回归法等公认的统计学方法计算 LD_{50} 值及其95%的可信限范围。但经典的急性毒性试验消耗的动物数量巨大，获得的信息有限，测得的 LD_{50} 实际上也仅是个近似值，为此，OECD等组织在2001年推行并修订了化学品健康方面（安全性毒理学评价）急性经口毒性试验指南和试验项。我国也等同采用OECD化学品测试指南 No. 420（2001年）《急性经口毒性：固定剂量法》制订了 GB 21804—2008：化学品急性经口毒性固定剂量实验法。其实验要点如下。

1. 试验目的

固定剂量法观察指标是“明显毒性”，而不以动物死亡作为观察终点，结果不是具体的LD50值。正式试验每次用5只动物，而原方法规定用10只动物。

2. 剂量设计

染毒剂量针对GHS现行的化学品急性毒性分级标准设计，采用固定试验剂量：5mg/kg、50mg/kg、300mg/kg或2000mg/kg。对应结果判定分为高毒（very toxic，T+）、有毒（toxic，T）、有害（harmful，H）和毒性未分类（unclassfied，U）。

3. 试验操作

试验分预试验和正式试验两个阶段。

（1）预试验　可以从上述固定剂量的任何一个开始，一般从最可能的剂量开始。以5mg/kg起始为例：若结果A，1只动物（通常雌性）死亡，受试物毒性可直接划GHS标准Ⅰ类，EL标准为T+（通常还经权威机构验证试验）；若结果B，有明显毒性效应，但未死亡，则正式试验起始剂量应为5mg/kg；若结果C，未见毒性效应，则进行高一个剂量（50mg/kg）的试验。高一个剂量（50mg/kg）试验，若为结果A，死亡，正式试验剂量为 5mg/kg；若为结果 B，正式试验结果为 50mg/kg；若结果 C，无毒效应，则继续高一个剂量试验（300mg/kg）；其他类推。预实验流程可参考图 8-8(a)。实际试验中通常用 1～2 步即可确定正试验剂量。

（2）正式试验　选取预试验中有明显毒性效应，但未死亡的剂量，5 只动物，包括预试验在该剂量水平做过的动物。在此剂量未见明显毒性，应接着进行下一个较高剂量的染毒，若起始剂量时出现死亡或严重毒性反应，应选择下一个较低剂量进行实验。正式实验流程可参考图 8-8(b)，图中给出了相应的按 GHS（WHO）的毒性分类实验结论。

如果 2000mg/kg 的预实验和正式实验都不出现中毒体征，实验终止，可认定受试物毒性极小。

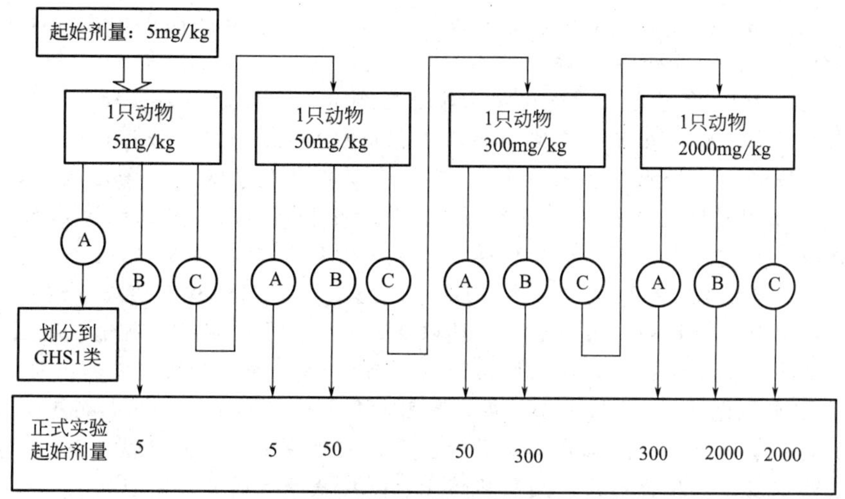

(a) 预实验流程(起始剂量：5mg/kg)

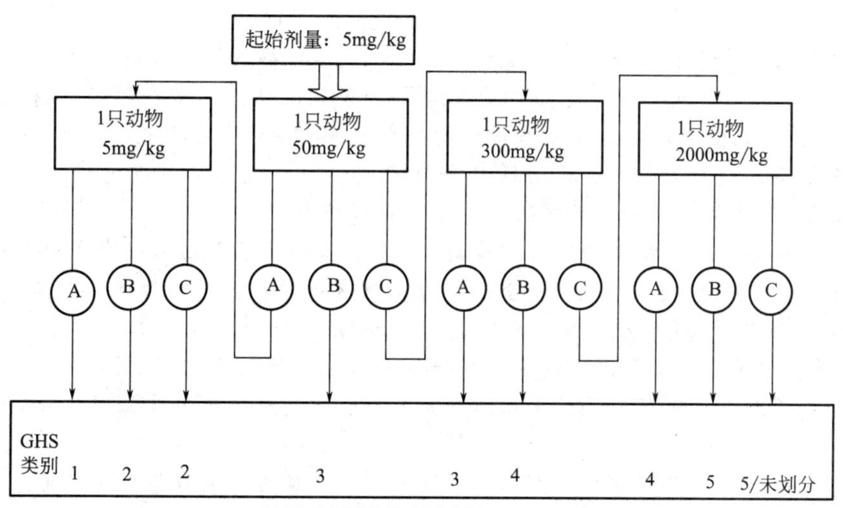

(b) 正式实验流程(起始剂量：5mg/kg)

图 8-8　固定剂量法试验流程示意

A—死亡；B—有明显毒性效应，但未死亡；C—未见毒性效应

阅读材料

著名高分子化学家、生物材料科学家、中国科学院院士——卓仁禧

卓仁禧院士，1931年2月12日生，福建厦门人，著名高分子化学家、生物材料科学家、中国科学院化学部院士。他曾任中国化学会理事、教育部科学技术委员会委员、国务院学位委员会评审组成员、国家自然科学基金委员会化学学科评审组成员、中国生物材料委员会副主席、湖北省高级专家协会副主席、武汉市科技专家委员会主任、武汉大学化学系主任（1984～1991年）、国际刊物 *Polymer International* 副主编、国内刊物 *Chinese Journal of Polymer Science* 副主编、《高分子学报》编委、《高等学校化学学报》和 *Chemical Research in Chinese Universities* 顾问编委。

卓仁禧院士1953年于复旦大学化学系毕业后到武汉大学化学系任助教。1957～1959年去天津南开大学进修，在苏联专家指导下进行有机硅化学研究。1960年任讲师，1978年任副教授，1982年任教授。1983～1984年在美国耶鲁大学从事生物活性化合物研究。1997年当选为中国科学院院士。1999年当选为国际生物材料科学与工程学会会员。

卓仁禧院士早期主要从事有机硅化学的研究，取得了卓越的成就。20世纪70年代，他研制成功多种有机硅"光学玻璃防雾剂"，用作多种光学器件保护涂层。这些"光学玻璃防雾剂"应用于各种炮镜、海上潜望远镜以及广大指战员使用的望远镜，涂上它们后玻璃格外清澈透亮。他研制出"彩色录像磁带黏合剂"，成功应用于我国首颗卫星上。

80年代以来，尤其是1983～1984年到美国耶鲁大学做访问学者后，他开始系统研究生物可降解高分子的合成、表征及其在生物医学领域的应用。在聚磷酸酯合成方法的研究中，发现新的溶液缩聚催化反应和脂肪酶催化含磷环状单体的开环聚合反应。在生物材料领域，取得了能识别癌细胞与正常细胞的高分子抗癌药物等一系列成果，并获得多项国家级奖励。

由于卓仁禧院士在有机硅化学领域和生物材料领域取得的突出成绩，他的"有机硅光学玻璃防雾剂的研制"和"彩色录像磁带黏合剂和助剂的研制"两个项目获得了1978年国家科学大会奖，"长链烷基三甲氧基硅烷的合成方法和用途"项目获得了1983年国家科技发明奖三等奖。1991年，"生物活性聚合物研究"获得教育部科技进步奖（一等奖），"以5-氟尿嘧啶为中心链节的生物活性高分子"获得国家自然科学奖（三等奖），"生物医学高分子"获得教育部科技进步奖（一等奖）。1986年获得了"国家级有突出贡献的中青年专家"称号；1995年被国务院授予全国先进工作者称号；另外，他还先后于1960年和1987年当选湖北省劳动模范；2000年获得"国际生物材料科学与工程学会会士（Fellow）"称号。目前，卓仁禧院士的主攻科研方向为生物医用高分子材料，包括生物可降解高分子、基因转染高分子载体、生物活性高分子、靶向性磁共振造影剂、固定化酶及其应用等。

卓仁禧院士近年主要科研项目有：国家科技部973项目"装载基因材料的分子设计及组织诱导作用和机理"、国家科技部973项目"用于基因和抗癌药物控制释放高分子材料的研究"、国家自然科学基金委重点项目"用于分子诊断的功能化肽类树型大分子""医疗植入用可降解高分子材料的研究"、国家自然科学基金委面上项目"器官、组织靶向性磁共振造影剂的研究"、教育部博士点基金"生物可降解高分子基因传递系统研究"等。

在国家重点基础研究发展计划（2005CB623903）和国家自然科学基金（20204009、

20474045、20674058）的资助下，卓仁禧院士带领其助手黄世文教授、博士生陈俊等，设计、合成了主链重复单元含有硫硫键的新型聚阳离子，与聚阴离子质粒 DNA（pRELuc）通过静电相互作用制备聚电解质多层膜。该多层膜在制备和储存过程中非常稳定，利用硫硫键在还原条件下还原裂解的特点，可成功实现多层膜的降解和质粒 DNA 的可控、持续释放。该成果发表在 Small 杂志 2007 年第 3 期。在上述工作基础上，他们利用还原裂解聚阳离子和非还原裂解聚阳离子的混合物与聚阴离子（聚苯乙烯磺酸钠）制备三元聚电解质复合物多层膜。三元聚电解质多层膜中的还原裂解聚阳离子在还原条件下裂解成小分子，小分子和过量的聚阴离子从多层膜中释放，残留在膜上的非还原裂解聚阳离子和聚阴离子发生重排，形成多孔聚电解质复合物膜。膜中的孔在水、pH 值为 7.4 和 5.0 的缓冲溶液中非常稳定，这是迄今为止文献报道的制备非交联、稳定多孔聚电解质复合物膜的第一个方法，这种多孔聚电解质复合物膜有望在药物控制释放、催化、分离、光学等领域得到广泛应用。

卓仁禧院士严谨治学、循循善诱，1978 年以来，已培养出 50 多名硕士生、30 余名博士生。卓仁禧院士带领包括黄世文、程巳雪等年轻教授的团队，在生物医用高分子材料等学科领域，正以相当快的速度发展，并在可生物降解药物控制释放高分子、基因转染高分子载体、环芳烃-聚硅氧烷分离材料和天然高分子 IPN 改性及多糖二级结构等方面的研究成果处国际领先水平。他先后在国内外重要学术期刊上发表论文 300 余篇，其中 200 余篇涉及生物材料领域。

卓仁禧教授在武汉大学从事教学和科研工作已有 60 多年，在教学、科研和人才培养方面做出了杰出的贡献。他曾于 1960 年和 1987 年两次被选为湖北省劳动模范，1995 年被选为全国先进工作者。他勤恳工作、治学严谨、博学多思、勇于创新，优良的学风和平易近人的风度深受广大同事和学生的爱戴。

资料参考：

[1] 杨柏，高长有，张先正. 庆祝沈家骢、沈之荃和卓仁禧院士 80 华诞专刊 [J]. 中国科学：化学，2011，41（2）：179-181.

[2] 赵安中. 著名高分子化学家、生物材料科学家、中国科学院院士卓仁禧 [J]. 功能材料信息，2009，6（5-6）：91-93.

思考题

1. 评价材料透明性为什么不能仅凭透光率一项指标？
2. 材料的雾度受哪些因素的影响？
3. 材料对不同光的透光率是否相同？为什么？
4. 为什么 PE、PP 等高聚物材料结晶度越高，越不透明？
5. 材料的折射率与哪些物理性质有关？能利用折射率的变化测定材料的 T_g 吗？
6. 取向后高分子材料折射率有什么变化？

附录

附录 1　部分分析测试方法的英文缩写

缩　写	英　文	中　文
AES	Auger electron spectroscopy	俄歇电子能谱
ATR	attenuated total refraction	衰减全反射
DMA	dynamic thermomechanical analysis	动态热-力分析
DSC	differential scanning calorimetry	差示扫描量热分析
DTA	differential thermal analysis	差热分析
EPR	electron paramagnetic resonance	电子顺磁共振
ESCA	electron spectroscopy for chemical analysis	化学分析电子能谱
ESR	electron-spin resonance	电子自旋共振
FS	fluorescence spectroscopy	荧光光谱
GC	gas chromatography	气相色谱
GC-IR	gas chromatography-infrared spectroscopy	气相色谱-红外光谱联用
GC-MS	gas chromatography-mass spectroscopy	气相色谱-质谱联用
GPC	gel permeation chromatography	凝胶色谱
HPLC	high performance liquid chromatography	高效液相色谱
IGC	inverse gas chromatography	反向气相色谱
IR	infrared spectroscopy	红外光谱
LALLS	low angle laser light scattering	小角激光光散射
MS	mass spectroscopy	质谱
NMR	nuclear magnetic resonance	核磁共振
PGC	pyrolysis gas chromatography	裂解气相色谱
PGC-MS	pyrolysis gas chromatography-mass spectroscopy	裂解色谱-质谱联用
SEM	scanning electron microscopy	扫描电子显微术
TG	thermogravimetric analysis	热重分析
TMA	thermomechanical analysis	静态热-力分析
UV	ultraviolet spectroscopy	紫外光谱
XPS	X-ray photoelectron spectroscopy	X 射线光电子能谱

附录 2　部分仪器分析原理及谱图表示方法

缩写	分析方法	分析原理	谱图的表示方法	提供的信息
UV	紫外吸收光谱法	吸收紫外线能量，引起分子中电子能级的跃迁	相对吸收光能量随吸收光波长的变化	吸收峰的位置、强度和形状，提供分子中不同电子结构的信息
IR	红外吸收光谱法	吸收红外线能量，引起具有偶极矩变化的分子振动、转动能级跃迁	相对透射光能量随透射光频率的变化	峰的位置、强度和形状，提供功能团或化学键的特征振动频率

续表

缩写	分析方法	分析原理	谱图的表示方法	提供的信息
FS	荧光光谱法	电磁辐射激发后，从最低单线激发态回到单线基态，发射荧光	发射的荧光能量随光波长的变化	荧光效率和寿命，提供分子中不同电子结构的信息
Ram	拉曼光谱法	吸收光能后，引起具有极化率变化的分子振动，产生拉曼散射	散射光能量随拉曼位移的变化	峰位置、强度和形状，提供功能团或化学键的特征振动频率
NMR	核磁共振波谱法	在外磁场中，具有核磁矩的原子核，吸收射频能量，产生核自旋能级的跃迁	吸收光能量随化学位移的变化	峰的化学位移、强度、裂分数和偶合常数，提供核的数目、所处化学环境和几何构型的信息
MS	质谱分析法	分子在真空中被电子轰击，形成离子，通过电磁场按不同 m/z 分离	以棒图形式表示离子的相对丰度随 m/z 的变化	分子离子及碎片离子的质量数及其相对丰度，提供分子量、元素组成及结构的信息
GC	气相色谱法	样品中各组分在流动相和固定相之间，由于分配系数不同而分离	柱后流出物浓度随保留值的变化	峰保留值与组分热力学参数有关；峰面积与组分含量有关
GPC	凝胶色谱法	样品通过凝胶柱时，按分子的流体力学体积不同进行分离，大分子先流出	柱后流出物浓度随保留值的变化	高聚物的平均分子量及其分布
TG	热重法	在控温环境中，样品质量随温度或时间变化	样品的质量分数随温度或时间的变化曲线	曲线陡降处为样品失重区，平台区为样品的热稳定区
DTA	差热分析	样品与参比物处于同一控温环境中，由于二者热导率不同产生温差，记录温差随环境温度或时间的变化	温差随环境温度或时间的变化曲线	提供聚合物热转变温度及各种热效应的信息
DSC	差示扫描量热分析	样品与参比物处于同一控温环境中，记录维持温差为零时，所需能量随环境温度或时间的变化	热量或其变化率随环境温度或时间的变化曲线	提供聚合物热转变温度及各种热效应的信息
TMA	静态热-力分析	样品在恒力作用下产生的形变随温度或时间变化	样品形变值随温度或时间变化曲线	热转变温度和力学状态
DMA	动态热-力分析	样品在周期性变化的外力作用下产生的形变随温度的变化	模量或 $\tan\delta$ 随温度变化曲线	热转变温度模量和 $\tan\delta$
TEM	透射电子显微术	高能电子束穿透试样时发生散射、吸收、干涉和衍射，使得在像平面形成衬度，显示出图像	质厚衬度像、明场衍衬像、暗场衍衬像、晶格条纹像和分子像	晶体形貌、分子量分布、微孔尺寸分布、多相结构和晶格与缺陷等
SEM	扫描电子显微术	用电子技术检测高能电子束与样品作用时产生二次电子、背散射电子、吸收电子、X 射线等并放大成像	背散射像、二次电子像、吸收电流像、元素的线分布和面分布等	断口形貌、表面显微结构、薄膜内部的显微结构、微区元素分析与定量元素分析等

附录 3 塑料性能测试标准目录

	标准编号	标准名称	代替标准号
1	GB/T 8813—2020	硬质泡沫塑料　压缩性能的测定	GB/T 8813—2008
2	GB/T 38787—2020	塑料　材料生物分解试验用样品制备方法	
3	GB/T 38534—2020	定向纤维增强聚合物基复合材料超低温拉伸性能试验方法	

续表

	标准编号	标准名称	代替标准号
4	GB/T 1685.2—2019	硫化橡胶或热塑性橡胶 压缩应力松弛的测定 第2部分:循环温度下试验	
5	GB/T 7755.2—2019	硫化橡胶或热塑性橡胶 透气性的测定 第2部分:等压法	
6	GB/T 16422.1—2019	塑料 实验室光源暴露试验方法 第1部分:总则	GB/T 16422.1—2006
7	GB/T 17783—2019	硫化橡胶或热塑性橡胶 化学试验 样品和试样的制备	GB/T 17783—1999
8	GB/T 37188.1—2019	塑料 可比多点数据的获得和表示 第1部分:机械性能	
9	GB/T 37188.3—2019	塑料 可比多点数据的获得和表示 第3部分:环境对性能的影响	
10	GB/T 38271—2019	塑料 聚苯乙烯(PS)和抗冲击聚苯乙烯(PS-I)中残留苯乙烯单体含量的测定 气相色谱法	
11	GB/T 38273.1—2019	塑料 热塑性聚酯/酯和聚醚/酯模塑和挤塑弹性体 第1部分:命名系统和分类基础	
12	GB/T 38273.2—2019	塑料 热塑性聚酯/酯和聚醚/酯模塑和挤塑弹性体 第2部分:试样制备和性能测定	
13	GB/T 38286—2019	聚乙烯、聚丙烯、聚苯乙烯树脂 过氧化值的测定	
14	GB/T 38287—2019	塑料材料中六价铬含量的测定	
15	GB/T 38290—2019	塑料材料中镉含量的测定	
16	GB/T 38291—2019	塑料材料中铅含量的测定	
17	GB/T 38292—2019	塑料材料中汞含量的测定	
18	GB/T 38295—2019	塑料材料中铅、镉、六价铬、汞限量	
19	GB/T 37547—2019	废塑料分类及代码	
20	GB/T 37841—2019	塑料薄膜和薄片耐穿刺性测试方法	
21	GB/T 37890—2019	橡胶或塑料涂覆织物 芯吸性能测试方法	
22	GB/T 37889—2019	橡胶或塑料涂覆织物 致液体污染性测试方法	
23	GB/T 37639—2019	塑料制品中多溴联苯和多溴二苯醚的测定 气相色谱-质谱法	
24	GB/T 37638—2019	塑料制品中多溴联苯和多溴二苯醚的测定 高效液相色谱法	
25	GB/T 1634.1—2019	塑料 负荷变形温度的测定 第1部分:通用试验方法	GB/T 1634.1—2004
26	GB/T 1634.2—2019	塑料 负荷变形温度的测定 第2部分:塑料和硬橡胶	GB/T 1634.2—2004
27	GB/T 17037.1—2019	塑料 热塑性塑料材料注塑试样的制备 第1部分:一般原理及多用途试样和长条形试样的制备	GB/T 17037.1—1997
28	GB/T 37426—2019	塑料 试样	
29	GB/T 2918—2018	塑料 试样状态调节和试验的标准环境	GB/T 2918—1998
30	GB/T 24128—2018	塑料 塑料防霉剂的防霉效果评估	GB/T 24128—2009
31	GB/T 37188.2—2018	塑料 可比多点数据的获得和表示 第2部分:热性能和加工性能	
32	GB/T 37193—2018	光学功能薄膜 聚对苯二甲酸乙二醇酯(PET)薄膜 萃取率测定方法	
33	GB/T 37196—2018	塑料 聚醚多元醇\聚合物多元醇 醛酮含量的测定	

续表

	标准编号	标准名称	代替标准号
34	GB/T 2408—2008	塑料 燃烧性能的测定 水平法和垂直法《第1号修改单》	GB/T 2408—1996
35	GB/T 36800.1—2018	塑料 热机械分析法(TMA) 第1部分:通则	
36	GB/T 36800.2—2018	塑料 热机械分析法(TMA) 第2部分:线性热膨胀系数和玻璃化转变温度的测定	
37	GB/T 36805.1—2018	塑料 高应变速率下的拉伸性能测定 第1部分:方程拟合法	
38	GB/T 36214.1—2018	塑料 体积排除色谱法测定聚合物的平均分子量和分子量分布 第1部分:通则	
39	GB/T 36214.2—2018	塑料 体积排除色谱法测定聚合物的平均分子量和分子量分布 第2部分:普适校正法	
40	GB/T 36214.3—2018	塑料 体积排除色谱法测定聚合物的平均分子量和分子量分布 第3部分:低温法	
41	GB/T 36214.4—2018	塑料 体积排除色谱法测定聚合物的平均分子量和分子量分布 第4部分:高温法	
42	GB/T 36214.5—2018	塑料 体积排除色谱法测定聚合物的平均分子量和分子量分布 第5部分:光散射法	
43	GB/T 1043.2—2018	塑料 简支梁冲击性能的测定 第2部分:仪器化冲击试验	
44	GB/T 3682.1—2018	塑料 热塑性塑料熔体质量流动速率(MFR)和熔体体积流动速率(MVR)的测定 第1部分:标准方法	GB/T 3682—2000
45	GB/T 3682.2—2018	塑料 热塑性塑料熔体质量流动速率(MFR)和熔体体积流动速率(MVR)的测定 第2部分:对时间-温度历史和(或)湿度敏感的材料的试验方法	
46	GB/T 1683—2018	硫化橡胶 恒定形变压缩永久变形的测定方法	
47	GB/T 3511—2018	硫化橡胶或热塑性橡胶 耐候性	GB/T 3511—2008
48	GB/T 35858—2018	硫化橡胶 盐雾老化试验方法	
49	GB/T 12000—2017	塑料 暴露于湿热、水喷雾和盐雾中影响的测定	GB/T 12000—2003
50	GB/T 35465.1—2017	聚合物基复合材料疲劳性能测试方法 第1部分:通则	
51	GB/T 35465.2—2017	聚合物基复合材料疲劳性能测试方法 第2部分:线性或线性化应力寿命(S-N)和应变寿命(ε-N)疲劳数据的统计分析	
52	GB/T 35465.3—2017	聚合物基复合材料疲劳性能测试方法 第3部分:拉-拉疲劳	GB/T 16779—2008
53	GB/T 35513.1—2017	塑料 聚碳酸酯(PC)模塑和挤出材料 第1部分:命名系统和分类基础	
54	GB/T 35513.2—2017	塑料 聚碳酸酯(PC)模塑和挤出材料 第2部分:试样制备和性能测试	
55	GB/T 34445—2017	热塑性塑料及其复合材料热封面热粘性能测定	
56	GB/T 7764—2017	橡胶鉴定 红外光谱法	GB/T 7764—2001
57	GB/T 33797—2017	塑料 在高固体份堆肥条件下最终厌氧生物分解能力的测定 采用分析测定释放生物气体的方法	
58	GB/T 1687.1—2016	硫化橡胶 在屈挠试验中温升和耐疲劳性能的测定 第1部分:基本原理	GB/T 15584—1995

续表

	标准编号	标准名称	代替标准号
59	GB/T 1687.3—2016	硫化橡胶 在屈挠试验中温升和耐疲劳性能的测定 第3部分:压缩屈挠试验(恒应变型)	GB/T 1687—1993
60	GB/T 33315—2016	塑料 酚醛树脂 凝胶时间的测定	
61	GB/T 33317—2016	塑料 酚醛树脂 六次甲基四胺含量的测定 凯氏定氮法、高氯酸法和盐酸法	
62	GB/T 33323—2016	塑料 液体酚醛树脂 水溶性的测定	
63	GB/T 19466.4—2016	塑料 差示扫描量热法(DSC) 第4部分:比热容的测定	
64	GB/T 20027.1—2016	橡胶或塑料涂覆织物 破裂强度的测定 第1部分:钢球法	部分代替:GB/T 20027—2005
65	GB/T 33047.1—2016	塑料 聚合物热重法(TG) 第1部分:通则	
66	GB/T 33061.1—2016	塑料 动态力学性能的测定 第1部分:通则	
67	GB/T 33061.10—2016	塑料 动态力学性能的测定 第10部分:使用平行平板振荡流变仪测定复数剪切黏度	
68	GB/T 33098—2016	橡胶或塑料涂覆织物 接缝耐静载剪切性能测试方法	
69	GB/T 5473—2016	塑料 酚醛模塑制品 游离氨的测定	GB/T 5473—1985
70	GB/T 5474—2016	塑料 酚醛模塑制品 游离氨和铵化合物的测定 比色法	GB/T 5474—1985
71	GB/T 7130—2016	塑料 酚醛模塑制品 游离酚的测定 碘量法	GB/T 7130—1986
72	GB/T 32681—2016	塑料 酚醛树脂 用差示扫描量热计法测定反应热和反应温度	
73	GB/T 32682—2016	塑料 聚乙烯环境应力开裂(ESC)的测定 全缺口蠕变试验(FNCT)	
74	GB/T 32683.1—2016	塑料 用落球黏度计测定黏度 第1部分:斜管法	
75	GB/T 32684—2016	塑料 酚醛树脂 游离甲醛含量的测定	
76	GB/T 32688—2016	塑料 酚醛树脂 在加热玻璃板上流动距离的测定	
77	GB/T 32697—2016	塑料 酚醛树脂 萃取液电导率的测定	
78	GB/T 12009.2—2016	塑料 聚氨酯生产用芳香族异氰酸酯 第2部分:水解氯的测定	GB/T 12009.2—1989
79	GB/T 12009.4—2016	塑料 聚氨酯生产用芳香族异氰酸酯 第4部分:异氰酸根含量的测定	GB/T 12009.4—1989
80	GB/T 12009.5—2016	塑料 聚氨酯生产用芳香族异氰酸酯 第5部分:酸度的测定	GB/T 12009.5—1992
81	GB/T 32471—2016	塑料 用于聚氨酯生产的甲苯二异氰酸酯异构比的测定	
82	GB/T 32477—2016	塑料 用于聚氨酯生产的甲苯二异氰酸酯中总氯含量的测定	
83	GB/T 9647—2015	热塑性塑料管材 环刚度的测定	GB/T 9647—2003
84	GB/T 32364—2015	塑料 酚醛树脂 pH值的测定	
85	GB/T 8809—2015	塑料薄膜抗摆锤冲击试验方法	GB/T 8809—1988
86	GB/T 31726—2015	塑料薄膜防雾性试验方法	
87	GB/T 15255—2015	硫化橡胶 人工气候老化试验方法 碳弧灯	GB/T 15255—1994

续表

	标准编号	标准名称	代替标准号
88	GB/T 31402—2015	塑料　塑料表面抗菌性能试验方法	
89	GB/T 13939—2014	硫化橡胶　热氧老化试验方法　管式仪法	GB/T 13939—1992
90	GB/T 15256—2014	硫化橡胶或热塑性橡胶　低温脆性的测定(多试样法)	GB/T 15256—1994
91	GB/T 30693—2014	塑料薄膜与水接触角的测量	
92	GB/T 30694—2014	硬质酚醛泡沫制品　甲醛释放量的测定	
93	GB/T 30696—2014	硬质酚醛泡沫制品　游离苯酚的测定	
94	GB/T 1689—2014	硫化橡胶　耐磨性能的测定(用阿克隆磨耗试验机)	GB/T 1689—1998
95	GB/T 3512—2014	硫化橡胶或热塑性橡胶　热空气加速老化和耐热试验	GB/T 3512—2001
96	GB/T 16422.2—2014	塑料　实验室光源暴露试验方法　第 2 部分:氙弧灯	GB/T 16422.2—1999
97	GB/T 16422.3—2014	塑料　实验室光源暴露试验方法　第 3 部分:荧光紫外灯	GB/T 16422.3—1997
98	GB/T 16422.4—2014	塑料　实验室光源暴露试验方法　第 4 部分:开放式碳弧灯	GB/T 16422.4—1996
99	GB/T 24148.7—2014	塑料　不饱和聚酯树脂(UP-R)　第 7 部分:室温条件下凝胶时间的测定	
100	GB/T 24148.8—2014	塑料　不饱和聚酯树脂(UP-R)　第 8 部分:铂-钴比色法测定颜色	GB/T 7193.7—1992
101	GB/T 24148.9—2014	塑料　不饱和聚酯树脂(UP-R)　第 9 部分:总体积收缩率测定	
102	GB/T 5567—2013	橡胶和塑料软管及软管组合件　耐真空性能的测定	GB/T 5567—2006
103	GB/T 5568—2013	橡胶或塑料软管及软管组合件　无曲挠液压脉冲试验	GB/T 5568—2006
104	GB/T 4615—2013	聚氯乙烯　残留氯乙烯单体的测定　气相色谱法	GB/T 4615—2008
105	GB/T 2915—2013	聚氯乙烯树脂　水萃取液电导率的测定	GB/T 2915—1999
106	GB/T 2794—2013	胶粘剂粘度的测定　单圆筒旋转粘度计法	GB/T 2794—1995
107	GB/T 29616—2013	热塑性弹性体　多环芳烃的测定　气相色谱-质谱法	
108	GB/T 2422—2012	环境试验　试验方法编写导则　术语和定义	GB/T 2422—1995
109	GB/T 2423.18—2012	环境试验　第 2 部分:试验方法　试验 Kb:盐雾,交变(氯化钠溶液)	GB/T 2423.18—2000
110	GB/T 2423.50—2012	环境试验　第 2 部分:试验方法　试验 Cy:恒定湿热　主要用于元件的加速试验	GB/T 2423.50—1999
111	GB/T 2423.51—2012	环境试验　第 2 部分:试验方法　试验 Ke:流动混合气体腐蚀试验	GB/T 2423.51—2000
112	GB/T 1033.2—2010	塑料　非泡沫塑料密度的测定　第 2 部分:密度梯度柱法	
113	GB/T 1033.3—2010	塑料　非泡沫塑料密度的测定　第 3 部分:气体比重瓶法	
114	GB/T 9345.5—2010	塑料　灰分的测定　第 5 部分:聚氯乙烯	GB/T 13453.3—1992
115	GB/T 15596—2009	塑料在玻璃下日光、自然气候或实验室光源暴露后颜色和性能变化的测定	GB/T 15596—1995
116	GB/T 16578.2—2009	塑料　薄膜和薄片　耐撕裂性能的测定　第 2 部分:埃莱门多夫(Elmendor)法	GB/T 11999—1989
117	GB/T 24135—2009	橡胶或塑料涂覆织物　加速老化试验	
118	GB/T 24134—2009	橡胶和塑料软管　静态条件下耐臭氧性能的评价	

续表

	标准编号	标准名称	代替标准号
119	GB/T 8323.1—2008	塑料 烟生成 第1部分:烟密度试验方法导则	
120	GB/T 8323.2—2008	塑料 烟生成 第2部分:单室法测定烟密度试验方法	GB/T 8323—1987
121	GB/T 12001.1—2008	塑料 未增塑聚氯乙烯模塑和挤出材料 第1部分:命名系统和分类基础	GB/T 12001.1—1989
122	GB/T 12001.2—2008	塑料 未增塑聚氯乙烯模塑和挤出材料 第2部分:试样制备和性能测定	GB/T 12001.2—1989, GB/T 12001.3—1989
123	GB/T 1033.1—2008	塑料 非泡沫塑料密度的测定 第1部分:浸渍法、液体比重瓶法和滴定法	GB/T 1033—1986
124	GB/T 1034—2008	塑料 吸水性的测定	GB/T 1034—1998
125	GB/T 1036—2008	塑料 −30～30℃线膨胀系数的测定 石英膨胀计法	GB/T 1036—1989
126	GB/T 1041—2008	塑料 压缩性能的测定	GB/T 1041—1992, GB/T 14694—1993
127	GB/T 1632.1—2008	塑料 使用毛细管黏度计测定聚合物稀溶液黏度 第1部分:通则	GB/T 1632—1993
128	GB/T 1636—2008	塑料 能从规定漏斗流出的材料表观密度的测定	GB/T 1636—1979
129	GB/T 1842—2008	塑料 聚乙烯环境应力开裂试验方法	GB/T 1842—1999
130	GB/T 1843—2008	塑料 悬臂梁冲击强度的测定	GB/T 1843—1996
131	GB/T 2035—2008	塑料术语及其定义	GB/T 2035—1996
132	GB/T 2406.1—2008	塑料 用氧指数法测定燃烧行为 第1部分:导则	GB/T 2406—1993
133	GB/T 2407—2008	塑料 硬质塑料小试样与炽热棒接触时燃烧特性的测定	GB/T 2407—1980
134	GB/T 2408—2008	塑料 燃烧性能的测定 水平法和垂直法	GB/T 2408—1996
135	GB/T 2410—2008	透明塑料透光率和雾度的测定	GB/T 2410—1980
136	GB/T 2411—2008	塑料和硬橡胶 使用硬度计测定压痕硬度(邵氏硬度)	GB/T 2411—1980
137	GB/T 2547—2008	塑料 取样方法	GB/T 2547—1981
138	GB/T 3398.1—2008	塑料 硬度测定 第1部分:球压痕法	GB/T 3398—1982
139	GB/T 3398.2—2008	塑料 硬度测定 第2部分:洛氏硬度	GB/T 9342—1988
140	GB/T 5470—2008	塑料 冲击法脆化温度的测定	GB/T 5470—1985
141	GB/T 5471—2008	塑料 热固性塑料试样的压塑	GB/T 5471—1985
142	GB/T 5478—2008	塑料 滚动磨损试验方法	GB/T 5478—1985
143	GB/T 6344—2008	软质泡沫聚合材料 拉伸强度和断裂伸长率的测定	GB/T 6344—1996
144	GB/T 7141—2008	塑料热老化试验方法	GB/T 7141—1992
145	GB/T 9341—2008	塑料 弯曲性能的测定	GB/T 9341—2000
146	GB/T 9345.1—2008	塑料 灰分的测定 第1部分:通用方法	GB/T 9345—1988
147	GB/T 9639.1—2008	塑料薄膜和薄片 抗冲击性能试验方法 自由落镖法 第1部分:梯级法	GB/T 9639—1988
148	GB/T 9640—2008	软质和硬质泡沫聚合材料 加速老化试验方法	GB/T 9640—1988
149	GB/T 11997—2008	塑料 多用途试样	GB/T 11997—1989

续表

	标准编号	标准名称	代替标准号
150	GB/T 14484—2008	塑料　承载强度的测定	GB/T 14484—1993
151	GB/T 14486—2008	塑料模塑件尺寸公差	GB/T 14486—1993
152	GB/T 15223—2008	塑料　液体树脂　用比重瓶法测定密度	GB/T 12007.5—1989，GB/T 15223—1994
153	GB/T 16582—2008	塑料　用毛细管法和偏光显微镜法测定部分结晶聚合物熔融行为(熔融温度或熔融范围)	GB/T 16582—1996，GB/T 4608—1984
154	GB/T 1040.5—2008	塑料　拉伸性能的测定　第5部分:单向纤维增强复合材料的试验条件	
155	GB/T 1043.1—2008	塑料　简支梁冲击性能的测定　第1部分:非仪器化冲击试验	GB/T 1043—1993
156	GB/T 8324—2008	塑料　模塑材料体积系数的测定	GB/T 8324—1987
157	GB/T 8332—2008	泡沫塑料燃烧性能试验方法　水平燃烧法	GB/T 8332—1987
158	GB/T 8333—2008	硬质泡沫塑料燃烧性能试验方法　垂直燃烧法	GB/T 8333—1987
159	GB/T 9352—2008	塑料　热塑性塑料材料试样的压塑	GB/T 9352—1988
160	GB/T 17200—2008	橡胶塑料拉力、压力和弯曲试验机(恒速驱动)　技术规范	GB/T 17200—1997
161	GB/T 1660—2008	增塑剂运动黏度的测定	GB/T 1661—1982，GB/T 1660—1982
162	GB/T 1665—2008	增塑剂皂化值及酯含量的测定	GB/T 6489.3—2001，GB/T 1665—1995
163	GB/T 1670—2008	增塑剂热稳定性试验	GB/T 1670—1988，GB/T 6489.1—2001
164	GB/T 1671—2008	增塑剂闪点的测定　克利夫兰开口杯法	GB/T 6489.4—2001，GB/T 1671—1988
165	GB/T 1676—2008	增塑剂碘值的测定	GB/T 1676—1981
166	GB/T 1677—2008	增塑剂环氧值的测定	GB/T 1678—1981，GB/T 1677—1981
167	GB/T 2412—2008	塑料　聚丙烯(PP)和丙烯共聚物热塑性塑料等规指数的测定	GB/T 2412—1980
168	GB/T 9343—2008	塑料燃烧性能试验方法　闪燃温度和自燃温度的测定	GB/T 9343—1988
169	GB/T 4611—2008	通用型聚氯乙烯树脂“鱼眼”的测定方法	GB/T 4611—1993
170	GB/T 4615—2008	聚氯乙烯树脂　残留氯乙烯单体含量的测定　气相色谱法	GB/T 4615—1984
171	GB/T 2914—2008	塑料　氯乙烯均聚和共聚树脂　挥发物(包括水)的测定	GB/T 2914—1999
172	GB/T 16288—2008	塑料制品的标志	GB/T 16288—1996
173	GB/T 8812.1—2007	硬质泡沫塑料　弯曲性能的测定　第1部分:基本弯曲试验	GB/T 8812—1988
174	GB/T 8812.2—2007	硬质泡沫塑料　弯曲性能的测定　第2部分:弯曲强度和表观弯曲弹性模量的测定	
175	GB/T 21300—2007	塑料管材和管件　不透光性的测定	
176	GB/T 21059—2007	塑料　液态或乳液态或分散体系聚合物/树脂　用旋转黏度计在规定剪切速率下黏度的测定	
177	GB/T 21060—2007	塑料　流动性的测定	

附录 4 常用塑料的相对密度

相对密度	塑 料	相对密度	塑 料
0.8	硅橡胶	1.17～1.31	聚芳酯(PAR)
0.83	聚甲基戊烯	1.18～1.24	丙酸纤维素
0.85～0.90	聚丙烯(均聚级)	1.19～1.35	增塑聚氯乙烯(含 40%增塑剂)
0.89～0.905	聚丙烯(共聚级)	1.20～1.22	聚碳酸酯(双酚 A 型)
0.89～0.93	高压(低密度)聚乙烯	1.22～1.26	聚砜,聚苯
0.91～0.92	聚 1-丁烯	1.26	聚醚醚酮(PEEK)
0.91～0.93	聚异丁烯	1.26～1.28	酚醛(无填充)
0.92～0.93	LLDPE(线性低密度聚乙烯)	1.12～1.31	聚乙烯醇(PVA)
0.92～0.95	EVA(乙烯-醋酸乙烯酯共聚物)	1.25～1.35	醋酸纤维素
0.91	超高分子量聚乙烯	1.30～1.40	聚氯乙烯(半硬)
0.94～0.98	低压(高密度)聚乙烯	1.32～1.36	聚苯硫醚(PPS)
0.95～1.05	交联聚乙烯	1.33～1.43	共聚级聚甲醛(POM)
0.93～1.10	苯乙烯-丁二烯嵌段共聚物(SBS)	1.34～1.40	硝酸纤维素(俗称赛璐珞)
1.01～1.04	尼龙 12,ABS(注塑级),尼龙 13	1.28～1.38	聚对苯二甲酸乙二醇酯(PET)
1.03～1.05	尼龙 11	1.34～1.39	聚芳砜,聚醚砜
1.04～1.06	ABS(挤出级),尼龙 1010,尼龙 9	1.38	(醚酐型)聚酰亚胺(PI)
1.04～1.09	聚苯乙烯	1.38～1.41	(硬质)聚氯乙烯,聚氟乙烯
1.05～1.07	聚苯醚	1.40	氯化聚醚
1.06～1.08	尼龙 6/尼龙 12 共聚	1.40～1.42	聚酰胺酰亚胺
1.07～1.09	尼龙 610,尼龙 612	1.41～1.43	均聚级聚甲醛
1.08～1.15	尼龙 6,透明尼龙,MBS	1.40～1.56	脲-三聚氰胺树脂(MF)
1.14	氯化聚乙烯,尼龙 7	1.45	聚苯酯
1.13～1.16	尼龙 66,聚氨酯	1.45～1.55	氯化聚氯乙烯,聚酰亚胺(均苯型)
1.1～1.4	环氧树脂,不饱和聚酯树脂	1.60	浇注尼龙
1.14～1.17	聚丙烯腈,乙基纤维素	1.51～1.70	邻苯二甲酸烯丙酯(DAP)
1.15～1.25	乙酸丁酸纤维素	1.7～1.8	聚偏氟氯乙烯
1.16～1.20	聚甲基丙烯酸甲酯	1.86～1.88	聚偏氯乙烯(PVDC)
1.16～1.35	聚氯乙烯(PVC)增塑剂(60%)	1.2～2.1	聚三氟氯乙烯
1.17～1.20	聚醋酸乙烯酯	2.1～2.3	聚四氟乙烯

附录 5 常用塑料的特征温度

树脂名称	T_g/℃	T_m/℃	T_b/℃	$T_{分解}$/℃	$T_{变形}$/℃
低密度聚乙烯(LDPE)	−120	108～115	−70		48
高密度聚乙烯(HDPE)	−125	130～137	−100		85
超高分子量聚乙烯(UHMWPE)		180	−80		75～82
乙烯-醋酸乙烯酯共聚物(EVA)		108	−90		60
氯化聚乙烯(CPE)	−130	100	−80		57
聚丙烯(等规 PP)	−10～−18	176			115
聚丁烯(PB)		126	−10～−30		120～126
聚乙烯醇(PVA)	70～85	220～240		200	
聚乙烯醇缩醛(PVB)		140	−20	200	100～150
聚氯乙烯(PVC)	78～87	212	−80	150	65
偏聚氯乙烯(PVDC)	−17	198	0～−35	210～225	66

续表

树脂名称	T_g/℃	T_m/℃	T_b/℃	$T_{分解}$/℃	$T_{变形}$/℃
聚苯乙烯(PS)	100～105	240		380	95
丙烯腈-苯乙烯共聚物(AS)		230			82～105
丁二烯、苯乙烯共聚物(BS或K树脂)		232			90
甲基丙烯酸酯-丁二烯-苯乙烯共聚物(MBS)		140	<−40		80
ABS		140	−40		93
尼龙6	50	225	−50～−70	200	190
尼龙66	50	265	−85		180
尼龙1010		200～210	−65	200	170
聚氟乙烯(PVF)	125	203		210	300
聚四氟乙烯(PTFE)	126	327	−180	400	255
聚偏二氯乙烯(PVDF)	35	180	−62	350	150
聚碳酸酯(PC)	140～150	220～240	−100		135
聚甲基丙烯酸甲酯(PMMA)	72～105	160～220	−90		107
聚砜(PSF)	190	320	−100	420	181
聚甲醛(POM)均聚		175～180	−50	230	170
聚甲醛(POM)共聚		165～180	−40～−60		151
聚苯醚(PPO)	210	290	−170	350	179
聚苯硫醚(PPS)	150	287		400	304
聚酰亚胺(PI)	270～280		>110	570～590	360

附录6 塑料的吸水率

吸水率/%	塑料	吸水率/%	塑料
7.8	醋酸纤维素	0.3	尼龙11,热塑性聚酰亚胺
2～2.5	乙基纤维素,丁酸纤维素	0.25	聚芳酯,聚甲醛,AS,尼龙12
1.3～1.9	尼龙6,尼龙7,尼龙9	0.22	聚砜
1.3	尼龙66	0.20	热固性聚酰亚胺,373,372,ASA
1.0～1.4	聚乙烯醇缩醛,离子聚合物	0.15～0.60	不饱和聚酯
0.93	尼龙1010	0.15～0.18	聚碳酸酯
0.7～0.9	均苯型聚酰亚胺,聚氨酯	0.13	聚酚氧
0.75	尼龙1313,聚芳砜	0.12～0.35	DAP(邻苯二甲酸烯丙酯)
0.5～1.0	聚氯乙烯(软)	0.10～0.30	脲醛(无填料)
0.4～0.8	脲醛,尼龙610	0.10～0.20	酚醛(无填料),不饱和聚酯
0.6	聚醚醚酮	0.11～0.15	MS(丙烯酸-苯乙烯共聚物)
0.3～0.7	酚醛(含木粉)	0.12	有机硅
0.3～0.5	聚醚砜,三聚氰胺,尼龙612	0.11	聚烯烃弹性体
0.2～0.45	ABS	0.10	醇酸树脂
0.2～0.45	PMMA(聚甲基丙烯酸甲酯)	0.09	PET,PBT

附录7 部分聚合物的溶剂和沉淀剂(非溶剂)

聚合物	溶剂	沉淀剂
聚丁二烯	脂肪烃、芳烃、卤代烃、四氢呋喃、高级酮和酯	醇、水、丙酮、硝基甲烷
聚乙烯	甲苯、二甲苯、十氢化萘、四氯化萘	醇、丙酮、邻苯二甲酸二甲酯
聚丙烯	环己烷、二甲苯、十氢化萘、四氯化萘	醇、丙酮、邻苯二甲酸二甲酯

续表

聚合物	溶剂	沉淀剂
聚丙烯酸甲酯	丙酮、丁酮、苯、甲苯、四氢呋喃	甲醇、乙醇、水
聚甲基丙烯酸甲酯	丙酮、丁酮、苯、甲苯、四氢呋喃	甲醇、石油醚、己烷、环己烷、水
聚乙烯醇	水、乙二醇(热)、丙三醇(热)	烃、卤代烃、丙酮、丙醇
聚氯乙烯	丙酮、环己酮、四氢呋喃	醇、己烷、氯乙烷、水
聚四氟乙烯	全氟煤油(350℃)	大多数溶剂
聚丙烯腈	*N*,*N*-二甲基甲酰胺、乙酸酐	烃、卤代烃、醇、酮
聚醋酸乙烯酯	苯、甲苯、氯仿、丙酮、四氢呋喃	无水乙醇、己烷、环己烷
聚苯乙烯	苯、甲苯、环己烷、氯仿、四氢呋喃、苯乙烯	醇、酚、己烷
聚对苯二甲酸乙二酯	苯酚、硝基苯(热)、浓硫酸	醇、酮、醚、烃、卤代烃
聚氨酯	苯酚、甲酸、*N*,*N*-二甲基甲酰胺	饱和烃、醇、乙醚
聚硅氧烷	苯、甲苯、氯仿、环己烷、四氢呋喃	甲醇、乙醇、溴苯
聚酰胺	苯酚、甲基苯酚、甲酸、苯甲醇(热)	烃、脂肪醇、酮、醚、酯
三聚氰胺甲醛树脂	吡啶、甲醛水溶液、甲酸	大部分有机溶剂
酚醛树脂	烃、酮、酯、乙醚	醇、水
丙烯腈-甲基丙烯酸甲酯共聚物	*N*,*N*-二甲基甲酰胺	正己烷、乙醚
苯乙烯-顺丁烯二酸酐共聚物	丙酮、碱水(热)	苯、甲苯、水、石油醚
聚 2,6-甲基苯醚	苯、甲苯、氯仿、二氯甲烷、四氢呋喃	甲醇、乙醇
苯乙烯-甲基丙烯酸甲酯共聚物	苯、甲苯、丁酮、四氯化碳	甲醇、石油醚

附录 8 塑料光学性能（按透光率高低顺序排列）

塑料种类	透光率/%	雾度/%	折射率
透明聚酰胺(PA)	95	—	1.53
聚乙烯醇(PVA)	93	—	1.49～1.53
聚甲基丙烯酸甲酯(PMMA)	92	<1	1.48～1.50
聚对苯二甲酸乙二醇酯(PET)	90	—	1.641
聚四甲基戊烯(TPX)	>90	<5	—
丙烯酸酯-苯乙烯共聚物(MS)	90	—	1.533
聚碳酸酯(PC)	85～91	0.5～2	1.586
聚苯乙烯(PS)	88～90	—	1.59～1.61
乙烯-醋酸乙烯片材(EVA)	88	2～40	1.45～1.47
丙酸纤维素、乙酸纤维素	88	<1	—
聚芳酯(PAR)	87	—	1.61
乙烯-丙烯共聚物	84～87	—	—
聚醚醚酮(PEEK)	84.8	6.4	—
苯乙烯-丙烯腈共聚物(AS)	78～88	0.4～1.0	1.57
透明 ABS	80～85	6.0～12.0	—
离子聚合物(IO)	75～85	3～17	—
聚氯乙烯(PVC)(硬)	76～82	8～18	1.52～1.55
聚砜(PSF)	79.2	5	—
聚丙烯(PP)	50～90	1～3.5	1.49
聚乙烯(中密度)(PE)	10～80	4～50	1.53

附录 9 部分高聚物的闪点温度和自燃温度

高聚物	闪点/℃	自燃点/℃	高聚物	闪点/℃	自燃点/℃
PE	341～357	349	PTFE		530
PP(纤维)		570	PES	560	560
PVC	391	454	CN	141	141
PVCA	320～340	435～557	CA	305	475
PVDC	532	532	CTA(纤维)		540
PS	345～360	488～496	EC	291	296
SAN	366	454	RPUF	310	416
ABS		466	SMMA	329	485
PMMA	280～300	450～462	PC	375～467	477～580
PA	421	424	PEI	520	535
羊毛	200		木材	220～264	260～416
棉花	230～266	254			

参 考 文 献

[1] 陈厚. 高分子材料分析测试与研究方法. 2版. 北京：化学工业出版社，2018.
[2] 任鑫，胡文全. 高分子材料分析技术. 北京：北京大学出版社，2012.
[3] 董坚. 高分子仪器分析实验方法. 杭州：浙江大学出版社，2017.
[4] 董炎明，熊晓鹏. 高分子研究方法. 北京：中国石化出版社，2011.
[5] 付丽丽. 高分子材料分析检测技术. 北京：化学工业出版社，2014.
[6] 刘德宝. 功能材料制备与性能表征实验教程. 北京：化学工业出版社，2019.
[7] 张美珍. 聚合物研究方法. 北京：中国轻工业出版社，2009.
[8] [德] 埃伦斯坦. 聚合物材料 结构·性能·应用. 张萍，赵树高，译. 北京：化学工业出版社，2007.
[9] 马德柱. 聚合物结构与性能（结构篇）. 北京：科学出版社，2017.
[10] 张春红，徐晓冬，刘立佳. 高分子材料. 北京：北京航空航天大学出版社，2016.
[11] 黄丽. 高分子材料. 2版. 北京：化学工业出版社，2010.
[12] 汪昆华，罗传秋，周啸. 聚合物近代仪器分析. 2版. 北京：清华大学出版社，2000.
[13] 郭英凯. 仪器分析. 2版. 北京：化学工业出版社，2015.
[14] 刘娟丽，王丽君，刘艳凤. 化学分析原理与应用研究. 北京：中国水利水电出版社，2014.
[15] 姚开安，赵登山. 仪器分析. 2版. 南京：南京大学出版社，2017.
[16] 田丹碧. 仪器分析. 2版. 北京：化学工业出版社，2014.
[17] 杜振霞. 聚合物添加剂的质谱分析. 北京：化学工业出版社，2016.
[18] 杨序纲. 聚合物电子显微术. 北京：化学工业出版社，2015.
[19] 杨亲民. 世界知名的材料科学家、我国高分子材料研究领域奠基人——中国科学院院士徐僖 [J]. 功能材料信息，2009，5（6）：17-19.
[20] 柴玉田. 我国高分子材料事业的奠基人和开拓者——记中国工程院院士徐僖 [J]. 化工管理，2014，5：62-67.
[21] 金熹高. 钱人元先生生平事迹 [J]. 高分子学报，2017（9）：1379-1381.
[22] 江明. 科学巨匠 后辈楷模——献给钱人元先生百年诞辰 [J]. 高分子学报，2017（9）：1382-1388.
[23] 张希，宛新华，王献红，等. 何炳林院士诞辰100周年纪念专辑 前言 [J]. 离子交换与吸附，2018，34（5）：385-387.
[24] 卢利平，周洪英. 我国最早从事导电高分子研究的科学家之一——曹镛 [J]. 功能材料信息，2012，9（3）：3-7.
[25] 聂尊誉，陈浩华. 我国著名高分子材料应用科学家、大连理工大学教授、博士生导师中国工程院院士——蹇锡高 [J]. 功能材料信息，2014，11（4）：3-5.
[26] 杨柏，高长有，张先正. 庆祝沈家骢、沈之荃和卓仁禧院士80华诞专刊 [J]. 中国科学：化学，2011，41（2）：176-178.
[27] 赵安中. 著名高分子化学家、生物材料科学家、中国科学院院士——卓仁禧 [J]. 功能材料信息，2009，6（5-6）：91-93.
[28] Gabbott P. Principles and Applications of Thermal Analysis. Oxford：Blackwell Publishing Ltd，2008.
[29] Van Krevelen D W. Properties of Polymers (Fourth Edition). Oxford：Elsevier B. V，2009.
[30] Fultz B，Howe J. Transmission Electron Microscopy and Diffractometry of Materials. Berlin：Springer，2008.
[31] Williams D B，Carter C B. Transmission Electron Microscopy. Berlin：Springer，2009.
[32] Menard K P. Dynamic mechanical analysis：a practical introduction. Boca Raton：Taylor & Francis Group，LLC，2008.
[33] 陈志民. 高分子材料性能测试手册. 北京：机械工业出版社，2015.
[34] [德] 斯特凡·博伊默. 塑料光学手册. 周海宪，程云芳，译. 北京：化学工业出版社，2013.
[35] 陈宇，王朝晖，辛菲. 实用塑料助剂手册. 2版. 北京：化学工业出版社，2015.
[36] Chanda M，Roy S K. Plastics Technology Handbook（4th ed. ）. Boca Raton：Taylor & Francis Group，LLC，2007.
[37] Harper C A，Petrie E M. Plastics materials and processes：a concise encyclopedia. New Jersey：John Wiley & Sons，Inc.，2003.
[38] Chanda M，Roy S K. Plastics fundamentals，properties，and testing. Boca Raton：Taylor & Francis Group，LLC，2009.